Y0-BTD-989

L. Kronecker

Verlag v. B. G. Teubner in Leipzig. Meisenbach Riffarth & Co, Berlin grav.

LEOPOLD KRONECKER'S WERKE.

HERAUSGEGEBEN AUF VERANLASSUNG

DER

KÖNIGLICH PREUSSISCHEN AKADEMIE DER WISSENSCHAFTEN

VON

K. HENSEL.

ERSTER BAND.

MIT L. KRONECKER'S BILDNISS.

CHELSEA PUBLISHING COMPANY
NEW YORK, N. Y.

THE PRESENT WORK IS A REPRINT, IN FIVE VOLUMES, OF A WORK ORIGINALLY PUBLISHED, IN LEIPZIG, AS FIVE VOLUMES IN SIX. THE ERRATA NOTED HAVE BEEN CORRECTED. THE HALF-TITLE PAGES BEFORE EACH PAPER HAVE BEEN OMITTED, INASMUCH AS THE INFORMATION ON THESE PAGES DUPLICATES THAT CONTAINED IN THE TABLE OF CONTENTS. THE ORIGINAL PAGINATION HAS BEEN RETAINED.

VOLUME ONE ORIGINALLY PUBLISHED IN 1895

VOLUME TWO ORIGINALLY PUBLISHED IN 1897

VOLUME THREE ORIGINALLY PUBLISHED IN TWO PARTS: PART ONE IN 1899, PART TWO IN 1931

VOLUME FOUR ORIGINALLY PUBLISHED IN 1929

VOLUME FIVE ORIGINALLY PUBLISHED IN 1930

REPRINTED (ALKAL. PAPER), NEW YORK, 1968

LIBRARY OF CONGRESS CAT. CARD NO. 66-20394

STANDARD BOOK NUMBER 8284-0224-8

PRINTED IN THE UNITED STATES OF AMERICA

VORREDE.

Bald nach dem Tode Leopold Kronecker's beschloss die Akademie der Wissenschaften zu Berlin, seine Abhandlungen in derselben Weise sammeln und herausgeben zu lassen, wie früher die Werke von Jacobi, Dirichlet, Steiner und Borchardt, und auf ihre Veranlassung habe ich diese Aufgabe übernommen.

Die Gesammtausgabe der Werke Kronecker's, deren ersten Band ich hiermit der Oeffentlichkeit übergebe, wird alle von ihm selbst veröffentlichten wissenschaftlichen Arbeiten, sowie eine Reihe von Abhandlungen enthalten, welche sich ganz oder theilweise ausgearbeitet in dem Nachlasse vorgefunden haben. Hieran soll sich eine Darstellung der weiteren Ergebnisse anschliessen, welche eine genaue Durchforschung des reichen, mit grosser Sorgfalt aufbewahrten wissenschaftlichen Nachlasses geliefert hat.

Bei der grossen Anzahl und dem verschiedenartigen Inhalt der Abhandlungen wäre bei rein chronologischer Aufeinanderfolge derselben ihr innerer Zusammenhang nicht genügend hervorgetreten. Daher habe ich sie nach ihrem Inhalte in drei grosse Abtheilungen geordnet, welche vollständig und naturgemäss gegen einander abgegrenzt werden konnten.

Für diese Eintheilung sind die folgenden Gesichtspunkte massgebend gewesen: Einen grossen Theil seiner Lebensarbeit hat Kronecker der Begründung und dem Ausbau der Disciplin gewidmet, welcher er selbst in seinen späteren Jahren den Namen der „allgemeinen Arithmetik“ beigelegt hat. Er versteht darunter die Anwendung der Begriffe und Methoden der Zahlentheorie auf die Untersuchung der rationalen Functionen beliebig vieler Variabeln. Dieses sehr ausgedehnte Untersuchungsgebiet umfasst also zunächst die Betrachtung der Systeme ganzer Zahlen, also die gesammte reine Zahlentheorie, ferner die Untersuchung der linearen Systeme, also die Lehre von den Determinanten, den bilinearen und den quadratischen Formen, und endlich die allgemeine Theorie der Systeme algebraischer Zahlen und Functionen von einer und von mehreren Veränderlichen, deren Grundzüge Kronecker in seiner „Festschrift zu Kummer's Doctorjubiläum“ in grosser Allgemeinheit entwickelt und seitdem in einer Reihe von Abhandlungen weiter ausgestaltet hat.

Alle Arbeiten über Fragen der allgemeinen Arithmetik werden nun in den ersten Bänden dieser Ausgabe vereinigt werden.

Die hieran sich anschliessende zweite Abtheilung zerfällt in zwei getrennte Abschnitte, deren Inhalt zwar mit den Aufgaben der allgemeinen Arithmetik in sehr nahem Zusammenhange steht, aber doch nur in einem übertragenen Sinne zu ihr gerechnet werden könnte. Der erste Abschnitt umfasst alle die algebraischen Untersuchungen, welche sich auf die Auflösung der Gleichungen und die hieran sich anschliessenden Fragen beziehen, insbesondere auf die Eintheilung der Gleichungen in Classen nach ihrem „Affecte“; bei ihnen tritt zu den oben erwähnten rein arithmetischen Begriffen noch der der Wurzel einer algebraischen Gleichung hinzu. Der zweite Abschnitt enthält alle Arbeiten über die Anwendung der Analysis auf Probleme der Zahlentheorie; hier ist es der wichtige Begriff der Grenze oder des Limes, durch dessen Hinzutreten diese von Lejeune-Dirichlet in die Wissenschaft eingeführten Untersuchungsmethoden scharf von denen der allgemeinen Arithmetik geschieden werden.

Den Inhalt der letzten Abtheilung bilden die analytischen Arbeiten Kronecker's, ferner die Untersuchungen über Potentialtheorie und über Gegenstände der mathematischen Physik, sowie einige kleinere Abhandlungen vermischten Inhalts.

Innerhalb dieser grossen Abschnitte folgen die Abhandlungen im Wesentlichen in chronologischer Ordnung auf einander; die nachgelassenen Arbeiten werden am Ende derjenigen Abtheilungen ihre Stelle finden, zu denen sie ihrem Inhalte nach gehören; ein vollständiges Verzeichniss aller Abhandlungen Kronecker's am Ende des letzten Bandes, welches nach der Zeit ihrer Veröffentlichung geordnet ist, soll die Uebersicht erleichtern.

In dem vorliegenden Bande sind die 22 ersten Abhandlungen über allgemeine Arithmetik vereinigt, deren Abfassung in die Zeit von 1845—1874 fällt. Er beginnt mit dem Irreductibilitätsbeweise der Kreistheilungsgleichungen vom Primzahlgrade, welchen Kronecker noch als Student gefunden hat, und mit seiner Doctordissertation, und schliesst ab mit den Untersuchungen über bilineare und quadratische Formen, welche Kronecker erst in seinen letzten Lebensjahren in weiterem Umfange wieder aufgenommen hat.

Ich habe es als meine Aufgabe angesehen, jede Abhandlung dieses Bandes vor ihrem Abdrucke selbst einer sorgfältigen Revision zu unterwerfen, und ich habe sie so von einer grösseren Anzahl von Druck- und Schreibfehlern, sowie von solchen Unrichtigkeiten gereinigt, welche offenbar bloss durch ein Versehen entstanden waren. Dagegen habe ich an einigen wenigen Stellen die Hinzufügung einer Bemerkung für nöthig gehalten; ich werde solche Zusätze bei dieser ganzen Ausgabe in einem Anhange vereinigen, welcher jedesmal an das Ende der betreffenden Abtheilung gestellt werden wird; dieselben konnten nicht jedem einzelnen Bande angefügt werden, da sie viele Verweisungen auf spätere Arbeiten der nämlichen Abtheilung enthalten.

Die zum Theil schwere Aufgabe der genauen Nachprüfung aller Abhandlungen dieses Bandes ist mir durch die gütige Hülfe der Herren G. Landsberg und K. Th. Vahlen erleichtert worden; die von diesen Herren beigefügten Bemerkungen sind im Anhange als von ihnen herrührend gekennzeichnet worden; es ist mir aber ein Bedürfniss ihnen an dieser Stelle meinen verbindlichsten Dank auszusprechen. Ferner hat Herr Ch. Hermite das Andenken seines dahingegangenen Freundes dadurch in der schönsten und pietätvollsten Weise geehrt, dass er die in französischer Sprache geschriebenen Abhandlungen Kronecker's vor der Drucklegung ebenso durchgesehen hat, wie er diess früher bei den von Kronecker herausgegebenen Arbeiten Lejeune-Dirichlet's gethan hatte.

Endlich möchte ich mit Dank aussprechen, dass die Verlagsbuchhandlung von B. G. Teubner keine Mühe und keine Opfer gescheut hat, um dieses Werk auch äusserlich zu einem würdigen Denkmal für den Verewigten zu machen.

Berlin, den 20. Mai 1895.

K. Hensel.

INHALTSVERZEICHNISS.

BEWEIS, DASS FÜR JEDE PRIMZAHL p DIE GLEICHUNG $1 + x + x^2 + \cdots + x^{p-1} = 0$ IRREDUCTIBEL IST.

Bei der Wichtigkeit des Gegenstandes dürfte es nicht ohne Interesse sein, dem von *Gauss* in den Disq. arithm. gegebenen Beweise einen zweiten sehr einfachen hinzuzufügen. Ich schicke dabei, um den Gang nachher nicht zu stören, folgenden Satz voraus:

„Wenn p eine Primzahl, α eine von 1 verschiedene $p$te Wurzel der Einheit und $a, a_1, \ldots a_{p-1}$ ganze Zahlen bedeuten, und man

$$a + a_1\alpha + a_2\alpha^2 + \cdots + a_{p-1}\alpha^{p-1} = f(\alpha)$$

setzt, so findet die Congruenz

$$f(\alpha) f(\alpha^2) \cdots f(\alpha^{p-1}) \equiv f(1)^{p-1} \quad (\text{mod. } p)$$

statt, wobei sogleich bemerkt werden kann, dafs jenes Product als ganze symmetrische Function aller Wurzeln eine ganze reelle Zahl sein mufs.“

Beweis. Man setze

$$a + a_1 x + a_2 x^2 + \cdots + a_{p-1}x^{p-1} = f(x)$$

und denke sich die Entwickelung des Products $f(x) f(x^2) \ldots f(x^{p-1})$ nach Potenzen von x, so dafs das allgemeine Glied darin $A_n x^n$ wird. Setzt man nun in der so entstandenen identischen Gleichung für x nach einander die Werthe $1, \alpha, \alpha^2, \ldots \alpha^{p-1}$ und summirt alle diese p Gleichungen, so erhält man auf der einen Seite:

$$f(1)^{p-1} + (p-1) f(\alpha) f(\alpha^2) \cdots f(\alpha^{p-1})$$

Denn für jedes r aus der Reihe der Zahlen $1, 2, \ldots (p-1)$ fallen die Gröfsen

$\alpha^r, \alpha^{2r}, \ldots \alpha^{(p-1)r}$ mit den ursprünglichen $\alpha, \alpha^2, \ldots \alpha^{p-1}$ nur in anderer Ordnung zusammen, woraus folgt, dafs

$$f(\alpha^r)\,f(\alpha^{2r})\cdots f(\alpha^{(p-1)r}) = f(\alpha)\,f(\alpha^2)\cdots f(\alpha^{p-1})$$

ist. Auf der andern Seite erhält man für das allgemeine Glied

$$A_n(1+\alpha^n+\alpha^{2n}+\cdots+\alpha^{(p-1)n}),$$

welche Summe für jedes durch p theilbare n den Werth p erhält, für jedes andere n aber verschwindet. Man hat also die Gleichung

$$f(1)^{p-1}+(p-1)\,f(\alpha)\,f(\alpha^2)\cdots f(\alpha^{p-1}) = p(A_0+A_p+A_{2p}+\cdots),$$

oder

$$f(\alpha)\,f(\alpha^2)\cdots f(\alpha^{p-1}) \equiv f(1)^{p-1} \pmod{p},$$

was zu beweisen war.

Es sei nun $1+x+x^2+\cdots+x^{p-1}=X$ das Product zweier ganzen rationalen Functionen von x mit ganzen Coëfficienten, also $X=f(x)\cdot\varphi(x)$, so wird aus dieser Gleichung für $x=1$ offenbar $p=f(1)\cdot\varphi(1)$, wo $f(1)$ und $\varphi(1)$ ganze Zahlen sind, was also nur möglich ist, wenn die eine gleich 1, die andere gleich p ist. Es sei $f(1)=1$. Nun mufs aber andererseits $f(x)$ für so viele von 1 verschiedene $p$te Wurzeln der Einheit, als der Grad dieser Function andeutet, also doch wenigstens für eine verschwinden. Es wird daher jedenfalls

$$f(\alpha)\,f(\alpha^2)\cdots f(\alpha^{p-1}) = 0.$$

Andererseits hat man nach obigem Satze

$$f(\alpha)\,f(\alpha^2)\cdots f(\alpha^{p-1}) \equiv f(1)^{p-1} \equiv 1 \pmod{p},$$

welches den Widerspruch giebt.

Anmerkung: Ich will noch bemerken, dafs ich in Bezug auf den obigen Hülfssatz nicht auf *Kummer's* „Disputatio de numeris complexis etc. § 2.“ verwiesen habe, weil bei dem Beweise desselben dort schon die Irreductibilität der Gleichung $X=0$ vorausgesetzt wird.

DE

UNITATIBUS COMPLEXIS.

DISSERTATIO INAUGURALIS ARITHMETICA

QUAM

CONSENSU ET AUCTORITATE

AMPLISSIMI PHILOSOPHORUM ORDINIS

IN

ALMA LITERARUM UNIVERSITATE FRIDERICA GUILELMA

PRO

SUMMIS IN PHILOSOPHIA HONORIBUS

RITE CAPESSENDIS

DIE X M. SEPTEMBRIS A. MDCCCXLV

H. L. Q. S.

PUBLICE DEFENDET

LEOPOLDUS KRONECKER

LIGNICIENSIS.

ADVERSARII ERUNT:

G. EISENSTEIN PHIL. DR.

E. CAUER PHIL. CAND.

H. RUEHLE MED. CAND.

BEROLINI

MDCCCXLV.

PRAECEPTORI DILECTISSIMO

ERNESTO EDUARDO KUMMER

PHILOSOPHIAE DOCTORI A. L. MAGISTRO, MATHEMATICORUM
IN UNIVERSITATE LITERARIA VRATISLAVIENSI PROFESSORI
PUBLICO ORDINARIO, ACADEMIAE SCIENT.
REG. BORUSSICAE SOCIO EPISTOL.

HANC DISSERTATIONEM

PIO GRATOQUE ANIMO

D. D. D.

AUCTOR

DE UNITATIBUS COMPLEXIS.

Dissertatio inauguralis arithmetica *).

In principalia doctrinae numerorum incrementa introductionem numerorum complexorum, ipsi summo huius scientiae creatori debitam, referendam esse inter omnes constat. Qui numeri quam vim ad promovendam scientiam habeant, inde elucet, quod arcte et cum residuis potestatum et cum theoria formarum altiorum graduum et cum circuli sectione cohaerent. Summus *Gauss* primus disquisitiones de numeris complexis formae $a + b\sqrt{-1}$ in publicum edidit, quarum theoriam postea Cl. *Lejeune-Dirichlet* uberius tractavit **). Generalioris numerorum complexorum speciei mentionem fecit Cl. *Jacobi,* qui circuli sectionem pertractans in hanc quaestionem incidit ***). Praeterea ad hanc partem doctrinae numerorum spectant et observatio Cli. *Jacobi* †) et recentiore tempore disputatio Cli. *Kummer* „de numeris complexis qui unitatis radicibus et numeris integris realibus constant"[2]), et

*) Haec dissertatio aestate anni MDCCCXLV ordini philosophorum universitatis Berolinensis proposita eique ex auctoritate summi viri *Lejeune-Dirichlet* probata est. Typis autem tum non excusa est nisi pars aliqua, scilicet paragraphi 1—16, quae publice prodiit d. X. m. Septembris a. MDCCCXLV; quae sequuntur paragraphi 17—20 ineditae adhuc nunc primum evulgantur[1]).

**) *Crelles* Journal Bd. 24 [S. 291—371. *Lejeune-Dirichlets* Werke Bd. I S. 533—618.]

***) Monatsberichte der Berliner Akademie, 1837 [S. 127—139. *C. G. J. Jacobis* Werke Bd. VI S. 254—274]; v. etiam commentationem Illi. *Eisenstein.* „Beiträge zur Kreistheilung" (*Crelles* Journal Bd. 27 [S. 269—278]).

†) *Crelles* Journal Bd. 19 S. 314—318.

[1]) Zusatz L. Kroneckers zu dem vollständigen Abdruck dieser Arbeit im Journal für Mathematik Bd. 93 S. 1—52. H.

[2]) *E. E. Kummer:* Disputatio de numeris complexis, qui unitatis radicibus et numeris integris realibus constant. Gratulationsschrift der Breslauer Universität zum dreihundertjährigen Jubiläum der Universität Königsberg. Breslau 1844. H.

commentatio Illi. *Eisenstein* „de formis cubicis trium variabilium etc.“ *). — Ex quo prospectu, quam pauca de numeris complexis huc usque in publicum edita sint, iam elucet, ideoque in sequentibus praecipue tantum ad illam Cli. *Kummer* disputationem lectorem reiicere potero. Cum vero nonnulla theoremata in illa commentatione iam tradita elegantius demonstrare mihi contigerit, etiamque alia quaedam nondum tradita ad perscrutandas unitates complexas adhibenda sint, cumque denique, quoad nunc possim, totum aliquod conficere velim, disquisitionem fere ab initio repetere praeferam. Quem ad finem pars prior huius dissertationis, unitatibus complexis deditae, illas disquisitiones numerorum complexorum quasi fundamentales continebit.

Denique adnotandum recentissimo tempore Clum. *Lejeune-Dirichlet*, dum in Italia versabatur, quaestiones de unitatibus principales ratione maxime generali latissimeque patente mira quidem simplicitate tractavisse, quarum rerum prospectum nunc in publicum editurus est[1]). Quod quidem cum acciperem his meis disquisitionibus iam finitis, eas elaborare tamen non plane inutile videbatur, et quia hae quae proferentur methodi ab illis methodis generalibus omnino differunt, et quia in pertractandis unitatibus ex unitatis radicibus compositis quaestiones quaedam se offerunt, quas ipsas tanquam speciales alicuius momenti esse arbitror.

PARS PRIOR.

§ 1.

Ne postea investigationum ordinem interrumpere oporteat, hoc quod sequitur lemma, cuius frequens erit usus et quo nonnullae demonstrationes praecidentur, antea praemittimus.

Sint aequationis algebraicae n^{ti} gradus coefficientibus integris (coefficiens ipsius x^n sit unitas) n radices: $\alpha, \beta, \gamma \ldots$ atque eiusdem aequationis, si tanquam congruentiam modulo p (ubi p numerus primus) consideres, n

---

*) *Crelles* Journal Bd. 28 [S. 289—374].

[1]) Zur Theorie der complexen Einheiten. Berl. Akad. Ber. v. J. 1846. S. 103—107. *Lejeune-Dirichlets* Werke Bd. I S. 639—644. H.

radices: $a, b, c \ldots$; sit porro $f(\alpha, \beta, \gamma, \ldots)$ functio radicum algebraica integra symmetrica, congruentiam

$$f(\alpha, \beta, \gamma, \ldots) \equiv f(a, b, c, \ldots) \quad (\text{mod. } p)$$

locum habere dico.

Dem. Etenim quamque functionem radicum algebraicam integram symmetricam *identice* tanquam functionem integram expressionum: $\alpha + \beta + \gamma + \cdots$, $\alpha\beta + \alpha\gamma + \cdots$ etc. repraesentari posse constat. Ergo $f(a, b, c, \ldots)$ eadem functio integra expressionum: $a + b + \cdots$, $ab + ac + \cdots$ etc., quae $f(\alpha, \beta, \gamma, \ldots)$ ipsarum $\alpha + \beta + \gamma + \cdots$, $\alpha\beta + \alpha\gamma + \cdots$ etc. sit oportet. Cum vero $a + b + c + \cdots$ coefficienti ipsius x^{n-1} i. e. quantitati $\alpha + \beta + \gamma + \cdots$ pariterque $ab + ac + \cdots$ ipsi $\alpha\beta + \alpha\gamma + \cdots$ etc. secundum modulum p congrua esse notum est, id quod contendimus facile concludi potest.

Nunc sit ν numerus primus, ω radix aequationis $\omega^{\nu} = 1$ primitiva, sint porro $\varepsilon, \varepsilon_1, \ldots \varepsilon_{\lambda-1}$ periodi radicum ω, quarum quaeque μ terminos contineat, ita ut habeamus $\lambda\mu = \nu - 1$ et:

$$\text{(I.)} \quad \begin{aligned} \varepsilon \;\; &= \omega + \omega^{g^{\lambda}} + \omega^{g^{2\lambda}} + \cdots + \omega^{g^{(\mu-1)\lambda}}, \\ \varepsilon_1 &= \omega^{g} + \omega^{g^{\lambda+1}} + \omega^{g^{2\lambda+1}} + \cdots + \omega^{g^{(\mu-1)\lambda+1}}, \\ &\vdots \\ \varepsilon_{\lambda-1} &= \omega^{g^{\lambda-1}} + \omega^{g^{2\lambda-1}} + \omega^{g^{3\lambda-1}} + \cdots + \omega^{g^{\mu\lambda-1}}, \end{aligned}$$

ubi g est radix primitiva ipsius ν. Ex quibus aequationibus statim colligitur:

$$\varepsilon_{\varkappa\lambda+r} = \varepsilon_r \quad \text{et} \quad 1 + \varepsilon + \varepsilon_1 + \cdots + \varepsilon_{\lambda-1} = 0.$$

Iam posito

$$a\varepsilon + a_1\varepsilon_1 + a_2\varepsilon_2 + \cdots + a_{\lambda-1}\varepsilon_{\lambda-1} = f(\varepsilon)\, ^{*)},$$

ubi literis: $a, a_1, \ldots a_{\lambda-1}$ numeri reales integri designantur, talem expressionem $f(\varepsilon)$ numerum complexum voco. Iam quia omnis periodorum functio rationalis tanquam omnium periodorum functio linearis repraesentari potest, productum numerorum complexorum rursum in formam ipsius $f(\varepsilon)$ redigi posse patet. Deinde eadem, qua Cl. *Kummer* in disputatione illa iam laudata (§ 1) usus est ratione, ex aequatione:

---

*) Cum illa periodorum functio linearis eadem tanquam functio ipsius ε rationalis integra repraesentari possit.

$$a\varepsilon + a_1\varepsilon_1 + \cdots + a_{\lambda-1}\varepsilon_{\lambda-1} = b\varepsilon + b_1\varepsilon_1 + \cdots + b_{\lambda-1}\varepsilon_{\lambda-1}$$

sequitur, ut sint

$$a = b, \quad a_1 = b_1, \quad \ldots \quad a_{\lambda-1} = b_{\lambda-1}.$$

Numeri $f(\varepsilon_1), f(\varepsilon_2), \ldots f(\varepsilon_{\lambda-1})$ numero $f(\varepsilon)$ coniuncti dicuntur, et facile, brevitatis causa $f(\varepsilon) = f$, $f(\varepsilon_1) = f_1, \ldots$ positis, aequationes sequentes locum habere elucet:

$$\text{(II.)} \quad \begin{aligned} a\varepsilon \quad &+ a_1\varepsilon_1 + \cdots + a_{\lambda-1}\varepsilon_{\lambda-1} = f, \\ a\varepsilon_1 \quad &+ a_1\varepsilon_2 + \cdots + a_{\lambda-1}\varepsilon \quad\;\; = f_1, \\ &\vdots \\ a\varepsilon_{\lambda-1} &+ a_1\varepsilon \;\; + \cdots + a_{\lambda-1}\varepsilon_{\lambda-2} = f_{\lambda-1}. \end{aligned}$$

Quod aequationum systema ut secundum quantitates $a, a_1, \ldots$ solvamus, litera α aliquam aequationis $\alpha^\lambda = 1$ radicem designamus. Tum aequatione prima in 1, secunda in α, tertia in α^2 etc. postrema in $\alpha^{\lambda-1}$ ductis iisque additis aequationem:

$$\text{(III.)} \quad \begin{aligned} &(\varepsilon + \varepsilon_1\alpha + \varepsilon_2\alpha^2 + \cdots + \varepsilon_{\lambda-1}\alpha^{\lambda-1})(a + a_1\alpha^{-1} + a_2\alpha^{-2} + \cdots + a_{\lambda-1}\alpha^{-(\lambda-1)}) \\ &\qquad = f + f_1\alpha + f_2\alpha^2 + \cdots + f_{\lambda-1}\alpha^{\lambda-1} \end{aligned}$$

pro quaque unitatis radice λ^{ta} α obtinemus.

Cum vero expressio $\varepsilon + \varepsilon_1\alpha + \cdots + \varepsilon_{\lambda-1}\alpha^{\lambda-1}$ nihil aliud sit, nisi id quod Cl. *Jacobi* in commentatione illa iam supra laudata*) signo $F(\alpha)$ denotat, formulam l. c. traditam in auxilium vocamus:

$$(\varepsilon + \varepsilon_1\alpha + \cdots + \varepsilon_{\lambda-1}\alpha^{\lambda-1})(\varepsilon + \varepsilon_1\alpha^{-1} + \cdots + \varepsilon_{\lambda-1}\alpha^{-(\lambda-1)}) = \nu \cdot \alpha^{\frac{1}{2}(\nu-1)} = \nu \cdot \alpha^{\frac{1}{2}\mu\lambda},$$

quae pro quoque ipsius α valore, excepto illo $\alpha = 1$, locum habet. Qua adhibita atque aequatione (III) per ipsum $\varepsilon + \varepsilon_1\alpha^{-1} + \varepsilon_2\alpha^{-2} + \cdots + \varepsilon_{\lambda-1}\alpha^{-(\lambda-1)}$ multiplicata aequatio:

$$\text{(IV.)} \quad \begin{aligned} &\nu(a + a_1\alpha^{-1} + a_2\alpha^{-2} + \cdots + a_{\lambda-1}\alpha^{-(\lambda-1)}) \\ &\quad = (f + f_1\alpha + \cdots + f_{\lambda-1}\alpha^{\lambda-1}) \cdot (\varepsilon + \varepsilon_1\alpha^{-1} + \cdots + \varepsilon_{\lambda-1}\alpha^{-(\lambda-1)}) \end{aligned}$$

(posito μ numerum esse parem) oritur, atque pro quoque ipsius α valore unitate excepta valet. Unde concludi licet:

---

*) Monatsberichte der Berliner Akademie 1837 (S. 128).

$$(\mathrm{V.})\quad \begin{aligned} \nu a &= f\varepsilon + f_1\varepsilon_1 + f_2\varepsilon_2 + \cdots + f_{\lambda-1}\varepsilon_{\lambda-1} + m, \\ \nu a_1 &= f\varepsilon_1 + f_1\varepsilon_2 + f_2\varepsilon_3 + \cdots + f_{\lambda-1}\varepsilon + m, \\ &\vdots \\ \nu a_{\lambda-1} &= f\varepsilon_{\lambda-1} + f_1\varepsilon + f_2\varepsilon_1 + \cdots + f_{\lambda-1}\varepsilon_{\lambda-2} + m. \end{aligned}$$

Quando enim pro quibusvis quantitatibus b et c systema aequationum habemus:

$$\begin{aligned} b+b_1\alpha + \cdots + b_r\alpha^r + \cdots + b_{\lambda-1}\alpha^{\lambda-1} &= c+c_1\alpha + \cdots + c_r\alpha^r + \cdots + c_{\lambda-1}\alpha^{\lambda-1}, \\ b+b_1\alpha^2 + \cdots + b_r\alpha^{2r} + \cdots + b_{\lambda-1}\alpha^{2(\lambda-1)} &= c+c_1\alpha^2 + \cdots + c_r\alpha^{2r} + \cdots + c_{\lambda-1}\alpha^{2(\lambda-1)}, \\ &\vdots \\ b+b_1\alpha^{\lambda-1} + \cdots + b_r\alpha^{(\lambda-1)r} + \cdots + b_{\lambda-1}\alpha &= c+c_1\alpha^{\lambda-1} + \cdots + c_r\alpha^{(\lambda-1)r} + \cdots + c_{\lambda-1}\alpha, \end{aligned}$$

facile prima aequatione in α^{-r}, secunda in α^{-2r} etc. ducta iisque additis aequatio colligitur:

$$\lambda b_r - (b + b_1 + \cdots + b_{\lambda-1}) = \lambda c_r - (c + c_1 + \cdots + c_{\lambda-1})$$

seu

$$b_r = c_r + m,$$

ubi m respectu r constans est.

Ut quantitas m definiatur, adnotamus istis aequationibus (V) additis fieri:

$$(\mathrm{VI.})\quad \nu(a + a_1 + \cdots + a_{\lambda-1}) = (f + f_1 + \cdots + f_{\lambda-1})(\varepsilon + \varepsilon_1 + \cdots + \varepsilon_{\lambda-1}) + \lambda m.$$

Cum vero $\varepsilon + \varepsilon_1 + \cdots + \varepsilon_{\lambda-1} = -1$ sit et

$$a + a_1 + \cdots + a_{\lambda-1} = -(f + f_1 + \cdots + f_{\lambda-1})$$

esse ex aequatione (III) ibi ponendo $\alpha = 1$ colligatur, aequatio (VI) mutatur in:

$$-(\nu - 1)(f + f_1 + \cdots + f_{\lambda-1}) = \lambda m \quad \text{seu} \quad -\mu(f + f_1 + \cdots + f_{\lambda-1}) = m.$$

Quo valore ipsius m substituto has consequimur aequationes, systemata (II) et (V) repraesentantes:

$$(\mathrm{VII.})\quad \begin{cases} f_r = a\varepsilon_r + a_1\varepsilon_{r+1} + \cdots + a_{\lambda-1}\varepsilon_{r-1}, \\ -\nu a_r = f(\mu - \varepsilon_r) + f_1(\mu - \varepsilon_{r+1}) + \cdots + f_{\lambda-1}(\mu - \varepsilon_{r-1}) \end{cases}$$

pro ipsius r valoribus: $0, 1, 2, \ldots \lambda - 1$.

Iam vero respecta analogia numerorum complexorum, qui radicibus unitatis ad numeros compositos (ν) pertinentibus constant, numeros complexos $f(\varepsilon)$ sub hac forma accipere convenit, scilicet:

$$f(\varepsilon) = a + a_1\varepsilon + a_2\varepsilon^2 + \cdots + a_{\lambda-1}\varepsilon^{\lambda-1},$$

quamquam *unitates* complexas in posterum illius formae supra exhibitae ponemus. — Productum talium numerorum $f(\varepsilon)$ rursus in eandem formam redigi posse inde elucet, quod quaevis periodus tanquam functio rationalis integra unius repraesentari potest, quodque quaevis functio integra periodi ε per aequationem illam gradus λ^{ti}, quarum radices $\varepsilon, \varepsilon_1, \ldots \varepsilon_{\lambda-1}$ sunt, ad gradum $(\lambda - 1)^{\text{tum}}$ redigi potest. Denique ex aequalitate duorum numerorum complexorum aequalitatem singulorum coefficientium colligi posse inde patet, quod functio periodi integra gradus $(\lambda - 1)^{\text{ti}}$ evanescere nequit, nisi omnes eius coefficientes evanescunt.

Productum omnium numerorum coniunctorum, tanquam functio periodorum invariabilis integra, numerus realis integer est atque norma appellatur. Est igitur:

$$f(\varepsilon)\, f(\varepsilon_1) \cdots f(\varepsilon_{\lambda-1}) = \operatorname{Nm} f(\varepsilon)$$

et quidem respectu ε. Quodsi enim $f(\varepsilon)$ tanquam functio alius periodi exempli gratia ipsius ω consideratur, ita ut sit: $f(\varepsilon) = \varphi(\omega)$, apparet esse $\operatorname{Nm} \varphi(\omega) = \varphi(\omega)\,\varphi(\omega_1) \cdots \varphi(\omega_{\nu-2})$ sive

$$\operatorname{Nm} \varphi(\omega) = \big(\operatorname{Nm} f(\varepsilon)\big)^{\mu}.$$

Neque unquam, ne ex aequalitate signorum ambiguitas oriatur, verendum est. Caeterum ex ipsa definitione colliguntur aequationes:

$$\operatorname{Nm} f(\varepsilon) = \operatorname{Nm} f(\varepsilon_r)$$

et

$$\operatorname{Nm} \big(f(\varepsilon) \cdot \varphi(\varepsilon)\big) = \operatorname{Nm} f(\varepsilon) \cdot \operatorname{Nm} \varphi(\varepsilon).$$

Cum sit

$$\big(\operatorname{Nm} f(\varepsilon)\big)^{\mu} = \operatorname{Nm} \varphi(\omega) \equiv 1 \pmod{\nu},$$

posito numerum $\operatorname{Nm} f(\varepsilon)$ ad ipsum ν primum esse (Disput. Cli. *Kummer* § 2), sequitur, ut quaevis norma respectu ε residuum sit λ^{tae} potestatis modulo ν.

§ 2.

Ponatur p numerus primus eiusmodi, ut sit $p^{\mu} \equiv 1 \pmod{\nu}$, atque sit:

$$p = p(\varepsilon)\ \ p(\varepsilon_1) \cdots p(\varepsilon_{\lambda-1}) = \operatorname{Nm} p(\varepsilon),$$

istos factores ulterius in factores complexos ex his ipsis periodis ε compositos discerpi non posse atque inter se diversos esse, eadem qua Cl. *Kummer* in disputatione sua (§ 5) usus est ratione probatur. Deinde cum nuper a Clo. *Kummer* demonstratum sit, congruentiam λ^{ti} gradus:

$$(x-\varepsilon)(x-\varepsilon_1)\cdots(x-\varepsilon_{\lambda-1})\equiv 0 \pmod{p}$$

semper habere λ radices, si p condicioni sufficit $p^\mu \equiv 1 \pmod{\nu}$*), has ipsas designemus literis: $e, e_1, \ldots e_{\lambda-1}$**). Iam haec duo habentur theoremata:

1. Si $f(\varepsilon)$ numerus est complexus, cuius norma per numerum primum p divisibilis est, unus numerorum $f(e), f(e_1), \ldots$ secundum modulum p nihilo congruus erit; et quando unum numerorum $f(e)$ ipsum p metitur, etiam $\mathrm{Nm}\, f(\varepsilon)$ factorem p implicat.

Dem. Cum productum $f(\varepsilon)\, f(\varepsilon_1) \cdots f(\varepsilon_{\lambda-1})$ functio sit algebraica integra symmetrica radicum aequationis $(x-\varepsilon)(x-\varepsilon_1)\cdots(x-\varepsilon_{\lambda-1})=0$, secundum primum nostrum lemma erit:

$$f(\varepsilon)f(\varepsilon_1)\cdots f(\varepsilon_{\lambda-1})\equiv f(e)f(e_1)\cdots f(e_{\lambda-1}) \pmod{p}$$

sive

$$\mathrm{Nm}\, f(\varepsilon)\equiv f(e)f(e_1)\cdots f(e_{\lambda-1}) \pmod{p},$$

unde theoremata illa sponte manant.

2. *Theorema.* Sint $p(\varepsilon), p(\varepsilon_1), \ldots$ factores primi complexi numeri primi p sitque $p(e)$ ille factor, qui condicionem explet $p(e)\equiv 0 \pmod{p}$, congruentia haec locum habebit:

$$e\equiv\varepsilon \quad \big(\mathrm{mod.}\ p(\varepsilon)\big).$$

Dem. Ponatur

$$(e-\varepsilon)\,p(\varepsilon_1)\,p(\varepsilon_2)\cdots p(\varepsilon_{\lambda-1})=\varphi(\varepsilon),$$

unde

$$(e-\varepsilon_1)\,p(\varepsilon)\,p(\varepsilon_2)\cdots p(\varepsilon_{\lambda-1})=\varphi(\varepsilon_1) \quad \text{etc.};$$

tum erit $\varphi(e)=0$ et

---

*) In commentatione „de divisoribus formarum quarundam etc.“ quae proximo tempore edetur[1]); vel etiam in commentatione Cli. *Schoenemann* (Diar. *Crell.* tom. 19 pag. 306).

**) Adnotamus quodvis e_r eandem ipsius e functionem integram esse quam ε_r ipsius ε.

[1]) Ueber die Divisoren gewisser Formen der Zahlen, welche aus der Theorie der Kreistheilung entstehen. *Crelles* Journal Bd. 30, S. 107—116. H.

$$\varphi(e_1) \equiv \varphi(e_2) \equiv \cdots \equiv \varphi(e_{\lambda-1}) \equiv 0 \quad (\text{mod. } p),$$

quia omnes hi numeri factorem $p(e)$ implicant, quem nihilo congruum supposuimus. Iam erit secundum illud lemma:

$$\varphi(\varepsilon) + \varphi(\varepsilon_1) + \cdots + \varphi(\varepsilon_{\lambda-1}) \equiv \varphi(e) + \varphi(e_1) + \cdots + \varphi(e_{\lambda-1}) \equiv 0 \quad (\text{mod. } p).$$

Deinde erit $\varphi(\varepsilon)^2 + \varphi(\varepsilon)\varphi(\varepsilon_1) + \cdots + \varphi(\varepsilon)\varphi(\varepsilon_{\lambda-1}) \equiv \varphi(\varepsilon)^2$, cum reliqua producta omnes factores $p(\varepsilon)$ ideoque ipsum p contineant. Ergo habemus:

$$\varphi(\varepsilon)^2 \equiv 0 \quad (\text{mod. } p).$$

Iam si p ad v primum supponitur, erit $p^{v-1} \equiv 1$ (mod. v) atque (cf. § 3, 1)

$$\varphi(\varepsilon)^{p^{v-1}} \equiv \varphi(\varepsilon^{p^{v-1}}) \equiv \varphi(\varepsilon) \quad (\text{mod. } p).$$

Erit autem

$$\varphi(\varepsilon)^{p^{v-1}} = \varphi(\varepsilon)^{p^{v-1}-2} \cdot \varphi(\varepsilon)^2 \equiv 0 \quad (\text{mod. } p),$$

unde denique $\varphi(\varepsilon) \equiv 0$ (mod. p), i. e.:

$$(e-\varepsilon)\, p(\varepsilon_1)\, p(\varepsilon_2) \cdots p(\varepsilon_{\lambda-1}) \equiv 0 \quad \big(\text{mod. } p(\varepsilon)\, p(\varepsilon_1) \cdots p(\varepsilon_{\lambda-1})\big),$$

ergo:

$$e - \varepsilon \equiv 0 \quad \big(\text{mod. } p(\varepsilon)\big).$$

Casu $p = v$ habemus Nm $p(\varepsilon) = v$, et posito $p(\varepsilon) = f(\omega)$ erit Nm $f(\omega) = \big(\text{Nm}\, p(\varepsilon)\big)^{\mu}$, ergo Nm $f(\omega) \equiv 0$ (mod. v^{μ}). Eaque de re

$$f(1) \equiv 0 \quad (\text{mod. } v)$$

(disputatio Cli. *Kummer* § 2); ergo cum sit $(1-\omega)(1-\omega^2) \cdots = v$, erit quoque $f(1) \equiv 0$ $\big(\text{mod. } (1-\omega)\big)$. Deinde propter congruentiam $1 \equiv \omega$ $\big(\text{mod. } (1-\omega)\big)$ habemus $f(\omega) \equiv 0$ $\big(\text{mod. } (1-\omega)\big)$. Iam posito

$$f(\omega) = (1-\omega)\, f'(\omega)$$

erit

$$\text{Nm}\, f'(\omega) \equiv 0 \quad (\text{mod. } v^{\mu-1}),$$

ergo sicut supra

$$f'(\omega) = (1-\omega)\, f''(\omega).$$

Qua ratione denique obtinemus $f(\omega) = (1-\omega)^{\mu} \varphi(\omega)$. Est vero

$$\text{Nm}\, f(\omega) = v^{\mu} = v^{\mu}\, \text{Nm}\, \varphi(\omega),$$

unde $\varphi(\omega)$ unitatem complexam esse patet. Ergo erit quoque:

$$(1-\omega)^\mu \equiv 0 \quad \big(\text{mod. } f(\omega)\big) \quad \text{seu} \quad \big(\text{mod. } p(\varepsilon)\big).$$

Deinde cum simili modo e congruentia $\text{Nm}(e-\varepsilon) \equiv 0$ (mod. ν) colligatur

$$(e-\varepsilon) = (1-\omega)^\mu \psi(\omega) \quad \text{sive} \quad (e-\varepsilon) \equiv 0 \quad \big(\text{mod. } (1-\omega)^\mu\big),$$

denique respecta congruentia illa: $(1-\omega)^\mu \equiv 0$ $\big(\text{mod. } p(\varepsilon)\big)$ habebitur:

$$e - \varepsilon \equiv 0 \quad \big(\text{mod. } p(\varepsilon)\big).$$

3. *Theorema.* Si duo habentur factores primi complexi non coniuncti eiusdem numeri primi p, e. g. $p(\varepsilon)$ et $p'(\varepsilon)$, singuli factores $p'(\varepsilon)$ e singulis $p(\varepsilon)$ multiplicando per unitates complexas deducuntur*).

Dem. Sint $p(e)$ et $p'(e)$ factores per ipsum p divisibiles, erit:

$$p'(e) \equiv 0 \quad (\text{mod. } p) \quad \text{ideoque etiam} \quad \big(\text{mod. } p(\varepsilon)\big).$$

Est vero $e \equiv \varepsilon$ $\big(\text{mod. } p(\varepsilon)\big)$, unde $p'(\varepsilon) \equiv 0$ $\big(\text{mod. } p(\varepsilon)\big)$ i. e.

$$p'(\varepsilon) = p(\varepsilon) \cdot \varphi(\varepsilon),$$

ubi $\varphi(\varepsilon)$ unitas complexa est, quia

$$\text{Nm}\, p'(\varepsilon) = p = \text{Nm}\, p(\varepsilon) \cdot \text{Nm}\, \varphi(\varepsilon) = p \cdot \text{Nm}\, \varphi(\varepsilon),$$

ergo $\text{Nm}\, \varphi(\varepsilon) = 1$.

4. *Theorema.* Quando norma numeri complexi $p(\varepsilon)$ numerus primus p est ab ipso ν diversus, unum tantum numerorum $p(e)$ numerus p metiri potest.

Dem. Sit $p(e) \equiv p(e_r) \equiv 0$ (mod. p), ergo $p(e_r) \equiv 0$ $\big(\text{mod. } p(\varepsilon)\big)$. Deinde cum habeamus $e \equiv \varepsilon$ et $e_r \equiv \varepsilon_r$ $\big(\text{mod. } p(\varepsilon)\big)$**), sequitur, ut sit:

$$p(\varepsilon_r) \equiv 0 \quad \big(\text{mod. } p(\varepsilon)\big) \quad \text{sive} \quad p(\varepsilon_r) = p(\varepsilon) \cdot \varphi(\varepsilon).$$

Ergo cum sit: $p(\varepsilon) \cdot p(\varepsilon_1) \cdots p(\varepsilon_{\lambda-1}) \equiv 0$ (mod. p), etiam erit:

*) Quod theorema casus tantum specialis theorematis 2 in § 3 est.

**) v. adnotationem secundam ad § 2.

$$\varphi(\varepsilon)\cdot p(\varepsilon)\cdot p(\varepsilon_1)\cdots p(\varepsilon_{\lambda-1}) = p(\varepsilon_r)^2\cdot p(\varepsilon_1)\cdots p(\varepsilon_{r-1})p(\varepsilon_{r+1})\cdots \equiv 0 \pmod{p}$$

etiamque

$$p(\varepsilon_r)^{p^\mu}\cdot p(\varepsilon_1)\cdots p(\varepsilon_{r-1})p(\varepsilon_{r+1})\cdots \equiv p(\varepsilon_r)\cdot p(\varepsilon_1)\cdots \equiv 0\,^{*)} \pmod{p}$$

id est

$$\frac{\mathrm{Nm}\,p(\varepsilon)}{p(\varepsilon)} = \frac{p}{p(\varepsilon)} \equiv 0 \pmod{p}, \quad \text{sive} \quad \frac{p}{p(\varepsilon)} = p\cdot f(\varepsilon),$$

sive denique $1 = f(\varepsilon)\cdot p(\varepsilon)$, id quod fieri non posse facile patet, si in utraque aequationis parte normam formes. Tum enim esset $1 = p\cdot \mathrm{Nm}\, f(\varepsilon)$.

§ 3.

Cum omnes numeri complexi, qui periodis constant, etiam tanquam functiones ipsarum radicum considerari possint, cumque iis quae sequuntur haec forma simplicior magis accommodata sit, hanc ipsam accipiemus, ubicunque salva quaestionum generalitate fieri poterit.

1. *Theorema.* Quando norma aliqua $\mathrm{Nm}\, f(\omega)$ numerum primum p continet, qui ad exponentem μ modulo ν pertineat, illam ipsam normam μ^{ta} ipsius p potestas metiri debet.

Dem. Cum sit $\mu\cdot\lambda = \nu - 1$ cumque p ad numerum μ pertineat, ponatur $p \equiv g^\lambda \pmod{\nu}$. Iam erit secundum rationem saepe usitatam:

$$f(\omega) \equiv f(\omega),\ f(\omega)^p \equiv f(\omega^p),\ f(\omega)^{p^2} \equiv f(\omega^{p^2}),\ \ldots\ f(\omega)^{p^{\mu-1}} \equiv f(\omega^{p^{\mu-1}}) \pmod{p}.$$

Quibus congruentiis inter se multiplicatis obtinemus:

$$f(\omega)^{1+p+p^2+\cdots+p^{\mu-1}} \equiv f(\omega)\cdot f(\omega^p)\cdots f(\omega^{p^{\mu-1}}) \pmod{p}.$$

Qua in congruentia si deinceps valores: ω^g, ω^{g^2}, $\ldots$ $\omega^{g^{\lambda-1}}$ loco ipsius ω substituuntur, atque congruentiae, quae hoc modo prodeunt, inter se multiplicantur, fit:

$$\{f(\omega)\cdot f(\omega^g)\cdots f(\omega^{g^{\lambda-1}})\}^{1+p+\cdots+p^{\mu-1}} \equiv \mathrm{Nm}\, f(\omega) \equiv 0 \pmod{p},$$

sive posito:

$$f(\omega)\cdot f(\omega^g)\cdots f(\omega^{g^{\lambda-1}}) = \varphi(\omega),$$

$$\varphi(\omega)^{1+p+\cdots+p^{\mu-1}} \equiv 0 \pmod{p}.$$

---

*) v. § 3, 1.

Iam cum sit $1+p+\cdots+p^{\mu-1}<p^\mu$, certo etiam erit

$$\varphi(\omega)^{p^\mu}\equiv 0 \quad (\text{mod.}\, p).$$

Est vero $\varphi(\omega)^{p^\mu}\equiv\varphi(\omega^{p^\mu})\equiv\varphi(\omega)$ $(\text{mod.}\, p)$, ergo

$$\varphi(\omega)\equiv 0 \quad (\text{mod.}\, p),$$

unde mutatis radicibus ω oriuntur relationes:

$$\varphi(\omega)\equiv\varphi(\omega^{g^\lambda})\equiv\varphi(\omega^{g^{2\lambda}})\equiv\cdots\equiv\varphi(\omega^{g^{(\mu-1)\lambda}})\equiv 0 \quad (\text{mod.}\, p),$$

unde denique respecta ipsius $\varphi(\omega)$ definitione:

$$\text{Nm}\, f(\omega)=\varphi(\omega)\cdot\varphi(\omega^{g^\lambda})\cdots\varphi(\omega^{g^{(\mu-1)\lambda}})\equiv 0 \quad (\text{mod.}\, p^\mu).$$

2. *Theorema.* Normam aliquam $\text{Nm}\, f(\omega)$ si numerus primus p metitur, qui ad exponentem μ modulo ν pertinet quique in λ factores primos complexos e periodis ε compositos dissolvi potest, quotiens illius normae et summae, quae ea continetur, numeri primi potestatis ipse tanquam norma repraesentari potest.

Dem. Primum adnotamus summam ipsius p potestatem numero $\text{Nm}\, f(\omega)$ contentam secundum supra dicta multiplum ipsius μ esse debere. Iam sit $p=\text{Nm}\, p(\varepsilon)$, deinde ponatur

$$f(\omega)\cdot f(\omega^{g^\lambda})\cdot f(\omega^{g^{2\lambda}})\cdots f(\omega^{g^{(\mu-1)\lambda}})=\varphi(\varepsilon)\,{}^{*)}.$$

Tum habemus secundum suppositionem nostram:

$$\text{Nm}\, f(\omega)=\text{Nm}\,\varphi(\varepsilon)\equiv 0 \quad (\text{mod.}\, p),$$

unde secundum § 2, 1: $\varphi(e_r)\equiv 0$ $(\text{mod.}\, p)$ ideoque $\big(\text{mod.}\, p(\varepsilon)\big)$. Cumque habeamus secundum § 2, 2: $e\equiv\varepsilon$ $\big(\text{mod.}\, p(\varepsilon)\big)$, erit $\varphi(\varepsilon_r)\equiv 0$ $\big(\text{mod.}\, p(\varepsilon)\big)$, sive mutatis periodis $\varphi(\varepsilon)\equiv 0$ $\big(\text{mod.}\, p(\varepsilon_{-r})\big)$ i. e.

$$f(\omega)\cdot f(\omega^{g^\lambda})\cdots f(\omega^{g^{(\mu-1)\lambda}})\equiv 0 \quad \big(\text{mod.}\, p(\varepsilon_{-r})\big),$$

sive si congruentiam $p\equiv g^\lambda$ $(\text{mod.}\, \nu)$ respicimus:

$$f(\omega)\cdot f(\omega^{p})\cdots f(\omega^{p^{\mu-1}})\equiv 0 \quad \big(\text{mod.}\, p(\varepsilon_{-r})\big).$$

Est vero:

*) *Gauss* disquisitiones arithmeticae. art. 347.

$$f(\omega)\cdot f(\omega^p)\cdots f(\omega^{p^{\mu-1}}) \equiv f(\omega)^{1+p+\cdots+p^{\mu-1}} \quad (\text{mod. } p)\ *)$$

ideoque $\left(\text{mod. } p(\varepsilon_{-r})\right)$, unde ratione supra exhibita colligimus esse:

$$f(\omega) \equiv 0 \quad \left(\text{mod. } p(\varepsilon_{-r})\right) \quad \text{sive} \quad f(\omega) = \psi(\omega)\cdot p(\varepsilon_{-r}).$$

Ad normam transeuntes obtinemus aequationem:

$$\text{Nm } f(\omega) = p^{\mu}\cdot \text{Nm } \psi(\omega) \quad \text{sive} \quad \text{Nm } \frac{f(\omega)}{p^{\mu}} = \text{Nm } \psi(\omega) \quad \text{q. e. d.}$$

Iam hac methodo iterum atque iterum adhibita facile patet e suppositione $\text{Nm } f(\omega) \equiv 0 \ (\text{mod. } p^{n\cdot\mu})$ congruentiam colligi huiusmodi:

$$f(\omega) \equiv 0 \quad \left(\text{mod. } p(\varepsilon_k)^m \cdot p(\varepsilon_{k'})^{m'} \cdots\right),$$

ubi $m + m' + \cdots = n$; denique habebitur theorema hocce:

Quando norma aliqua divisibilis est per numerum, cuius factores primi reales in factores complexos quam plurimos discerpi possunt**), quotiens illius normae et summae, quae ea continetur, denominatoris potestatis ipse tanquam norma repraesentari potest.

Adnotatio. Si $\text{Nm } f(\omega) \equiv 0 \ (\text{mod. } \nu)$, habemus $f(\omega) \equiv 0 \ \left(\text{mod. } (1-\omega)\right)$***), pariterque e congruentia $\text{Nm } f(\omega) \equiv 0 \ (\text{mod. } \nu^m)$ congruentiam colligimus

$$f(\omega) \equiv 0 \quad \left(\text{mod. } (1-\omega)^m\right).$$

§ 4.

Sit $f(\omega)$ numerus aliquis complexus, N numerus realis eiusmodi, ut factores eius primi reales in factores complexos quam plurimos discerpi possint,

---

*) v. § 3, 1.

**) Numerum aliquem primum p ad divisorem μ ipsius $\nu - 1$ pertinentem in factores complexos quam plurimos discerpi posse dicimus, si in $\frac{\nu-1}{\mu}$ factores complexos e periodis ε compositos eosque coniunctos dissolvi potest.

***) v. § 2, 2.

sitque factor numerorum $f(\omega)$ et N communis maximus $\varphi(\omega)$*), numerus $\psi(\omega)$ inveniri potest talis, ut sit:

$$\psi(\omega)\cdot f(\omega)\equiv\varphi(\omega)\qquad(\text{mod. } N)^{**}).$$

Dem. Sit primum numerus N potestas numeri primi, ergo: $N=p^\pi$; sit deinde $p=\text{Nm}\, p(\varepsilon)$ et $p\equiv g^\lambda$ (mod. ν).

Iam erit secundum § 3, 2:

$$f(\omega)=F(\omega)\cdot p(\varepsilon_k)^m\cdot p(\varepsilon_{k'})^{m'}\cdots,$$

ubi $p^{\mu(m+m'+\cdots)}$ summa ipsius p potestas numero $\text{Nm}\, f(\omega)$ contenta. Est igitur $\text{Nm}\, F(\omega)$ numerus ad ipsum p primus, quare exstat numerus x talis, ut sit:

$$x\cdot\text{Nm}\, F(\omega)\equiv 1\qquad(\text{mod. } p^\pi).$$

Hinc habemus:

$$(\text{I.})\qquad\begin{aligned} x\cdot F(\omega^2)\cdot F(\omega^3)\cdots F(\omega^{\nu-1})\cdot f(\omega) &= x\cdot\text{Nm}\, F(\omega)\cdot p(\varepsilon_k)^m\cdot p(\varepsilon_{k'})^{m'}\cdots\\ &\equiv p(\varepsilon_k)^m\cdot p(\varepsilon_{k'})^{m'}\cdots\quad(\text{mod. } p^\pi).\end{aligned}$$

Designemus complexum factorum omnium et producto $p(\varepsilon_k)^m\cdot p(\varepsilon_{k'})^{m'}\cdots$ et numero p^π i. e. producto $p(\varepsilon)^\pi\cdot p(\varepsilon_1)^\pi\cdots$ communium signo $P(\varepsilon)$, ita ut sint:

$$P(\varepsilon)\cdot p(\varepsilon_a)^\alpha\cdot p(\varepsilon_{a'})^{\alpha'}\cdots=P(\varepsilon)\cdot A(\varepsilon)=p(\varepsilon_k)^m\cdot p(\varepsilon_{k'})^{m'}\cdots,$$

$$P(\varepsilon)\cdot p(\varepsilon_b)^\beta\cdot p(\varepsilon_{b'})^{\beta'}\cdots=P(\varepsilon)\cdot B(\varepsilon)=p^\pi.$$

Iam nullum indicem a nulli indici b aequalem esse patet. Sint $c, c', \ldots$ indices ii, qui coniuncti cum indicibus a et b seriem $0, 1, 2, \ldots \lambda-1$ efficiunt, atque posito

$$C(\varepsilon)=p(\varepsilon_c)\cdot p(\varepsilon_{c'})\cdots$$

formetur expressio:

$$V(\varepsilon)=A(\varepsilon)+B(\varepsilon)\cdot C(\varepsilon),$$

normam huius expressionis numerus p metiri nequit; tum enim pro uno valore e congruentiae $\text{Nm}\,(e-\varepsilon)\equiv 0$ (mod. p) esse deberet $V(e)\equiv 0$ (mod. p)***) i. e.

$$A(e)+B(e)\cdot C(e)\equiv 0\qquad(\text{mod. } p).$$

---

*) De factore communi maximo sermonem esse posse inde elucet, quod factores ipsius N primi in factores complexos dissolvi queunt, igitur ad eos omnes theorema § 3, 2 adhiberi potest. Caeterum hoc in ipsa demonstratione probabitur.

**) Modulum realem accipimus, quia si complexus est ultiplicando per fact ores coniunctos realis reddi potest.

***) v. § 2, 1.

Cum vero pro quovis e unus tantum factorum $p(e)$ nihilo congruus esse possit*), aut $A(e)$ aut $B(e)$ aut $C(e)$, minime igitur $A(e) + B(e) \cdot C(e)$, nihilo congruum erit. Quare iam existet numerus y talis, ut sit:

$$y \cdot \mathrm{Nm}\, V(\varepsilon) \equiv 1 \pmod{p^\pi},$$

sive substituto ipsius $V(\varepsilon)$ valore:

$$y \cdot V(\varepsilon_1) \cdots V(\varepsilon_{\lambda-1}) \cdot A(\varepsilon) + y \cdot V(\varepsilon_1) \cdots V(\varepsilon_{\lambda-1}) \cdot B(\varepsilon) \cdot C(\varepsilon) \equiv 1 \pmod{p^\pi}.$$

Qua congruentia in numerum $P(\varepsilon)$ ducta, atque respectu habito aequationis $B(\varepsilon) \cdot P(\varepsilon) = p^\pi$, obtinemus:

(II.) $$y \cdot V(\varepsilon_1) \cdots V(\varepsilon_{\lambda-1}) \cdot A(\varepsilon) \cdot P(\varepsilon) \equiv P(\varepsilon) \pmod{p^\pi}.$$

Unde si illam congruentiam (I):

$$x \cdot F(\omega^2) \cdots F(\omega^{\nu-1}) \cdot f(\omega) \equiv A(\varepsilon) \cdot P(\varepsilon) \pmod{p^\pi}$$

respicimus atque

$$x \cdot F(\omega^2) \cdots F(\omega^{\nu-1}) \cdot y \cdot V(\varepsilon_1) \cdots V(\varepsilon_{\lambda-1}) = \psi(\omega)$$

ponimus, denique prodit congruentia:

$$\psi(\omega) \cdot f(\omega) \equiv P(\varepsilon) \pmod{p^\pi},$$

ubi numerum $P(\varepsilon)$ factorem esse numerorum $f(\omega)$ et p^π communem maximum ex ipsa expressionis $P(\varepsilon)$ definitione elucet. Istam congruentiam si tanquam aequationem scribimus designante $G(\omega)$ numerum integrum complexum, obtinemus:

$$\psi(\omega) \cdot f(\omega) = P(\varepsilon) + G(\omega) \cdot p^\pi \quad \text{sive} \quad \psi(\omega) \cdot \frac{f(\omega)}{p^\pi} = \frac{1}{B(\varepsilon)} + G(\omega).$$

Casu $p = \nu$ habemus $f(\omega) = (1 - \omega)^m F(\omega)$, ubi numerus $\mathrm{Nm}\, F(\omega)$ ad ipsum ν primus est**). Iam posito

$$x \cdot \mathrm{Nm}\, F(\omega) \equiv 1 \pmod{\nu^\pi}$$

atque:

$$x \cdot F(\omega^2) \cdot F(\omega^3) \cdots F(\omega^{\nu-1}) = \psi(\omega)$$

obtinemus:

$$\psi(\omega) \cdot f(\omega) \equiv (1 - \omega)^m \pmod{\nu^\pi}.$$

---

*) v. § 2, 4.

**) v. adnotationem in fine paragraphi 3.

Iam posito $N = p^a \cdot q^b \cdots$, ubi $p, q, \ldots$ sunt numeri primi inter se diversi, inveniri possunt numeri $\psi_1(\omega), \psi_2(\omega), \ldots$ tales, ut sint:

$$\begin{aligned} \psi_1(\omega) \cdot f(\omega) &\equiv P(\varepsilon) \qquad (\text{mod. } p^a), \\ \psi_2(\omega) \cdot f(\omega) &\equiv Q(\varepsilon') \qquad (\text{mod. } q^b), \\ \vdots \qquad & \quad \vdots \qquad\qquad , \end{aligned}$$

ubi $P(\varepsilon)$ factor est communis maximus numerorum $f(\omega)$ et p^a, $Q(\varepsilon')$ factor communis maximus numerorum $f(\omega)$ et q^b etc. Itaque habemus:

$$\begin{aligned} Q(\varepsilon') \cdot R(\varepsilon'') \cdots \psi_1(\omega) \cdot f(\omega) &= \chi_1(\omega) f(\omega) \equiv P(\varepsilon) \cdot Q(\varepsilon') \cdots \qquad (\text{mod. } p^a), \\ P(\varepsilon) \cdot R(\varepsilon'') \cdots \psi_2(\omega) \cdot f(\omega) &= \chi_2(\omega) f(\omega) \equiv P(\varepsilon) \cdot Q(\varepsilon') \cdots \qquad (\text{mod. } q^b), \\ \vdots \qquad\qquad & \quad \vdots \qquad\quad \vdots \qquad\qquad \vdots \;. \end{aligned}$$

Deinde numerus inveniri potest complexus $\psi(\omega)$ talis, ut sit:

$$\psi(\omega) \equiv \chi_1(\omega) \quad (\text{mod. } p^a), \qquad \psi(\omega) \equiv \chi_2(\omega) \quad (\text{mod. } q^b), \ \ldots,$$

quia pro singulis coefficientibus potestatum radicum ω in ipsis $\chi(\omega)$ hae ipsae congruentiae expleri possunt. Unde denique habemus:

$$\psi(\omega) \cdot f(\omega) \equiv P(\varepsilon) \cdot Q(\varepsilon') \cdot R(\varepsilon'') \cdots \qquad (\text{mod. } N),$$

ubi dextra congruentiae pars factorem numerorum $f(\omega)$ et N communem maximum continet.

§ 5.

Dato aliquo numero primo p, qui condicionem implet $p^\mu \equiv 1$ (mod. ν), semper exstare numerum π talem, ut sit $\pi p = \mathrm{Nm}\,(e - \varepsilon)$, iam supra diximus (v. § 2). Quem numerum π generaliter ita eligere possumus, ut sit ad p primus. Quodsi enim π numerum p ideoque $\mathrm{Nm}\,(e - \varepsilon)$ numerum p^2 implicat, habemus:

$$\mathrm{Nm}\,(p + e - \varepsilon) = \pi' p = \mathrm{Nm}\,(e - \varepsilon) + p\{(e - \varepsilon_1)(e - \varepsilon_2)\cdots + (e - \varepsilon)(e - \varepsilon_2)\cdots + \cdots\} + p^2\{\cdots\}.$$

Iam si et ipsum π' factorem p contineret, etiam illa expressio per ipsum p multiplicata nihilo congrua foret modulo p. Quae expressio, tanquam functio ipsorum ε symmetrica, etiam mutatis quantitatibus ε cum numeris e nihilo congrua esse deberet. Tum autem omnes termini primo excepto evanescunt, qua de causa obtinemus:

$$(e - e_1)(e - e_2) \cdots \equiv 0 \qquad (\text{mod. } p),$$

sive igitur

$$e \equiv e_r \quad (\text{mod. } p),$$

id quod fieri non potest, nisi pro certis quibusdam numeris p, qui et ipsi divisores numeri $\text{Nm}\,(\varepsilon - \varepsilon_r)$ sunt. Quodsi enim $e \equiv e_r$ (mod. p), est quoque:

$$(e-e_r)(e_1-e_{r+1})\cdots(e_{\lambda-1}-e_{r+\lambda-1}) \equiv 0 \equiv (\varepsilon-\varepsilon_r)(\varepsilon_1-\varepsilon_{r+1})\cdots \equiv \text{Nm}\,(\varepsilon-\varepsilon_r) \quad (\text{mod. } p).$$

Theorema. Si normam numeri complexi $\text{Nm}\, f(\omega)$ numerus primus p metitur ad exponentem μ modulo v pertinens, atque $\pi p = \text{Nm}\,(e - \varepsilon)$ est, numerum $\pi \cdot f(\omega)$ aliquis factor $e - \varepsilon_k$ metiri debet.

Dem. Ponatur

$$f(\omega)\ f(\omega^{g^\lambda})\cdots f(\omega^{g^{(\mu-1)\lambda}}) = \varphi(\varepsilon)^{*)}.$$

Tum habemus:

$$\text{Nm} f(\omega) = \text{Nm}\,\varphi(\varepsilon) \equiv 0 \quad (\text{mod. } p),$$

ergo secundum § 2, 1:

$$\varphi(e_r) \equiv 0 \ (\text{mod. } p) \quad \text{et} \quad \pi\cdot\varphi(e_r) \equiv 0 \ (\text{mod. } \pi\cdot p) \quad \text{ideoque} \ \big(\text{mod. } (e-\varepsilon)\big).$$

Deinde cum appareat esse $e \equiv \varepsilon$ et $e_r \equiv \varepsilon_r$ $\big(\text{mod. } (e-\varepsilon)\big)$, obtinemus congruentias:

$$\pi\cdot\varphi(e_r) \equiv \pi\cdot\varphi(\varepsilon_r) \equiv 0 \ \big(\text{mod. } (e-\varepsilon)\big) \quad \text{sive} \quad \pi\cdot\varphi(\varepsilon) \equiv 0 \ \big(\text{mod. } (e-\varepsilon_{-r})\big)$$

id est

$$\pi\cdot f(\omega)\cdot f(\omega^{g^\lambda})\cdots f(\omega^{g^{(\mu-1)\lambda}}) \equiv 0 \quad \big(\text{mod. } (e-\varepsilon_{-r})\big),$$

sive, si congruentiam $p \equiv g^\lambda$ respicimus,

$$\pi\cdot f(\omega)\cdot f(\omega^p)\cdots f(\omega^{p^{\mu-1}}) \equiv 0 \quad \big(\text{mod. } (e-\varepsilon_{-r})\big).$$

Est vero

$$\pi\cdot f(\omega)\cdot f(\omega^p)\cdots f(\omega^{p^{\mu-1}}) \equiv \pi\cdot f(\omega)^{1+p+\cdots+p^{\mu-1}} \quad (\text{mod. } \pi p) \ \text{ideoque} \ \big(\text{mod. } (e-\varepsilon_{-r})\big),$$

ergo ratione supra adhibita:

$$\pi\cdot f(\omega) \equiv 0 \quad \big(\text{mod. } (e-\varepsilon_{-r})\big) \qquad \text{q. e. d.}$$

Qua ratione iterata facile, supposita congruentia $\text{Nm}\, f(\omega) \equiv 0$ (mod. $p^{n\cdot\mu}$), colligimus congruentiam locum habere huiusmodi:

$$\pi^n\cdot f(\omega) \equiv 0 \quad \big(\text{mod. } (e-\varepsilon_k)^m\cdot(e-\varepsilon_{k'})^{m'}\cdots\big),$$

ubi $m + m' + \cdots = n$ est.

---

*) v. *Gauss* disquisitiones arithmeticae. art. 347.

§ 6.

Sit p numerus primus talis, ut sit $p^\mu \equiv 1 \pmod{\nu}$ atque $\pi p = \mathrm{Nm}\,(e-\varepsilon)$, sitque π numerus ad ipsum p primus. Deinde ponatur

$$(e-\varepsilon_1)\cdot(e-\varepsilon_2)\cdots(e-\varepsilon_{\lambda-1}) = \varphi(\varepsilon),$$

ubi $\varphi(\varepsilon)$ ipsum p metiri non posse patet, quia posito $\varphi(\varepsilon) = p\cdot\psi(\varepsilon)$ esset

$$(e-\varepsilon)\cdot\varphi(\varepsilon) = \mathrm{Nm}\,(e-\varepsilon) = \pi p = p\cdot(e-\varepsilon)\,\psi(\varepsilon),$$

ergo

$$\pi = (e-\varepsilon)\cdot\psi(\varepsilon) \quad \text{et} \quad \pi^\lambda = \pi p\cdot\mathrm{Nm}\,\psi(\varepsilon),$$

unde sequeretur, ut ipsum π per numerum p divisibile esset.

Iam numero complexo fracto $\frac{p}{\varphi(\varepsilon)}$ tanquam modulo ad hanc quae sequitur disquisitionem utamur; id quod facile fieri potest, si statuamus, congruentiam

$$a \equiv b \quad \left(\mathrm{mod.}\ \frac{m}{n}\right)$$

locum tenere huiusce:

$$an \equiv bn \quad (\mathrm{mod.}\ m).$$

Iam patet esse

$$e \equiv \varepsilon \quad \left(\mathrm{mod.}\ \frac{p}{\varphi(\varepsilon)}\right);$$

est enim re vera $(e-\varepsilon)\cdot\varphi(\varepsilon) \equiv 0 \pmod{p}$, quia

$$(e-\varepsilon)\cdot\varphi(\varepsilon) = \mathrm{Nm}\,(e-\varepsilon) = \pi p.$$

Deinde si numerus complexus $f(\varepsilon)$ congruentiae sufficit

$$f(\varepsilon) \equiv 0 \quad \left(\mathrm{mod.}\ \frac{p}{\varphi(\varepsilon)}\right),$$

numerus p eius normam metiatur oportet. Ex ista enim congruentia concluditur $f(\varepsilon)\cdot\varphi(\varepsilon) \equiv 0 \pmod{p}$ sive

$$\mathrm{Nm}\ f(\varepsilon)\cdot\mathrm{Nm}\,\varphi(\varepsilon) \equiv 0 \quad (\mathrm{mod.}\ p^\lambda),$$

et cum habeamus $\mathrm{Nm}\,\varphi(\varepsilon) = p^{\lambda-1}\pi^{\lambda-1}$, obtinemus $\pi^{\lambda-1}\,\mathrm{Nm}\,f(\varepsilon) \equiv 0 \pmod{p}$, et quia π ad ipsum p primus est,

$$\mathrm{Nm}\,f(\varepsilon) \equiv 0 \quad (\mathrm{mod.}\ p).$$

Ex illa congruentia

$$e \equiv \varepsilon \quad \left(\mathrm{mod.}\ \frac{p}{\varphi(\varepsilon)}\right)$$

sequitur, ut quivis numerus complexus numero reali congruus sit, scilicet

$$f(\varepsilon) \equiv f(e) \quad \left(\text{mod.}\ \frac{p}{\varphi(\varepsilon)}\right),$$

unde p residua hoc modulo incongrua exstare elucet eaque numeri $0, 1, 2, \ldots p-1$. Etenim plures non existere inde patet, quod quivis numerus complexus numero reali, quivis autem numerus realis uni illorum numerorum modulo p, etiamque igitur modulo $\frac{p}{\varphi(\varepsilon)}$, congruus est. Sin vero duo illorum numerorum inter se congrui essent, earum differentia nihilo congrua fieret. Quam si litera d designamus, esset $d \cdot \varphi(\varepsilon) \equiv 0$ (mod. p), ergo $d^\lambda \cdot \text{Nm}\, \varphi(\varepsilon) = d^\lambda \cdot \pi^{\lambda-1} \cdot p^{\lambda-1} \equiv 0$ (mod. p^λ), ergo: $d^\lambda \cdot \pi^{\lambda-1} \equiv 0$ (mod. p), id quod esse nequit, quia π ad ipsum p primus atque $d < p$ est.

Iam accepto numero k eiusmodi, ut sit

$$k^\lambda \leqq p < (k+1)^\lambda,$$

statuamus cunctos numeros complexos formae $c + c_1\varepsilon + \cdots + c_{\lambda-1}\varepsilon^{\lambda-1}$, in quibus coefficientes isti c valores $0, 1, 2, \ldots k$ induunt. Horum multitudo erit $(k+1)^\lambda > p$, inter quos igitur certe duo inter se congrui erunt secundum modulum $\frac{p}{\varphi(\varepsilon)}$. Quorum altero ab altero subtracto obtinemus numerum complexum $f(\varepsilon)$, cuius coefficientes omnes inter $-k$ et $+k$ sunt, et cuius norma numerum p continet, cum ipse nihilo congruus sit modulo $\frac{p}{\varphi(\varepsilon)}$. Quare sit $\text{Nm}\, f(\varepsilon) = np$. Iam si litera M_λ maximum valorem expressionis

$$\text{Nm}\ (x + x_1\varepsilon + \cdots + x_{\lambda-1}\varepsilon^{\lambda-1})$$

designamus, ea condicione ut quantitates x cunctae inter -1 et $+1$ sint, obtinemus:

$$\frac{np}{k^\lambda} = \text{Nm}\, \frac{f(\varepsilon)}{k}, \quad \text{ideoque} \quad \frac{np}{k^\lambda} \leqq M_\lambda$$

sive

$$np \leqq M_\lambda k^\lambda \leqq M_\lambda p,$$

unde denique

$$n \leqq M_\lambda.$$

Hinc habemus hoc theorema magni momenti:

Dato aliquo numero p, qui condicionem implet $p^{\mu} \equiv 1 \pmod{\nu}$, semper invenire licet numerum n non maiorem finita quadam quantitate ab ipso p independente eumque talem, ut productum np in λ factores complexos coniunctos dissolvi possit.

Quod theorema respondet illi in theoria formarum quadraticarum theoremati fundamentali, secundum quod numerus formarum reductarum finitus est. Etiam adnotandum, illam rationem agendi adhiberi non posse ad eos numeros primos p, qui divisores sunt numerorum $\mathrm{Nm}\,(\varepsilon - \varepsilon_r)$, quarum igitur multitudo finita est. — Deinde ope huius theorematis, quantitate M determinata, numerus quam minimus inveniri potest numerorum n, quibus opus est, ut pro quolibet numero primo p, proprietate supra dicta praedito, unum productorum np norma numeri complexi sit.

Ut pro certis quibusdam numeris ν pro quovis ipsius $\nu - 1$ divisore λ omnes numeri primi, residua λ^{tarum} potestatum ipsius ν, in λ factores complexos dissolvi possint*), tantummodo necesse est, numeros primos, qui sint residua λ^{tae} potestatis modulo ν quantitatibus illis M_λ non maiores, in λ factores complexos coniunctos discerpi posse**). — Sit enim λ divisor ipsius $\nu - 1$, designetur deinde signo d quilibet ipsius λ divisor excepto ipso λ; probandum est, quemvis numerum primum, residuum λ^{tae} potestatis, in λ factores complexos dissolvi posse, simodo hoc pro numeris primis p ipso M_λ non maioribus eveniat praetereaque omnes numeri primi, residua d^{tarum} potestatum, in d factores complexos discerpi possint. Cum enim np tanquam norma repraesentari liceat, cumque factores ipsius n primi aut residua d^{tarum} potestatum aut residua λ^{tae} potestatis iique $\leqq n \leqq M_\lambda$ sint ideoque in factores complexos discerpi possint, respectu habito theorematis § 3, 2 sententiam illam probari elucet. Iam primum pro ipso λ factores ipsius $\nu - 1$ primos accipientes, illa quae ad divisores numeri λ spectat condicione sublata, ea tantum restat, ut numeri primi, residua λ^{tae} potestatis quantitate M_λ non maiores, in λ factores complexos discerpi possint. Deinde transeundo ad eos ipsius λ divisores, qui duabus

*) Adnotamus illud etiam ita exhiberi posse, ut pro his numeris ν omnes numeros primos formarum $k\nu + g^\lambda$ in λ factores complexos coniunctos dissolvi posse dicamus. Id quod illi sententiae aequivalere e facili consideratione elucet.

**) Addendum est praeterea eos numeros primos, qui numeros $\mathrm{Nm}\,(\varepsilon - \varepsilon_r)$ metiantur, pro se quosque disquirendos esse.

tantum numeris primis constant, similem condicionem adiiciendam tantum esse patet; eaque ipsa ratione ad divisores ipsius $\nu - 1$, e pluribus factoribus primis compositos, progredientes denique illam condicionem supra indicatam obtineri liquet.

Ita, ut unum tantum exemplum afferamus, posito $\nu = 5$, pro ipso numero $\nu - 1 = 4$ simplicissimis iam adiumentis $M_4 = 49$ invenitur. Iam vero tres numeri primi formae $5n + 1$ ipso M_4 minores, scilicet 11, 31, 41, in quatuor factores complexos coniunctos, e radicibus unitatis quintis compositos, discerpi possunt*). Deinde pro divisore $\lambda = 2$ omnes numeri primi, residua ipsius 5 quadratica, in duos factores complexos $(a + a_1 \varepsilon) \cdot (a + a_1 \varepsilon_1)$ dissolvi possunt. Id quod vel illa ipsa ratione erui vel e theoria formarum secundi gradus probari potest. Est enim

$$(a + a_1 \varepsilon) \cdot (a + a_1 \varepsilon_1) = (a + a_1 \omega + a_1 \omega^{-1}) \cdot (a + a_1 \omega^2 + a_1 \omega^{-2}) = a^2 - a a_1 - a_1^2.$$

Hinc igitur quemvis numerum primum formae $5n + 1$ in quatuor, quemvis numerum primum formae $5n - 1$ in duos factores complexos coniunctos, e radicibus unitatis quintis compositos, discerpi posse colligimus.

§ 7.

Iam transeuntes ad numeros ν compositos adnotamus, nos plerumque, ut iteratione supersedere possimus, ad methodos pro numeris primis exhibitas lectorem delegaturos esse, quippe quae in his quae sequantur paucis exceptis prorsus adhiberi possint.

Ponatur numerus compositus

$$\nu = a^\alpha \cdot b^\beta \cdot c^\gamma \cdots,$$

designantibus $a, b, c, \ldots$ numeros primos inter se diversos, sitque ω radix primitiva aequationis $x^\nu = 1$; hanc ipsam radicem esse aequationis:

$$f(x) = \frac{(x^\nu - 1) \cdot (x^{\frac{\nu}{ab}} - 1) \cdot (x^{\frac{\nu}{ac}} - 1) \cdots}{(x^{\frac{\nu}{a}} - 1) \cdot (x^{\frac{\nu}{b}} - 1) \cdot (x^{\frac{\nu}{c}} - 1) \cdots} = 0$$

---

*) v. Cli. *Kummer* disput. pag. 21.

notis methodis probatur, quae quidem aequatio $\varphi(\nu)^{\text{ti}}$ gradus*) omnes ν^{tas} radices unitatis primitivas amplectitur. Hanc vero aequationem reduci non posse, sive radices quasdam ω aequatione inferioris gradus atque coefficientium integrorum contineri non posse, hic probare omittimus**), cum limites huius libelli demonstrationem hic tradere non patiantur. Ex ea vero aequationis illius proprietate sequitur, ut quaecunque functio ipsius ω integra pro quibusdam ipsius ω valoribus evanescat, eadem pro omnibus quoque reliquis valoribus nihilo aequalis fiat. Quod nisi fieret, factor communis maximus istius functionis et functionis $f(x)$, cum et idem functio sit integra, tamen illas certas tantum radices ω haberet atque factor functionis $f(x)$ foret, id quod fieri nequit. — Iam designentur radices primitivae numerorum a^α, b^β, ... resp. literis g, h, ..., deinde ponatur

$$\frac{\nu}{a^\alpha} = a', \quad \frac{\nu}{b^\beta} = b', \quad \dots ;$$

tum forma

$$a'g^m + b'h^n + \cdots$$

systema numerorum ad numerum ν primorum atque inter se incongruorum contineri constat, si numeris $m, n, \dots$ sensim sensimque resp. valores $1, 2, \dots a^{\alpha-1}(a-1)$; $1, 2, \dots b^{\beta-1}(b-1)$; $\cdots$ tribuuntur.

Nunc sit λ divisor aliquis ipsius $a^{\alpha-1}(a-1)$ talis, ut multiplum sit ipsius $a^{\alpha-1}$, λ' divisor ipsius $b^{\beta-1}(b-1)$, multiplum ipsius $b^{\beta-1}$, etc., ita ut habeamus

$$\lambda\mu = a^{\alpha-1}(a-1), \quad \lambda'\mu' = b^{\beta-1}(b-1), \quad \dots,$$

et ponatur

$$\varepsilon_{k,k',\dots} = \sum_{m=0}^{m=\mu-1} \sum_{n=0}^{n=\mu'-1} \cdots \omega^{a'g^{m\lambda+k} + b'h^{n\lambda'+k'} + \cdots}$$

sive

$$\varepsilon_{k,k',\dots} = \sum_m \omega^{a'g^{m\lambda+k}} \cdot \sum_n \omega^{b'h^{n\lambda'+k'}} \cdots;$$

---

*) $\varphi(\nu)$ numerus ille est numerorum ad ipsum ν primorum eoque minorum.

**) Demonstrationem illam, de qua sermo est, proximo tempore in publicum editurus sum[1]).

[1]) *L. Kronecker*, Mémoire sur les facteurs irréductibles de l'expression $x^n - 1$. *Liouville* Journal sér. I tome 19 pag. 177—192. No. 3 des I. Bandes dieser Ausgabe von *L. Kronecker's* Werken. H.

quae expressiones partes periodorum in numeris primis ν agunt. — Numerus terminorum expressionis talis erit: $\mu\cdot\mu'\cdot\mu''\cdots$, numerus periodorum ε inter se diversarum: $\lambda\cdot\lambda'\cdot\lambda''\cdots$, cum quantitates $k, k', \ldots$ resp. valores $0, 1, 2, \ldots \lambda - 1$; $0, 1, 2, \ldots \lambda' - 1$; etc. induere possint.

Productum $\Pi(x-\varepsilon)$, ubi signum Π in omnes ipsius ε valores extendi debet, functionem radicum ω symmetricam ideoque integris potestatum x coefficientibus gaudere apparet. — Per aequationem

$$\Pi(x-\varepsilon) = 0,$$

quippe quae sit gradus $\lambda\cdot\lambda'\cdot\lambda''\cdots$, quaevis ipsius ε potestas $\geqq \lambda\cdot\lambda'\cdot\lambda''\cdots$ potestatibus inferioribus exprimi potest.

Duae periodi ε diversorum indicum aequales esse non possunt.

Primum enim ex aequatione $\varepsilon_{0,0,0,\ldots} = \varepsilon_{k,k',k'',\ldots}$ sequeretur aequatio eiusmodi $\varepsilon_{0,0,0,\ldots} = \varepsilon_{k,mk',nk'',\ldots}$ *) designantibus $m, n, \ldots$ numeros quoscunque integros. Iam ponendo $m = b^{\beta-1}(b-1)$, $n = c^{\gamma-1}(c-1)$, etc. obtinemus $\varepsilon_{0,0,0,\ldots} = \varepsilon_{k,0,0,\ldots}$ sive respecta illa altera ipsorum ε definitione atque sublatis factoribus utriusque partis communibus:

$$\sum \omega^{a'g^{m\lambda}} = \sum \omega^{a'g^{m\lambda+k}};$$

cumque $\omega^{a'}$ sit radix aequationis $x^{a^\alpha} = 1$ primitiva, pro iis unitatis radicibus, quae ad numerorum primorum potestates pertinent, illud theorema demonstrare sufficit. Quem ad finem designamus brevitatis causa signo ε_k expressionem $\Sigma\omega^{a'g^{m\lambda+k}}$ et ipsam radicem unitatis $a^{\alpha\text{tam}}$ primitivam litera ω, ponatur denique $a^{\alpha-1}(a-1) = \mathfrak{a}$, ita ut habeamus

$$\varepsilon_k = \sum \omega^{g^{m\lambda+k}}.$$

Iam colliguntur ex aequatione $\varepsilon_0 = \varepsilon_k$ haece:

$$\varepsilon_1 = \varepsilon_{k+1}, \quad \varepsilon_2 = \varepsilon_{k+2}, \ldots$$

unde igitur:

$$\text{I.} \qquad \varepsilon + \varrho\varepsilon_1 + \varrho^2\varepsilon_2 + \cdots + \varrho^{\lambda-1}\varepsilon_{\lambda-1} = \varepsilon_k + \varrho\varepsilon_{k+1} + \varrho^2\varepsilon_{k+2} + \cdots + \varrho^{\lambda-1}\varepsilon_{k+\lambda-1},$$

ubi ϱ radix quaecunque sit aequationis $x^{\mathfrak{a}} = 1$. Posito:

*) Nempe mutando ipsum ω, id quod secundum supra dicta facere licet.

$$\omega + \varrho\omega^g + \varrho^2\omega^{g^2} + \cdots + \varrho^{a-1}\omega^{g^{a-1}} = (\varrho, \omega)$$

obtinemus secundum (I) pro quovis ipsius ϱ valore, qui radix est aequationis $x^\lambda = 1$:

$$(\varrho, \omega) = (\varrho, \omega^{g^k}) = (\varrho, \omega) \cdot \varrho^{-k},$$

unde

$$(\varrho, \omega) \cdot (1 - \varrho^{-k}) = 0,$$

id quod certe fieri non posse pro radicibus ϱ aequationis $x^\lambda = 1$ primitivis iam probemus. Pro his enim $(1 - \varrho^{-k})$ evanescere nequit, quia $k < \lambda$ est. Deinde (ϱ, ω) non evanescit, quod demonstrari potest*) productum $(\varrho, \omega) \cdot (\varrho^{-1}, \omega) = \pm a^\alpha$ evadere nisi $\varrho^{a^{\alpha-2}(a-1)} = 1$; cumque λ multiplum ipsius $a^{\alpha-1}$ atque ϱ radicem aequationis $x^\lambda = 1$ primitivam supposuerimus, radicem ϱ aequationi $\varrho^{a^{\alpha-2}(a-1)} = 1$ sufficere non posse ideoque quantitatem (ϱ, ω) non evanescere facile perspicitur.

Posito $A, A_1, \ldots$ numeros reales integros esse, expressio formae:

$$A + A_1\varepsilon + A_2\varepsilon^2 + \cdots + A_{L-1}\varepsilon^{L-1} = f(\varepsilon) \text{**)}$$

numerus complexus dicetur.

Ex aequatione $f(\varepsilon) = 0$ colligitur $f(\varepsilon_k) = 0$, quia $f(\varepsilon)$ radicum ω functio est integra. — Deinde e relatione $f(\varepsilon) = 0$ colligimus esse $A = A_1 = A_2 = \cdots = 0$. Cum enim $f(x)$ pro omnibus periodis ε i. e. pro L valoribus ipsius x (quos inter se diversos esse supra probavimus) evanescat, tamenque gradus tantum $L-1^{\text{ti}}$ sit, coefficientes evanescere necesse est. Unde haec theoremata patent: Duabus numeris complexis inter se aequalibus et singuli numeri coniuncti et coefficientes resp. aequales sunt.

Quaevis periodus $\varepsilon_{k,k',k'',\ldots}$ tanquam functio integra coefficientium rationalium unius periodi repraesentari potest. Ad quod probandum primum numerus ν potestas numeri primi $(\nu = a^\alpha)$ ponendus est. Iam designante litera ω radicem primitivam aequationis $x^{a^\alpha} = 1$ ponatur:

$$\omega^{g^k} + \omega^{g^{\lambda+k}} + \cdots + \omega^{g^{(\mu-1)\lambda+k}} = \varepsilon_k = \varepsilon(\omega^{g^k}),$$

denique

*) Id quod fusius exponere omittimus.

**) Posuimus $L = \lambda \cdot \lambda' \cdot \lambda'' \cdots$.

$$\lambda = a^{\alpha-1} \cdot d \qquad \text{et} \qquad d \cdot \mu = a - 1 .$$

Radix ω cum aequationi sufficiat:

$$1 + \omega^{a^{\alpha-1}} + \omega^{2a^{\alpha-1}} + \cdots + \omega^{(a-1)a^{\alpha-1}} = 0$$

ideoque

$$\omega^r + \omega^{r+a^{\alpha-1}} + \omega^{r+2a^{\alpha-1}} + \cdots + \omega^{r+(a-1)a^{\alpha-1}} = 0,$$

habemus aequationes:

$$\varepsilon(\omega^r) + \varepsilon(\omega^{a^{\alpha-1}+r}) + \cdots + \varepsilon(\omega^{(a-1)a^{\alpha-1}+r}) = 0,$$

in quibus numerus r valores $1, 2, \ldots a^{\alpha-1} - 1$ induere potest. Inter quas vero quaeque μ inter se congruunt, unde numerus aequationum inter se diversarum est $\frac{a^{\alpha-1}-1}{\mu} + 1$, addita illa aequatione pro $r = 0$ scilicet:

$$\mu + \varepsilon(\omega^{a^{\alpha-1}}) + \cdots + \varepsilon(\omega^{(a-1)a^{\alpha-1}}) = 0.$$

Numerus expressionum omnium $\varepsilon(\omega^r)$ inter se diversarum est $\frac{a^\alpha - 1}{\mu}$, quarum autem $\frac{a^{\alpha-1} - 1}{\mu} + 1$ reliquis per illas aequationes lineariter exprimere licet; qua de causa tantum $\frac{a^\alpha - a^{\alpha-1}}{\mu} - 1$ sive $\lambda - 1$ restant. Iam quamvis ipsius $\varepsilon(\omega^{g^k})$ potestatem tanquam functionem linearem *omnium* expressionum $\varepsilon(\omega^r)$ ideoque tanquam functionem linearem aliquarum $(\lambda - 1)$ quantitatum $\varepsilon(\omega^r)$ repraesentari posse nullo negotio perspicitur. Qua de causa ponamus potestates $\varepsilon_k^2, \varepsilon_k^3, \ldots \varepsilon_k^{\lambda-1}$ repraesentatas $\lambda - 1$ expressionibus $\varepsilon(\omega^r)$, inter quas sint ε_k et $\varepsilon(\omega^n)$. Ex quibus $\lambda - 2$ aequationibus, reliquis $\lambda - 3$ quantitatibus $\varepsilon(\omega^r)$ eliminatis, restabit aequatio huius formae:

$$A + A_1 \varepsilon_k + A_2 \varepsilon_k^2 + \cdots + A_{\lambda-1} \varepsilon_k^{\lambda-1} = B \cdot \varepsilon(\omega^n),$$

ubi certe non omnes coefficientes A evanescere possunt. Coefficientem B evanescere non posse, solutionem igitur non illusoriam esse, inde elucet, quod functio periodi ε_k gradus $(\lambda - 1)^{\text{ti}}$ integra evanescere nequit, nisi ipsi coefficientes nihilo aequales sunt.*)

Quodsi iam ν numerum aliquem compositum ponimus, atque

$$\Sigma \omega^{a' g^{m\lambda + k}} = \varepsilon_k, \quad \Sigma \omega^{b' h^{n\lambda' + k'}} = \varepsilon'_{k'}, \ldots,$$

*) Id quod ratione supra (pag. 31) exhibita probatur.

igitur secundum illam definitionem:

$$\varepsilon_{k,k',\ldots} = \varepsilon_k \cdot \varepsilon'_{k'} \cdots,$$

scimus hoc productum exprimi posse producto functionum rationalium ipsorum $\varepsilon, \varepsilon', \varepsilon'' \ldots$. Restat igitur, ut probemus quodvis productum $\varepsilon^i \cdot \varepsilon'^{i'} \cdots$ repraesentari posse potestatibus

$$(\varepsilon \cdot \varepsilon' \cdot \varepsilon'' \cdots), \quad (\varepsilon \cdot \varepsilon' \cdot \varepsilon'' \cdots)^2, \quad \ldots \quad (\varepsilon \cdot \varepsilon' \cdot \varepsilon'' \cdots)^{L-1}.$$

Cum vero quaeque i^{ta} ipsius ε potestas potestate prima, secunda, etc., $(\lambda - 1)^{\text{ta}}$ exprimi possit, illae $L - 1$ potestates quantitatis $(\varepsilon \cdot \varepsilon' \cdot \varepsilon'' \cdots)$ repraesentari possunt variis productis $\varepsilon^i \cdot \varepsilon'^{i'} \cdots$, in quibus $i < \lambda$, $i' < \lambda'$, ..., quorum igitur numerus est $\lambda \cdot \lambda' \cdot \lambda'' \cdots = L$, vel excepto producto $\varepsilon^0 \cdot \varepsilon'^0 \cdots = 1$ restant $L - 1$ producta, quibus potestates $(\varepsilon \cdot \varepsilon' \cdots)^2$, $(\varepsilon \cdot \varepsilon' \cdots)^3$, ... expressae sunt. Ex quibus aequationibus $L - 2$ si omnia eliminamus producta exceptis $\varepsilon \cdot \varepsilon' \cdot \varepsilon'' \cdots$ et certo quodam $\varepsilon^i \cdot \varepsilon'^{i'} \cdots$, quorum igitur multitudo $L - 3$, obtinemus aequationem formae:

$$A + A_1(\varepsilon \cdot \varepsilon' \cdots) + A_2(\varepsilon \cdot \varepsilon' \cdots)^2 + \cdots + A_{L-1}(\varepsilon \cdot \varepsilon' \cdots)^{L-1} = B \cdot (\varepsilon^i \cdot \varepsilon'^{i'} \cdots),$$

in qua certe non omnes coefficientes A evanescere possunt. Ideoque coefficientem B non evanescere inde patet, quod functio periodi ε gradus $(L - 1)^{\text{ti}}$ evanescere nequit, nisi omnes eius coefficientes evanescunt (v. supra pag. 31).

Ex quibus dictis satis elucet, quodque numerorum complexorum productum rursus in formam:

$$A + A_1 \varepsilon + A_2 \varepsilon^2 + \cdots + A_{L-1} \varepsilon^{L-1}$$

redigi posse ideoque et ipsum numerum complexum esse.

Productum numerorum coniunctorum omnium norma appellatur et sicut supra signo $\mathrm{Nm}\, f(\varepsilon)$ denotatur.

Iam eadem ratione, qua Cl. *Kummer* in numeris primis v demonstravit, congruentiam λ^{ti} gradus $\mathrm{Nm}\,(x - \varepsilon) \equiv 0 \pmod{p}$ habere λ radices, et numero primo p sufficiente condicioni $p^\mu \equiv 1 \pmod{v}$, et casu $p = v$ (v. § 2), id quod huic rei respondet, posito v numerum esse compositum, probari potest: scilicet congruentiam gradus $\lambda \cdot \lambda' \cdot \lambda'' \cdots$ hanc:

$$\mathrm{Nm}\,(x - \varepsilon) \equiv 0 \pmod{p}$$

habere totidem radices reales, si p supponitur numerus talis, ut sit

$$p^{\mu} \equiv 1 \pmod{a^{\alpha}}, \qquad p^{\mu'} \equiv 1 \pmod{b^{\beta}}, \ldots,$$

vel etiam pro aliquo ipsius ν factore primo e. g. $p = a$, dummodo

$$a^{\mu'} \equiv 1 \pmod{b^{\beta}}, \qquad a^{\mu''} \equiv 1 \pmod{c^{\gamma}}, \cdots$$

sit*).

Pro talibus numeris primis p, quales tantum congruentiis sufficiunt

$$p^{a^{k}.\delta} \equiv 1 \pmod{a^{\alpha}}, \qquad p^{b^{k'}.\delta'} \equiv 1 \pmod{b^{\beta}}, \ldots,$$

ubi δ, δ' ... divisores numerorum $a-1$, $b-1$, ..., numeri autem k, k', ... vel omnes vel partim > 0 sunt, erit $\mathrm{Nm}\,(x - \varepsilon) \equiv 0 \pmod{p}$ designante ε periodum compositam e radicibus primitivis aequationis

$$z^{a^{\alpha-k}.b^{\beta-k'}\cdots} = 1,$$

atque habebuntur $\frac{\varphi(\nu)}{a^{k}.\delta \cdot b^{k'}.\delta' \cdots}$ istius congruentiae radices x.

Quibus iam praeparatis, theoremata iis, quae in paragraphis 2—6 pro numeris primis ν tradita sunt, respondentia nullo fere negotio pro numeris compositis ν probari possunt.

---

*) Id quod etiam e theoremate quodam generali a Clo. *Schoenemann* tradito colligi potest (*Crelle's* Journal Bd. 19, S. 293).

PARS ALTERA.

§ 8.

Posito literas ν, μ, λ, ω, ε eandem habere vim quam in § 1 etiamque acceptis numeris complexis formae illius:

$$a\varepsilon + a_1\varepsilon_1 + \cdots + a_{\lambda-1}\varepsilon_{\lambda-1} = f(\varepsilon)$$

numerum talem complexum, cuius norma sit ± 1, unitatem complexam vocamus.

Disquisitio igitur unitatum complexarum eadem est, quae disquisitio formarum quarundam altiorum graduum $F = 1$. Normam enim numeri

$$a\varepsilon + a_1\varepsilon_1 + \cdots + a_{\lambda-1}\varepsilon_{\lambda-1}$$

formam esse λ^{ti} gradus atque λ indeterminatarum $a, a_1, \ldots a_{\lambda-1}$ et quidem determinantis, ut ita dicam, numeri primi ν sponte patet*). Quas aequationes $F = 1$ fere partes aequationis Pellianae agere imprimis ex eo elucet, quod casu $\lambda = 2$ atque $\nu \equiv 1 \pmod{4}$ fit

$$\varepsilon = -\tfrac{1}{2} + \tfrac{1}{2}\sqrt{\nu}, \quad \varepsilon_1 = -\tfrac{1}{2} - \tfrac{1}{2}\sqrt{\nu},$$

unde

$$\operatorname{Nm} f(\varepsilon) = \tfrac{1}{4}\,\{(a + a_1)^2 - \nu\,(a - a_1)^2\}.$$

Nunc primum adnotamus ipsas unitatis radices ω unitates simplices appellari atque quamlibet unitatem complexam, unitate simplici multiplicatam, realem reddi posse demonstrabimus, in qua demonstratione Cli. *Kummer* vestigia fere omnino sequemur**).

Cum omnis periodorum functio etiam tanquam ipsarum radicum functio considerari possit, ponimus $f(\varepsilon) = \varphi(\omega)$, sitque $\operatorname{Nm} f(\varepsilon) = 1$, ergo etiam $\operatorname{Nm} \varphi(\omega) = 1$. Sit porro

---

*) Cf. *Eisenstein* „de formis cubicis etc." (*Crelles* Journal, Bd. 28 [S. 289–374]).

**) Disputatio Cli. *Kummer* § 4.

$$\frac{\varphi(\omega)}{\varphi(\omega^{-1})} = \psi(\omega),$$

quem numerum integrum esse apertum est, scilicet

$$\psi(\omega) = \varphi(\omega)^2 \cdot \varphi(\omega^2) \cdots \varphi(\omega^{\nu-2}).$$

Iam posito

$$\psi(\omega) = c + c_1\omega + c_2\omega^2 + \cdots + c_{\nu-1}\omega^{\nu-1}$$

additis aequationibus:

$$\psi(\omega)\cdot\psi(\omega^{-1}) = 1, \quad \psi(\omega^2)\cdot\psi(\omega^{-2}) = 1, \quad \ldots \quad \psi(\omega^{\nu-1})\cdot\psi(\omega^{-(\nu-1)}) = 1$$

obtinemus:

$$\nu(c^2 + c_1^2 + \cdots + c_{\nu-1}^2) - (c + c_1 + \cdots + c_{\nu-1})^2 = \nu - 1\,{}^{*}),$$

unde

$$c + c_1 + \cdots + c_{\nu-1} \equiv \pm 1 \pmod{\nu},$$

quocirca haec coefficientium summa etiam aequalis ± 1 accipi potest. Itaque habemus:

$$c^2 + c_1^2 + \cdots + c_{\nu-1}^2 = 1,$$

unde sequitur, ut esse debeat $c_n = \pm 1$, omnes reliqui vero numeri c nihilo aequales. Invenimus igitur

$$\psi(\omega) = \frac{\varphi(\omega)}{\varphi(\omega^{-1})} = \pm\,\omega^n$$

esse, unde (cum signum $+$ valere ex congruentia $\varphi(\omega) \equiv \omega^n\varphi(\omega^{-1}) \pmod{(1-\omega)}$ colligere possimus):

$$\varphi(\omega) = \omega^n \cdot \varphi(\omega^{-1}),$$

atque posito $-n \equiv 2m \pmod{\nu}$ denique:

$$\omega^m\,\varphi(\omega) = \omega^{-m}\varphi(\omega^{-1}).$$

Ex qua aequatione apparet, quamlibet unitatem $\varphi(\omega)$, multiplicando per unitatem quandam simplicem, talem fieri posse, ut mutato ω in ω^{-1} immutata maneat, i. e. ut functio ipsorum $\omega + \omega^{-1}$, $\omega^2 + \omega^{-2}$, . . ., ergo realis evadat. Igitur si ad unitates formae $f(\varepsilon)$ revertimur, unitates complexae tanquam functiones periodorum *paris* terminorum numeri accipi possunt.

Iam ostendemus pro quibusvis numeris ν et λ unitates existere infinite multas easque inter se diversas. Posito enim:

---

*) Cf. id quod pag. 13 exposuimus.

$$\varphi(\omega) = \frac{(1-\omega^g)\cdot(1-\omega^{g^{\lambda+1}})\cdots(1-\omega^{g^{(\mu-1)\lambda+1}})}{(1-\omega\ )\cdot(1-\omega^{g^{\lambda}}\ )\cdots(1-\omega^{g^{(\mu-1)\lambda}}\ )} = \psi(\varepsilon),$$

normam huius expressionis unitati aequalem facile patet, cum norma et numeratoris et denominatoris sit ν^{μ}. Deinde illam expressionem numerum complexum integrum esse patet, cum pro se quisque factor numeratoris $(1-\omega^{g^{k\lambda+1}})$ factore quodam denominatoris $(1-\omega^{g^{k\lambda}})$ dividi possit, quia $\frac{1-\omega^{g^{k\lambda+1}}}{1-\omega^{g^{k\lambda}}} = \frac{1-x^g}{1-x}$ posito $\omega^{g^{k\lambda}} = x$. Denique illa expressio functio periodorum ε est, quia mutata radice ω in $\omega^{g^{k\lambda}}$ immutata manet. Hinc igitur patet $\psi(\varepsilon)$ unitatem esse integram complexam. — Etiamque producta:

$$\psi(\varepsilon)^n \cdot \psi(\varepsilon_1)^{n_1} \cdots \psi(\varepsilon_{\lambda-1})^{n_{\lambda-1}},$$

designantibus $n_1, n_2, \ldots n_{\lambda-1}$ quoscunque numeros integros, unitates integras complexas esse apparet, quas quidem omnes inter se diversas infra probabimus.

Adnotamus quamvis quantitatem $\psi(\varepsilon_k)$ positivam realem esse. Etenim cum numerus μ par suppositus sit, cuique factori

$$1-\omega^{g^{n\lambda+k+1}} \quad \text{factor} \quad 1-\omega^{-g^{n\lambda+k+1}}$$

respondet. Quibus multiplicatis obtinemus

$$2-2\cos v = 4\sin^2 \tfrac{1}{2} v,$$

ubi

$$v = \frac{2}{\nu}\cdot g^{n\lambda+k+1}\cdot\pi.$$

Unde iam et numeratorem et denominatorem ipsius $\psi(\varepsilon_k)$ positivum esse elucet.

§ 9.

Sit unitas illa $\psi(\varepsilon) = c\varepsilon + c_1\varepsilon_1 + \cdots + c_{\lambda-1}\varepsilon_{\lambda-1}$, quam positivam realem esse modo demonstravimus, atque ponatur:

$$\text{(I.)}\qquad \begin{aligned} c\varepsilon\ &+ c_1\varepsilon_1 + \cdots + c_{\lambda-1}\varepsilon_{\lambda-1} = r_1,\\ c\varepsilon_1\ &+ c_1\varepsilon_2 + \cdots + c_{\lambda-1}\varepsilon\ \ \ \ \ = r_2,\\ &\ \vdots \qquad\quad \vdots \qquad\qquad \vdots\\ c\varepsilon_{\lambda-1} &+ c_1\varepsilon\ + \cdots + c_{\lambda-1}\varepsilon_{\lambda-2} = r_\lambda.\end{aligned}$$

Deinde sit data aliqua unitas $a\varepsilon + a_1\varepsilon_1 + \cdots + a_{\lambda-1}\varepsilon_{\lambda-1}$ atque designentur similiter valores absoluti factorum coniunctorum resp. literis $f_1, f_2, \ldots f_\lambda$. Iam ponantur:

$$
\text{(II.)} \qquad
\begin{aligned}
f_1 &= r_1^{n_1} \cdot r_2^{n_2} \cdots r_{\lambda-1}^{n_{\lambda-1}}, \\
f_2 &= r_2^{n_1} \cdot r_3^{n_2} \cdots r_{\lambda}^{n_{\lambda-1}}, \\
f_3 &= r_3^{n_1} \cdot r_4^{n_2} \cdots r_{1}^{n_{\lambda-1}}, \\
&\vdots \\
f_{\lambda-1} &= r_{\lambda-1}^{n_1} \cdot r_\lambda^{n_2} \cdots r_{\lambda-3}^{n_{\lambda-1}}, \\
f_\lambda &= r_\lambda^{n_1} \cdot r_1^{n_2} \cdots r_{\lambda-2}^{n_{\lambda-1}}.
\end{aligned}
$$

Quod systema $\lambda - 1$ aequationum atque $\lambda - 1$ indeterminatarum n est, nam aequationibus omnibus multiplicatis per condicionem

$$f_1 \cdot f_2 \cdots f_\lambda = r_1 \cdot r_2 \cdots r_\lambda = 1$$

aequationem identicam $1 = 1$ obtinemus, unde sequitur, ut quaevis istarum aequationum e $\lambda - 1$ reliquis deduci possit. Quodsi in systemate (II) logarithmos pro numeris adhibemus atque signis

$$\log f_k = \varphi_k, \qquad \log r_k = \varrho_k$$

valores logarithmorum naturalium denotamus, obtinetur:

$$
\text{(III.)} \qquad
\begin{aligned}
\varphi_1 &= n_1 \varrho_1 + n_2 \varrho_2 + \cdots + n_{\lambda-1} \varrho_{\lambda-1}, \\
\varphi_2 &= n_1 \varrho_2 + n_2 \varrho_3 + \cdots + n_{\lambda-1} \varrho_\lambda, \\
&\vdots \\
\varphi_\lambda &= n_1 \varrho_\lambda + n_2 \varrho_1 + \cdots + n_{\lambda-1} \varrho_{\lambda-2}.
\end{aligned}
$$

Quibus aequationibus deinceps per $1, \alpha, \alpha^2, \ldots \alpha^{\lambda-1}$ multiplicatis (ubi α radix aliqua unitatis λ^{ta} est) iisque additis eadem qua in § 1 usi sumus ratione obtinemus:

$$\text{(IV.)} \quad \varphi_1 + \varphi_2 \alpha + \cdots + \varphi_\lambda \alpha^{\lambda-1} = (n_1 + n_2 \alpha^{-1} + \cdots + n_{\lambda-1} \alpha^{-(\lambda-2)}) \cdot (\varrho_1 + \varrho_2 \alpha + \cdots + \varrho_\lambda \alpha^{\lambda-1}).$$

Iam positis:

$$
\begin{aligned}
\varphi_1 + \varphi_2 \alpha + \varphi_3 \alpha^2 + \cdots + \varphi_\lambda \alpha^{\lambda-1} &= \varphi(\alpha), \\
\varrho_1 + \varrho_2 \alpha + \varrho_3 \alpha^2 + \cdots + \varrho_\lambda \alpha^{\lambda-1} &= \varrho(\alpha)
\end{aligned}
$$

erit

$$\varphi(\alpha) = \varrho(\alpha) \cdot (n_1 + n_2 \alpha^{-1} + \cdots + n_{\lambda-1} \alpha^{-(\lambda-2)}),$$

ergo:

$$\text{(V.)} \qquad \frac{\varphi(\alpha)\cdot\varrho(\alpha^2)\cdot\varrho(\alpha^3)\cdots\varrho(\alpha^{\lambda-1})}{\varrho(\alpha)\cdot\varrho(\alpha^2)\cdot\varrho(\alpha^3)\cdots\varrho(\alpha^{\lambda-1})} = n_1 + n_2\alpha^{-1} + \cdots + n_{\lambda-1}\alpha^{-(\lambda-2)},$$

quae aequatio systematis (III) solutionem repraesentat. Etenim posito brevitatis causa:

$$\frac{\varphi(\alpha)\cdot\varrho(\alpha^2)\cdots\varrho(\alpha^{\lambda-1})}{\varrho(\alpha)\cdot\varrho(\alpha^2)\cdots\varrho(\alpha^{\lambda-1})} = \psi(\alpha),$$

atque designante α radicem unitatis λ^{tam} *primitivam*, aequatio (V) locum tenet aequationum:

$$\psi(\alpha^k) = n_1 + n_2\alpha^{-k} + \cdots + n_{\lambda-1}\alpha^{-k(\lambda-2)} \qquad (k=1, 2, \ldots \lambda-1).$$

Unde (sicut pag. 13) colligimus esse:

$$\alpha^k\psi(\alpha) + \alpha^{2k}\psi(\alpha^2) + \cdots + \alpha^{(\lambda-1)k}\psi(\alpha^{\lambda-1}) = \lambda n_{k+1} - (n_1 + n_2 + \cdots + n_{\lambda-1})$$

pro valoribus $k = 0, 1, \ldots \lambda - 2$ et

$$\alpha^{\lambda-1}\psi(\alpha) + \alpha^{2(\lambda-1)}\psi(\alpha^2) + \cdots + \alpha^{(\lambda-1)^2}\psi(\alpha^{\lambda-1}) = -(n_1 + n_2 + \cdots + n_{\lambda-1}),$$

ergo denique:

$$\text{(VI.)} \qquad \lambda n_{k+1} = (\alpha^k - \alpha^{-1})\psi(\alpha) + (\alpha^{2k} - \alpha^{-2})\psi(\alpha^2) + \cdots + (\alpha^{(\lambda-1)k} - \alpha)\psi(\alpha^{\lambda-1}),$$

qua aequatione re vera quodvis n quantitatibus ϱ et φ expressum est.

Sed etiam determinantem systematis (III) non evanescere demonstrandum est. Qui determinans denominator sinistrae partis aequationis (V) scilicet productum

$$\varrho(\alpha)\cdot\varrho(\alpha^2)\cdots\varrho(\alpha^{\lambda-1})$$

est, designante α radicem primitivam. Ergo probandum est, nullum istius producti factorem evanescere, seu quantitatem

$$\varrho_1 + \varrho_2\alpha + \varrho_3\alpha^2 + \cdots + \varrho_\lambda\alpha^{\lambda-1} \qquad \text{i. e.} \qquad \sum_{k=0}^{k=\lambda-1} \varrho_{k+1}\alpha^k$$

pro quavis unitatis radice λ^{ta} unitate excepta a nihilo diversam esse. — Iam substituto ipsius ϱ_{k+1} valore scilicet:

$$\varrho_{k+1} = \log r_{k+1} = \log\frac{(1-\omega^{g^{k+1}})\cdot(1-\omega^{g^{k+1+\lambda}})\cdots(1-\omega^{g^{k+1+(\mu-1)\lambda}})}{(1-\omega^{g^k})\cdot(1-\omega^{g^{k+\lambda}})\cdots(1-\omega^{g^{k+(\mu-1)\lambda}})},$$

sive:

$$\begin{aligned}\varrho_{k+1} = {} & \log(1-\omega^{g^{k+1}}) + \log(1-\omega^{g^{k+1+\lambda}}) + \cdots + \log(1-\omega^{g^{k+1+(\mu-1)\lambda}}) \\ & -\log(1-\omega^{g^k}) \quad - \log(1-\omega^{g^{k+\lambda}}) \quad - \cdots - \log(1-\omega^{g^{k+(\mu-1)\lambda}}),\end{aligned}$$

$\varrho(\alpha)$ sive $\Sigma \varrho_{k+1} \alpha^k$ abit in:

$$\begin{cases} \sum_0^{\lambda-1} \{\log(1-\omega^{g^{k+1}}) + \log(1-\omega^{g^{k+1+\lambda}}) + \cdots + \log(1-\omega^{g^{k+1+(\mu-1)\lambda}})\} \alpha^k \\ -\sum_0^{\lambda-1} \{\log(1-\omega^{g^k}) \quad + \log(1-\omega^{g^{k+\lambda}}) \quad + \cdots + \log(1-\omega^{g^{k+(\mu-1)\lambda}})\} \alpha^k \end{cases}$$

sive

$$\sum_{k=0}^{k=\mu\lambda-1} \alpha^k \cdot \log(1-\omega^{g^{k+1}}) - \sum_{k=0}^{k=\mu\lambda-1} \alpha^k \cdot \log(1-\omega^{g^k}),$$

ratione scilicet habita aequationis $\alpha^{k+s\lambda} = \alpha^k$.

Iam cum sit:

$$-\log(1-\omega^{g^k}) = \frac{\omega^{g^k}}{1} + \frac{\omega^{2g^k}}{2} + \frac{\omega^{3g^k}}{3} + \cdots,$$

fit:

$$-\sum_0^{\mu\lambda-1} \alpha^k \cdot \log(1-\omega^{g^k}) = \sum_n \sum_{k=0}^{k=\mu\lambda-1} \alpha^k \cdot \frac{\omega^{ng^k}}{n},$$

in qua summatione n omnes numeros integros positivos ad numerum ν primos designat. Nam pro valoribus $n = r\nu$ fit $\omega^{ng^k} = 1$ et

$$\sum_0^{\mu\lambda-1} \frac{\alpha^k}{n} = \frac{1}{n}(1+\alpha+\alpha^2+\cdots+\alpha^{\mu\lambda-1}) = 0.$$

Quodsi Cli. *Jacobi* signis utimur, expressio

$$\sum_n \sum_0^{\mu\lambda-1} \alpha^k \cdot \frac{\omega^{ng^k}}{n} \quad \text{abit in} \quad \sum_n \frac{1}{n}(\alpha, \omega^n),$$

ubi

$$(\alpha, \omega) = \omega + \alpha\omega^g + \alpha^2\omega^{g^2} + \cdots + \alpha^{\nu-2}\omega^{g^{\nu-2}},$$

et adhibita relatione $(\alpha, \omega^n) = \alpha^{-\operatorname{Ind.} n}(\alpha, \omega)$ obtinemus:

$$-\sum \alpha^k \cdot \log(1-\omega^{g^k}) = (\alpha, \omega) \cdot \sum \frac{\alpha^{-\operatorname{Ind.} n}}{n},$$

et mutato ω in ω^g:

$$\sum \alpha^k \cdot \log(1-\omega^{g^{k+1}}) = -(\alpha, \omega^g) \cdot \sum \frac{\alpha^{-\operatorname{Ind.} n}}{n}$$

id est

$$\sum \alpha^k \cdot \log(1-\omega^{g^{k+1}}) = -\alpha^{-1}(\alpha, \omega) \cdot \sum \frac{\alpha^{-\operatorname{Ind.} n}}{n}.$$

Ergo habemus denique:

$$\varrho(\alpha) = (1 - \alpha^{-1})\cdot(\alpha, \omega)\cdot\sum_n \frac{\alpha^{-\mathrm{Ind.}\, n}}{n}.$$

Iam neque factor (α, ω) neque $(1 - \alpha^{-1})$ evanescere potest. Prior enim sententia ex aequatione

$$(\alpha, \omega)\cdot(\alpha^{-1}, \omega) = \pm \nu,$$

secunda ex eo, quod α ab unitate diversum positum est, elucet. Restat igitur, ut factorem $\sum \frac{\alpha^{-\mathrm{Ind.}\, n}}{n}$ non evanescere probetur. Tum etiam $\sum \frac{\alpha^{+\mathrm{Ind.}\, n}}{n}$ evanescere deberet, id quod pro nullo α, quod sit radix aequationis $x^{\nu-1} = 1$, ideoque etiam pro nulla radice unitatis λ^{ta} α fieri posse Cl. *Lejeune-Dirichlet* in illustri illa commentatione „de progressione arithmetica infinita"[1]) etc. (§ 4 et 5) singularibus illis methodis demonstravit.

§ 10.

Si in valoribus quantitatum n, aequatione IV § 9 determinatis, numeros integros quam maximos secernimus, ita ut sint

$$n_1 = E_1 + \delta_1,\quad n_2 = E_2 + \delta_2,\ \ldots,$$

quantitatibus δ inter 0 et 1 acceptis, aequationes II § 9 mutantur in:

$$\text{(I.)}\qquad f_1 = r_1^{E_1}\cdot r_2^{E_2}\cdots r_{\lambda-1}^{E_{\lambda-1}}\cdot r_1^{\delta_1}\cdot r_2^{\delta_2}\cdots r_{\lambda-1}^{\delta_{\lambda-1}}$$

. . . .

Ex quibus aequationibus, cum et f_1 et $r_1^{E_1}\cdot r_2^{E_2}\cdots r_{\lambda-1}^{E_{\lambda-1}}$ unitates integrae complexae sint, alter quoque dextrae partis factor:

$$r_1^{\delta_1}\cdot r_2^{\delta_2}\cdots r_{\lambda-1}^{\delta_{\lambda-1}}$$

unitas integra complexa sit oportet. Ponatur igitur:

---

[1]) *G. Lejeune-Dirichlet,* Beweis des Satzes, dass jede unbegrenzte arithmetische Progression, deren erstes Glied und Differenz ganze Zahlen ohne gemeinschaftlichen Factor sind, unendlich viele Primzahlen enthält. Abh. d. Preuss. Akad. d. Wissensch. v. J. 1837. S. 45—81. *Lejeune-Dirichlet's* Werke. Bd. I S. 313—342. H.

$$\text{(II.)}\qquad \begin{aligned} r_1^{\delta_1} \cdot r_2^{\delta} \cdots r_{\lambda-1}^{\delta_{\lambda-1}} &= F_1 = A\varepsilon \quad + A_1\varepsilon_1 + \cdots + A_{\lambda-1}\varepsilon_{\lambda-1}, \\ r_2^{\delta_1} \cdot r_3^{\delta_2} \cdots r_{\lambda}^{\delta_{\lambda-1}} &= F_2 = A\varepsilon_1 \quad + A_1\varepsilon_2 + \cdots + A_{\lambda-1}\varepsilon, \\ &\vdots \\ r_\lambda^{\delta_1} \cdot r_1^{\delta_2} \cdots r_{\lambda-2}^{\delta_{\lambda-1}} &= F_\lambda = A\varepsilon_{\lambda-1} + A_1\varepsilon \ + \cdots + A_{\lambda-1}\varepsilon_{\lambda-2}, \end{aligned}$$

designantibus $A, A_1, \ldots$ numeros integros. Quo facto secundum aequationes illas (VII) § 1 has quae sequuntur aequationes tanquam istius systematis aequationum (II) solutionem nanciscimur:

$$\text{(III.)}\qquad \begin{aligned} -\nu \cdot A \ &= F_1(\mu - \varepsilon) \quad + F_2(\mu - \varepsilon_1) + \cdots + F_\lambda(\mu - \varepsilon_{\lambda-1}), \\ -\nu \cdot A_1 \ &= F_1(\mu - \varepsilon_1) \quad + F_2(\mu - \varepsilon_2) + \cdots + F_\lambda(\mu - \varepsilon), \\ &\vdots \\ -\nu \cdot A_{\lambda-1} &= F_1(\mu - \varepsilon_{\lambda-1}) + F_2(\mu - \varepsilon) \ + \cdots + F_\lambda(\mu - \varepsilon_{\lambda-2}). \end{aligned}$$

Periodos ε minores esse numero μ, quo numerum terminorum periodi designavimus, facile perspicitur. Nam quaevis periodus ε (posito $\frac{1}{2}\mu = \mathfrak{m}$) formae est:

$$\omega^{k_1} + \omega^{-k_1} + \omega^{k_2} + \omega^{-k_2} + \cdots + \omega^{k_\mathfrak{m}} + \omega^{-k_\mathfrak{m}},$$

sive igitur formae

$$2 \cdot \left\{\cos\frac{2k_1\pi}{\nu} + \cos\frac{2k_2\pi}{\nu} + \cdots + \cos\frac{2k_\mathfrak{m}\pi}{\nu}\right\},$$

quod aggregatum cosinuum ipsorum numero $\frac{1}{2}\mu$ minus esse in promptu est.

Deinde absolutos ipsorum F valores limites quosdam $\mathfrak{F}_1, \mathfrak{F}_2, \ldots$ superare non posse ex aequationibus (II) et condicionibus, quibus ibidem quantitates δ sunt circumscriptae, colligi potest. Unde sequitur, ut quantitates quoque $-\nu A, -\nu A_1, \ldots$ limitibus quibusdam contineantur, scilicet cum quantitates $\mu - \varepsilon$ sint positivae:

$$\begin{aligned} \mathfrak{F}_1(\mu - \varepsilon_k) + \mathfrak{F}_2(\mu - \varepsilon_{k+1}) + \cdots + \mathfrak{F}_\lambda(\mu - \varepsilon_{k-1}) &> -\nu A_k, \\ -\mathfrak{F}_1(\mu - \varepsilon_k) - \mathfrak{F}_2(\mu - \varepsilon_{k+1}) - \cdots - \mathfrak{F}_\lambda(\mu - \varepsilon_{k-1}) &< -\nu A_k, \end{aligned}$$

sive

$$\frac{1}{\nu}\{\mathfrak{F}_1(\mu - \varepsilon_k) + \cdots + \mathfrak{F}_\lambda(\mu - \varepsilon_{k-1})\} > A_k > -\frac{1}{\nu}\{\mathfrak{F}_1(\mu - \varepsilon_k) + \cdots + \mathfrak{F}_\lambda(\mu - \varepsilon_{k-1})\}.$$

Cum vero A_k numerus integer esse debeat, multitudinem tantum finitam numerorum $A, A_1, \ldots$ etiamque igitur numerum finitum unitatum F, quae forma in (II) accepta gaudeant, existere posse patet.

Quae cum conferamus cum aequatione (I), sequitur, ut quaelibet unitas f potestatibus integris unitatum coniunctarum $r_1, r_2, \dots r_{\lambda-1}$ et unitatibus quibusdam numeri finiti exprimi possit; i. e. ut cunctae unitates forma

$$F \cdot r_1^{k_1} \cdot r_2^{k_2} \cdots r_{\lambda-1}^{k_{\lambda-1}}$$

contineantur, designantibus $k_1, k_2, \dots$ numeros integros et F unitatem quandam e numero unitatum finito electam, sive denique ut numerus unitatum fundamentalium, quarum potestatibus integris omnis unitas repraesentari queat, finitus sit.

§ 11.

Iam accuratius, quibus limitibus numeri integri $A, A_1, \dots$ sint circumscripti, consideraturi sumus, quo labor inveniendi unitates fundamentales aliquanto diminuatur. Ad quem finem disquisitionem instituamus de illa expressione ipsius $-\nu A_k$ (§ 10, III):

$$\text{(I.)} \qquad F_1(\mu - \varepsilon_k) + F_2(\mu - \varepsilon_{k+1}) + \cdots + F_\lambda(\mu - \varepsilon_{k-1}),$$

ubi

$$F_n = r_n^{\delta_1} \cdot r_{n+1}^{\delta_2} \cdots r_{n-2}^{\delta_{\lambda-1}},$$

eamque consideremus tanquam functionem quantitatum δ. Quotientes differentiales istius functionis (I) respectu quantitatum $\delta_1, \delta_2, \dots$ sunt:

$$\text{(II.)} \qquad \begin{array}{l} F_1(\mu - \varepsilon_k)\varrho_1 \quad + F_2(\mu - \varepsilon_{k+1})\varrho_2 + \cdots + F_\lambda(\mu - \varepsilon_{k-1})\varrho_\lambda, \\ F_1(\mu - \varepsilon_k)\varrho_2 \quad + F_2(\mu - \varepsilon_{k+1})\varrho_3 + \cdots + F_\lambda(\mu - \varepsilon_{k-1})\varrho_1, \\ \qquad \vdots \qquad\qquad\qquad \vdots \qquad\qquad\qquad \vdots \\ F_1(\mu - \varepsilon_k)\varrho_{\lambda-1} + F_2(\mu - \varepsilon_{k+1})\varrho_\lambda + \cdots + F_\lambda(\mu - \varepsilon_{k-1})\varrho_{\lambda-2}, \end{array}$$

in quibus formulis notatione iam supra adhibita, $\log r_k = \varrho_k$, usi sumus.

Quotientes differentiales secundi et quidem ii, quos expressionum (II) prima respectu δ_1, secunda respectu δ_2 etc. differentiatis obtinemus, erunt:

$$\begin{array}{l} F_1(\mu - \varepsilon_k)\varrho_1^2 \quad + F_2(\mu - \varepsilon_{k+1})\varrho_2^2 + \cdots + F_\lambda(\mu - \varepsilon_{k-1})\varrho_\lambda^2, \\ F_1(\mu - \varepsilon_k)\varrho_2^2 \quad + F_2(\mu - \varepsilon_{k+1})\varrho_3^2 + \cdots + F_\lambda(\mu - \varepsilon_{k-1})\varrho_1^2, \\ \qquad \vdots \qquad\qquad\qquad \vdots \qquad\qquad\qquad \vdots \qquad , \\ F_1(\mu - \varepsilon_k)\varrho_{\lambda-1}^2 + F_2(\mu - \varepsilon_{k+1})\varrho_\lambda^2 + \cdots + F_\lambda(\mu - \varepsilon_{k-1})\varrho_{\lambda-2}^2, \end{array}$$

quas expressiones pro quibusvis quantitatum δ valoribus positivas manere elucet. Unde facili consideratione colligi potest, functionem illam (I), dum variabiles δ intervallum inter 0 et 1 percurrunt, valorem haud maiorem obtinere posse eo, qui inter valores functionis extremis ipsorum δ valoribus respondentes maximus sit. Quare quaestio de valore ipsius νA_k absolute maximo ad disquisitionem valorum, qui ad valores quantitatum δ hos: 0 et 1 pertinent, restringitur. Valoribus igitur quantitatum r computatis, quantitates F combinationibus quibusvis valorem 0 et 1 pro ipsis δ (multitudinis igitur $2^{\lambda-1}$) respondentes computentur, ut valor earum maximus M inveniatur. Sit numerus integer ipso $\frac{M}{\nu}$ minor eique proximus $= n$; iam unitates omnes complexae, quarum coefficientes inter $-n$ et $+n$ sunt, statuendae atque inter eas, quae ad alias reduci possunt, reiiciendae, ut tandem numerus unitatum fundamentalium quam minimus restet.

Sic exempli gratia posito

$$\nu = 7\,, \qquad \lambda = 3$$

atque

$$r_1 = \omega + \omega^{-1}, \quad r_2 = \omega^2 + \omega^{-2}, \quad r_3 = \omega^3 + \omega^{-3},$$

iste numerus $n = 1$ sine magno labore invenitur, ita ut valores coefficientium sint -1, 0, $+1$. Numeri igitur complexi 24 disquirendi*), inter quos vero terni factores sunt coniuncti. Inter octo illos, qui supersunt, rursus bini numeros aequales sed signo tantum oppositos praebent, ita ut denique hi quatuor restent:

$$\varepsilon_1 = \omega + \omega^{-1},$$

$$\varepsilon_1 + \varepsilon_2 = \omega + \omega^{-1} + \omega^2 + \omega^{-2} = \varepsilon_2 \cdot \varepsilon_3,$$

$$\varepsilon_1 + \varepsilon_2 - \varepsilon_3 = \omega + \omega^{-1} + \omega^2 + \omega^{-2} - \omega^3 - \omega^{-3} = \varepsilon_2 \cdot \varepsilon_3^3,$$

$\varepsilon_1 - \varepsilon_2$ unitas complexa non est.

Cumque tres illas unitates unitatibus ipsis ε exprimere liceat, has ipsas tanquam fundamentales accipere possumus, i. e. quarum potestatibus integris omnes unitates complexae ad $\nu = 7$, $\lambda = 3$ pertinentes repraesentari possint.

Haud inutile videtur hoc ipsum exemplum paulo uberius exponere, ut id de quo agitur magis in promptu sit. Cum enim sit:

*) Nempe omissis his: 0, $\varepsilon_1 + \varepsilon_2 + \varepsilon_3$, $-\varepsilon_1 - \varepsilon_2 - \varepsilon_3$.

$$\mathrm{Nm}\,(x\varepsilon + y\varepsilon_1 + z\varepsilon_2) = (x+y+z)^3 - 7\,(xy^2 + yz^2 + zx^2 + xyz),$$

solutionem aequationis

$$(x+y+z)^3 - 7\,(xy^2 + yz^2 + zx^2 + xyz) = \pm 1$$

numeris integris ita invenimus, ut numeri x, y, z integri determinentur aequationibus*):

$$-7x = (\omega+\omega^{-1})^m(\omega^2+\omega^{-2})^n(2-\omega-\omega^{-1}) + (\omega^2+\omega^{-2})^m(\omega^3+\omega^{-3})^n(2-\omega^2-\omega^{-2})$$
$$+ (\omega^3+\omega^{-3})^m(\omega+\omega^{-1})^n(2-\omega^3-\omega^{-3}),$$
$$-7y = (\omega+\omega^{-1})^m(\omega^2+\omega^{-2})^n(2-\omega^2-\omega^{-2}) + (\omega^2+\omega^{-2})^m(\omega^3+\omega^{-3})^n(2-\omega^3-\omega^{-3})$$
$$+ (\omega^3+\omega^{-3})^m(\omega+\omega^{-1})^n(2-\omega-\omega^{-1}),$$
$$-7z = (\omega+\omega^{-1})^m(\omega^2+\omega^{-2})^n(2-\omega^3-\omega^{-3}) + (\omega^2+\omega^{-2})^m(\omega^3+\omega^{-3})^n(2-\omega-\omega^{-1})$$
$$+ (\omega^3+\omega^{-3})^m(\omega+\omega^{-1})^n(2-\omega^2-\omega^{-2}),$$

designantibus m, n quoslibet numeros integros. Quod exemplum analogiam aequationis Pellianae prae se ferre apparet.

§ 12.

Postquam demonstravimus, numerum unitatum fundamentalium finitum esse, de hoc ipso numero disquisitiones instituamus ac primum quidem illum numerum ipso $\lambda - 1$ minorem esse non posse sumus probaturi.

Sint igitur unitates fundamentales:

$$f,\ f',\ f'',\ \ldots,$$

quarum logarithmi resp. literis

$$\varphi,\ \varphi',\ \varphi'',\ \ldots$$

designentur. Quodsi literis

$$r_1,\ r_2,\ \ldots\ r_\lambda;\quad \varrho_1,\ \varrho_2,\ \ldots\ \varrho_\lambda$$

eandem quam in paragraphis antecedentibus tribuimus vim, hae ipsae unitates potestatibus integris ipsorum f exprimi possint oportet. Quare sit:

---

*) v. III. § 10.

$$\begin{array}{ll} r_1 = f^{a_1} \cdot f'^{b_1} \cdot f''^{c_1} \cdots, & \varrho_1 = a_1\varphi + b_1\varphi' + c_1\varphi'' + \cdots, \\ r_2 = f^{a_2} \cdot f'^{b_2} \cdot f''^{c_2} \cdots, & \varrho_2 = a_2\varphi + b_2\varphi' + c_2\varphi'' + \cdots, \\ \vdots & \vdots \\ r_{\lambda-1} = f^{a_{\lambda-1}} . f'^{b_{\lambda-1}} . f''^{c_{\lambda-1}} \cdots, & \varrho_{\lambda-1} = a_{\lambda-1}\varphi + b_{\lambda-1}\varphi' + c_{\lambda-1}\varphi'' + \cdots. \end{array}$$

Cum vero numerus quantitatum φ sit $\leqq \lambda - 2$, his ipsis eliminatis certe una restabit aequatio formae:

(I.) $$n_1\varrho_1 + n_2\varrho_2 + \cdots + n_{\lambda-1}\varrho_{\lambda-1} = 0,$$

in qua aequatione n_1, n_2, ... non omnes nihilo aequales atque numeri integri esse deberent, cum et ipsa a, b, c, ... numeri sint integri. Id quod esse non posse sequentibus probatur.

Ex aequatione enim (I) colligimus aequationem:

$$r_1^{n_1} \cdot r_2^{n_2} \cdots r_{\lambda-1}^{n_{\lambda-1}} = 1,$$

unde rursus mutatis periodis, quae expressionibus r continentur, hoc oritur aequationum systema:

$$\begin{array}{l} r_1^{n_1} \cdot r_2^{n_2} \cdots r_{\lambda-1}^{n_{\lambda-1}} = 1, \\ r_2^{n_1} \cdot r_3^{n_2} \cdots r_{\lambda}^{n_{\lambda-1}} = 1, \\ \vdots \\ r_{\lambda}^{n_1} \cdot r_1^{n_2} \cdots r_{\lambda-2}^{n_{\lambda-1}} = 1. \end{array}$$

Unde per aequationem (IV) § 9 obtinemus:

$$(n_1 + n_2\alpha^{-1} + \cdots + n_{\lambda-1}\alpha^{-(\lambda-2)}) \cdot (\varrho_1 + \varrho_2\alpha + \cdots + \varrho_\lambda\alpha^{\lambda-1}) = 0$$

pro quoque ipsius α valore. Cum autem factorem secundum non evanescere iam supra (§ 9) demonstratum sit, factor prior pro quoque ipsius α valore unitate excepta evanescere deberet, id quod fieri nequit, nisi $n_1 = n_2 = \cdots = 0$.

§ 13.

Antequam vero ad ulteriorem disquisitionem accedamus, minime a re abhorrere videtur notationem quandam indicare, qua formulae magnopere contrahantur. Designantibus enim

$$r_1, r_2, \dots r_{\lambda-1}, r_\lambda$$

unitates aliquas coniunctas, denotamus productum

$$r_1^{n_1} \cdot r_2^{n_2} \cdots r_{\lambda-1}^{n_{\lambda-1}}$$

signo:

$$r_1^{n_1+n_2\alpha+\cdots+n_{\lambda-1}\alpha^{\lambda-2}} \quad \text{sive} \quad r_1^{n(\alpha)}.$$

Id quod ita quoque exhiberi potest, ut dicamus, posito

$$r_1^{n_1} \cdot r_2^{n_2} \cdots r_{\lambda-1}^{n_{\lambda-1}} = f_1,$$

pro aequationibus illis (IV § 9):

$$\varphi(\alpha^k) = (n_1 + n_2\alpha^{-k} + \cdots + n_{\lambda-1}\alpha^{-k(\lambda-2)}) \cdot \varrho(\alpha^k)$$

substitui aequationem:

$$f_1 = r_1^{n_1+n_2\alpha+\cdots+n_{\lambda-1}\alpha^{\lambda-2}}$$

Iam primum adnotandum est, productum $r_1^{n_1} \cdot r_2^{n_2} \cdots r_\lambda^{n_\lambda}$ aequatione

$$r_1 \cdot r_2 \cdots r_\lambda = 1$$

ad productum $\lambda - 1$ terminorum pariterque numerum complexum $n(\alpha)$ ope aequationis

$$1 + \alpha + \alpha^2 + \cdots + \alpha^{\lambda-1} = 0$$

ad expressionem $\lambda - 1$ terminorum redigi posse.

E definitione statim sequuntur aequationes:

$$r_1^{n(\alpha)} = r_2^{\alpha^{-1}n(\alpha)} = r_3^{\alpha^{-2}n(\alpha)} = \cdots = r_\lambda^{\alpha^{-(\lambda-1)}n(\alpha)},$$

$$r_1^{m(\alpha)+n(\alpha)} = r_1^{m(\alpha)} \cdot r_1^{n(\alpha)}.$$

Etiamque altera verarum potestatum virtute hoc nostrum symbolum gaudet, scilicet:

$$[r_1^{n(\alpha)}]^{m(\alpha)} = r_1^{n(\alpha)\cdot m(\alpha)}.$$

Posito enim

$$r_1^{n(\alpha)} = s_1 \quad \text{et} \quad [r_1^{n(\alpha)}]^{m(\alpha)} = s_1^{m(\alpha)} = t_1$$

habemus aequationes:

$$r_1^{n_1} \cdot r_2^{n_2} \cdots = s_1, \quad r_2^{n_1} \cdot r_3^{n_2} \cdots = s_2, \quad \ldots,$$

quae posito

$$\log s_k = \sigma_k$$

secundum § 9, (II), (III), (IV) eandem habent vim quam aequatio:

$$n(\alpha^{-1}) \cdot \varrho(\alpha) = \sigma(\alpha),$$

quae ipsa, ut supra, aequationum $\lambda - 1$ locum tenet. Eodem modo est:

$$m(\alpha^{-1}) \cdot \sigma(\alpha) = \tau(\alpha), \qquad \text{ergo} \qquad n(\alpha^{-1}) \cdot m(\alpha^{-1}) \cdot \varrho(\alpha) = \tau(\alpha),$$

pro qua igitur aequatione, quod ad definitionem nostram, substituere possumus hanc: $t_1 = r_1^{n(\alpha) \cdot m(\alpha)}$ q. e. d.

Iam patet, posito λ numerum primum esse, istos exponentes symbolicos sicuti numeros complexos tractari posse, cum omnes eorum reductiones eo tantum nitantur, ut sit:

$$1 + \alpha + \alpha^2 + \cdots + \alpha^{\lambda-1} = 0,$$

id quod cum nostra definitione consentit, scilicet

$$r_1^{1+\alpha+\cdots+\alpha^{\lambda-1}} = r_1 \cdot r_2 \cdots r_\lambda = 1 = r_1^0.$$

Deinde praemittendum est, literis r illa priore vi gaudentibus, cum nullum factorem $\varrho(\alpha)$ evanescere demonstratum sit, unitates $r_1^{n(\alpha)}$ et $r_1^{m(\alpha)}$ aequales esse non posse nisi

$$n_1 = m_1, \quad n_2 = m_2, \quad \ldots \quad n_{\lambda-1} = m_{\lambda-1} \quad \text{i. e. nisi} \quad n(\alpha) = m(\alpha)$$

pro omnibus λ^{tis} unitatis radicibus excepta unitate.

Demonstravimus in § 9, quamvis unitatem complexam forma

$$r_1^{n_1} \cdot r_2^{n_2} \cdots r_{\lambda-1}^{n_{\lambda-1}}$$

contineri, quae quantitates n etiam loco citato determinatae sunt. Iam vero istas quantitates rationales esse probabimus. — Etenim initio § 10, posita unitate integra complexa

$$f_1 = r_1^{n_1} \cdot r_2^{n_2} \cdots r_{\lambda-1}^{n_{\lambda-1}},$$

etiam productum

$$r_1^{\delta_1} \cdot r_2^{\delta_2} \cdots r_{\lambda-1}^{\delta_{\lambda-1}}$$

unitatem integram esse ostendimus, si quantitates δ residua sunt ipsorum n numero integro quam maximo subtracto. Cum vero quivis numerus irrationalis, variis numeris integris multiplicatus, innumera praebeat residua unitate minora eaque inter se diversa, cumque unitas f ad potestatem aliquam integram evecta rursus unitas integra sit, variis potestatibus integris unitatis f innumeras unitates inter se diversas formae

$$r_1^{\delta_1} \cdot r_2^{\delta_2} \dots r_{\lambda-1}^{\delta_{\lambda-1}}$$

(ubi $\delta_1, \delta_2, \dots < 1$) obtineri posse elucet. Illo autem § 10 finitum tantummodo numerum unitatum complexarum huius formae existere demonstravimus; id quod itaque a propositione nostra, quantitates n irrationales esse, abhorret.

Quod cum conferamus cum forma § 10 (sub finem) omnes unitates formae esse patet:

$$r_1^{\frac{m(\alpha)}{n}} \cdot r_1^{k(\alpha)},$$

designantibus $m(\alpha)$, $k(\alpha)$ numeros integros complexos, n numerum realem, in qua quidem numerus fractionum diversarum $\frac{m(\alpha)}{n}$ finitus est.

§ 14.

Iam primum ad casum simpliciorem accedamus, in quo scilicet λ numerus primus ponitur. Quem quoque talem supponimus, ut quivis numerus formae $k\lambda + g^d$ (designante d divisorem numeri $\lambda - 1$) in d factores complexos dissolvi queat (v. § 6).

Cum secundum supra dicta numerus unitatum formae $r^{\frac{m(\alpha)}{n}}$ (quibus praeter ipsas r ad repraesentandas omnes opus sit) finitus sit, hae ipsae sint:

$$\text{(I.)} \qquad r^{\frac{m(\alpha)}{n}}, \quad r^{\frac{m'(\alpha)}{n'}}, \quad \dots .$$

Iam sit factor numerorum $m(\alpha)$ et n communis maximus $v(\alpha)$*), ita ut

$$m(\alpha) = a(\alpha) \cdot v(\alpha), \qquad n = c(\alpha) \cdot v(\alpha),$$

*) De factore communi maximo sermonem esse posse, e suppositione illa de natura ipsius λ facta elucet. (Cf. adnotatio ad § 4.)

loco illius exponentis $\frac{m(\alpha)}{n}$ scribere licet hunc: $\frac{a(\alpha)}{c(\alpha)}$. Cumque $a(\alpha)$ et $c(\alpha)$ nullum amplius factorem communem habeant, numerus inveniri potest $b(\alpha)$ talis, ut sit (v. § 4)

$$b(\alpha) \cdot a(\alpha) \equiv 1 \quad (\text{mod. } c(\alpha))$$

sive

$$b(\alpha) \cdot a(\alpha) = 1 + F(\alpha) \cdot c(\alpha) .$$

Cum vero $r^{\frac{m(\alpha)}{n}}$ sive $r^{\frac{a(\alpha)}{c(\alpha)}}$ unitas integra sit, eadem proprietate unitatem $r^{\frac{a(\alpha) \cdot b(\alpha)}{c(\alpha)}}$ sive $r^{\frac{1}{c(\alpha)}} \cdot r^{F(\alpha)}$ ideoque etiam unitatem $r^{\frac{1}{c(\alpha)}}$ gaudere patet. De qua unitate cum illa unitas data deduci possit, scilicet evehendo eam ad potestatem integram $a(\alpha)$, hanc ipsam loco illius accipere convenit. Hinc elucet, pro illis unitatibus (I) accipi posse unitates huius formae:

$$\text{(II.)} \qquad r^{\frac{1}{n(\alpha)}}, \quad r^{\frac{1}{n'(\alpha)}}, \quad \ldots .$$

Ut harum unitatum binae in unam conflentur, sit factor numerorum $n(\alpha)$ et $n'(\alpha)$ communis maximus $c(\alpha)$, ita ut sit

$$n(\alpha) = c(\alpha) \cdot m(\alpha), \qquad n'(\alpha) = c(\alpha) \cdot m'(\alpha) .$$

Iam cum numeri $m(\alpha)$ et $m'(\alpha)$ nullum amplius habeant factorem communem, numerus inveniri potest $a(\alpha)$ talis, ut sit (v. § 4)

$$a(\alpha) \cdot m(\alpha) \equiv 1 \quad (\text{mod. } m'(\alpha))$$

sive

$$a(\alpha) \cdot m(\alpha) + b(\alpha) \cdot m'(\alpha) = 1 .$$

Cum vero unitates $r^{\frac{1}{n(\alpha)}}$ et $r^{\frac{1}{n'(\alpha)}}$ integrae sint, unitates quoque $r^{\frac{b(\alpha)}{n(\alpha)}}$ et $r^{\frac{a(\alpha)}{n'(\alpha)}}$ etiamque $r^{\frac{b(\alpha)}{n(\alpha)}} \cdot r^{\frac{a(\alpha)}{n'(\alpha)}}$ sive $r^{\frac{b(\alpha)}{n(\alpha)} + \frac{a(\alpha)}{n'(\alpha)}}$ integras esse in promptu est. Est vero:

$$\frac{b(\alpha)}{n(\alpha)} + \frac{a(\alpha)}{n'(\alpha)} = \frac{1}{c(\alpha)} \left\{ \frac{b(\alpha)}{m(\alpha)} + \frac{a(\alpha)}{m'(\alpha)} \right\} = \frac{1}{c(\alpha) \cdot m(\alpha) \cdot m'(\alpha)},$$

unde igitur unitatem $r^{\frac{1}{c(\alpha) \cdot m(\alpha) \cdot m'(\alpha)}}$ integram esse liquet. De qua cum illae unitates $r^{\frac{1}{n(\alpha)}}$ et $r^{\frac{1}{n'(\alpha)}}$ evehendo eam resp. ad potestates integras $m'(\alpha)$ et

$m(\alpha)$ deduci possint, hanc ipsam loco illarum accipere licet. Qua ratione agendi iterata denique loco unitatum (I) vel (II) una restabit formae $r^{\frac{1}{v(\alpha)}}$, qua praeter unitates r ad repraesentandas omnes unitates opus erit. Quodsi $r^{\frac{1}{v(\alpha)}} = u$ ponimus, est $r = u^{v(\alpha)}$, ex qua aequatione, ut ipsae unitates r integris ipsorum u potestatibus exprimi possint, sequitur; ergo forma:

$$u_1^{n(\alpha)} = u_1^{n_1} \cdot u_2^{n_2} \cdots u_{\lambda-1}^{n_{\lambda-1}},$$

designantibus $n_1, n_2, \ldots n_{\lambda-1}$ quoscunque numeros integros reales, omnes unitates integrae complexae eaeque solae continentur.

Postquam hanc methodum quasi geneticam exposuimus, aliam allaturi sumus rationem, quae huius paragraphi summam a posteriori probet.

§ 15.

Unitas r nisi ipsa fundamentalis est, praeter eas unitates, quae potestatibus ipsius r integris complexis repraesentari possunt, numerus finitus existet unitatum formae: $r^{\frac{m(\alpha)}{n}}$. Inter quas erit una quaedam (vel plures), in qua norma exponentis i. e. $\mathrm{Nm}\,\frac{m(\alpha)}{n}$ reliquis minor est. Qualem unitatem litera u designemus. Quae unitas eam habet proprietatem, ut si quae exstet unitas integra formae: $u^{\frac{h(\alpha)}{k}}$, norma exponentis i. e. $\mathrm{Nm}\,\frac{h(\alpha)}{k} \geqq 1$ sit oporteat. Etenim cum

$$r^{\frac{m(\alpha)}{n}} = u$$

ideoque

$$r^{\frac{m(\alpha)}{n} \cdot \frac{h(\alpha)}{k}} = u^{\frac{h(\alpha)}{k}}$$

praetereaque $\mathrm{Nm}\,\frac{m(\alpha)}{n} \cdot \frac{h(\alpha)}{k} \geqq \mathrm{Nm}\,\frac{m(\alpha)}{n}$ secundum suppositionem de unitate u factam esse debeat, illa condicio $\mathrm{Nm}\,\frac{h(\alpha)}{k} \geqq 1$ sponte manat.

Iam demonstrabimus, unitatem u illa ratione electam fundamentalem esse, sive nullam existere unitatem integram, nisi quae eius potestate integra complexa repraesentari possit. Quodsi enim unitas exstet formae $u^{\frac{h(\alpha)}{k}}$ sive formae $u^{\frac{m(\alpha)}{n(\alpha)}}$, ubi numeros $m(\alpha)$ et $n(\alpha)$ omni factore communi carere supponere licet, numerus $a(\alpha)$ inveniri potest talis, ut sit (v. § 4)

$$a(\alpha)\cdot m(\alpha) \equiv 1 \quad \big(\text{mod. } n(\alpha)\big)\cdot$$

Cum vero unitas $u^{\frac{m(\alpha)}{n(\alpha)}}$ ideoque $u^{a(\alpha)\cdot\frac{m(\alpha)}{n(\alpha)}}$ integra sit, ratione supra (§ 14) adhibita unitatem quoque $u^{\frac{1}{n(\alpha)}}$ integram esse colligimus. Ergo secundum supra exhibita $\text{Nm}\,\frac{1}{n(\alpha)} \geqq 1$ esse debet i. e. $\text{Nm}\, n(\alpha) \leqq 1$. Cum vero $\text{Nm}\, n(\alpha)$ tanquam numerus integer unitate minor esse nequeat, tantum restat, ut sit $\text{Nm}\, n(\alpha) = 1$, i. e. ut numerus $n(\alpha)$ unitas complexa sit. Unde ut fractio $\frac{m(\alpha)}{n(\alpha)}$ tanquam numerus complexus integer scribi possit atque igitur ut omnes unitates integrae potestatibus ipsius u integris complexis repraesentari possint sequitur.

§ 16.

Postquam ostendimus, existere unitates quasdam fundamentales numeri $\lambda - 1$ easque coniunctas in numeris λ illa virtute initio § 14 memorata praeditis, de his ipsis quaedam adnotamus. Designentur unitates aliquae fundamentales ut supra literis:

$$u_1, \; u_2, \; \ldots \; u_{\lambda-1},$$

has ipsas tales esse ostendimus, ut $u_1^{n(\alpha)}$ cunctas repraesentet unitates, posito $n(\alpha)$ numerum aliquem integrum complexum. Quaeque unitates u ea ipsa proprietate gaudent, fundamentales sunt. Nunc designante $k(\alpha)$ unitatem aliquam complexam integram atque posito: $u_1^{k(\alpha)} = v_1$, aperte est:

$$u_1^{k(\alpha)\cdot k(\alpha^2)\cdots k(\alpha^{\lambda-1})} = u_1 = v_1^{k(\alpha^2)\cdots k(\alpha^{\lambda-1})} = v_1^{K(\alpha)},$$

quae aequatio ipsam unitatem u potestate integra complexa ipsius v repraesentat, unde hanc ipsam quoque unitatem v fundamentalem esse elucet. Sive posita aliqua unitate fundamentali u, omnes unitates fundamentales eaeque solae forma continentur: $u^{k(\alpha)}$, designante $k(\alpha)$ unitatem complexam. Hinc colligimus existere tot unitates fundamentales quot unitates diversae ex numeris integris et radicibus unitatis λ^{tis} compositae, ergo pro $\lambda = 2$ duae, pro

$\lambda = 3$ sex, pro $\lambda \geqq 5$ numerus infinitus exstat unitatum fundamentalium coniunctarum.

Etiamque unitates $\lambda - 1$ non coniunctae statui possunt, quarum potestatibus integris cunctae repraesentari possunt unitates. Posito enim:

$$u_1^{a_1} \cdot u_2^{a_2} \cdots u_{\lambda-1}^{a_{\lambda-1}} = A\,,$$
$$u_1^{b_1} \cdot u_2^{b_2} \cdots u_{\lambda-1}^{b_{\lambda-1}} = B\,,$$
$$\vdots \qquad \vdots \qquad \vdots\,,$$

designantibus $a, b, \ldots$ numeros integros, obtinebimus aequationes $\lambda - 1$:

$$a_1 \log u_1 + a_2 \log u_2 + \cdots + a_{\lambda-1} \log u_{\lambda-1} = \log A\,,$$
$$b_1 \log u_1 + b_2 \log u_2 + \cdots + b_{\lambda-1} \log u_{\lambda-1} = \log B\,,$$
$$\vdots \qquad \vdots \qquad \vdots \qquad \vdots\,,$$

ex quo systemate quantitates $\log u_1$, $\log u_2, \ldots$ determinari possunt, idque hac ratione:

$$\Delta \cdot \log u_1 = m_1 \cdot \log A + m_2 \cdot \log B + \cdots,$$
$$\cdots\cdots\cdots\cdots\cdots,$$

designante Δ determinantem illius systematis, $m_1, m_2, \ldots$ numeros quosdam integros. Hinc iam patet, si systema istud ea gaudet proprietate, ut sit $\Delta = \pm 1$, unitates u ideoque omnes unitates potestatibus integris unitatum $A, B, \ldots$ exprimi posse. Unde etiam tales unitates $A, B, \ldots$ infinitis modis (dummodo $\lambda \geqq 3$) eligi posse, plane in promptu est.

Quae ut ad unum tantum exemplum adhibeamus, ponamus uti in § 11

$$\nu = 7, \quad \lambda = 3\,.$$

Loco citato ostendimus unitates: $u_1 = \omega + \omega^{-1}$, $u_2 = \omega^2 + \omega^{-2}$ sive $u_1 = \varepsilon_1$, $u_2 = \varepsilon_2$ fundamentales esse. Iam cum sint unitates pro $\lambda = 3$ sex scilicet:

$$1, \quad \alpha, \quad \alpha^2, \quad -1, \quad -\alpha, \quad -\alpha^2,$$

habemus sexies binas unitates coniunctas fundamentales:

$$\begin{array}{llll} u_1^1 \text{ ergo } \varepsilon_1, & \varepsilon_2, & u_1^{-1} \text{ ergo } \varepsilon_1 + \varepsilon_2, & \varepsilon_2 + \varepsilon_3, \\ u_1^{\alpha} \;\ldots\; \varepsilon_2, & \varepsilon_3, & u_1^{-\alpha} \;\ldots\; \varepsilon_2 + \varepsilon_3, & \varepsilon_3 + \varepsilon_1, \\ u_1^{\alpha^2} \;\ldots\; \varepsilon_3, & \varepsilon_1, & u_1^{-\alpha^2} \;\ldots\; \varepsilon_3 + \varepsilon_1, & \varepsilon_1 + \varepsilon_2, \end{array}$$

deinde positis $u_1^{a_1} \cdot u_2^{a_2} = A$, $u_1^{b_1} \cdot u_2^{b_2} = B$, erit:

$$a_1 \log u_1 + a_2 \log u_2 = \log A,$$
$$b_1 \log u_1 + b_2 \log u_2 = \log B,$$

ideoque $\Delta = a_1 b_2 - a_2 b_1 = \pm 1$ condicio illa, ut unitates A et B partes unitatum fundamentalium agant. Cui aequationi innumeris modis satisfieri potest. Exempli gratia positis:

$$a_1 = 3, \quad a_2 = 2, \quad b_1 = 4, \quad b_2 = 3$$

habemus ut unitates fundamentales:

$$A = u_1^3 \cdot u_2^2 = 5\varepsilon_1 + \varepsilon_2 + 3\varepsilon_3, \qquad B = u_1^4 \cdot u_2^3 = -(11\varepsilon_1 + 2\varepsilon_2 + 7\varepsilon_3).$$

§ 17.

Nunc omissa suppositione illa, qua statuitur, omnem numerum primum formae $k\lambda + g^h$ in h factores complexos discerpi posse, servata vero ea, qua λ numerum esse primum continetur, unitates investigemus.

Quodsi literis

$$r_1, \; r_2, \; \ldots \; r_{\lambda-1}$$

aliquas unitates coniunctas*) designamus, quaevis unitas integris istius unitatis datae potestatibus repraesentari potest, adiuncto numero finito certarum quarundam fractarum ipsorum r potestatum. Quare sint cunctae unitates, quibus praeter ipsas r ad exprimendas omnes unitates opus sit:

$$\text{(I.)} \qquad r^{\frac{m(\alpha)}{n}}, \quad r^{\frac{m'(\alpha)}{n'}}, \quad \ldots .$$

Iam si $n = kl$ et numerus k ad numerum l primus est, existunt numeri g et h tales, ut sit

$$hk + gl = 1,$$

ergo

$$\frac{hk^2}{n} + g = \frac{1}{l}, \qquad \frac{gl^2}{n} + h = \frac{1}{k};$$

*) Quae vero tales esse debent, ut expressio illa $\mathrm{Nm}\,(\varrho_1 + \varrho_2\alpha + \cdots + \varrho_\lambda\alpha^{\lambda-1})$ non evanescat (cf. § 9).

quare loco unitatis $r^{\frac{m(\alpha)}{n}}$ accipi possunt unitates

$$r^{\frac{m(\alpha)}{k}}, \quad r^{\frac{m(\alpha)}{l}},$$

cum illa unitas $r^{\frac{m(\alpha)}{n}}$ tanquam productum

$$r^{g \cdot \frac{m(\alpha)}{k}} \cdot r^{h \cdot \frac{m(\alpha)}{l}}$$

repraesentari potest. Eadem ratione probari potest, pro istis unitatibus (I) accipi posse unitates huius formae:

(II.) $$r^{\frac{k(\alpha)}{p^a}}, \quad r^{\frac{k'(\alpha)}{q^b}}, \quad \ldots,$$

quorum exponentium numeratores et denominatores factores reales communes non habere supponimus. Sit vero summa ipsius p potestas, qua numerus $\mathrm{Nm}\, k(\alpha)$ dividi possit: $p^{n\delta}$, ubi δ divisor ipsius $\lambda - 1$ est is, ad quem p (mod. λ) pertinet. Iam in § 5 probavimus, ista statuta condicione eaque addita, ut productum πp *) discerpi possit in δ factores complexos coniunctos, ita ut $\mathrm{Nm}\, p(\varepsilon) = \pi p$ sit, aequationem locum habere:

(III.) $$\pi^n k(\alpha) = f(\alpha) \cdot p(\varepsilon)^m \cdot p(\varepsilon_1)^{m_1} \cdots,$$

ubi $m + m_1 + \cdots = n$ esse debet. Iam numero $\mathrm{Nm}\, f(\alpha)$ nullum amplius factorem p contineri patet, ideoque exstare numerum x talem, ut sit

$$x \cdot \mathrm{Nm}\, f(\alpha) \equiv 1 \qquad (\text{mod. } p^a).$$

Unde cum unitas $r^{\frac{\pi^n k(\alpha)}{p^a}}$ integra sit, unitatem quoque hanc:

$$r^{\frac{p(\varepsilon)^m \cdot p(\varepsilon_1)^{m_1} \cdots}{p^a}} = s$$

integram esse colligimus, atque ex hac ipsa illam unitatem datam $r^{\frac{k(\alpha)}{p^a}}$ deduci posse facile intelligitur. Posito enim y numero tali, ut sit $y\pi^n \equiv 1$ (mod. p^a), ex aequatione (III) sequitur congruentia:

---

*) Numerus π talis eligendus, ut sit ad p primus, id quod tantum pro certis numerorum $\mathrm{Nm}(\varepsilon - \varepsilon_r)$ factoribus fieri nequit (v. § 5). His numeris vero methodus supra exhibita facili negotio adaptatur.

$$y \cdot f(\alpha) \cdot p(\varepsilon)^m \cdot p(\varepsilon_1)^{m_1} \cdots \equiv k(\alpha) \pmod{p^a}$$

sive aequatio:

$$y \cdot f(\alpha) \cdot p(\varepsilon)^m \cdot p(\varepsilon_1)^{m_1} \cdots = k(\alpha) + p^a \cdot \varphi(\alpha),$$

unde

$$s^{y \cdot f(\alpha)} = r^{\frac{k(\alpha)}{p^a}} \cdot r^{\varphi(\alpha)} \quad \text{sive} \quad r^{\frac{k(\alpha)}{p^a}} = s^{y \cdot f(\alpha)} \cdot r^{-\varphi(\alpha)}.$$

Quod si ad omnes illas unitates (II) adhibemus, sequitur, ut pro illis hae accipi possint unitates:

$$\text{(IV.)} \qquad r^{\frac{p(\varepsilon)^m \cdot p(\varepsilon_1)^{m_1} \cdots}{p^a}}, \quad r^{\frac{q(\varepsilon)^n \cdot q(\varepsilon_1)^{n_1} \cdots}{q^b}}, \quad \ldots .$$

Qua in serie unitatum, si quae iisdem gaudent denominatoribus, eas hac ratione in unam conflare possumus: Sint datae:

$$r^{\frac{p(\varepsilon)^m \cdot p(\varepsilon_1)^{m_1} \cdots}{p^a}}, \quad r^{\frac{p(\varepsilon)^n \cdot p(\varepsilon_1)^{n_1} \cdots}{p^a}}$$

sitque complexus factorum $p(\varepsilon)$ utrique numeratori communium $f(\varepsilon)$, ita ut existant aequationes:

$$p(\varepsilon)^m \cdot p(\varepsilon_1)^{m_1} \cdots = f(\varepsilon) \cdot p(\varepsilon_h)^v \cdot p(\varepsilon_{h'})^{v'} \cdots = f(\varepsilon) \cdot \varphi(\varepsilon),$$

$$p(\varepsilon)^n \cdot p(\varepsilon_1)^{n_1} \cdots = f(\varepsilon) \cdot p(\varepsilon_k)^w \cdot p(\varepsilon_{k'})^{w'} \cdots = f(\varepsilon) \cdot \psi(\varepsilon),$$

ubi nullum k nulli h aequivalere potest. Quodsi numeri $i, i', \ldots$ tales sunt, ut coniuncti cum ipsis k et h seriem indicum $1, 2, \ldots \frac{\lambda - 1}{\delta}$ expleant, atque ponitur:

$$\varphi(\varepsilon) + \psi(\varepsilon) \cdot p(\varepsilon_i) \cdot p(\varepsilon_{i'}) \cdots = \chi(\varepsilon),$$

in numero $\mathrm{Nm}\,\chi(\varepsilon)$ factor p inesse nequit, id quod ratione supra (§ 4) exhibita probari potest. Quare numerus exstat x, qui congruentiae satisfaciat: $x \cdot \mathrm{Nm}\,\chi(\varepsilon) \equiv 1 \pmod{p^a}$. Deinde cum unitates:

$$r^{\frac{f(\varepsilon) \cdot \varphi(\varepsilon)}{p^a}} \quad \text{et} \quad r^{\frac{f(\varepsilon) \cdot \psi(\varepsilon)}{p^a}} \quad \text{ideoque} \quad r^{\frac{f(\varepsilon) \cdot \chi(\varepsilon)}{p^a}}$$

integrae sint, ope illius congruentiae $x \cdot \mathrm{Nm}\,\chi(\varepsilon) \equiv 1 \pmod{p^a}$ etiam unitatem $r^{\frac{f(\varepsilon)}{p^a}}$ integram esse colligimus, ex qua quidem illas duas superiores deduci posse plane in promptu est.

Iam si quae exstant unitates seriei (IV), quarum exponentium denominatores diversae potestates eiusdem numeri primi sunt, eas quoque in unam conflari posse hoc modo probamus. Sint datae unitates integrae:

$$r^{\frac{\varphi(\varepsilon)}{p^a}}, \quad r^{\frac{\psi(\varepsilon)}{p^b}},$$

ubi $b < a$. Fractionis $\frac{\psi(\varepsilon)}{p^b}$ et numeratore et denominatore numero $(\pi p)^{a-b}$ multiplicatis obtinemus:

$$\frac{\psi(\varepsilon)}{p^b} = \frac{p(\varepsilon_1)^{a-b}\, p(\varepsilon_2)^{a-b} \ldots \psi(\varepsilon)}{\pi^{a-b}\, p^a} = \frac{\chi(\varepsilon)}{\pi^{a-b}\, p^a}.$$

Iam unitates $r^{\frac{\varphi(\varepsilon)}{p^a}}$ et $r^{\frac{\chi(\varepsilon)}{p^a}}$ methodo modo exhibita in unam possunt conflari, ex qua illas duas derivare licet. Ab hac vero unitate $r^{\frac{\chi(\varepsilon)}{p^a}}$ illa data $r^{\frac{\psi(\varepsilon)}{p^b}}$ facile deducitur. Est enim

$$r^{\frac{\chi(\varepsilon)}{p^a}} = r^{\pi^{a-b}\frac{\psi(\varepsilon)}{p^b}},$$

unde si x est numerus talis, ut sit

$$x \cdot \pi^{a-b} \equiv 1 \pmod{p^b} \quad \text{sive} \quad x \cdot \pi^{a-b} = 1 + kp^b,$$

erit:

$$r^{x \cdot \frac{\chi(\varepsilon)}{p^a}} \cdot r^{-k\psi(\varepsilon)} = r^{\frac{\psi(\varepsilon)}{p^b}}.$$

Ex quibus dictis patet, loco illarum unitatum (I), vel (II), vel (IV) accipi posse unitates quasdam:

$$\text{(V.)} \qquad r^{\frac{k(\alpha}{p^a}}, \quad r^{\frac{k'(\alpha)}{q^b}}, \quad \ldots,$$

in quibus p, q, ... numeri sint primi inter se diversi, quaeque coniunctae cum ipsis r ad repraesentandas omnes unitates sufficiant. Iam probaturi sumus has ipsas unitates conflari posse in hanc:

$$r_1^{\frac{k(\alpha)}{p^a} + \frac{k'(\alpha)}{q^b} + \frac{k''(\alpha)}{t^c} + \cdots} = s_1.$$

Quam enim unitatem integram esse elucet, atque unitates illas (V) ope unitatum r_1, r_2, ... $r_{\lambda-1}$ ex unitate s deduci posse hoc modo probatur. Cum productum $q^b \cdot t^c \cdots$ ad ipsum p primum sit, numerus inveniri potest x talis, ut sit:

$$x \cdot q^b \cdot t^c \cdots \equiv 1 \pmod{p^a} \quad \text{sive} \quad x \cdot q^b \cdot t^c \cdots = 1 + np^a,$$

quare erit

$$s_1^{x \cdot q^b \cdot t^c \cdots} = r_1^{\frac{k(\alpha)}{p^a}} \cdot r_1^{nk(\alpha) + xt^c \cdots k'(\alpha) + \cdots},$$

unde unitatem $r_1^{\frac{k(\alpha)}{p^a}}$ re vera potestatibus integris unitatum r et s exprimi posse manifestum est. Cuius explicationis summam hoc modo exhibere possumus:

> Acceptis quibuslibet unitatibus coniunctis
>
> $$r_1, \; r_2, \; \dots \; r_{\lambda-1},$$
>
> semper inveniri potest systema unitatum coniunctarum
>
> $$s_1, \; s_2, \; \dots \; s_{\lambda-1}$$
>
> tale, ut omnes unitates integris istarum unitatum r et s potestatibus exprimi liceat.

Iam cum summam tam determinatam neque de numero neque de natura unitatum fundamentalium casu generali huc usque consequi potuerimus, quam paragraphis 14 et 15 suppositione illa speciali explicavimus, relictis iis, quae insuper his methodis derivari possunt, si unitates „r" certa quadam ratione eliguntur, ad casum eum transeamus, in quo λ numerus est compositus.

§ 18.

Nostra methodus cum eo nitatur, quod istas symbolicas exponentium expressiones ratione numerorum re vera complexorum tractavimus, etiam casu quo λ numerus est compositus, tales instituamus unitates, ut his adiumentis uti possimus. Quem ad finem sit „d" aliquis ipsius λ divisor, qui factores primos $p, q, \dots$ contineat, atque „r" unitas illa in § 9 memorata; ostendamus exstare unitates s_1, s_2, ... eiusmodi, ut his aequationibus satisfaciant:

(I.) $$s_k = s_{d+k} = s_{2d+k} = \cdots = s_{(\delta-1)d+k} \quad \text{posito} \quad \delta \cdot d = \lambda,$$

praetereaque his:

$$\text{(II.)}\qquad \begin{array}{l} s_k \cdot s_{\frac{d}{p}+k} \cdot s_{2\frac{d}{p}+k} \cdots s_{(p-1)\frac{d}{p}+k} = 1\,, \\ s_k \; s_{\frac{d}{q}+k} \cdot s_{2\frac{d}{q}+k} \cdots s_{(q-1)\frac{d}{q}+k} = 1\,, \\ \vdots \qquad\qquad \vdots \qquad\qquad \vdots\,, \end{array}$$

sive his quae illis aequivalent, si $\log s_k = \sigma_k$ et α radix quaevis aequationis $x^\lambda = 1$ ponitur:

$$\text{(III.)}\ \sigma_1 + \sigma_2\alpha + \cdots + \sigma_\lambda \alpha^{\lambda-1} = \sigma_{d+1} + \sigma_{d+2}\alpha + \cdots + \sigma_d \alpha^{\lambda-1},\ \text{ergo} = \alpha^{-d}(\sigma_1 + \sigma_2\alpha + \cdots + \sigma_\lambda\alpha^{\lambda-1})$$

atque his:

$$\text{(IV.)}\qquad \begin{array}{l} (\sigma_1 + \sigma_2\alpha + \cdots + \sigma_\lambda\alpha^{\lambda-1})\cdot(1 + \alpha^{-\frac{d}{p}} + \alpha^{-2\frac{d}{p}} + \cdots + \alpha^{-(p-1)\frac{d}{p}}) = 0\,, \\ (\sigma_1 + \sigma_2\alpha + \cdots + \sigma_\lambda\alpha^{\lambda-1})\cdot(1 + \alpha^{-\frac{d}{q}} + \alpha^{-2\frac{d}{q}} + \cdots + \alpha^{-(q-1)\frac{d}{q}}) = 0\,, \\ \vdots \qquad\qquad\qquad \vdots \qquad\qquad\qquad \vdots\,. \end{array}$$

Quae ipsae condiciones explentur, si expressio $\sigma(\alpha)$ pro quovis ipsius α valore exceptis iis, qui radices unitatis d^{tae} primitivae sunt, evanescit. Quod si fit, aequatio (III), quae pro valoribus ipsius α aequationi $\alpha^d = 1$ sufficientibus re ipsa expletur, etiam pro reliquis ipsius α valoribus locum tenet. Deinde aequationes (IV), quae pro iis tantum ipsius α valoribus, qui radices primitivae d^{tae} sunt, re ipsa explentur, etiam pro reliquis ipsius α valoribus valent. Iam ponamus:

$$\text{(V.)}\qquad s_1 = r_1^{a_1 + a_2\alpha + \cdots + a_{\lambda-1}\alpha^{\lambda-2}} = r_1^{a_1} \cdot r_2^{a_2} \cdots r_{\lambda-1}^{a_{\lambda-1}}\,,$$

ubi

$$a_1 + a_2\alpha + \cdots + a_{\lambda-1}\alpha^{\lambda-2}$$

$$= (1 + \alpha^d + \cdots + \alpha^{(\delta-1)d})\cdot(1 + \alpha + \alpha^2 + \cdots + \alpha^{\frac{d}{p}-1})\cdot(1 + \alpha + \alpha^2 + \cdots + \alpha^{\frac{d}{q}-1})\cdots\,.$$

Ex qua aequatione numeri a_1, a_2, ... ita sunt determinandi, ut explicato producto dextrae partis eoque solius aequationis $\alpha^\lambda = 1$ ope reducto singularum ipsius α potestatum coefficientes quantitatibus a_1, a_2, ... aequales ponantur, sive hoc modo, ut positis in aequatione (V) singulis ipsius α valoribus ex his $(\lambda - 1)$ aequationibus illae $(\lambda - 1)$ quantitates „a“ determinentur. — Unitates „s“ sic definitas illis aequationibus (I), (II), (III), (IV) satisfacere iam probaturi sumus. — Ex illa enim aequatione (V) sequitur modo in § 9 tradito, ut sit:

$$\sigma_1 + \sigma_2\alpha + \cdots + \sigma_\lambda\alpha^{\lambda-1} = a(\alpha^{-1})\cdot(\varrho_1 + \varrho_2\alpha + \cdots + \varrho_\lambda\alpha^{\lambda-1})$$

pro quavis radice α. Cum vero expressio:

$$a(\alpha^{-1}) = \frac{1-\alpha^{-\lambda}}{1-\alpha^{-d}} \cdot \frac{1-\alpha^{-\frac{d}{p}}}{1-\alpha^{-1}} \cdot \frac{1-\alpha^{-\frac{d}{q}}}{1-\alpha^{-1}} \cdots$$

pro omnibus ipsius α valoribus exceptis radicibus d^{tis} primitivis evanescat, etiam expressionem $\sigma(\alpha)$ hanc ipsam habere proprietatem ideoque unitates „s“ illis condicionibus sufficere patet.

Quaecunque unitates illis aequationibus (I), (II), (III), (IV) satisfaciunt classem efficiunt unitatum eam, quam ad divisorem „d“ pertinere dicimus. Iam primum unitates eiusdem classis inter se comparabimus, et quidem omnes potestatibus vel integris vel fractis unius systematis unitatum coniunctarum exprimi posse probabimus. Etenim sint unitates aliquae ad divisorem d pertinentes hae:

$$f_1, \quad f_2, \quad \ldots \quad f_d;$$

designentur deinde valores absoluti logarithmorum harum quantitatum signis:

$$\varphi_1, \quad \varphi_2, \quad \ldots \quad \varphi_d;$$

hoc aequationum systema semper solvi potest:

$$\text{(VI.)} \quad \begin{aligned} \varphi_1 &= n_1\sigma_1 + n_2\sigma_2 + \cdots + n_k\sigma_k, \\ \varphi_2 &= n_1\sigma_2 + n_2\sigma_3 + \cdots + n_k\sigma_{k+1}, \\ &\vdots \\ \varphi_d &= n_1\sigma_d + n_2\sigma_1 + \cdots + n_k\sigma_{k-1}, \end{aligned}$$

ubi indeterminatae sunt quantitates $n_1, n_2, \ldots n_k$ atque numerus harum quantitatum, litera k designatus, numerus ille est, quem *Gauss* signo $\varphi(d)$ denotat, i. e. numerus numerorum ad ipsum „d“ primorum eoque minorum. Designante w radicem aequationis $w^d = 1$ pro qualibet hac radice w, ratione in § 9 exhibita prodit aequatio:

$$(\text{VII.})\quad \varphi_1+\varphi_2 w+\cdots+\varphi_d w^{d-1}=(n_1+n_2 w^{-1}+\cdots+n_k w^{-(k-1)})\cdot(\sigma_1+\sigma_2 w+\cdots+\sigma_d w^{d-1}).$$

Quam aequationem pro omnibus radicibus w non primitivis re ipsa expleri ex eo elucet, quod his casibus et $\varphi(w)$ et $\sigma(w)$ evanescunt, cum et unitates f et unitates s in classe ad divisorem d pertinente insint*). — Singuli ipsius w valores primitivi totidem aequationes praebent formae (VII), quarum igitur numerus k numero indeterminatarum aequalis est. Ut igitur indeterminatas ex iis determinari posse ostendamus, tantummodo determinantem systematis illius non evanescere probandum est. Determinans autem cum sit:

$$\sigma(w)\cdot\sigma(w^h)\cdot\sigma(w^{h'})\cdots,$$

designantibus $h, h', \ldots$ systema numerorum inter se incongruorum ad ipsum d primorum, aliquis factor $\sigma(w^h)$ evanescere deberet, ideoque foret:

$$\sigma_1+\sigma_2 w+\sigma_3 w^2+\cdots+\sigma_d w^{d-1}=0$$

pro aliqua radice primitiva w, sive ratione habita aequationum (I) nec non aequationis huius: $\alpha^\delta=w$ esse deberet:

$$\sigma_1+\sigma_2\alpha^\delta+\sigma_3\alpha^{2\delta}+\cdots+\sigma_\lambda\alpha^{(\lambda-1)\delta}=0$$

pro aliqua radice primitiva α. — Iam cum sit secundum aequationem (V):

$$\sigma_1+\sigma_2\alpha^\delta+\cdots+\sigma_\lambda\alpha^{(\lambda-1)\delta}=(\varrho_1+\varrho_2\alpha^\delta+\cdots+\varrho_\lambda\alpha^{(\lambda-1)\delta})\cdot(a_1+a_2\alpha^{-\delta}+\cdots),$$

esse deberet:

$$\varrho(\alpha^\delta)\cdot(a_1+a_2\alpha^{-\delta}+\cdots)=0,$$

sive substituto ipsius $a(\alpha^{-\delta})$ valore et posito $\alpha^\delta=w$:

$$\varrho(\alpha^\delta)\cdot\delta\cdot\frac{1-w^{-\frac{d}{p}}}{1-w^{-1}}\cdot\frac{1-w^{-\frac{d}{q}}}{1-w^{-1}}\cdots=0,$$

id quod fieri nequit, cum nullum factorem $(1-w^{-\frac{d}{p}}), \ldots,$ designante w radicem *primitivam* d^{tam}, evanescere pateat, neque factorem $\varrho(\alpha^\delta)$ nihilo aequivalere posse supra in § 9 demonstratum sit.

---

*) v. quae supra indicata sit unitatum ad classem pertinentium proprietas.

Iam cum probaverimus, quamvis unitatem ad ipsum „d“ pertinentem potestatibus ipsorum s repraesentari posse*), exponentes harum potestatum non irrationales esse ex eo elucet, quod, cum unitates s potestatibus integris unitatum r expressae sint, etiam unitates quaedam potestatibus ipsorum „r“ irrationalibus repraesentari possent, id quod fieri non posse in § 13 demonstravimus. Quare forma generalis unitatum ad divisorem „d“ pertinentium erit:

$$s_1^{\frac{m_1}{n}} \cdot s_2^{\frac{m_2}{n}} \cdots s_k^{\frac{m_k}{n}}$$

sive:

$$s_1^{\frac{1}{n}(m_1+m_2 w+\cdots+m_k w^{k-1})},$$

designantibus $n, m_1, m_2, \ldots$ numeros integros reales.

In quibus unitatibus exponentes symbolicos tanquam veros numeros complexos tractare possumus, quia omnes eorum reductiones aequationibus nituntur:

$$1 + w^{\frac{d}{p}} + w^{2\frac{d}{p}} + \cdots + w^{(p-1)\frac{d}{p}} = 0,$$

$$1 + w^{\frac{d}{q}} + w^{2\frac{d}{q}} + \cdots + w^{(q-1)\frac{d}{q}} = 0,$$

$$\vdots \qquad\qquad \vdots \qquad\qquad \vdots$$

et

$$1 + w + w^2 + \cdots + w^{d-1} = 0,$$

cumque re vera sit:

$$s_1^{1+w^{\frac{d}{p}}+\cdots+w^{(p-1)\frac{d}{p}}} = s_1 \cdot s_{\frac{d}{p}+1} \cdots s_{(p-1)\frac{d}{p}+1} = 1 = s_1^0$$

$$\cdots\cdots\cdots\cdots\cdots\cdots$$

nec non:

$$s_1^{1+w+\cdots+w^{d-1}} = s_1 \cdot s_2 \cdots s_d = 1 = s_1^0.$$

§ 19.

Respectu habito eorum, quae in § 7 cum explicata tum indicata sint, atque posito „λ“ numerum esse eiusmodi, ut quivis numerus primus formae

*) Nempe si in aequationibus (VI) a logarithmis ad numeros transeas.

$k\lambda + r$ in n factores complexos, compositos e radicibus unitatis λ^{tis}, discerpi possit, si statuamus $g, g', g'', \ldots$ resp. numerorum $p^a, q^b, t^c, \ldots$ radices primitivas,

$$\lambda = p^a \cdot q^b \cdot t^c \cdots, \quad r \equiv \frac{\lambda}{p^a} \cdot g^h + \frac{\lambda}{q^b} \cdot g'^{h'} + \frac{\lambda}{t^c} g''^{h''} + \cdots \quad (\text{mod. } \lambda),$$

$$n = h \cdot h' \cdot h'' \cdots {}^{*}),$$

omnino eadem qua in § 15 usi sumus ratione probatur, exstare in quavis classe unitatem u, cuius potestatibus integris complexis omnes unitates ad eandem classem pertinentes repraesentari possint. Cumque quivis numerus complexus integer ex unitatis radicibus d^{tis} compositus ad expressionem $\varphi(d)$ terminorum integram redigi possit**), $\varphi(d)$ unitates coniunctas exstare patet, quarum potestatibus integris omnes unitates ad divisorem d pertinentes exprimi possint.

Iam eadem qua in § 16 usi sumus ratione probari potest, designante „u“ unitatem fundamentalem classis ad ipsum d pertinentis, omnes reliquas eiusdem classis unitates fundamentales easque solas forma contineri: $u^{m(w)}$, si $m(w)$ numerus est talis, ut $\text{Nm}\, m(w) = 1$. Etiamque unitates non coniunctae statui possunt fundamentales multitudinis $\varphi(d)$, et quidem numerus unitatum diversarum, quae statui possunt, fundamentalium coniunctarum erit infinitus, dummodo $\varphi(d) > 2$, ergo $d \geqq 8$, numerus vero unitatum fundamentalium non coniunctarum erit infinitus, quando $\varphi(d) \geqq 2$, ergo $d > 2$.

Denique omissa illa suppositione, qua statuitur, omnem numerum primum formae $k\lambda + r$ in n factores complexos discerpi posse, ratione illa in § 17 exhibita demonstrari potest: Dato quocunque systemate unitatum coniunctarum ad classem aliquam pertinentium***), semper existere aliud systema, quo alteri adiuncto cunctae eiusdem classis unitates repraesentari possint. Et quidem secundum supra adnotata utrarumque unitatum tantummodo $\varphi(d)^{\text{nis}}$ opus erit.

---

*) Numeri $h, h', \ldots$ resp. multipla numerorum $p^{a-1}, q^{b-1}, \ldots$ esse debent.

**) v. § 7.

***) Ea tantum condicione, ut expressio illa $\sigma(w)$ pro nullo valore ipsius w primitivo evanescat. v. § 18.

Iam etiam probemus, numerum unitatum fundamentalium ipso $\varphi(d)$ minorem non sufficere ad repraesentandas omnes unitates eiusdem classis. Quem ad finem sint unitates quaedam fundamentales:

$$f, \; f', \; f'', \; \ldots,$$

itaque illas quoque unitates „s“ potestatibus harum f integris repraesentari posse oportet. Quare sit posito $\log f = \varphi$, $\log f' = \varphi'$, ... et $k = \varphi(d)$:

$$\begin{aligned} \sigma_1 &= a_1\varphi + b_1\varphi' + c_1\varphi'' + \cdots, \\ \sigma_2 &= a_2\varphi + b_2\varphi' + c_2\varphi'' + \cdots, \\ \vdots \quad & \quad \vdots \qquad\qquad \vdots \\ \sigma_k &= a_k\varphi + b_k\varphi' + c_k\varphi'' + \cdots. \end{aligned}$$

Cum vero numerus ipsorum f itaque ipsorum φ sit $\leqq k-1$, his ipsis eliminatis certe una restabit aequatio formae huiusce:

$$\text{(I.)} \qquad n_1\sigma_1 + n_2\sigma_2 + \cdots + n_k\sigma_k = 0,$$

in qua aequatione n_1, n_2, ... numeri esse debent integri atque non omnes nihilo aequales. Id quod fieri non posse sequentibus probatur. Ex aequatione enim (I) sequitur: $s_1^{n_1} \cdot s_2^{n_2} \cdots s_k^{n_k} = 1$, unde mutatis periodis iis, quae unitatibus „s“ continentur, oritur systema aequationum:

$$\begin{aligned} s_1^{n_1} \cdot s_2^{n_2} \ldots s_k^{n_k} &= 1, \\ s_2^{n_1} \cdot s_3^{n_2} \ldots s_{k+1}^{n_k} &= 1, \\ \vdots \qquad \vdots \qquad & \vdots, \end{aligned}$$

ex quo ope formulae (IV) § 9 deducimus aequationem:

$$(n_1 + n_2 w^{-1} + \cdots + n_k w^{-(k-1)}) \cdot (\sigma_1 + \sigma_2 w + \cdots + \sigma_d w^{d-1}) = 0$$

pro qualibet d^{ta} radice unitatis w. Cum autem factorem alterum pro nulla radice w primitiva evanescere supra (§ 18) demonstratum sit, factor prior pro his omnibus k valoribus ipsius w evanescere deberet; id quod (nisi $n_1 = n_2 = \cdots = 0$) fieri non posse ex § 7 colligitur.

§ 20.

Iam quid ex hac singularum classium disquisitione pro universis unitatibus colligi possit, inquiramus. Quodsi supponimus numerum λ illa virtute, initio § 19 memorata, gaudere, ea ipsa proprietate divisores quoque ipsius λ praeditos esse patet. Hoc igitur casu pro quolibet divisore „d“ exstant quaedam unitates fundamentales coniunctae, quarum $\varphi(d)$ ad repraesentandas omnes huius classis unitates sufficiunt; quae designentur notis

$$u_{d,1}, \quad u_{d,2}, \quad \ldots,$$

earumque logarithmi sint

$$v_{d,1}, \quad v_{d,2}, \quad \ldots .$$

Sit „r“ unitas aliqua, atque formetur ex ea unitas classis ad divisorem „d“ pertinentis illa ipsa ratione, qua initio § 18 usi sumus. Sitque haec unitas „s“, ita ut habeamus servata designatione illic adhibita:

$$r_1^{a_1} \cdot r_2^{a_2} \cdots r_{\lambda-1}^{a_{\lambda-1}} = r_1^{a(\alpha)} = s_1 .$$

Sed esse debet

$$s_1 = u_{d,1}^{n_1} \cdot u_{d,2}^{n_2} \cdots u_{d,k}^{n_k},$$

designantibus $n_1, n_2 \ldots$ numeros quosdam integros. Itaque habemus aequationem:

$$\text{(I.)} \quad \sigma_1 + \sigma_2 w + \cdots + \sigma_d w^{d-1} = (n_1 + n_2 w^{-1} + \cdots + n_k w^{-(k-1)}) \cdot (v_{d,1} + v_{d,2} w + \cdots + v_{d,d} w^{d-1})$$

ratione saepe usitata pro qualibet radice w aequationis $w^d = 1$. Deinde est:

$$\text{(II.)} \qquad \sigma_1 + \sigma_2 \alpha + \cdots + \sigma_\lambda \alpha^{\lambda-1} = a(\alpha^{-1}) \cdot (\varrho_1 + \varrho_2 \alpha + \cdots + \varrho_\lambda \alpha^{\lambda-1})$$

pro quaque radice unitatis λ^{ta}. Substituta igitur pro α radice w obtinemus:

$$a(w^{-1}) \cdot (\varrho_1 + \varrho_2 w + \cdots + \varrho_\lambda w^{\lambda-1}) = \sigma_1 + \sigma_2 w + \cdots + \sigma_\lambda w^{\lambda-1},$$

atque per aequationem (I) aliquanto mutatam:

$$\text{(III.)} \quad \left\{ \begin{aligned} & a(w^{-1}) \cdot (\varrho_1 + \varrho_2 w + \cdots + \varrho_\lambda w^{\lambda-1}) \\ & = (n_1 + n_2 w^{-1} + \cdots + n_k w^{-(k-1)}) \cdot (v_{d,1} + v_{d,2} w + \cdots + v_{d,\lambda} w^{\lambda-1}) . \end{aligned} \right.$$

Quotiescunque igitur $n(w^{-1})$, numero $a(w^{-1})$ divisus, residuum habet $c(w^{-1})$, ita ut

$$n(w^{-1}) = m(w^{-1}) \cdot a(w^{-1}) + c(w^{-1})$$

sit (designante w radicem primitivam), habemus aequationem:

$$a(w^{-1}) \cdot (\varrho_1 + \varrho_2 w + \cdots) = a(w^{-1}) \cdot m(w^{-1}) \cdot (v_{d,1} + v_{d,2} w + \cdots) + c(w^{-1}) \cdot (v_{d,1} + v_{d,2} w + \cdots),$$

atque si ponimus unitatem:

$$r_1 \cdot u_{d,1}^{-m_1} \cdot u_{d,2}^{-m_2} \cdots u_{d,k}^{-m_k} = t_1$$

et $\log t_1 = \tau_1$, etc., erit:

$$a(\alpha^{-1}) \cdot (\tau_1 + \tau_2 \alpha + \cdots + \tau_\lambda \alpha^{\lambda-1}) = c(\alpha^{-1}) \cdot (v_{d,1} + v_{d,2} \alpha + \cdots + v_{d,\lambda} \alpha^{\lambda-1})$$

pro quoque ipsius α valore, qui radicem d^{tam} primitivam praebet. Pro omnibus reliquis ipsius α valoribus erit:

$$\tau_1 + \tau_2 \alpha + \cdots + \tau_\lambda \alpha^{\lambda-1} = \varrho_1 + \varrho_2 \alpha + \cdots + \varrho_\lambda \alpha^{\lambda-1},$$

cum pro his ipsius α valoribus sit $v_{d,1} + v_{d,2} \alpha + \cdots = 0$.

Unde elucet, quamvis unitatem „r“ ope unitatum „u“ ad unitatem „t“ reduci posse talem, ut si unitas classis ad „d“ pertinentis ratione supra indicata ex ea formetur atque potestate ipsius „u“ complexa repraesentetur, exponens certo quodam residuorum systemate modulo $a(w)$ contineatur*). Hinc tanquam corollarium sequitur, ut si tales tantum unitates existant, quarum exponentes illi cuncti residua nihilo aequalia habeant, quascunque unitates integris ipsorum „u“ potestatibus exprimere liceat, itaque numerus unitatum fundamentalium sit:

$$\varphi(\lambda) + \cdots + \varphi(d) + \cdots = \lambda - 1$$

secundum notum illud theorema.

Statutis certis quibusdam residuorum systematis modulis

$$a(w), \quad a'(w'), \quad \ldots$$

*) Sic supra unitas „r“, ad quam exponens $n(w)$ pertinebat, ad unitatem „t“ reducta est, ad quam exponens $c(w)$, qui est residuum ipsius $n(w)$ modulo $a(w)$, pertinet.

pro singulis ipsius λ divisoribus, sit unitas „r“ eiusmodi, ut exponentes, ad quos pertinent unitates classium ex illa „r“ formatae, pro singulis $a(w)$ residuis quibusdam ex istis systematis aequales sint; tum brevitatis causa seriem quandam residuorum ad unitatem „r“ pertinere dicemus. Iam primum ex illis supra dictis concludimus, cunctas unitates unitatibus „u“ et unitatibus „r“ repraesentari posse.

Deinde supponamus divisores ipsius λ certo aliquo ordine dispositos:

$$d_1, \; d_2, \; \ldots \; d_i;$$

sint porro unitates „r“ tales, ut residua, quae ad eas respectu divisoris d_1 pertineant, non evanescant; sint unitates „s“ tales, ut residuis respectu d_1 evanescentibus residua, quae ad eas respectu divisoris d_2 pertineant, non evanescant etc. Inter has unitates

$$r, \; s, \; t, \ldots$$

omnes illas, quae supra ipso „r“ denotatae sunt, inveniri apertum est. Deinde adnotamus, pro divisore ultimo tales unitates existere non posse. Tum enim residua respectu omnium divisorum, excepto ipso d_i, evanescere deberent ideoque, posito illam unitatem z eiusque logarithmum ζ esse, aequatio

$$\zeta_1 + \zeta_2 \alpha + \cdots + \zeta_\lambda \alpha^{\lambda-1} = 0$$

pro omnibus ipsius α valoribus exceptis radicibus d_i^{tis} primitivis locum habere deberet. Itaque unitas z in ipsa classe ad divisorem d_i pertinente inest (v. § 18) atque in aequatione:

$$a(w^{-1}) \cdot (\zeta_1 + \zeta_2 w + \cdots + \zeta_\lambda w^{\lambda-1}) = (n_1 + n_2 w^{-1} + \cdots) \cdot (v_{d_i,1} + v_{d_i,2} w + \cdots),$$

ubi w est radix d_i^{ta} primitiva, numerus $n(w)$ ipso $a(w)$ dividi posse deberet, propatereaque residuum respectu divisoris d_i quoque evanesceret.

Iam unitates „r“ inter se reducendae sunt. Primum, si quae existant, ad quas idem residuum respectu ipsius d_1 pertineat, e. g. r et r', pro his accipi possunt unitates r et $\frac{r}{r'}$, quarum alteram ad genus unitatum „s“ (vel inter ipsas $t, \ldots$) referendam esse patet, quippe quae eius residuum respectu d_1 evanescat. Unde concludimus, quaecunque unitates r eodem residuo respectu d_1 gaudeant, ex eis unam tantum eligendam esse, cum ceterae ope huius et unitatum $s, t, \ldots$ repraesentari possint. — Deinde sit $n(w)$ residuum alicuius „r“ respectu d_1 (ubi w radix primitiva d_1^{ta}), sitque $\varphi(w)$ factor communis maximus numerorum $n(w)$ et illius $a(w)$, ita ut sit

$$n(w) = \varphi(w) \cdot m(w),$$

numerum invenire licet $\psi(w)$ talem, ut sit

$$m(w) \cdot \psi(w) \equiv 1 \qquad \big(\text{mod. } a(w)\big)\ ^{*)},$$

ergo

$$n(w) \cdot \psi(w) \equiv \varphi(w) \qquad \big(\text{mod. } a(w)\big).$$

Itaque cum unitas $r_1^{\psi(\alpha)}$ quoque integra sit, unitas existit, cuius residuum respectu d_1 ipse numerus $\varphi(w)$ est. Quae si litera r' designatur, erit $r'^{m(\alpha)}$ unitas, cuius residuum respectu d_1 numerus $n(w)$, quae igitur secundum supra dicta pro illa unitate r accipi potest. Hinc sequitur, ut loco omnium earum unitatum, quarum residua eundem factorem communem maximum $\varphi(w)$ cum numero $a(w)$ habeant, unam tantum, cuius residuum ipse hic numerus $\varphi(w)$ sit, accipere liceat.

Sint unitatum r et r' residua respectu d_1 numeri $\varphi(w)$ et $\psi(w)$, qui uterque numerum illum $a(w)$ metiens supponi potest. Tum erit factor communis maximus numerorum

$$m(w) \cdot \varphi(w) + n(w) \cdot \psi(w), \qquad a(w)$$

ipse factor communis numerorum $\varphi(w)$ et $\psi(w)$. Positis enim $m(w)$, $n(w)$ numeros esse tales, ut sit

$$m(w) \cdot \varphi(w) + n(w) \cdot \psi(w) \equiv \chi(w) \qquad \big(\text{mod. } a(w)\big),$$

ubi $\chi(w)$ factor est communis maximus ipsorum $\varphi(w)$ et $\psi(w)$, illa sententia elucet. Cumque etiam $r^{m(w)} \cdot r'^{n(w)}$ unitas sit integra eaque talis, ut residuum respectu d_1 sit $\chi(w)$, hanc ipsam unitatem, ex qua ope unitatum $s, t, \ldots$ unitates illae (r, r') derivari possunt, loco duarum unitatum r, r' accipere licet. Quaecunque igitur unitates variorum respectu d_1 residuorum existunt, semper una talis pro iis accipi potest, cuius residuum respectu d_1 factor omnium resi-

---

*) Cf. § 4 et § 7.

duorum communis maximus sit. Et, si respicimus supra dicta, pro hac ipsa talis statui potest unitas, ut residuum respectu d_1 sit factor ipsius $a(w)$.

Quae cum de unitatibus r exposuerimus, ad unitates $s, t, \ldots$ adhibere liceat, concludimus, praeter unitates „u“ ad repraesentandas omnes unitates his tantum opus esse: unitate quadam „r“ (cum eius coniunctis), cuius residuum respectu d_1 est factor ipsius $a(w)$; unitate quadam „s“, cuius residuum respectu d_2 est factor ipsius $b(w')$ etc. Itaque hanc obtinemus seriem unitatum fundamentalium:

$$u_{d_1}, \quad u_{d_2}, \quad u_{d_3}, \quad \ldots \quad u_{d_{i-1}}, \quad u_{d_i},$$

$$r, \quad s, \quad t, \quad \ldots \quad z.$$

Iam si residuum, quod ad unitatem r respectu d_1 pertinet, $\varphi(w)$ ponitur, ita ut sit $a(w) = \varphi(w) \cdot \psi(w)$, habemus aequationem:

$$a(w^{-1})\cdot(\varrho_1 + \varrho_2 w + \cdots) = \varphi(w^{-1})\cdot(v_{d_1,1} + v_{d_1,2} w + \cdots)$$

vel

$$\psi(w^{-1})\cdot(\varrho_1 + \varrho_2 w + \cdots) = v_{d_1,1} + v_{d_1,2} w + \cdots,$$

pro qualibet radice d_1^{ta} primitiva w. Unde patet unitatem $r^{\psi(\alpha)} \cdot u_{d_1,1}^{-1}$ esse talem, ut eius residuum respectu d_1 sit nihilo aequale, eamque igitur unitatibus $u_{d_2}, u_{d_3}, \ldots$ et $s, t, \ldots$ repraesentari posse. Ergo ipsae unitates coniunctae u_{d_1} unitatibus „r“ et reliquis utriusque seriei unitatibus exprimuntur. Inter has vero unitates „r“ eae, quarum index numero $\varphi(d_1)$ maior est, ad priores reducuntur. Sit enim (posito $\varphi(d_1) = k$)

$$x^k + c_{k-1} x^{k-1} + \cdots + c_1 x + c = 0$$

illa aequatio, quarum radices sunt radices unitatis d_1^{tae} primitivae, in qua coefficientem ipsius x^k unitatem esse e forma illius aequationis in § 7 exhibita manifestum est, et fingamus unitatem integram:

$$r_1^c \cdot r_2^{c_1} \cdots r_{k-1}^{c_{k-2}} \cdot r_k^{c_{k-1}} \cdot r_{k+1} = x_1,$$

ideoque posito $\log x_i = \xi_i$:

$$(c + c_1 \alpha^{-1} + \cdots + c_{k-1} \alpha^{-(k-1)} + \alpha^{-k})\cdot(\varrho_1 + \varrho_2 \alpha + \cdots) = \xi_1 + \xi_2 \alpha + \cdots.$$

Cum vero $c(\alpha^{-1})$, eaque de re $\xi(\alpha)$, pro illo ipsius α valore $\alpha = w$ evanescat, unitas x_1 unitatibus $u_{d_2} \ldots$ atque unitatibus $s, t, \ldots$ repraesentari potest. Ergo r_{k+1} unitatibus $r_1, r_2, \ldots r_k$ et unitatibus utriusque illius seriei reliquis exprimi potest; pariterque r_{k+2} unitatibus $r_2, r_3, \ldots r_{k+1}$ ideoque unitatibus $r_1, r_2, \ldots r_k$ et reliquis etc. etc. Itaque pro illis unitatibus „u_{d_1}“ et „r“ tantum accipiendae sunt unitates:

$$r_1, \; r_2, \; \ldots \; r_{\varphi(d_1)}.$$

Simili modo pro unitatibus u_{d_2} et s tantum accipiendae sunt unitates

$$s_1, \; s_2, \; \ldots \; s_{\varphi(d_2)},$$

quia sicuti supra et unitates ceterae cum s_1 coniunctae et unitates „u_{d_2}“ per unitates $s_1, s_2, \ldots s_{\varphi(d_2)}$ adiunctis illis $u_{d_3}, \ldots t, \ldots z$, exprimi possunt. Denique pro unitatibus $u_{d_{i-1}}$ et z accipiendae sunt unitates

$$z_1, \; z_2, \; \ldots \; z_{\varphi(d_{i-1})},$$

quia his ipsis ope unitatum u_{d_i} illae repraesentari possunt. Habemus igitur tanquam unitates fundamentales, ad repraesentandas omnes unitates sufficientes, has:

$$\begin{array}{llll} r_1, & r_2, & \ldots & r_{\varphi(d_1)}, \\ s_1, & s_2, & \ldots & s_{\varphi(d_2)}, \\ \vdots & \vdots & & \vdots \\ z_1, & z_2, & \ldots & z_{\varphi(d_{i-1})}, \\ u_{d_i,1}, & u_{d_i,2}, & \ldots & u_{d_i,\varphi(d_i)}, \end{array}$$

quia ceteras cum ipsis u_{d_i} coniunctas unitates „u“ illis exprimi posse iam supra adnotavimus. Numerus igitur unitatum fundamentalium erit:

$$\varphi(d_1) + \varphi(d_2) + \cdots + \varphi(d_i) = \lambda - 1,$$

eumque numerum ipso $\lambda - 1$ minorem esse non posse in § 12 demonstravimus.

Numerus igitur unitatum fundamentalium hic idem est, qui erat casu quo λ numerus primus, sed cum casu generali, tanquam unitates fundamentales semper unitates accipi posse *coniunctas,* non probaverimus, num re vera unitates fundamentales *coniunctae* pro quovis λ existant, in dubio remanet.

Haec autem quaestio quanti sit momenti ex eo elucet, quod problema illud Diophanteum (v. § 11) inveniendorum numerorum $x, x_1, \dots x_{\lambda-1}$ aequationi

$$\mathrm{Nm}\,(x\varepsilon + x_1\varepsilon_1 + \cdots + x_{\lambda-1}\varepsilon_{\lambda-1}) = \pm 1$$

satisfacientium systematis unitatum fundamentalium *coniunctarum* perfecte solvitur. Nam si omnes unitates forma $u_1^{n(\alpha)}$ sive

$$(\xi\varepsilon + \xi_1\varepsilon_1 + \cdots + \xi_{\lambda-1}\varepsilon_{\lambda-1})^{n(\alpha)}$$

continentur, cuncta ipsorum x systemata *functionibus rationalibus integris* illius unius systematis (ξ) repraesentari possunt. Sin vero duorum systematum unitatum coniunctarum opus est, omnia systemata ipsorum x nonnisi duobus systematis (ξ), (ξ') modo rationali exprimi possunt. Quoniam autem in § 17 demonstratum est, acceptis quibuslibet unitatibus coniunctis $r_1, r_2, \dots r_{\lambda-1}$ semper inveniri posse alterum systema $s_1, s_2, \dots s_{\lambda-1}$ tale, ut omnes unitates integris istarum unitatum r et s potestatibus exprimi liceat, sequitur, ut accepto quolibet systemate $x^0, x_1^0, \dots x_{\lambda-1}^0$ alterum systema $x', x_1', \dots x_{\lambda-1}'$ inveniri possit tale, ut omnia systemata ipsorum x tanquam functiones rationales integrae illarum 2λ quantitatum x^0, x' repraesentari possint. Sed cum e disquisitionibus illis generalibus Cli. *Lejeune-Dirichlet*, quas supra pagina huius dissertationis secunda commemoravimus, tantummodo concludi possit, $\lambda - 1$ quantitatum x systemata sive $\lambda(\lambda-1)$ quantitates x ad repraesentanda cuncta ipsorum x systemata sufficere, casu quem in hac dissertatione tractavimus speciali problema Diophanteum, quaestione unitatum complexarum exhibitum, peculiarem ac simpliciorem solutionem admittere bene animadvertendum est.

VITA.

Natus sum ego Leopoldus Kronecker Lignicii d. VII m. Decembris anni h. s. XXIII patre Isidoro matre Iohanna e gente Prausnitzeriana. Quos mihi Deus o. m. ad summam senectutem conservet. Religioni addictus sum mosaicae. Literarum elementis imbutus gymnasium Ligniciense adii, quod tunc beato Pinzger deinde Koehler, viro doctissimo, florebat. Ex praeceptorum numero, quorum ibi usus sum disciplina optime de excolendo ingenio merebantur Prorector Dr. Werner, quem jam defunctum lugeo, et Dr. Kummer v. cl. h. t. professor p. o. in universitate literaria Vratislaviensi, qui alter me jam dum in gymnasio ipso versabar sublimioribus matheseos partibus imbuebat. Quorum etiam consuetudine me usum esse gaudeo, debitamque pro utilitate quam inde percepi gratiam nullo tempore me abjecturum esse promitto. Maturitatis testimonio instructus vere anni XLI ab rectore magnifico Illo. Lichtenstein ab Illo. Zumpt decano maxime spectabili philosophorum ordini adscriptus sum universitatis lit. Berolinensis. Postquam vere anni XLIII universitatem almam Fridericianam Bonnensem, autumno universitatem Vratislaviensem adii, denique autumno anni XLIV ad universitatem Berolinensem reverti. Scientiis mathematicis operam dedi. Duces mihi studiorum fuere: viri ill. doct. Lejeune-Dirichlet, Encke, Jacobi, Ohm, Steiner; Dove, Mitscherlich; Argelander; Kummer; — in philosophia et philologia: Schelling, Heydemann, Werder; Ritschl, Dahlmann; Haase. — Quibus viris gratias maximas et ago et semper agam. —

THESES.

I. Rempublicam summam societatis humanae formam esse nego.

II. In natura nihil supervacaneum est.

III. Mathesis et ars et scientia dicenda.

IV. Fermatius theorema suum inclytum non demonstravit.

MÉMOIRE SUR LES FACTEURS IRRÉDUCTIBLES DE L'EXPRESSION $x^n - 1$.

On sait que l'expression $(x^n - 1)$, n désignant un nombre entier quelconque, peut se décomposer en facteurs rationnels dont le nombre est égal à celui des diviseurs de n. En effet, en dénotant par

$$F_m(x) = 0$$

l'équation qui ne contient que les racines primitives de l'équation $x^m = 1$, on aura

$$x^n - 1 = F_d(x)\, F_{d'}(x)\, F_{d''}(x) \cdots,$$

où d, d', d'', ..., désignent tous les divers diviseurs du nombre n. On peut dire que cette manière de décomposer l'expression $x^n - 1$ correspond à la décomposition d'un nombre entier en facteurs premiers; car tous les facteurs $F_d(x)$, $F_{d'}(x)$, ..., sont irréductibles, et c'est cette propriété des fonctions $F_d(x)$, $F_{d'}(x)$, ..., bien importante pour la théorie des nombres, qui sera l'objet du présent Mémoire.

Décomposons le nombre n en ses facteurs premiers, et soit

$$n = p^a q^b r^c \cdots t^g,$$

p, q, r, ..., t désignant des nombres premiers quelconques inégaux. Alors on peut représenter l'équation $F_n(x) = 0$, qui ne contient que les racines primitives de l'équation $x^n = 1$, de la manière suivante

$$F_n(x) = \frac{(x^n - 1)\cdot(x^{\frac{n}{p \cdot q}} - 1)\cdot(x^{\frac{n}{p \cdot r}} - 1) \cdots}{(x^{\frac{n}{p}} - 1)\cdot(x^{\frac{n}{q}} - 1)\cdot(x^{\frac{n}{r}} - 1) \cdots} = 0\,.$$

En effectuant la division, la fonction $F_n(x)$ se présentera comme fonction rationnelle entière de x à coefficients entiers du degré

$$p^{a-1}(p-1)\cdot q^{b-1}(q-1)\cdots t^{g-1}(t-1),$$

dans laquelle le coefficient du premier terme sera égal à 1.

En se proposant de prouver l'irréductibilité de cette équation et en essayant de profiter des méthodes par lesquelles on a réussi dans le cas spécial où n est un nombre premier, on trouve que ces méthodes ne suffisent, à moins que le nombre n ne soit une puissance d'un seul nombre premier (*voir* un article de M. Serret, tome XV, page 296). Car si le nombre n contient des nombres premiers inégaux, la fonction $F_n(x)$ prend un caractère tout à fait différent; et il fallait des modifications essentielles si l'on voulait adapter à ce cas les méthodes, qui ont servi pour démontrer l'irréductibilité de l'expression

$$F_p(x) = 1 + x + x^2 + \cdots + x^{p-1},$$

p étant un nombre premier. On verra, en effet, que l'irréductibilité de $F_n(x)$ revient, au fond, à une propriété de $F_m(x)$, m désignant une des puissances p^a, q^b, ..., t^g, qu'on peut énoncer brièvement en disant: *Que la fonction $F_m(x)$ ne cesse pas d'être irréductible, même en adjoignant de certains nombres complexes.* C'est cette propriété de l'expression $F_m(x)$ qui fait voir distinctement la nature des difficultés qui s'offrent en passant du cas spécial où n ne contient qu'un seul nombre premier, au cas général où n est un nombre quelconque, et c'est cette même propriété qui sera l'objet d'un théorème auxiliaire que nous allons établir.

§ I.

Théorème. — En désignant par p un nombre premier et par a un nombre entier quelconque, je dis que l'expression

$$1 + x^{p^{a-1}} + x^{2p^{a-1}} + \cdots + x^{(p-1)p^{a-1}}$$

ne peut se décomposer en facteurs d'un moindre degré, dont les coefficients soient des fonctions rationnelles d'une racine primitive de l'unité, à moins que l'exposant de cette racine ne soit divisible par p.

Démonstration. — Désignons par $f(x)$ l'expression

$$1 + x^{p^{a-1}} + x^{2p^{a-1}} + \cdots + x^{(p-1)p^{a-1}}$$

et par ω une racine primitive quelconque de l'équation $x^{p^a} = 1$, on a, comme on sait,

$$f(x) = (x - \omega^k)\cdot(x - \omega^{k'})\cdot(x - \omega^{k''})\cdots,$$

où $k, k', k'', \ldots,$ sont tous les nombres entiers positifs non-divisibles par p au-dessous de p^a. Donc, si le théorème énoncé n'avait pas lieu, on aurait une équation

$$f(x) = \varphi(x)\,\psi(x), \tag{1}$$

$\varphi(x)$ et $\psi(x)$ désignant des fonctions rationnelles entières de x dont les coefficients seraient des fonctions rationnelles (entières ou fractionnaires) d'une racine primitive de l'équation

$$\varrho^{\varpi} = 1,$$

ϖ étant un nombre entier quelconque non-divisible par p. La fonction $f(x)$ ayant pour coefficient de la plus haute puissance de x l'unité, on peut supposer que les fonctions $\varphi(x)$ et $\psi(x)$ jouissent de la même propriété. Cela posé, on aura, en vertu de l'équation (1), deux équations de la forme

$$\begin{aligned} \varphi(x) &= (x - \omega^h)\cdot(x - \omega^{h'})\cdot(x - \omega^{h''})\cdots, \\ \psi(x) &= (x - \omega^i)\cdot(x - \omega^{i'})\cdot(x - \omega^{i''})\cdots, \end{aligned} \tag{2}$$

où $h, h', h'', \ldots, i, i', i'', \ldots$ sont de certains nombres non-divisibles par p. Ensuite, il est clair qu'en faisant $x = 1$ les fonctions $\varphi(x)$ et $\psi(x)$ se réduiront à des fonctions rationnelles de la racine ϱ. On peut donc poser

$$\begin{aligned} \varphi(1) &= \frac{A + A_1\varrho + A_2\varrho^2 + \cdots + A_{r-1}\varrho^{r-1}}{M}, \\ \psi(1) &= \frac{B + B_1\varrho + B_2\varrho^2 + \cdots + B_{r-1}\varrho^{r-1}}{N}, \end{aligned} \tag{3}$$

où r désigne le degré de l'équation rationnelle *irréductible*, à laquelle satisfait la racine ϱ, et où $M, N, A, A_1, A_2, \ldots, A_{r-1}, B, B_1, B_2, \ldots, B_{r-1}$ désignent des nombres entiers, tels que M n'ait aucun diviseur commun avec *tous* les nombres $A, A_1, A_2, \ldots, A_{r-1}$ et que N n'ait aucun diviseur commun avec *tous* les nombres $B, B_1, B_2, \ldots, B_{r-1}$.

En observant que $f(1) = p$, on obtient, par l'équation (1),

$$\varphi(1)\,\psi(1) = p.$$

Donc, en remplaçant $\varphi(1)$ et $\psi(1)$ par leurs valeurs tirées de l'équation (3), et en posant, pour abréger,

$$A + A_1\varrho + A_2\varrho^2 + \cdots + A_{r-1}\varrho^{r-1} = A(\varrho),$$

$$B + B_1\varrho + B_2\varrho^2 + \cdots + B_{r-1}\varrho^{r-1} = B(\varrho),$$

on aura

$$A(\varrho)\cdot B(\varrho) = p\cdot MN. \tag{4}$$

Or, en faisant $x = 1$ dans l'une des équations (2), on obtient

$$\varphi(1) = (1 - \omega^h)\cdot(1 - \omega^{h'})\cdot(1 - \omega^{h''})\cdots.$$

Cette égalité, élevée à la puissance p^a, peut s'écrire

$$\varphi(1)^{p^a} = p\cdot X(\omega),$$

$X(\omega)$ désignant une fonction entière de ω à coefficients entiers. En effet, en ne développant que le premier facteur $(1 - \omega^h)^{p^a}$ suivant les puissances de ω^h, on voit aisément que le premier et le dernier terme se détruisent, p étant impair, et que la somme de ces deux termes est égale à 2, p étant lui-même égal à 2; tandis que les coefficients de tous les autres termes sont toujours divisibles par p. Donc, en faisant, pour abréger, $p^a = m$, l'équation

$$\big(Z - pX(\omega)\big)\cdot\big(Z - pX(\omega^2)\big)\cdot\big(Z - pX(\omega^3)\big)\cdots\big(Z - pX(\omega^m)\big) = 0 \tag{5}$$

sera évidemment satisfaite en posant $Z = \varphi(1)^m$. Développons le premier membre de cette équation suivant les puissances de Z, le coefficient du premier terme sera égal à 1, tandis que les coefficients des autres termes contiennent des fonctions symétriques entières des quantités $\omega, \omega^2, \omega^3 \ldots, \omega^m$, c'est-à-dire de toutes les racines de l'équation $x^m = 1$, multipliées par les diverses puissances du nombre p. Donc, comme les dites fonctions symétriques se réduisent à de simples nombres entiers, l'équation (5) prendra la forme

$$Z^m + p u_1 Z^{m-1} + p^2 u_2 Z^{m-2} + \cdots + p^m u_m = 0,$$

$u_1, u_2, \ldots, u_m$ désignant des nombres entiers. En substituant dans cette équation la valeur

$$Z = \varphi(1)^m = \frac{A(\varrho)^m}{M^m},$$

par laquelle elle est satisfaite, on obtient une égalité de la forme suivante:

$$A(\varrho)^{m^2} = p \cdot C(\varrho),$$

où $C(\varrho)$ désigne une fonction entière de ϱ à coefficients entiers; et il est évident qu'une équation de la même forme aura lieu pour toute puissance de $A(\varrho)$ dont l'exposant est plus grand que m^2. Soit donc k un nombre tel qu'on ait $p^k > m^2$ avec la condition $p^k \equiv 1 \pmod{\varpi}$, ce qui est évidemment possible, ϖ étant premier à p; alors on obtiendra une équation de la forme

$$A(\varrho)^{p^k} = p \cdot D(\varrho).$$

Or, en développant l'expression du premier membre de cette équation, il vient

$$A(\varrho)^{p^k} = A^{p^k} + A_1^{p^k} \varrho^{p^k} + A_2^{p^k} \varrho^{2p^k} + \cdots + A_{r-1}^{p^k} \varrho^{(r-1)p^k} + p \cdot E(\varrho),$$

où $D(\varrho)$ et $E(\varrho)$ désignent des fonctions entières de ϱ à coefficients entiers. Donc, en observant que $p^k \equiv 1 \pmod{\varpi}$, et que, par conséquent, $\varrho^{p^k} = \varrho$, on aura enfin

$$(6) \qquad A^{p^k} + A_1^{p^k} \varrho + A_2^{p^k} \varrho^2 + \cdots + A_{r-1}^{p^k} \varrho^{r-1} = p \cdot D(\varrho) - p \cdot E(\varrho) = p \cdot G(\varrho),$$

$G(\varrho)$ désignant une fonction entière de ϱ à coefficients entiers *d'un degré quelconque.* Mais l'équation irréductible du degré r à laquelle satisfait la racine ϱ doit être un facteur de l'équation $x^\varpi - 1 = 0$; donc, en vertu d'un théorème connu (*voir Gauss, Disquisitiones arithmeticae,* sect. II, art. 42), le coefficient du premier terme x^r étant égal à 1, tous les autres coefficients sont des nombres entiers. C'est pourquoi toute fonction rationnelle entière de ϱ à coefficients entiers peut se réduire à une fonction dont le degré est inférieur à r et dont les coefficients sont encore des nombres entiers. D'où il suit qu'on peut poser

$$G(\varrho) = G + G_1\varrho + G_2\varrho^2 + \cdots + G_{r-1}\varrho^{r-1},$$

$G, G_1, G_2, \ldots, G_{r-1}$ désignant des nombres entiers. On a donc par l'équation (6), en observant que la racine ϱ ne peut satisfaire à une équation rationnelle d'un degré inférieur à r, les égalités suivantes:

$$A^{p^k} = p \cdot G, \quad A_1^{p^k} = p \cdot G_1, \quad A_2^{p^k} = p \cdot G_2, \quad \ldots, \quad A_{r-1}^{p^k} = p \cdot G_{r-1}.$$

Il faut donc que les nombres $A, A_1, A_2, \ldots, A_{r-1}$ aient le nombre p comme diviseur commun, et, par suite, que le quotient $\frac{A(\varrho)}{p}$ soit une fonction entière de ϱ à coefficients entiers.

Par le même procédé, en partant de la seconde des équations (3), on obtiendra un résultat analogue; c'est-à-dire on trouve que les nombres $B, B_1, B_2, \ldots, B_{r-1}$ ont le diviseur commun p, et que le quotient $\frac{B(\varrho)}{p}$ est, par suite, une fonction entière de ϱ à coefficients entiers. Le produit $\frac{A(\varrho)}{p} \cdot \frac{B(\varrho)}{p}$ sera donc lui-même une fonction entière de ϱ à coefficients entiers; et en désignant cette fonction par $H(\varrho)$, l'équation (4) devient

$$p \cdot H(\varrho) = MN.$$

Or, en vertu de ce que nous avons exposé plus haut, la fonction $H(\varrho)$ peut se réduire à un degré inférieur à r, sans que les coefficients cessent d'être des nombres entiers. On aura donc, en posant

$$H(\varrho) = H + H_1\varrho + H_2\varrho^2 + \cdots + H_{r-1}\varrho^{r-1},$$

où $H, H_1, H_2, \ldots, H_{r-1}$ sont des nombres entiers,

$$p \cdot (H + H_1\varrho + H_2\varrho^2 + \cdots + H_{r-1}\varrho^{r-1}) = MN,$$

d'où l'on conclura, comme plus haut,

$$H_1 = H_2 = \cdots = H_{r-1} = 0$$

et

$$MN = p \cdot H.$$

Il faut donc qu'un des nombres M ou N soit divisible par p; mais tous les nombres $A, A_1, \ldots, A_{r-1}, B, B_1, \ldots, B_{r-1}$ sont eux-mêmes divisibles par p: un des nombres M ou N aurait donc le facteur p commun avec les nombres $A, A_1, \ldots, A_{r-1}, B, B_1, \ldots, B_{r-1}$, ce qui est contre l'hypothèse; car nous avons supposé chacune des fractions (3) tellement réduite, que le dénominateur et les nombres entiers contenus comme coefficients dans le numérateur soient dégagés de tout diviseur commun.

§ II.

Maintenant, pour démontrer l'irréductibilité de l'équation qui ne contient que les racines primitives de l'équation $x^n = 1$, n étant un nombre entier quelconque, conservons les notations employées plus haut, et soit

$$n = p^a q^b r^c \cdots t^g.$$

Puis, en désignant par ϖ le nombre $q^b r^c \cdots t^g$, supposons que l'irréductibilité de l'équation qui ne contient que les racines primitives de l'équation $x^{\varpi} = 1$ soit démontrée. Enfin, représentons par

$$\omega, \ \omega_1, \ \omega_2, \ \ldots, \ \omega_{\mu-1}$$

les racines primitives de l'équation $x^{p^a} = 1$, et par

$$\varrho, \ \varrho_1, \ \varrho_2, \ \ldots, \ \varrho_{r-1}$$

celles de l'équation $x^{\varpi} = 1$. Cela posé, l'équation dont nous allons démontrer l'irréductibilité peut s'écrire de la manière suivante

$$(1) \qquad \Pi(x - \varrho\,\omega_k) \cdot \Pi(x - \varrho_1\,\omega_k) \cdot \Pi(x - \varrho_2\,\omega_k) \cdots \Pi(x - \varrho_{r-1}\,\omega_k) = 0,$$

où tous les signes Π s'étendent à tous les indices de $k = 0$ jusqu'à $k = \mu - 1$. En observant que le produit $\Pi(x - \omega_k)$ est égal à

$$1 + x^{p^{a-1}} + x^{2p^{a-1}} + \cdots + x^{(p-1)p^{a-1}},$$

et, en désignant cette expression comme plus haut par $f(x)$, l'équation (1) prendra la forme

$$f\left(\frac{x}{\varrho}\right)\cdot f\left(\frac{x}{\varrho_1}\right)\cdot f\left(\frac{x}{\varrho_2}\right)\cdots f\left(\frac{x}{\varrho_{r-1}}\right)=0\,.$$

Le degré de cette équation est égal à μr, et pour en démontrer l'irréductibilité il suffit de prouver que tout facteur rationnel de cette équation devrait être du même degré. Soit donc $\varphi(x)$ un facteur rationnel quelconque de l'équation précédente qu'on peut évidemment supposer tel qu'il évanouit en faisant $x=\varrho\,\omega$. Cela posé, les équations

$$\varphi(x)=0 \qquad \text{et} \qquad f\left(\frac{x}{\varrho}\right)=0$$

auront la racine commune $x=\varrho\,\omega$; donc, en cherchant le plus grand commun diviseur des fonctions $\varphi(x)$ et $f\left(\frac{x}{\varrho}\right)$, on trouvera une fonction d'un degré $\geqq 1$ dont les coefficients ne sauraient contenir que l'irrationalité ϱ. En désignant cette fonction par $\varphi(\varrho,\, x)$, on aura une équation de la forme suivante:

$$f\left(\frac{x}{\varrho}\right)=\varphi(\varrho,\, x)\cdot\psi(\varrho,\, x)\,;$$

ou, en faisant $x=\varrho Z$,

$$f(Z)=\varphi(\varrho,\, \varrho Z)\cdot\psi(\varrho,\, \varrho Z)\,.$$

Mais, en vertu du paragraphe précédent, cette équation ne peut subsister, à moins que le degré de $\varphi(\varrho,\, \varrho Z)$ par rapport à Z ne soit égal à celui de $f(Z)$. On voit par là que le plus grand commun diviseur des fonctions $\varphi(x)$ et $f\left(\frac{x}{\varrho}\right)$ doit être la fonction $f\left(\frac{x}{\varrho}\right)$ elle-même, et l'on aura, par suite, une équation

$$\varphi(x)=f\left(\frac{x}{\varrho}\right)\cdot\chi(\varrho,\, x)\,, \tag{2}$$

où $\chi(\varrho,\, x)$ désigne une fonction rationnelle entière de x, dont les coefficients sont des fonctions rationnelles de ϱ. Comme nous avons supposé l'irréductibilité de l'équation dont les racines sont $\varrho,\, \varrho_1,\, \varrho_2,\, \ldots,\, \varrho_{r-1}$, on peut évidemment changer dans l'équation (2) successivement ϱ en $\varrho_1,\, \varrho_2,\, \ldots\, \varrho_{r-1}$; c'est dire que la fonction $\varphi(x)$ n'est pas seulement divisible par $f\left(\frac{x}{\varrho}\right)$, mais aussi par $f\left(\frac{x}{\varrho_1}\right)$, $f\left(\frac{x}{\varrho_2}\right)$, ..., $f\left(\frac{x}{\varrho_{r-1}}\right)$. Il n'y a pas de facteur commun à deux de ces fonctions, car le produit de toutes ces quantités étant diviseur de l'expression $x^n - 1$, l'équation $x^n = 1$ aurait des racines égales, ce qui n'a pas lieu. Par conséquent, la fonction $\varphi(x)$ doit être divisible par le produit

$$f\left(\frac{x}{\varrho}\right)\cdot f\left(\frac{x}{\varrho_1}\right)\cdot f\left(\frac{x}{\varrho_2}\right)\cdots f\left(\frac{x}{\varrho_{r-1}}\right),$$

qui est du degré μr; elle ne saurait donc être d'un degré inférieur: ce qu'il fallait démontrer.

Mais toute cette démonstration est fondée sur la supposition de l'irréductibilité de l'équation qui ne contient que les racines primitives de $x^{\varpi} = 1$; donc, en conservant les notations employées plus haut, nous n'avons que ramené l'irréductibilité de $F_n(x)$ à celle de $F_{\varpi}(x)$. Cependant, par le même procédé, l'irréductibilité de $F_{\varpi}(x)$ se ramène à celle de $F_{\varpi'}(x)$, où $\varpi' = r^c s^d \cdots t^g$; et en continuant ainsi l'on voit que, pour compléter la démonstration qui est l'objet de ce paragraphe, il ne s'agit, enfin, que de prouver l'irréductibilité de $F_{\tau}(x)$ où $\tau = t^g$. Or c'est déjà fait dans le paragraphe précédent, comme on peut s'en assurer en y faisant $p^a = t^g$, $\varpi = 1$, et, par suite, $\varrho = 1$.

§ III.

La méthode que je viens d'exposer suffit encore pour démontrer le théorème plus général que voici:

Théorème. — En désignant par n un nombre entier quelconque et par α une racine d'une équation irréductible à coefficients entiers dont le premier soit égal à 1; en supposant, enfin, que le déterminant de cette équation soit premier à n; je dis que l'équation qui ne contient que les racines primitives de l'équation $x^n = 1$ reste irréductible, même en adjoignant la quantité α; c'est-à-dire, qu'elle ne peut se décomposer en facteurs dont le degré soit inférieur à celui de l'équation et dont les coefficients soient des fonctions rationnelles de la quantité α.

En effet, en conservant toujours les notations employées précédemment et en supposant que l'équation qui ne contient que les racines primitives de l'équation $\varrho^{\varpi} = 1$ reste irréductible en adjoignant la quantité α, on peut se servir de la méthode exposée pour démontrer le théorème énoncé, si l'on peut prouver que:

L'expression $1 + x^{p^{a-1}} + x^{2p^{a-1}} + \cdots + x^{(p-1)p^{a-1}}$ *n'est pas décomposable en facteurs d'un moindre degré dont les coefficients soient des fonctions rationnelles des deux quantités* ϱ *et* α.

C'est donc à l'aide de ce second théorème qu'on pourra employer les conclusions du paragraphe précédent pour ramener finalement le théorème énoncé plus haut à un cas spécial du même théorème, savoir à celui où n est une puissance d'un nombre premier. Or il est visible que pour une telle valeur de n le premier théorème est en même temps un cas spécial du second théorème, savoir en y faisant $\varpi = 1$, et, par suite, $\varrho = 1$. Il ne s'agit donc que de prouver généralement ce second théorème, en supposant que l'équation $F_\varpi(x) = 0$ reste irréductible en adjoignant la quantité α. Ce qu'on peut faire comme il suit.

Supposons que le théorème en question n'ait pas lieu et conservons les notations employées dans le § I. Alors on aura, comme plus haut, les équations

$$f(x) = \varphi(x) \cdot \psi(x), \tag{1}$$

$$\begin{aligned} \varphi(x) &= (x - \omega^h)\cdot(x - \omega^{h'})\cdot(x - \omega^{h''}) \cdots, \\ \psi(x) &= (x - \omega^i)\cdot(x - \omega^{i'})\cdot(x - \omega^{i''}) \cdots, \end{aligned} \tag{2}$$

où $\varphi(x)$ et $\psi(x)$ désignent des fonctions entières de x dont les coefficients sont des fonctions rationnelles des deux quantités α et ϱ. Donc, en faisant $x = 1$, les fonctions $\varphi(x)$ et $\psi(x)$ sont réductibles à la forme suivante

$$\begin{aligned} \varphi(1) &= \frac{A(\alpha) + A_1(\alpha)\varrho + A_2(\alpha)\varrho^2 + \cdots + A_{r-1}(\alpha)\varrho^{r-1}}{M}, \\ \psi(1) &= \frac{B(\alpha) + B_1(\alpha)\varrho + B_2(\alpha)\varrho^2 + \cdots + B_{r-1}(\alpha)\varrho^{r-1}}{N}, \end{aligned} \tag{3}$$

où M et N désignent des nombres entiers, tandis que

$$A(\alpha),\ A_1(\alpha),\ A_2(\alpha),\ \ldots,\ A_{r-1}(\alpha), \qquad B(\alpha),\ B_1(\alpha),\ B_2(\alpha),\ \ldots,\ B_{r-1}(\alpha)$$

désignent des fonctions entières de α à coefficients entiers d'un degré inférieur à celui de l'équation irréductible, à laquelle satisfait la racine α.

La lettre r représente le degré de l'équation irréductible $F_{\varpi}(x) = 0$. En outre, on peut supposer que chacune des deux fractions (3) soit tellement réduite que le dénominateur n'ait aucun diviseur qui soit en même temps un facteur commun de tous les nombres entiers contenus comme coefficients dans le numérateur.

Or, en dénotant, pour abréger, par $A(\alpha, \varrho)$ et $B(\alpha, \varrho)$ respectivement les numérateurs des deux fractions (3), on aura, comme plus haut,

$$A(\alpha, \varrho) \cdot B(\alpha, \varrho) = p \cdot MN, \tag{4}$$

et, en suivant tout à fait la marche expliquée dans le § 1, on arrive à l'équation correspondante à celle du § I, (6),

$$A(\alpha)^{p^k} + A_1(\alpha)^{p^k} \varrho + A_2(\alpha)^{p^k} \varrho^2 + \cdots + A_{r-1}(\alpha)^{p^k} \varrho^{r-1} = p \cdot G(\alpha, \varrho), \tag{5}$$

$G(\alpha, \varrho)$ désignant une fonction rationnelle entière de α et ϱ à coefficients entiers.

En vertu de ce que nous avons dit plus haut on sait que l'équation irréductible $F_{\varpi}(x) = 0$, à laquelle satisfait la racine ϱ, jouit de la propriété d'avoir pour coefficients des nombres entiers et celui du premier terme égal à 1. Donc le degré de $F_{\varpi}(x)$ étant égal à r, la fonction $G(\alpha, \varrho)$, quel que soit son degré par rapport à ϱ, peut se réduire à la forme

$$G(\alpha, \varrho) = G(\alpha) + G_1(\alpha)\varrho + G_2(\alpha)\varrho^2 + \cdots + G_{r-1}(\alpha)\varrho^{r-1},$$

$G(\alpha)$, $G_1(\alpha)$, $G_2(\alpha)$, ..., $G_{r-1}(\alpha)$ désignant des fonctions entières de α à coefficients entiers. Donc l'équation (5) peut s'écrire

$$\begin{aligned} &A(\alpha)^{p^k} + A_1(\alpha)^{p^k} \varrho + A_2(\alpha)^{p^k} \varrho^2 + \cdots + A_{r-1}(\alpha)^{p^k} \varrho^{r-1} \\ &= p\,G(\alpha) + p\,G_1(\alpha)\varrho + p\,G_2(\alpha)\varrho^2 + \cdots + p\,G_{r-1}(\alpha)\varrho^{r-1}, \end{aligned}$$

ce qui entraîne les égalités

$$\begin{aligned} A(\alpha)^{p^k} &= p\,G(\alpha), \\ A_1(\alpha)^{p^k} &= p\,G_1(\alpha), \\ A_2(\alpha)^{p^k} &= p\,G_2(\alpha), \\ &\vdots \\ A_{r-1}(\alpha)^{p^k} &= p\,G_{r-1}(\alpha). \end{aligned} \tag{6}$$

Car nous avons supposé que l'équation $F_{\varpi}(x) = 0$, à laquelle satisfait la racine ϱ, reste irréductible en adjoignant la quantité α; la racine ϱ ne peut donc satisfaire à une équation d'un degré inférieur à celui de $F_{\varpi}(x)$ dont les coefficients soient des fonctions rationnelles de α.

Désignons maintenant par

$$\Phi(x) = 0$$

l'équation irréductible à laquelle satisfait la racine α, et par $\beta, \gamma, \ldots, \theta$ ses autres racines. Puis considérons une quelconque des égalités (6), par exemple la première, et posons, en dénotant par λ le degré de $\Phi(x)$,

$$A(\alpha) = a + b\alpha + c\alpha^2 + \cdots + l\alpha^{\lambda-1},$$

$a, b, c, \ldots, l$ désignant des nombres entiers. Alors on a, par une formule connue,

$$A(Z) = \frac{A(\alpha)}{\Phi'(\alpha)} \cdot \frac{\Phi(Z)}{Z - \alpha} + \frac{A(\beta)}{\Phi'(\beta)} \cdot \frac{\Phi(Z)}{Z - \beta} + \cdots + \frac{A(\theta)}{\Phi'(\theta)} \cdot \frac{\Phi(Z)}{Z - \theta}, \tag{7}$$

où $\Phi'(Z)$ est la fonction dérivée de $\Phi(Z)$. Désignons par Δ le déterminant de l'équation $\Phi(Z) = 0$, de sorte qu'on ait

$$\Delta = \Phi'(\alpha) \cdot \Phi'(\beta) \cdot \Phi'(\gamma) \cdots \Phi'(\theta),$$

et faisons

$$\frac{\Delta}{\Phi'(\alpha)} \cdot \frac{\Phi(Z)}{Z - \alpha} = \Psi(\alpha, Z),$$

où $\Psi(\alpha, Z)$ est évidemment une fonction rationnelle entière de α et Z à coefficients entiers. Cela posé, l'équation (7) peut s'écrire

$$\begin{aligned} &\Delta \cdot a + \Delta \cdot bZ + \Delta \cdot cZ^2 + \cdots + \Delta \cdot lZ^{\lambda-1} \\ &= A(\alpha) \cdot \Psi(\alpha, Z) + A(\beta) \cdot \Psi(\beta, Z) + \cdots + A(\theta) \cdot \Psi(\theta, Z). \end{aligned}$$

En comparant les coefficients des diverses puissances de la variable Z, on obtient, pour chacun des coefficients $a, b, c, \ldots, l$, par exemple pour le coefficient h, une équation de la forme

$$\Delta \cdot h = A(\alpha) \cdot V(\alpha) + A(\beta) \cdot V(\beta) + \cdots + A(\theta) \cdot V(\theta),$$

$V(\alpha)$ désignant une fonction entière de α à coefficients entiers. Elevons cette égalité à la puissance p^k et réunissons ceux des termes du second membre, dont les coefficients sont divisibles par p, il en résulte une équation de la forme suivante

$$(8) \qquad \begin{aligned} \Delta^{p^k} \cdot h^{p^k} = A(\alpha)^{p^k} \cdot V(\alpha)^{p^k} + A(\beta)^{p^k} \cdot V(\beta)^{p^k} + \cdots + A(\theta)^{p^k} \cdot V(\theta)^{p^k} \\ + p \cdot W(\alpha, \beta, \ldots, \theta), \end{aligned}$$

où $W(\alpha, \beta, \ldots, \theta)$ désigne une fonction rationnelle entière des racines $\alpha, \beta, \ldots, \theta$ à coefficients entiers. Or il est visible que cette fonction est symétrique; elle se réduit donc à un simple nombre entier. Désignons ce nombre par P et observons que $\Phi(x) = 0$ étant irréductible, l'équation (6)

$$A(\alpha)^{p^k} = p\, G(\alpha)$$

entraîne

$$A(\beta)^{p^k} = p\, G(\beta), \quad A(\gamma)^{p^k} = p\, G(\gamma), \quad \ldots, \quad A(\theta)^{p^k} = p\, G(\theta).$$

Donc, en faisant usage de ces égalités, l'équation (8) se change en celle-ci:

$$(9) \qquad \Delta^{p^k} \cdot h^{p^k} = p \cdot (G(\alpha) \cdot V(\alpha)^{p^k} + G(\beta) \cdot V(\beta)^{p^k} + \cdots + G(\theta) \cdot V(\theta)^{p^k}) + p \cdot P.$$

L'expression contenue entre les parenthèses est une fonction entière symétrique des racines $\alpha, \beta, \ldots, \theta$ et à coefficients entiers; elle se réduit donc à un simple nombre entier; car dans l'équation $\Phi(x) = 0$ (qui a pour racines $\alpha, \beta, \ldots, \theta$), tous les coefficients sont supposés être des nombres entiers et celui du premier terme égal à 1. Par suite, l'équation (9) entraîne la congruence

$$\Delta^{p^k} h^{p^k} \equiv 0 \pmod{p},$$

et, enfin, Δ étant supposé premier au nombre n qui est divisible par p, on a

$$h \equiv 0 \pmod{p},$$

c'est-à-dire: *Il faut que tous les coefficients de $A(\alpha)$ soient divisibles par p.*

On peut conclure de la même manière que tous les coefficients contenus dans $A_1(\alpha), A_2(\alpha), \ldots, A_{r-1}(\alpha)$, de même que les coefficients contenus dans $B(\alpha), B_1(\alpha), B_2(\alpha), \ldots, B_{r-1}(\alpha)$ doivent être divisibles par p. Les quotients $\frac{A(\alpha, \varrho)}{p}$ et $\frac{B(\alpha, \varrho)}{p}$ seront, par suite, des fonctions entières de α et ϱ à coefficients entiers. Donc, en posant

$$\frac{A(\alpha, \varrho)}{p} \cdot \frac{B(\alpha, \varrho)}{p} = H(\alpha, \varrho),$$

l'expression $H(\alpha, \varrho)$ sera elle-même une fonction entière de α et ϱ à coefficients entiers; et, à l'aide de cette égalité, l'équation (4) peut s'écrire

$$p \cdot H(\alpha, \varrho) = MN.$$

Or, en vertu de ce que nous avons dit plus haut, la fonction $H(\alpha, \varrho)$ est réductible à la forme

$$H(\alpha, \varrho) = H(\alpha) + H_1(\alpha)\varrho + H_2(\alpha)\varrho^2 + \cdots + H_{r-1}(\alpha)\varrho^{r-1},$$

$H(\alpha)$, $H_1(\alpha)$, $H_2(\alpha)$, ..., $H_{r-1}(\alpha)$ désignant des fonctions entières de α et ϱ à coefficients entiers. On a donc

$$pH(\alpha) + pH_1(\alpha)\varrho + pH_2(\alpha)\varrho^2 + \cdots + pH_{r-1}(\alpha)\varrho^{r-1} = MN;$$

en ayant égard à ce que nous avons supposé, que l'équation irréductible du degré r, dont ϱ est une racine, reste irréductible en adjoignant la quantité α, on en conclut

$$p \cdot H(\alpha) = MN. \tag{10}$$

Rappelons encore que, dans l'équation irréductible à laquelle satisfait la racine α, tous les coefficients sont supposés être des nombres entiers et celui du premier terme égal à 1. Donc, en dénotant comme plus haut par λ le degré de cette équation, l'expression $H(\alpha)$ est réductible à la forme

$$H(\alpha) = h + h_1\alpha + h_2\alpha^2 + \cdots + h_{\lambda-1}\alpha^{\lambda-1},$$

h, h_1, h_2, ..., $h_{\lambda-1}$ désignant des nombres entiers; en substituant cette valeur de $H(\alpha)$ dans l'équation (10) et en observant que la racine α ne peut satisfaire à une équation rationnelle d'un degré inférieur à λ, on arrive à l'égalité suivante

$$ph = MN.$$

Il faut donc qu'un des nombres M ou N soit divisible par p; mais nous avons prouvé que tous les nombres contenus comme coefficients dans $A(\alpha, \varrho)$ et $B(\alpha, \varrho)$ sont divisibles par p; un des nombres M ou N aurait donc le facteur p commun avec tous les coefficients de $A(\alpha, \varrho)$ et $B(\alpha, \varrho)$, ce qui est contre l'hypothèse: car nous avons supposé chacune des fractions (3) tellement réduite que le dénominateur et les nombres entiers contenus comme coefficients dans le numérateur soient débarrassés de tout diviseur commun.

§ IV.

Nous avons assujetti dans le paragraphe précédent la quantité α à la condition d'être la racine d'une équation irréductible dont le déterminant soit premier au nombre n. Cependant on peut encore simplifier cette condition en supprimant le mot *irréductible.* Car nous allons voir que l'équation *irréductible* $\Phi(x) = 0$, dont α est une racine, remplit la condition proposée, si le déterminant d'une équation *quelconque*

$$F(x) = 0,$$

à laquelle satisfait la racine α est premier à n.

En effet, soit

$$F(x) = \Phi(x) \cdot \Psi(x),$$

$\Psi(x)$ désignant (de même que $F(x)$ et $\Phi(x)$) une fonction entière de x à coefficients entiers, dont le premier soit égal à 1. Puis dénotons, comme plus haut, par $\alpha, \beta, \gamma, \ldots, \theta$ toutes les racines de l'équation $\Phi(x) = 0$, et par $a, b, c, \ldots, k$ celles de l'équation $\Psi(x) = 0$. Alors, en désignant par $D, \varDelta, \varDelta_1$ respectivement les déterminants des équations $F(x) = 0$, $\Phi(x) = 0$, $\Psi(x) = 0$, et, en employant les notations ordinaires des dérivées de $F(x)$, $\Phi(x)$ et $\Psi(x)$, on aura l'égalité

$$(1) \qquad D = F'(\alpha) F'(\beta) \cdots F'(\theta) \cdot F'(a) F'(b) \cdots F'(k).$$

Remplaçons les facteurs du second membre par leurs valeurs tirées de l'équation

$$F'(x) = \Phi'(x)\, \Psi(x) + \Psi'(x)\, \Phi(x),$$

et observons que

$$\Phi(\alpha) = \Phi(\beta) = \cdots = \Phi(\theta) = 0,$$

et semblablement

$$\Psi(a) = \Psi(b) = \cdots = \Psi(k) = 0.$$

Alors l'égalité (1) se change en celle-ci:

$$D = \Phi'(\alpha)\,\Psi(\alpha)\cdot\Phi'(\beta)\,\Psi(\beta)\cdots\;\Phi'(\theta)\,\Psi(\theta)$$
$$\times\,\Psi'(a)\,\Phi(a)\cdot\Psi'(b)\,\Phi(b)\cdots\Psi'(k)\,\Phi(k),$$

équation qui peut s'écrire comme il suit:

$$D = \varDelta\varDelta_1\cdot\Psi(\alpha)\,\Psi(\beta)\cdots\;\Psi(\theta)\cdot\Phi(a)\,\Phi(b)\cdots\Phi(k).$$

Les produits dans le second membre se réduisent évidemment à de simples nombres entiers, d'où il suit que

$$D \text{ divisible par } \varDelta\varDelta_1.$$

Donc si D est premier à un nombre quelconque n, le déterminant $\varDelta$ jouit de la même propriété; ce qu'il fallait démontrer.

D'après ce que nous venons d'exposer, on peut énoncer le théorème géneral du paragraphe précédent de la manière suivante:

Tous les facteurs irréductibles de l'expression $x^n - 1$ restent irréductibles même si l'on adjoint une quantité α qui satisfait à une équation à coefficients entiers dont le premier est l'unité, pourvu que le déterminant de cette équation soit un nombre premier à n.

Pour donner une seule application de ce théorème, supposons que α soit une racine primitive de l'équation $x^m = 1$. Donc, le déterminant de cette équation étant égal à m^m, les conditions du théorème seront remplies si l'on suppose que m soit premier à n. D'où l'on voit que: *tous les facteurs irréductibles de l'expression $x^n - 1$ restent irréductibles en adjoignant une racine primitive de l'unité dont l'exposant est premier à n.* Or il est visible que celui des facteurs de la fonction $x^n - 1$, que nous avons désigné par $F_n(x)$, cesse d'être irréductible si l'on adjoint une racine primitive de l'unité telle que son exposant ait un diviseur commun avec le nombre n. On a donc, enfin, ce résultat qui comprend comme cas spécial le théorème énoncé dans le § I:

Afin que l'équation qui ne contient que les racines primitives de l'équation $x^n - 1 = 0$ devienne réductible en adjoignant une racine primitive de l'unité, il faut et il suffit que l'exposant de cette racine ait un diviseur commun avec le nombre n.

DÉMONSTRATION D'UN THÉORÈME DE M. KUMMER.

Dans son Mémoire sur la Théorie des nombres complexes composés de racines $\lambda^{\text{ièmes}}$ de l'unité et de nombres entiers, *M. Kummer* a donné le théorème important que voici*):

La condition nécessaire et suffisante pour que le premier facteur du nombre des classes H soit divisible par λ, consiste en ce qu'un quelconque des $\frac{\lambda-3}{2}$ premiers nombres bernoulliens soit divisible par λ.

On peut démontrer ce théorème d'une manière très-simple. En effet, si l'on conserve les notations de *M. Kummer***), tout se réduit à examiner si la congruence

$$\psi(\gamma^{2n-1}) = b_0 + b_1\gamma^{2n-1} + \cdots + b_{\lambda-2}\cdot\gamma^{(\lambda-2)\cdot(2n-1)} \equiv 0 \qquad (\text{mod. } \lambda),$$

est ou n'est pas satisfaite pour une quelconque des valeurs de

$$n = 1,\ 2,\ 3,\ \ldots,\ \mu.$$

Donc, puisqu'on a ***)

$$\lambda b_k = \gamma\gamma_{k-1} - \gamma_k,$$

il s'agit d'examiner la congruence

*) *Voir* ce Journal, tome XVI, page 479.
**) *Voir* ce Journal, tome XVI, page 475.
***) *Voir* ce Journal, tome XVI, page 474.

$$\text{(I)} \qquad \lambda \cdot \psi(\gamma^{2n-1}) = \Sigma(\gamma\gamma_{k-1} - \gamma_k) \cdot \gamma^{(2n-1)k} \equiv 0 \qquad (\text{mod. } \lambda^2),$$

où le signe de sommation s'étend à toutes les valeurs de

$$k = 0,\ 1,\ 2,\ 3,\ \ldots,\ (\lambda - 2).$$

Partons de l'égalité identique

$$\gamma^k - (\gamma^k - \gamma_k) = \gamma_k.$$

En élevant les deux membres à la puissance $2n$ et en observant que le nombre entier $(\gamma^k - \gamma_k)$ est un multiple de λ, on obtient la congruence

$$\gamma^{2nk} - 2n\gamma^{(2n-1)k}(\gamma^k - \gamma_k) \equiv \gamma_k^{2n}, \qquad (\text{mod. } \lambda^2),$$

ou

$$(1 - 2n)\gamma^{2nk} + 2n\gamma_k\gamma^{(2n-1)k} \equiv \gamma_k^{2n} \qquad (\text{mod. } \lambda^2).$$

Remplaçons k par $(k - 1)$ et multiplions par γ^{2n}, il vient

$$(1 - 2n)\gamma^{2nk} + 2n\gamma_{k-1}\gamma^{(2n-1)k+1} \equiv \gamma^{2n}\gamma_{k-1}^{2n} \qquad (\text{mod. } \lambda^2).$$

En retranchant de cette congruence celle qui précède, on obtient

$$2n(\gamma\gamma_{k-1} - \gamma_k)\gamma^{(2n-1)k} \equiv \gamma^{2n}\gamma_{k-1}^{2n} - \gamma_k^{2n} \qquad (\text{mod. } \lambda^2).$$

Donc on aura de même

$$2n\,\Sigma(\gamma\gamma_{k-1} - \gamma_k)\gamma^{(2n-1)k} \equiv \gamma^{2n}\Sigma\gamma_{k-1}^{2n} - \Sigma\gamma_k^{2n} \qquad (\text{mod. } \lambda^2).$$

Or, comme les nombres $\gamma_0, \gamma_1, \gamma_2, \ldots, \gamma_{\lambda-2}$ et $1, 2, 3, \ldots, (\lambda - 1)$ sont les mêmes à l'ordre près, on a enfin

$$\text{(II)} \quad 2n\,\Sigma(\gamma\gamma_{k-1} - \gamma_k)\gamma^{(2n-1)k} \equiv (\gamma^{2n} - 1)\cdot(1^{2n} + 2^{2n} + \cdots + (\lambda - 1)^{2n}) \qquad (\text{mod. } \lambda^2).$$

Le nombre $2n$ est moindre que λ. On voit donc que la discussion de la congruence (I) se réduit à la question si le second membre de la congruence (II) est divisible par λ^2. Cela n'a pas lieu pour la valeur

$$2n = 2\mu = \lambda - 1.$$

Car, suivant l'hypothèse (faite par *M. Kummer*) que $\gamma^{\mu}+1$ ne soit pas divisible par λ^2, le nombre $(\gamma^{2\mu}-1)$ ne contiendra qu'*une* fois le facteur λ, et, en vertu du théorème de Fermat, la somme

$$1^{\lambda-1}+2^{\lambda-1}+\cdots+(\lambda-1)^{\lambda-1}$$

sera congrue à -1 suivant le module λ. Ensuite, pour décider si le produit

$$(\gamma^{2n}-1)\cdot(1^{2n}+2^{2n}+\cdots+(\lambda-1)^{2n})$$

est divisible par λ^2 pour une des valeurs de $n=1, 2, \ldots, (\mu-1)$, observons que, dans ces cas, le nombre $(\gamma^{2n}-1)$ n'est pas divisible par λ, et que l'expression connue de la somme

$$1^{2n}+2^{2n}+\cdots+(x-1)^{2n}$$

en fonction rationnelle entière de x, fournit la congruence

$$1^{2n}+2^{2n}+\cdots+(\lambda-1)^{2n}\equiv\pm B_n\cdot\lambda \qquad (\text{mod. } \lambda^2),$$

B_n désignant le nombre bernoullien $n^{\text{ième}}$. Donc, pour que la congruence (I) ait lieu pour une quelconque des valeurs de

$$n=1, 2, 3, \ldots, \mu,$$

il faut et il suffit que la congruence

$$B_n\equiv 0 \qquad (\text{mod. } \lambda)$$

soit satisfaite pour une quelconque des valeurs de $n=1, 2, \ldots, (\mu-1)$; ce qu'il fallait démontrer.

DÉMONSTRATION DE L'IRRÉDUCTIBILITÉ DE L'ÉQUATION $x^{n-1}+x^{n-2}+\cdots+1=0$, OU n DÉSIGNE UN NOMBRE PREMIER.

Si l'expression $x^{n-1}+x^{n-2}+\cdots+1$ était le produit de deux polynômes à coefficients entiers $\varphi(x)$ et $\psi(x)$, on obtiendrait, en faisant $x=1$, l'équation

$$n=\varphi(1)\cdot\psi(1)\,.$$

Il résulte de là que l'un des nombres entiers $\varphi(1)$ et $\psi(1)$ doit être égal à ± 1 et l'autre à $\pm n$. Supposons que l'on ait

$$\varphi(1)=\pm 1\,.$$

Puis aesignons par m_k un nombre entier positif tel que la congruence

$$k\cdot m_k\equiv 1 \qquad (\text{mod. } n)$$

soit satisfaite, k étant un quelconque des nombres $1, 2, 3, \ldots, n-1$. Enfin soit ω une des racines de l'équation

$$x^{n-1}+x^{n-2}+\cdots+1=0\,,$$

qui font évanouir le facteur $\varphi(x)$. Cela posé, on aura l'égalité

$$\varphi(\omega^{k\cdot m_k})=\varphi(\omega)=0\,.$$

D'où l'on voit que l'expression $\varphi(x^{m_k})$ s'annule pour $x=\omega^k$, c'est-à-dire qu'elle contient le facteur $x-\omega^k$. Donc le produit

$$\text{(I)} \qquad \varphi(x^{m_1})\cdot\varphi(x^{m_2})\cdots\varphi(x^{m_{n-1}})$$

sera divisible par

$$(x-\omega)\cdot(x-\omega^2)\cdots(x-\omega^{n-1}),$$

c'est-à-dire

$$x^{n-1}+x^{n-2}+\cdots+1.$$

Ce produit est une fonction entière de x à coefficients entiers. Par suite, en désignant cette fonction par $P(x)$, le quotient qu'on obtient en divisant $P(x)$ par $x^{n-1}+x^{n-2}+\cdots+1$ sera lui-même une fonction entière de x à coefficients entiers. Or, si l'on fait $x=1$, il en résulte que le quotient $\frac{P(1)}{n}$ devrait être égal à un nombre entier; ce qui est impossible, car nous avons supposé que l'on a

$$\varphi(1)=\pm 1,$$

et par suite

$$P(1)=\varphi(1)^{n-1}=1.$$

On voit aisément qu'on peut appliquer le même raisonnement à l'équation qui ne contient que les racines primitives de l'équation $x^n=1$, si n est une puissance d'un nombre premier.

ZWEI SÄTZE ÜBER GLEICHUNGEN MIT GANZZAHLIGEN COEFFICIENTEN.

I. Wenn die Wurzeln einer ganzzahligen Gleichung, in welcher der erste Coefficient *Eins* ist, alle imaginär und ihre analytischen Moduln sämmtlich gleich *Eins* sind, so müssen dieselben stets Wurzeln der Einheit sein.

Beweis. Es seien

$$a,\; b,\; c,\; \ldots$$

die Wurzeln der Gleichung:

$$F(x) = x^n - Ax^{n-1} + Bx^{n-2} - Cx^{n-3} + \cdots \pm N = 0\,,$$

in welcher $A, B, C, \ldots N$ ganze Zahlen bedeuten. Da nun die Wurzeln $a, b, c, \ldots$ lauter imaginäre Grössen mit dem Modul *Eins* sein sollen, so setze man, indem man $\sqrt{-1}$ mit i bezeichnet:

$$a = \cos\alpha + i\sin\alpha, \quad b = \cos\beta + i\sin\beta, \quad c = \cos\gamma + i\sin\gamma, \;\ldots\;.$$

Alsdann erhält man, wenn die Coefficienten $A, B, C, \ldots$ durch die Wurzeln ausgedrückt werden:

$$\begin{aligned}
A &= \cos\alpha + \cos\beta + \cos\gamma + \cdots,\\
B &= \cos(\alpha+\beta) + \cos(\alpha+\gamma) + \cos(\alpha+\delta) + \cdots,\\
C &= \cos(\alpha+\beta+\gamma) + \cos(\alpha+\beta+\delta) + \cdots,\\
&\;\;\vdots \qquad\qquad\qquad\qquad \vdots\;.
\end{aligned}$$

Also muss A gleich einer Summe von n Grössen sein, deren jede nicht kleiner als -1 und nicht grösser als $+1$ ist. Ebenso muss B gleich einer Summe von $\frac{n(n-1)}{1\cdot 2}$ solchen Grössen sein, C gleich einer Summe von $\frac{n(n-1)(n-2)}{1\cdot 2\cdot 3}$ solchen Grössen u. s. w. Da aber $A, B, C, \ldots$ ganze Zahlen sein sollen, so sieht man, dass jeder Coefficient der Gleichung $F(x)=0$ nur eine begrenzte Anzahl von Werthen haben kann; und das Product aller dieser Anzahlen giebt offenbar die Anzahl aller derjenigen Werth*systeme* an, welche den Coefficienten $A, B, C, \ldots$ überhaupt zukommen können. Hieraus geht hervor, *dass es für jeden bestimmten Grad n nur eine endliche Anzahl von Gleichungen geben kann, welche die im obigen Satze angegebenen Bedingungen erfüllen.*

Die Anzahl aller dieser Gleichungen n^{ten} Grades sei r, und es sei ferner für irgend eine ganze Zahl k:

$$F_k(x) = (x-a^k)\cdot(x-b^k)\cdot(x-c^k)\cdots.$$

Dann genügt auch die Gleichung $F_k(x)=0$ allen in dem obigen Satze gemachten Voraussetzungen. Denn erstens sind die Coefficienten dieser Gleichung als symmetrische Functionen von $a, b, c, \ldots$ offenbar ganze Zahlen, und zweitens sind die analytischen Moduln ihrer Wurzeln:

$$a^k = \cos k\alpha + i\sin k\alpha,\quad b^k = \cos k\beta + i\sin k\beta,\quad c^k = \cos k\gamma + i\sin k\gamma,\quad \ldots$$

sämmtlich gleich *Eins*. Folglich müssen mindestens zwei unter den Gleichungen:

$$F(x)=0,\quad F_2(x)=0,\quad F_3(x)=0,\quad \ldots,\quad F_{r+1}(x)=0$$

identisch sein, d. h. es muss zwei von einander verschiedene Zahlen h und k geben, für welche $F_h(x)=F_k(x)$ ist. Die Wurzeln der Gleichung $F_h(x)=0$, nämlich:

$$a^h,\quad b^h,\quad c^h,\quad \ldots$$

müssen daher mit den Wurzeln der Gleichung $F_k(x)=0$, nämlich mit:

$$a^k,\quad b^k,\quad c^k,\quad \ldots,$$

abgesehen von der Ordnung, übereinstimmen.

Für irgend eine Grösse der ersten Reihe z. B. a^h sei nun b^k diejenige aus der zweiten Reihe, welche derselben gleich wird, so dass $a^h = b^k$ ist. Ebenso sei c^k diejenige unter den $(n-1)$ noch übrig bleibenden Grössen $a^k, c^k, d^k, \ldots$ der zweiten Reihe, die gleich b^h, d^k diejenige von den $(n-2)$ Grössen $a^k, d^k, \ldots$, welche gleich c^h ist u. s. w. Wenn man so fortfährt, muss man offenbar auch zu einer Gleichung kommen, in welcher a^k auf der rechten Seite steht. Man erhält also ein System von Gleichungen von folgender Form:

$$a^h = b^k, \quad b^h = c^k, \quad c^h = d^k, \quad \ldots, \quad m^h = a^k.$$

Wird die Anzahl dieser Gleichungen mit μ bezeichnet, und eliminirt man aus denselben die $(\mu - 1)$ Grössen: $b, c, d, \ldots m$, so erhält man, wie leicht zu sehen:

$$a^{h^\mu - k^\mu} = 1.$$

Da nun, wie oben bemerkt, h und k von einander verschiedene ganze Zahlen sind, so zeigt diese Gleichung, dass a in der That eine Wurzel der Einheit ist; und dieses Resultat gilt offenbar für *alle* Wurzeln der Gleichung $F(x) = 0$, da a ganz beliebig unter denselben gewählt worden ist.

II. Wenn eine Gleichung mit ganzzahligen Coefficienten, von denen der erste gleich *Eins* ist, lauter reelle Wurzeln hat, die in den Grenzen -2 und $+2$ liegen, die also durch

$$2\cos\alpha, \quad 2\cos\beta, \quad 2\cos\gamma, \quad \ldots$$

dargestellt werden können, so stehen die Winkel $\alpha, \beta, \gamma \ldots$ sämmtlich in commensurablem Verhältniss zu einem Rechten.

Beweis. Es sei

$$\Phi(y) = 0$$

eine Gleichung von den angegebenen Eigenschaften, und

$$2\cos\alpha, \quad 2\cos\beta, \quad 2\cos\gamma, \quad \ldots$$

die Wurzeln derselben. Wenn man nun den Grad von $\Phi(y)$ mit ν bezeichnet, und man setzt:

$$x^\nu \cdot \Phi\left(x + \frac{1}{x}\right) = F(x),$$

so ist $F(x) = 0$ offenbar eine Gleichung, in welcher alle Coefficienten ganze Zahlen sind und der erste derselben gleich *Eins.* Ferner sieht man leicht, dass die Wurzeln dieser Gleichung:

$$\cos\alpha \pm i\sin\alpha, \quad \cos\beta \pm i\sin\beta, \quad \cos\gamma \pm i\sin\gamma, \quad \ldots$$

sind, also lauter imaginäre Grössen mit dem Modul *Eins.* Somit genügt die Gleichung $F(x) = 0$ allen in dem obigen ersten Satze aufgestellten Bedingungen, und durch Anwendung desselben ergiebt sich, dass die Wurzeln:

$$\cos\alpha \pm i\sin\alpha, \quad \cos\beta \pm i\sin\beta, \quad \ldots$$

sämmtlich Wurzeln der Einheit sein müssen; ein Resultat, aus welchem die zu beweisende Eigenschaft der Winkelgrössen $\alpha, \beta, \gamma, \ldots$ unmittelbar hervorgeht.

ÜBER COMPLEXE EINHEITEN.

Es ist von Herrn *Kummer* zuerst gezeigt worden, dass, wenn λ eine ungrade Primzahl ist, jede complexe Zahl, welche aus Wurzeln der Gleichung: $x^\lambda = 1$ gebildet, und deren Norm gleich *Eins* ist, durch Multiplication mit einer dieser Wurzeln reell gemacht werden kann. Die dabei von Herrn *Kummer* gegebene Beweismethode dürfte indess kaum zu einer Anwendung auf den Fall geeignet sein, in welchem λ eine beliebige zusammengesetzte Zahl ist. Ich werde nun im Folgenden mit Hülfe ganz andrer Principien die analoge Eigenschaft der complexen Einheiten für diesen allgemeineren Fall herleiten; eine Eigenschaft, die noch dadurch ein besonderes Interesse erhält, dass die Kenntniss derselben bei der Anwendung der Theorie der complexen Zahlen auf algebraische Untersuchungen als unumgänglich nöthig erscheint.

Bezeichnet man mit n eine ganze Zahl, welche entweder ungrade oder durch 4 theilbar ist, und mit $a, b, c, \ldots$ alle diejenigen unter den Zahlen $2, 3, 4, \ldots n-1$, welche relative Primzahlen zu n sind, so sind bekanntlich:

$$\omega, \ \omega^a, \ \omega^b, \ \omega^c, \ \ldots$$

die *sämmtlichen* primitiven Wurzeln der Gleichung: $x^n = 1$, wenn ω irgend eine derselben bedeutet*). Ferner sind in der Gleichung:

---

*) Der Fall, wo $n = 2m$ und m ungrade ist, wird deshalb ausgeschlossen, weil für solche Werthe von n eine primitive n^{te} Wurzel der Einheit sich auf eine primitive m^{te} Wurzel der Einheit, mit negativem Vorzeichen genommen, reducirt; so dass also in diesem Falle die aus Wurzeln der Gleichung: $x^n = 1$ gebildeten complexen Zahlen stets als solche betrachtet werden können, welche aus Wurzeln der Gleichung: $x^m = 1$ zusammengesetzt sind.

$$\text{(I.)} \qquad (x-\omega)\cdot(x-\omega^a)\cdot(x-\omega^b)\cdot(x-\omega^c)\cdots=0$$

die Coefficienten der verschiedenen Potenzen von x sämmtlich ganze Zahlen, und es folgt hieraus, dass jede ganze symmetrische Function der Grössen $\omega, \omega^a, \omega^b, \ldots$, mit ganzzahligen Coefficienten, einer ganzen Zahl gleich ist. Endlich erinnere ich noch daran, dass die Gleichung (I) (wie ich in einem im 19ten Bande des *Liouville*'schen Journals abgedruckten Aufsatze[1]) bewiesen habe) irreductibel ist, und dass daher jede Gleichung, welche ausser ω nur ganze Zahlen enthält, noch gültig bleiben muss, wenn für die Grösse ω irgend eine Potenz derselben substituirt wird, deren Exponent relative Primzahl zu n ist.

Dies vorausgeschickt, können nunmehr die üblichen Benennungen und Zeichen ohne Weiteres auf die aus n^{ten} Wurzeln der Einheit gebildeten complexen Zahlen übertragen werden. Wenn nämlich $f(\omega)$ irgend eine solche complexe Zahl d. h. eine ganze ganzzahlige Function von ω ist, so sollen:

$$f(\omega),\; f(\omega)^a,\; f(\omega)^b\cdots,$$

„*die einander conjugirten complexen Zahlen*" heissen, und das Product derselben soll „*die Norm*" von $f(\omega)$ genannt und mit: $Nf(\omega)$ bezeichnet werden. Diese Norm ist, weil sie die Wurzeln $\omega, \omega^a, \omega^b, \ldots$ symmetrisch enthält, eine ganze Zahl. Ferner sollen diejenigen ganzen complexen Zahlen, deren Norm gleich *Eins* ist, „*complexe Einheiten*", und die einfachsten unter denselben, nämlich:

$$\pm 1,\; \pm\omega,\; \pm\omega^2,\; \pm\omega^3,\; \ldots,\; \pm\omega^{n-1}$$

„*einfache Einheiten*" heissen.

Wenn nun $E(\omega)$ irgend eine complexe Einheit bedeutet, so wird das in Bezug auf $\omega, \omega^a, \omega^b, \ldots$ symmetrische Product:

$$\text{(II.)} \qquad \big(x\cdot E(\omega)-E(\omega^{-1})\big)\cdot\big(x\cdot E(\omega^a)-E(\omega^{-a})\big)\cdot\big(x\cdot E(\omega^b)-E(\omega^{-b})\big)\cdots$$

---

[1]) *Liouville*, Journal de mathématiques I, tome 19, pag. 177—192. S. 75—92 dieser Ausgabe von *L. Kronecker's* Werken. H.

nach Potenzen von x entwickelt, offenbar eine ganze ganzzahlige Function von x ergeben, in welcher der Coefficient der höchsten Potenz von x die Norm von $E(\omega)$ also *Eins* ist. Bezeichnet man diese Function, oder, was dasselbe ist, das Product (II.) mit $F(x)$, so sind:

$$\frac{E(\omega^{-1})}{E(\omega)}, \quad \frac{E(\omega^{-a})}{E(\omega^{a})}, \quad \frac{E(\omega^{-b})}{E(\omega^{b})}, \quad \ldots$$

die sämmtlichen Wurzeln der Gleichung: $F(x)=0$; und da die analytischen Moduln aller dieser Wurzeln gleich *Eins* sind, so erfüllt, wie man sieht, die Gleichung: $F(x)=0$ alle Bedingungen des ersten der beiden Sätze, welche ich in der vorstehenden Abhandlung[1]) bewiesen habe. Es muss daher eine ganze Zahl m geben, für welche

$$\left(\frac{E(\omega^{-1})}{E(\omega)}\right)^{m} = 1$$

ist. — Wenn man nun mit ϱ irgend eine primitive Wurzel der Gleichung:

$$x^{m\cdot n} = 1$$

bezeichnet, so lässt sich bekanntlich jede m^{te} und jede n^{te} Wurzel der Einheit als Potenz von ϱ darstellen. Es sei demnach ϱ^{ν} diejenige m^{te} Wurzel der Einheit, welcher $\frac{E(\omega^{-1})}{E(\omega)}$ gleich wird, so dass:

$$\text{(III.)} \qquad E(\omega^{-1}) = \varrho^{\nu}\cdot E(\omega),$$

und es sei ferner $\omega = \varrho^{\lambda}$, also:

$$E(\varrho^{-\lambda}) = \varrho^{\nu}\cdot E(\varrho^{\lambda}).$$

In dieser Gleichung kann — wenn das, was ich oben über die Eigenschaften der Gleichung der primitiven n^{ten} Wurzeln der Einheit gesagt habe, auf die primitiven Wurzeln der Gleichung: $x^{m\cdot n}=1$ angewendet wird — für ϱ auch ϱ^{r} gesetzt werden, sobald r relative Primzahl zu $m\cdot n$ ist. Wenn dies geschieht, und alsdann für ϱ^{λ} wieder ω eingesetzt wird, so erhält man:

---

[1]) S. 103—108 dieser Ausgabe von *L. Kronecker's* Werken. H.

$$E(\omega^{-r}) = \varrho^{r \cdot \nu} \cdot E(\omega^r).$$

Die Gleichung (III.), zur r^{ten} Potenz erhoben, giebt aber:

$$E(\omega^{-1})^r = \varrho^{r \cdot \nu} \cdot E(\omega)^r,$$

und die Combination der beiden vorstehenden Gleichungen:

$$\text{(IV.)} \qquad E(\omega^r) \cdot E(\omega^{-1})^r = E(\omega^{-r}) \cdot E(\omega)^r,$$

welche Gleichung, wie ich nochmals erwähne, für *jede* Zahl r gültig sein muss, die relative Primzahl zu $m \cdot n$ ist.

Bezeichnet man nun mit μ den grössten aller derjenigen Divisoren von m, welche relative Primzahlen zu n sind (so dass also auch $\mu = 1$ sein kann), so ist leicht zu sehen, dass die Zahlen $\mu - n$, $\mu + n$ und, wenn n grade ist, auch $\mu + 2n$ relative Primzahlen zu m und n sind. Man kann also in der Gleichung (IV.) für r diese drei Zahlen nach einander einsetzen und erhält dann, wenn man berücksichtigt, dass $\omega^{\mu-n}$, $\omega^{\mu+n}$, $\omega^{\mu+2n}$ sämmtlich gleich ω^μ, und $\omega^{-\mu+n}$, $\omega^{-\mu-n}$, $\omega^{-\mu-2n}$ sämmtlich gleich $\omega^{-\mu}$ sind:

$$E(\omega^\mu) \cdot E(\omega^{-1})^{\mu-n} = E(\omega^{-\mu}) \cdot E(\omega)^{\mu-n},$$

$$E(\omega^\mu) \cdot E(\omega^{-1})^{\mu+n} = E(\omega^{-\mu}) \cdot E(\omega)^{\mu+n},$$

$$E(\omega^\mu) \cdot E(\omega^{-1})^{\mu+2n} = E(\omega^{-\mu}) \cdot E(\omega)^{\mu+2n}.$$

Die letzte dieser drei Gleichungen gilt aber nur, wenn n grade ist. Dividirt man dieselbe durch die zweite, so erhält man für diesen Fall:

$$E(\omega^{-1})^n = E(\omega)^n,$$

und wenn man die Wurzel auszieht:

$$\text{(V.)} \qquad E(\omega^{-1}) = \omega^k \cdot E(\omega),$$

wo k eine ganze Zahl bedeutet. Ferner erhält man für den Fall, wo n ungrade ist, indem man die zweite jener drei Gleichungen durch die erste dividirt:

$$E(\omega^{-1})^{2n} = E(\omega)^{2n},$$

und wenn man die Wurzel auszieht:

$$\text{(VI.)} \qquad E(\omega^{-1}) = \pm\, \omega^h \cdot E(\omega),$$

wo h eine ganze Zahl ist. Man sieht also, *dass, sowohl wenn n grade als wenn es ungrade ist, jede aus n^{ten} Wurzeln der Einheit gebildete complexe Einheit, durch die reciproke dividirt, als Quotient eine einfache Einheit ergiebt.*

Mit Hülfe dieses Resultats lässt sich nunmehr folgender Satz beweisen:

„*Jede complexe, aus Wurzeln der Gleichung $x^n = 1$ gebildete Einheit kann durch* „*Multiplication mit einer Wurzel der Einheit reell gemacht werden. In dem* „*Falle, wo n die Potenz einer einfachen Primzahl ist, sind die n^{ten} Wurzeln* „*der Einheit selbst hierzu im Allgemeinen erforderlich und stets ausreichend.* „*Enthält aber die Zahl n verschiedene Primfactoren, so bedarf man, wenn n* „*grade ist, noch der $2n^{ten}$, und, wenn n ungrade ist, noch der $4n^{ten}$ Wurzeln* „*der Einheit.*“

Ich werde *zuerst* darthun, dass in den drei unterschiedenen Fällen die erwähnten Arten von Wurzeln der Einheit im Allgemeinen *erforderlich* sind. Zu diesem Behufe werde ich für jeden der drei Fälle eine specielle Einheit $e(\omega)$ angeben und in Bezug auf diese zeigen, dass eine Wurzel der Einheit v, für welche $v \cdot e(\omega)$ reell wird, nicht zu einem kleineren Exponenten als resp. zu n, $2n$ und $4n$ gehören kann.

Im ersten Falle, wo n eine Primzahlpotenz ist, nehme man für $e(\omega)$ die complexe Einheit:

$$1 + \omega + \omega^2 + \cdots + \omega^{n-2}.$$

Wenn nun $v \cdot e(\omega)$ reell sein soll, so muss offenbar:

$$v \cdot e(\omega) = v^{-1} \cdot e(\omega^{-1})$$

sein, also:

$$v^2 = \frac{e(\omega^{-1})}{e(\omega)}.$$

Setzt man hierin für $e(\omega)$ und $e(\omega^{-1})$ ihre Werthe, so erhält man:

$$v^2 = \omega^2,$$

woraus unmittelbar hervorgeht, dass keine niedrigere Potenz von v als die n^{te} gleich *Eins* werden kann.

In den andern beiden Fällen, wo n verschiedene Primzahlen enthält, ist, wie leicht zu sehen, $(1 - \omega)$ eine Einheit. Soll diese nun durch Multiplication mit einer Wurzel der Einheit v reell werden, so muss

$$v \cdot (1 - \omega) = v^{-1} \cdot (1 - \omega^{-1})$$

sein, also:

$$v^2 = - \omega^{-1}.$$

Für ein *grades* n wird: $(- \omega^{-1})^n = 1$, also $v^{2n} = 1$, und es ist dies auch offenbar die *niedrigste* Potenz von v, welche gleich *Eins* wird, weil sonst auch eine niedrigere Potenz von $(- \omega^{-1})$ als die n^{te} gleich *Eins* werden müsste. Wenn aber n ungrade ist, so ist klar, dass erst die $2n^{te}$ Potenz von $(- \omega^{-1})$ gleich *Eins* wird, dass also, da $v^2 = - \omega^{-1}$ ist, erst die $4n^{te}$ Potenz von v gleich *Eins* werden kann.

Ich werde nunmehr *zweitens* zeigen, dass die in dem obigen Satze angegebenen Arten von Wurzeln der Einheit stets *ausreichend* sind, um durch Multiplication mit denselben jede complexe Einheit reell zu machen. Zu diesem Zwecke werde ich der Reihe nach beweisen, dass

1) wenn n grade ist, stets Wurzeln der Gleichung: $x^{2n} = 1$, aber, wenn es eine Potenz von 2 ist, schon Wurzeln der Gleichung: $x^n = 1$ ausreichen, und dass

2) wenn n ungrade ist, stets Wurzeln der Gleichung $x^{4n} = 1$, aber, wenn es Primzahlpotenz ist, schon Wurzeln der Gleichung: $x^n = 1$ ausreichen.

Es erschöpft dies offenbar alle in dem Texte des zu beweisenden Satzes angegebenen Resultate, die ich aber dort um der bessern Uebersichtlichkeit willen theils zusammengefasst, theils anders angeordnet habe.

1. Die Gleichung (V.), welche sich für jede Einheit $E(\omega)$ als nothwendig ergeben hatte, wenn n grade angenommen wurde, lässt sich offenbar in folgender Form darstellen:

$$\text{(VII.)} \qquad \omega^{-\frac{k}{2}} \cdot E(\omega^{-1}) = \omega^{\frac{k}{2}} \cdot E(\omega).$$

Hieraus ersieht man sofort, dass in dem vorliegenden Falle, wo n grade ist, stets eine Wurzel der Einheit: $\omega^{\frac{k}{2}}$ d. h. also eine gewisse Wurzel der Gleichung: $x^{2n} = 1$ ausreicht, um durch Multiplication mit derselben eine Einheit $E(\omega)$ reell zu machen. Die Gleichung (VII.) zeigt aber ferner, dass schon eine n^{te} Wurzel der Einheit ausreicht, wenn der Exponent $\frac{k}{2}$ eine ganze Zahl, also wenn k *grade* ist. Dies muss nun stets der Fall sein, wenn n eine Potenz von 2 ist. Wäre nämlich in diesem Falle $k = 2h - 1$, so hätte man die Gleichung (VII.) in folgender Form:

$$\omega \cdot \omega^{-h} \cdot E(\omega^{-1}) = \omega^{h} \cdot E(\omega)$$

also:

$$\omega^{-h} \cdot E(\omega^{-1}) - \omega^{h} \cdot E(\omega) = (1 - \omega) \cdot \omega^{-h} \cdot E(\omega^{-1}).$$

Diese Gleichung kann aber nicht stattfinden; denn wenn man auf beiden Seiten die Norm nimmt, so erhält man, da die linke Seite offenbar durch $(\omega^{-1} - \omega)$ theilbar ist, als Norm derselben ein ganzes Vielfaches von: $N(\omega^{-1} - \omega)$ d. h. von 4, während die Norm der rechten Seite nur $N(1 - \omega)$ d. h. gleich 2 wird.

2. Die Gleichung (VI.), welche sich für jede Einheit $E(\omega)$ als nothwendig ergeben hatte, wenn n ungrade angenommen wurde, lautete:

$$E(\omega^{-1}) = \pm\, \omega^{h} \cdot E(\omega).$$

Diese Gleichung verwandelt sich, wenn man eine Zahl k durch die Congruenz $h \equiv 2k \pmod{n}$ bestimmt, in folgende:

$$\text{(VIII.)} \qquad \omega^{-k} \cdot E(\omega^{-1}) = \pm\, \omega^{k} \cdot E(\omega).$$

Hieraus ergiebt sich, dass $E(\omega)$ entweder mit ω^{k} oder mit $\omega^{k} \cdot \sqrt{-1}$ multiplicirt reell wird, also, dass für ein ungrades n allemal eine Wurzel der Gleichung: $x^{4n} = 1$ ausreicht, um durch Multiplication mit derselben eine complexe Einheit $E(\omega)$ reell zu machen. Die Gleichung (VIII.) zeigt ferner, dass, wenn auf der rechten Seite das *obere* Zeichen gilt, schon eine Potenz von ω d. h. eine n^{te} Wurzel der Einheit ausreichend ist. Dies ist stets der Fall, wenn n eine Primzahlpotenz: p^ν ist. Denn wäre alsdann:

$$\omega^{-k} \cdot E(\omega^{-1}) = -\omega^k \cdot E(\omega),$$

so würde die Gleichung

$$\omega^k \cdot E(\omega) - \omega^{-k} \cdot E(\omega^{-1}) = 2\omega^k \cdot E(\omega)$$

unmittelbar daraus folgen. Diese Gleichung kann aber nicht stattfinden; denn, wenn man auf beiden Seiten die Norm nimmt, so erhält man, da die linke Seite offenbar durch $(\omega - \omega^{-1})$ theilbar ist, als Norm derselben ein ganzes Vielfaches von $N(\omega - \omega^{-1})$ d. h. von p, während die Norm der rechten Seite nur einer Potenz von 2 gleich wird. Da aber p eine ungrade Primzahl bedeutet, so ist dies unmöglich.

Hiermit ist der über die Realität der complexen Einheiten aufgestellte Satz in allen seinen Theilen bewiesen.

ÜBER CUBISCHE GLEICHUNGEN MIT RATIONALEN COEFFICIENTEN.

Das letzte *Fermat*'sche Theorem enthält bekanntlich in dem einfachsten schon von *Euler* behandelten Falle den Satz, dass die Gleichung:

$$r^3 + s^3 - 1 = 0$$

nicht anders durch rationale Werthe von r und s erfüllt werden kann, als wenn r oder s gleich Null ist. Durch die Substitution:

$$r = \frac{2a}{3b-1}, \quad s = \frac{3b+1}{3b-1}$$

erhält man:

$$(3b-1)^3 \cdot (r^3 + s^3 - 1) = 2(4a^3 + 27b^2 + 1),$$

woraus der Satz hervorgeht, dass die Gleichung:

$$4a^3 + 27b^2 + 1 = 0$$

nicht anders durch rationale Werthe von a und b erfüllt werden kann, als wenn

$$a = -1, \quad b = \pm \frac{1}{3}$$

gesetzt wird; und es ist auch umgekehrt der oben erwähnte Satz über die Gleichung: $r^3 + s^3 = 1$ eine *Folge* dieses letzteren. Da nun der Ausdruck $4a^3 + 27b^2$ den negativen Werth der Discriminante der Gleichung:

$$x^3 + ax + b = 0$$

angiebt, so ist

$$x^3 - x \pm \frac{1}{3} = 0$$

die einzige cubische Gleichung mit rationalen Coefficienten, für welche die Summe der Wurzeln gleich Null und das Quadrat des Products der drei Wurzeldifferenzen gleich Eins wird. — Die Wurzeln dieser besondern Gleichung dritten Grades sind:

$$\pm \frac{2}{\sqrt{3}} \cdot \sin \frac{\pi}{9}, \quad \pm \frac{2}{\sqrt{3}} \cdot \sin \frac{2\pi}{9}, \quad \mp \frac{2}{\sqrt{3}} \cdot \sin \frac{4\pi}{9}.$$

Der *Fermat*'sche Satz über die Gleichung $x^3 + y^3 = z^3$ lässt sich daher, wie leicht zu sehen, in folgender bemerkenswerther Fassung aussprechen:

Es kann die Discriminante einer cubischen Gleichung mit rationalen Coefficienten nicht die sechste Potenz einer rationalen Zahl werden, ausser wenn ihre drei Wurzeln

$$m + n\sqrt{3} \cdot \sin \frac{\pi}{9}, \quad m + n\sqrt{3} \cdot \sin \frac{2\pi}{9}, \quad m - n\sqrt{3} \cdot \sin \frac{4\pi}{9}$$

und m, n rational sind.

ÜBER DIE KLASSENANZAHL DER AUS WURZELN DER EINHEIT GEBILDETEN COMPLEXEN ZAHLEN.

[Gelesen in der Akademie der Wissenschaften am 23. Juli 1863.]

In den beiden denselben Gegenstand betreffenden Mittheilungen des Hrn. *Kummer*, welche in den Monatsberichten vom December 1861 und Januar d. J. veröffentlicht sind[1]), ist auf den merkwürdigen Umstand aufmerksam gemacht, dass der erste der beiden Factoren, in welche sich der Ausdruck für jene Klassenanzahl scheidet, nicht immer ganzzahlig ist. Hr. *Kummer* hat bereits in seiner Notiz vom 9. December 1861 erwähnt, dass die vorkommenden Nenner nur Potenzen der Zahl Zwei seien, ohne jedoch deren Höhe zu bestimmen. Das Interesse, welches mir die hiernach noch offen gebliebene Frage zu haben schien, veranlasste mich zu einer Beschäftigung mit diesem Gegenstande, und ich habe dabei das Resultat erlangt, dass *nur die Zahl Zwei selbst* und niemals eine höhere Potenz derselben in den erwähnten Nennern auftreten kann. Dieses Resultat, welches ich hier in aller Kürze begründen will, kann folgendermassen ausgesprochen werden:

„Wenn man unter Beibehaltung der von Hrn. *Kummer* im Monatsberichte vom Januar d. J. eingeführten Bezeichnungen die Klassenanzahl H durch das Product: $P_1 \cdot \frac{\theta}{\Delta}$ darstellt, sobald n die Potenz

---

[1]) *E. E. Kummer*, Über die Klassenanzahl der aus n^{ten} Einheitswurzeln gebildeten complexen Zahlen. Monatsberichte der Kgl. Preuss. Akademie der Wissenschaften zu Berlin v. J. 1861. S. 1051—1053. H.

E. E. Kummer, Über die Klassenanzahl der aus zusammengesetzten Einheitswurzeln gebildeten idealen complexen Zahlen. Monatsberichte der Kgl. Preuss. Akademie der Wissenschaften v. J. 1863. S. 21—28. H.

einer einzigen Primzahl ist, hingegen durch: $P_1 \cdot \frac{\theta}{2\varDelta}$, sobald n verschiedene Primfactoren enthält, so ist sowohl der erste als der zweite Factor der Klassenanzahl stets ganzzahlig, und der letztere repräsentirt für sich selbst die Klassenanzahl der aus den Perioden:

$$\omega + \omega^{-1}, \quad \omega^2 + \omega^{-2}, \quad \ldots$$

gebildeten complexen Zahlen.“

Die Beziehung der hier als erster Factor bezeichneten Zahl P_1 zu der Grösse P', welche Hr. *Kummer* (a. a. O. pag. 26) den ersten Factor der Klassenanzahl genannt hat, ist einfach die, dass

$$P_1 = P' \quad \text{oder} \quad P_1 = 2P'$$

wird, je nachdem n zu der ersten oder zu der zweiten der beiden unterschiedenen Arten von Zahlen gehört. Ebenso tritt natürlich in Betreff des zweiten Factors nur für solche Zahlen n, die mehrere verschiedene Primfactoren enthalten, ein Unterschied zwischen der obigen und der von Hrn. *Kummer* gebrauchten Ausdrucksweise auf.

Um nun zuvörderst die oben gemachte Angabe zu erläutern, dass je nach den beiden für die Zahl n unterschiedenen Fällen der Ausdruck $\frac{\theta}{\varDelta}$ oder $\frac{\theta}{2\varDelta}$ die Klassenanzahl für die Zahlen in $\omega + \omega^{-1}$ repräsentire, während Hr. *Kummer* sie für *jedes* n durch $\frac{\theta}{\varDelta}$ ausgedrückt findet, bemerke ich, dass derselbe bei Berechnung der erwähnten Klassenanzahl von vorn herein von den vorhandenen wirklichen complexen Zahlen diejenigen ausschliesst resp. als nicht vorhanden betrachtet, deren Norm negativ ist. Hiernach wird der Begriff des Wirklichen in einem engeren Sinne genommen, und es muss in Folge dessen ein Product idealer Primfactoren auch dann als ideal d. h. als nicht wirklich angesehen werden, wenn es wirkliche Zahlen giebt, die in Bezug auf alle ihre Primfactoren mit jenem Product übereinstimmen, aber keine solche, deren Norm positiv ist. Bei dieser Anschauung verdoppelt sich, wie leicht zu sehen, die Klassenanzahl, sobald keine complexen Einheiten existiren, deren Norm -1 ist. Giebt es aber dergleichen Einheiten, so bleibt die Klassenanzahl ungeändert. Das Letztere findet nur dann statt, wenn n eine einfache Primzahlpotenz ist. Denn alsdann stellt in der That:

$$\frac{\omega^g - \omega^{-g}}{\omega - \omega^{-1}}$$

eine complexe Zahl in $\omega + \omega^{-1}$ dar, deren Norm gleich -1 ist, vorausgesetzt dass man unter n die Potenz einer ungraden Primzahl und unter g eine primitive Wurzel derselben versteht; und es wird ferner

$$N(1 + \omega + \omega^{-1} + \omega^2 + \omega^{-2}) = -1,$$

wenn der Exponent der Einheitswurzel ω eine Potenz von Zwei ist. Enthält aber die Zahl n verschiedene Primfactoren und bedeutet p einen derselben, so ist

$$Nf(\omega + \omega^{-1})$$

stets von der Form $kp + 1$, und es kann daher keine complexen Einheiten geben, deren Norm gleich -1 wäre. Hierdurch erklärt sich also der Umstand, dass die Klassenanzahl der complexen Zahlen in $\omega + \omega^{-1}$, wenn n eine Zahl der ersten Art ist, bei beiden Zählungsweisen übereinstimmt, während dieselbe für Zahlen der zweiten Art durch $\frac{\theta}{2\varDelta}$ oder durch $\frac{\theta}{\varDelta}$ repräsentirt wird, je nachdem man *alle* complexen Zahlen:

$$a + a_1(\omega + \omega^{-1}) + a_2(\omega^2 + \omega^{-2}) + \cdots$$

als wirklich betrachtet oder nur diejenigen, deren Norm positiv ist.

Nach den gegebenen Erläuterungen bedarf es zur Rechtfertigung der oben ausgesprochenen Behauptung nur noch des Nachweises, dass P_1 stets eine ganze Zahl ist, oder mit andern Worten

> „dass die Klassenanzahl der complexen Zahlen in $\omega + \omega^{-1}$, wenn der Begriff des Wirklichen im gewöhnlichen (weiteren) Sinne genommen wird, stets ein aliquoter Theil der Klassenanzahl für die complexen Zahlen in ω ist“.

Man kann sich behufs dessen genau der Schlussweise bedienen, welche Hr. *Kummer* im 40sten Bande des Journals für Mathematik pag. 115 angewendet hat[1]), und es ist dabei nur nöthig, die dort gemachte — wenn auch nicht ausdrücklich erwähnte — Voraussetzung zu begründen, dass je zwei zu verschiedenen Klassen gehörige Zahlen in $\omega + \omega^{-1}$ auch in der Theorie der complexen Zahlen in ω nicht einander äquivalent sein können.

Man sieht leicht, dass, wenn zwei nicht äquivalente Zahlen in $\omega + \omega^{-1}$, als Zahlen in ω betrachtet, einander äquivalent wären, nothwendig gewisse ideale (nicht wirkliche) Zahlen in $\omega + \omega^{-1}$ zu wirklichen Zahlen in ω werden müssten. Es ist also nur zu zeigen, dass eine ideale d. h. nicht wirkliche complexe Zahl $\varphi(\omega + \omega^{-1})$ niemals durch eine wirkliche Zahl $f(\omega)$ repräsentirt werden kann. Wäre dies der Fall, so müssten innerhalb der Theorie der complexen Zahlen in ω die idealen Primfactoren von $\varphi(\omega + \omega^{-1})$ mit denen von $f(\omega)$, also auch mit denen von $f(\omega^{-1})$ übereinstimmen; die beiden conjugirten wirklichen Zahlen $f(\omega)$ und $f(\omega^{-1})$ könnten sich also nur durch eine Einheit $e(\omega)$ von einander unterscheiden. Es müsste also:

$$f(\omega^{-1}) = e(\omega) \cdot f(\omega)$$

und deshalb auch:

$$e(\omega) \cdot e(\omega^{-1}) = 1$$

sein. Hieraus folgt vermöge des Satzes, welchen ich im 53sten Bande des Journals für Mathematik pag. 173 bewiesen habe[2]), dass $e(\omega)$ nur eine einfache Wurzel der Einheit sein kann, und zwar, je nachdem n grade oder ungrade ist, eine n^{te} oder $2n^{\text{te}}$ Wurzel der Einheit, da keine andre sich rational durch ω darstellen lässt. Für ein grades n müsste also entweder die Gleichung:

$$f(\omega^{-1}) = \omega^{2r} \cdot f(\omega),$$

oder die Relation:

---

[1]) *E. E. Kummer*, Bestimmung der Anzahl nicht äquivalenter Klassen für die aus λ^{ten} Wurzeln der Einheit gebildeten complexen Zahlen und die idealen Factoren derselben. Journal für Mathematik. Bd. 40. S. 93—116. H.

[2]) Zwei Sätze über Gleichungen mit ganzzahligen Coefficienten. Bd. I. S. 103—108 dieser Ausgabe von *L. Kronecker's* Werken. H.

$$f(\omega^{-1}) = \omega^{2r+1} \cdot f(\omega)$$

bestehen, in welcher r eine ganze Zahl bedeutet. Für ein ungrades n aber müsste $f(\omega^{-1}) = \pm\, \omega^h \cdot f(\omega)$, also, da in diesem Falle $h \equiv 2r \pmod{n}$ gesetzt werden kann, entweder wiederum:

$$f(\omega^{-1}) = \omega^{2r} \cdot f(\omega)$$

oder:

$$f(\omega^{-1}) = -\, \omega^{2r} \cdot f(\omega)$$

sein. Es sind demnach im Ganzen nur drei verschiedene Relationen zwischen $f(\omega)$ und $f(\omega^{-1})$ zulässig.

Fände nun *erstens* die Gleichung $f(\omega^{-1}) = \omega^{2r} \cdot f(\omega)$ statt, so würde $\omega^r \cdot f(\omega)$ bei der Verwandlung von ω in ω^{-1} ungeändert bleiben d. h. es wäre eine aus den zweigliedrigen Perioden: $\omega + \omega^{-1}$, $\omega^2 + \omega^{-2}$, ... zusammengesetzte ganze complexe Zahl. Bezeichnet man eine solche mit $F(\omega + \omega^{-1})$, so hätte man also die Gleichung:

$$\text{(I.)} \qquad f(\omega) = \omega^{-r} \cdot F(\omega + \omega^{-1}).$$

Legt man *zweitens* für den Fall, dass n grade ist, die Gleichung $f(\omega^{-1}) = \omega^{2r+1} \cdot f(\omega)$ zu Grunde, so folgt daraus, wenn man

$$\frac{\omega^r \cdot f(\omega) - \omega^{-r} \cdot f(\omega^{-1})}{\omega - \omega^{-1}} = F(\omega + \omega^{-1})$$

setzt, die Relation:

$$\text{(II.)} \qquad f(\omega) = -\, \omega^{-r-1} \cdot (1 + \omega) \cdot F(\omega + \omega^{-1}),$$

in welcher $F(\omega + \omega^{-1})$ wiederum, wie oben, eine aus den zweigliedrigen Perioden zusammengesetzte ganze complexe Zahl bedeutet.

Wenn endlich *drittens* für ein ungrades n die Gleichung:

$$f(\omega^{-1}) = -\, \omega^{2r} \cdot f(\omega)$$

erfüllt wäre, so könnte

$$\text{(III.)} \qquad f(\omega) = \frac{\omega^{-r}}{\omega - \omega^{-1}} \cdot F(\omega + \omega^{-1})$$

gesetzt werden, insofern alsdann $(\omega - \omega^{-1}) \cdot \omega^{r} \cdot f(\omega)$ bei der Verwandlung von ω in ω^{-1} ungeändert bleiben, also eine aus den zweigliedrigen Perioden zusammengesetzte ganze complexe Zahl sein würde.

Bei der offenbar zulässigen Voraussetzung, dass die ideale Zahl $\varphi(\omega + \omega^{-1})$ von allen *wirklichen* Primfactoren befreit sei, darf dieselbe und also auch $f(\omega)$ keinen Primfactor von p enthalten, wenn n die Potenz einer einfachen Primzahl p ist. Deshalb sind für solche Zahlen n die letzten beiden von den obigen drei Fällen auszuschliessen. Wäre nämlich $n = 2^{h}$ und alsdann $f(\omega^{-1}) = \omega^{2r+1} \cdot f(\omega)$, so müsste $f(\omega)$ den Factor $(1 + \omega)$, welcher ein Primfactor von 2 ist, enthalten; und ebenso müsste, wenn n die Potenz einer ungraden Primzahl p und $f(\omega^{-1}) = - \omega^{2r} \cdot f(\omega)$ wäre, $f(\omega)$ durch den Primfactor von p, nämlich durch $(1 - \omega)$ theilbar sein. Es braucht daher, wenn n Primzahlpotenz ist, nur die Annahme berücksichtigt zu werden, aus welcher sich die Gleichung (I.) ergeben hat, während, wenn n aus verschiedenen Primfactoren besteht, noch die Gleichungen (II.) und (III.) stattfinden könnten. Da aber für solche Zahlen n die in diesen Gleichungen als Factoren von $F(\omega + \omega^{-1})$ auftretenden Grössen stets complexe Einheiten sind, so sieht man, dass die gemachten Voraussetzungen *in allen Fällen* auf eine Relation:

$$f(\omega) = e(\omega) \cdot F(\omega + \omega^{-1})$$

führen, in welcher $e(\omega)$ eine complexe Einheit und $F(\omega + \omega^{-1})$ eine wirkliche complexe aus zweigliedrigen Perioden zusammengesetzte Zahl bedeutet. Diese Relation zeigt jedoch, dass die complexe Zahl $F(\omega + \omega^{-1})$ mit $f(\omega)$ und also auch mit $\varphi(\omega + \omega^{-1})$ in allen ihren Primfactoren übereinstimmt; die Zahl $\varphi(\omega + \omega^{-1})$ wäre in Folge dessen durch die wirkliche Zahl

$$F(\omega + \omega^{-1})$$

zu ersetzen und könnte keiner andern Klasse idealer d. h. nicht wirklicher Zahlen in $\omega + \omega^{-1}$ angehören.

Ich bemerke schliesslich, um jede Unklarheit zu beseitigen, dass die zuletzt angewendeten Schlüsse ihre Geltung verlieren, sobald man in der Theorie der complexen Zahlen in $\omega + \omega^{-1}$ den Begriff des Wirklichen in dem oben angedeuteten engeren Sinne auffasst. Alsdann würde nämlich die Zahl $F(\omega + \omega^{-1})$ nicht stets als wirklich anzusehen sein, sondern nur in dem Falle, dass ihre Norm positiv ist.

ÜBER EINIGE INTERPOLATIONSFORMELN FÜR GANZE FUNCTIONEN MEHRER VARIABELN.

[Gelesen in der Akademie der Wissenschaften am 21. December 1865.]

Indem ich versuchte meine Resultate über die Zerlegung der Discriminante von Eliminationsgleichungen auf die *Lagrange*'sche Interpolationsformel anzuwenden, bin ich zu allgemeineren Formeln gelangt, welche ungeachtet ihrer grossen Einfachheit, so viel ich weiss, bisher noch nicht aufgestellt worden sind.

Es seien

$$F_1, F_2, \ldots F_n$$

ganze, nicht homogene Functionen der Variabeln x_1, x_2, ... x_n resp. von den Dimensionen

$$\nu_1, \nu_2, \ldots \nu_n.$$

Es seien ferner

$$x_1 = \xi_{1k}, \quad x_2 = \xi_{2k}, \quad \ldots\ldots \quad x_n = \xi_{nk},$$

für $k = 1, 2, \ldots m$ die m verschiedenen Systeme endlicher Werthe, für welche die n Functionen F gleichzeitig verschwinden. Alsdann besteht für jede dieser Functionen F eine Gleichung:

$$F_i = (x_1 - \xi_{1k}) F_{1i}^{(k)} + (x_2 - \xi_{2k}) F_{2i}^{(k)} + \cdots\cdot + (x_n - \xi_{nk}) F_{ni}^{(k)},$$

in welcher $F_{1i}^{(k)}$, $F_{2i}^{(k)}, \ldots$ ganze Functionen von $x_1, x_2, \ldots x_n$, $\xi_{1k}, \xi_{2k}, \ldots \xi_{nk}$ bedeuten. Die aus den n^2 Functionen

$$F_{hi}^{(k)}$$

gebildete Determinante, welche also ebenfalls eine ganze Function der Variabeln x und deren durch den zweiten Index k bezeichneten Werthe ist, verschwindet stets, wenn darin für die Variabeln x eines der übrigen $(m-1)$ Werthsysteme gesetzt wird. Diese einfache Bemerkung ist von fundamentaler Bedeutung für die Eliminationstheorie und kann bei Entwickelung derselben füglich zum Ausgangspunkt genommen werden. Ich behalte die Darstellung des hiernach einzuschlagenden Weges einer künftigen Mittheilung vor und erwähne hier nur, dass die Betrachtung jener Determinante ganz unmittelbar auf eine Verallgemeinerung der *Lagrange*'schen Interpolationsformel führt. Bezeichnet man nämlich die aus den Functionen $F_{hi}^{(k)}$ gebildete Determinante mit

$$D_k(x_1, \ x_2, \ \ldots \ x_n)$$

und setzt

$$D_k(\xi_{1k}, \ \xi_{2k}, \ \ldots \ \xi_{nk}) = \Delta_k ,$$

so stellt der Ausdruck:

$$(A) \qquad \sum_1^m \mathfrak{F}_k \cdot \frac{D_k}{\Delta_k}$$

eine ganze Function von $x_1, x_2, \ldots x_n$ dar, welche für jedes der m Werthsysteme:

$$x_1 = \xi_{1k}, \quad x_2 = \xi_{2k}, \quad \ldots\ldots \quad x_n = \xi_{nk}$$

resp. den Werth $\mathfrak{F}_k$ annimmt. Die hierbei zu machende Voraussetzung, dass keine der m Grössen Δ_k gleich Null werde, kommt damit überein, dass das System der n Gleichungen:

$$F = 0$$

keines der m Werthsysteme mehrfach enthalte; denn der Werth von Δ_k ist gleich dem Werthe, welchen die Functionaldeterminante von $F_1, F_2, \ldots F_n$ für:

$$x_1 = \xi_{1k}, \quad x_2 = \xi_{2k}, \quad \ldots\ldots\ldots \quad x_n = \xi_{nk}$$

erhält. Ist $\mathfrak{F}(x_1, x_2, \ldots x_n)$ eine beliebige ganze Function, und

$$\mathfrak{F}(\xi_{1k}, \xi_{2k}, \ldots \xi_{nk}) = \mathfrak{F}_k,$$

so ist die Differenz:

$$\mathfrak{F}(x_1, x_2, \ldots x_n) - \sum_1^m \mathfrak{F}_k \cdot \frac{D_k}{\Delta_k}$$

als homogene lineare Function der n Functionen F darstellbar. Auch die verschiedenen Determinanten D_k, welche man erhält, wenn man die oben eingeführten, aber nicht vollkommen bestimmten Functionen $F_{hi}^{(k)}$ anders und anders wählt, unterscheiden sich nur durch einen homogenen linearen Ausdruck von $F_1, F_2, \ldots F_n$.

Die Functionen $F_{hi}^{(k)}$ können so gewählt werden, dass sie in den Gliedern der höchsten Dimension mit denen von

$$\frac{1}{\nu_i} \cdot \frac{\partial F_i}{\partial x_h}$$

oder, was dasselbe ist, mit dem Ausdrucke:

$$\frac{1}{\nu_i} \cdot \frac{\partial f_i}{\partial x_h}$$

übereinstimmen, wenn f_i den Complex der Glieder höchster Dimension in F_i bedeutet. Alsdann sind auch die Glieder der höchsten Dimensionen von $\nu_1 \cdot \nu_2 \cdots \nu_n \cdot D_k$ für jeden Werth von k mit der Functionaldeterminante von $f_1, f_2, \ldots f_n$ identisch. Bezeichnet man nun diese Functionaldeterminante mit

$$R(x_1, x_2, \ldots x_n),$$

so muss für jede Function $\mathfrak{F}(x_1, \ldots x_n)$, deren Dimension kleiner als die von R d. h. kleiner als $\nu_1 + \nu_2 + \cdots + \nu_n - n$ ist,

$$R(x_1, x_2, \ldots x_n) \cdot \sum \frac{1}{\Delta_k} \cdot \mathfrak{F}(\xi_{1k}, \xi_{2k}, \ldots \xi_{nk})$$

durch Hinzufügung einer linearen homogenen Function von $F_1, F_2, \ldots F_n$ auf eine niedrigere Dimension gebracht werden können. Hiernach muss entweder

$$(B) \qquad \sum \frac{1}{\Delta_k} \cdot \mathfrak{F}(\xi_{1k}, \xi_{2k}, \ldots \xi_{nk}) = 0$$

oder

$$(C) \qquad R(x_1, x_2, \ldots x_n) = \varphi_1 f_1 + \varphi_2 f_2 + \cdots + \varphi_n f_n$$

sein, wo unter $\varphi_1, \varphi_2, \ldots \varphi_n$ ganze homogene Functionen von $x_1, x_2, \ldots x_n$ zu verstehen sind. Die letztere dieser beiden Gleichungen enthält die nothwendige und hinreichende Bedingung dafür, dass die n homogenen Gleichungen: $f = 0$ gleichzeitig zu befriedigen sind und dass mithin die n Gleichungen: $F = 0$ weniger als $\nu_1 \cdot \nu_2 \cdots \nu_n$ endliche Werthsysteme für die Variabeln $x_1, x_2, \ldots x_n$ ergeben. Die Gleichung (C) besteht demnach nur, wenn $m \overline{<} \nu_1 \cdot \nu_2 \cdots \nu_n$ ist, und es muss also für $m = \nu_1 \cdot \nu_2 \cdots \nu_n$ die Gleichung (B) stattfinden. Diese enthält die bekannten *Jacobi*'schen Relationen für die den n Gleichungen: $F = 0$ genügenden simultanen Werthsysteme von $x_1, x_2, \ldots x_n$, Relationen, welche demnach auf die hier angedeutete Weise ganz ebenso unmittelbar aus den Eigenschaften der Formel (A) folgen wie die *Euler*'schen Gleichungen aus der *Lagrange*'schen Interpolationsformel, in welche der Ausdruck (A) für den Fall $n = 1$ übergeht.

Die einschränkende Bedingung, an welche im Vorstehenden die Giltigkeit der Gleichung (B) geknüpft erscheint, wird von *Jacobi*, welcher den Fall $n = 2$ im XIV. Bande des Journals für Mathematik ausführlich behandelt hat[1]), nicht erwähnt. Die daselbst angewendete Bezeichnungsweise lässt im

---

[1]) *C. G. J. Jacobi*, Theoremata nova algebraica circa systema duarum aequationum inter duas variabiles propositarum. Journal für Mathematik Bd. 14, S. 281—288. Jacobi's Werke Bd. III S. 285—294. H.

Gegentheil auf die Annahme einer unbeschränkten Giltigkeit der hergeleiteten Formeln schliessen. Indessen überzeugt man sich leicht davon, dass die Gleichung (B) nicht mehr allgemein giltig bleiben kann, wenn $m < \nu_1 \cdot \nu_2 \cdots \nu_n$ ist, da alsdann eine Function $\mathfrak{F}(x_1, x_2, \ldots x_n)$ existirt, deren Dimension kleiner als $\nu_1 + \nu_2 + \cdots + \nu_n - n$ ist, und welche dennoch für alle m Werthsysteme:

$$x_1 = \xi_{1k}, \quad x_2 = \xi_{2k}, \quad \ldots\ldots \quad x_n = \xi_{nk}$$

mit der Functionaldeterminante von $F_1, F_2, \ldots F_n$ übereinstimmt. Bei genauerer Betrachtung der *Jacobi*'schen Methode zeigt sich auch die Stelle, an welcher die obige einschränkende Bedingung auftritt. Wenn diese Bedingung nicht erfüllt ist, wird nämlich *Jacobi's* Bestimmung des Grades der von ihm benutzten Multiplicatoren unrichtig. Eben dieselbe Bemerkung gilt in Bezug auf die Ausführungen des Herrn *Betti*, mittels deren derselbe im I. Bande der Tortolinischen Annalen die *Jacobi*'sche Methode ohne wesentliche Modification auf eine beliebige Anzahl von Gleichungen übertragen hat[1]). Die *erste* Herleitung der *Jacobi*'schen Relationen für eine beliebige Anzahl von Gleichungen hat Hr. *Liouville* im VI. Bande seines Journals gegeben[2]) und sich dabei ausdrücklich auf den sogenannten allgemeinen Fall, in welchem $m = \nu_1 \cdot \nu_2 \cdots \nu_n$ und also die oben angegebene Bedingung wirklich erfüllt ist, beschränkt. Die Formeln, auf welche Hr. *Liouville* a. a. O. durch die Theorie der Elimination zuvörderst geführt wird, erscheinen allgemeiner als die *Jacobi*'schen Formeln; sie sind aber, wie ich bei dieser Gelegenheit erwähnen will, von gleicher Allgemeinheit, da sie aus den *Jacobi*'schen Formeln hervorgehen, wenn für eine der Functionen F ein Product zweier ganzer Functionen von n Variabeln genommen wird.

Wiewohl für den Fall, wo $m < \nu_1 \cdot \nu_2 \cdots \nu_n$ ist, entweder mit Hilfe gebrochener linearer Substitutionen oder direct aus dem interpolatorischen Ausdrucke (A) ebenfalls gewisse, den *Jacobi*'schen Relationen entsprechende Beziehungen abgeleitet werden können, so übergehe ich doch denselben, um

---

[1]) *E. Betti*, Sopra l'equazioni algebriche con più incognite. Annali di matematica, tomo I, p. 1—8. H.

[2]) *J. Liouville*, Mémoire sur quelques propositions générales de géométrie et sur la théorie de l'élimination dans les équations algébriques. Journal de mathématiques. T. VI p. 345—411. H.

noch eine Bemerkung an den sogenannten allgemeinen Fall zu knüpfen. Alsdann kann nämlich jede ganze Function von $x_1, x_2, \dots x_n$ durch Hinzufügung einer linearen homogenen Function von $F_1, F_2, \dots F_n$ auf eine solche reducirt werden, deren Grad in Beziehung auf x_k kleiner als ν_k ist. Es lassen sich also auch die Functionen D_k auf solche reduciren, und wenn man dies als geschehen annimmt, so stellt die Summe:

$$\sum_1^m \mathfrak{F}_k \cdot \frac{D_k}{\Delta_k}$$

diejenige vollkommen bestimmte ganze Function von $x_1, x_2, \dots x_n$ dar, welche in Bezug auf jede der Variabeln x den entsprechenden Grad $(\nu - 1)$ nicht übersteigt und für jedes der m verschiedenen Werthsysteme ξ den vorgeschriebenen Werth $\mathfrak{F}_k$ erhält.

Schliesslich will ich hier noch eine andere Verallgemeinerung der *Lagrange*'schen Interpolationsformel mittheilen, welche mit der oben angegebenen in einem leicht ersichtlichen Zusammenhange steht. Es sei nämlich $F(x)$ eine ganze Function m^{ten} Grades von x und der Coefficient von x^m darin gleich Eins. Ferner denke man sich $F(x)$ auf alle möglichen Weisen als Product zweier Factoren $\varphi(x)$ und $\psi(x)$ dargestellt, von denen der erstere vom Grade n, der andere vom Grade $(m-n)$ ist. Die Anzahl dieser Darstellungen d. h. $\frac{m(m-1)\cdots(m-n+1)}{1\cdot 2 \quad \cdots\cdots \quad n}$ sei ν, so dass

$$F(x) = \varphi_k(x) \cdot \psi_k(x)$$

wird, für $k = 1, 2, \dots \nu$. Bezeichnet man nun das Eliminationsresultat von $\varphi_k(x) = 0$ und $\psi_k(x) = 0$ durch R_k, so erhält das Product:

$$\psi_k(x_1) \cdot \psi_k(x_2) \cdots\cdots \psi_k(x_n)$$

eben diesen Werth R_k, wenn man die Variabeln $x_1, x_2, \dots x_n$ durch die n Wurzeln der Gleichung: $\varphi_k(x) = 0$ ersetzt, während dasselbe verschwindet, wenn für $x_1, x_2, \dots x_n$ die n Wurzeln irgend einer andern Gleichung: $\varphi(x) = 0$ genommen werden. Hieraus ergiebt sich die identische Gleichung:

$$(D) \qquad f(x_1, x_2, \dots x_n) = \sum_{k=1}^{k=\nu} \frac{f_k}{R_k} \cdot \psi_k(x_1)\, \psi_k(x_2) \cdots \psi_k(x_n)\,,$$

wenn $f(x_1, x_2, \dots x_n)$ eine symmetrische Function der Variabeln x bedeutet, welche in Bezug auf jede derselben vom Grade $(m - n)$ ist und also ν Constanten enthält, und wenn f_k den Werth bedeutet, welchen $f(x_1, x_2, \dots x_n)$ für die n Wurzeln der Gleichung: $\varphi_k(x) = 0$ annimmt. Ist der Coefficient von $(x_1 \cdot x_2 \cdots x_n)^{m-n}$ in f gleich Null, so folgt:

$$\sum \frac{f_k}{R_k} = 0\,.$$

Die Gleichung (D) enthält die Darstellung einer symmetrischen Function von n Variabeln durch die Werthe, welche sie annimmt, wenn man die Variabeln durch je n Wurzeln einer gegebenen Gleichung ersetzt. In dieser Interpolationsformel ist u. A. die *Rosenhain*'sche Darstellung der Eliminationsresultante zweier Gleichungen[1]) und namentlich auch die von Hrn. *Borchardt* in den Abhandlungen der Akademie vom Jahre 1860 aufgestellte Formel[2]) als specieller Fall inbegriffen, und mit Hilfe jener allgemeineren Formel (D) lassen sich die a. a. O. von Hrn. *Borchardt* gegebenen Ausführungen zum Theil vereinfachen.

---

[1]) *G. Rosenhain,* Neue Darstellung der Resultante der Elimination von z aus zwei algebraischen Gleichungen, etc. Journal f. Math. Bd. 30, S. 157—165. H.

[2]) Über eine Interpolationsformel für eine Art symmetrischer Functionen und über deren Anwendung. Abh. d. Akad. d. Wiss. a. d. J. 1860. S. 1—20. *C. W. Borchardt's* Werke S. 151—172. H.

ÜBER BILINEARE FORMEN.

[Gelesen in der Akademie der Wissenschaften am 15. October 1866.*)]

Durch mündliche Mittheilungen meines Freundes *Weierstrass* habe ich seit längerer Zeit Kenntniss von seinen Untersuchungen über die allgemeinen Θ-Functionen d. h. über n-fach unendliche, aus Gliedern von der Form

$$e^{G(u_1, u_2, \dots u_n;\ \nu_1, \nu_2, \dots \nu_n)}$$

zusammengesetzte Reihen, in welchen G eine ganze Function zweiten Grades der n Variabeln u und der n Summationsbuchstaben ν bedeutet. Die Coefficienten der ganzen Function G bilden die Parameter der Θ-Functionen und sind einzig und allein den für die Convergenz der Reihen erforderlichen Bedingungen unterworfen. Diese allgemeinen Θ-Functionen werden in den erwähnten *Weierstrass*'schen Untersuchungen auf speciellere zurückgeführt, die von nur $\frac{1}{2}n(n+1)$ Parametern τ_{ik} abhängen, welche den Gleichungen:

---

*) Da in der vorstehenden Abhandlung[1]) des Herrn *Christoffel* auf meine im Monatsbericht der Akademie erschienene Notiz „über bilineare Formen" hingewiesen wird, so dürfte ein Abdruck derselben an dieser Stelle motivirt sein. Das specielle Problem, welches mir zu den Untersuchungen über bilineare Formen Anlass gab, führte mich naturgemäss auf diejenigen bis dahin noch nicht behandelten Transformationen, bei denen für beide Variabeln-Systeme identische Substitutionen angewendet werden, und dadurch ferner zur Aufstellung einer neuen Normalform, einer die Coefficienten derselben bestimmenden Determinante und derjenigen **Functionen, welche ich *beigeordnete* genannt habe.**[2])

[1]) *E. B. Christoffel*, Theorie der bilinearen Formen. Journal f. Mathematik. Bd. 68. S. 253—272. H.

[2]) Zusatz *L. Kronecker's* zum Abdruck dieser Abhandlung im Journal für Mathematik. H.

$$\tau_{ik} = \tau_{ki}$$

genügen, im Uebrigen aber bloss durch die für die Convergenz der Reihen nöthigen Bedingungen eingeschränkt sind; und für die Transformation dieser Θ-Functionen werden folgende Relationen zwischen den ursprünglichen Parametern τ und den entsprechenden transformirten τ' erlangt:

$$m_{p,\,n+q} + \sum_r m_{n+r,\,n+q}\,\tau_{pr} = \sum_r m_{pr}\,\tau'_{rq} + \sum_{r,s} m_{n+r,\,s}\,\tau_{pr}\,\tau'_{sq}\,.$$

Hierin sind für p und q die Zahlen $1, 2, 3, \ldots n$ zu setzen, die in Bezug auf r und s zu machenden Summationen erstrecken sich ebenfalls auf die Zahlen $1, 2, 3, \ldots n$, und die $4n^2$ ganzen Zahlen m sind kurzweg dadurch zu charakterisiren, dass sie die Coefficienten einer Substitution für je $2n$ Variable $x_1, x_2, \ldots x_{2n}$; $y_1, y_2, \ldots y_{2n}$ bilden, durch welche die bilineare Form:

$$\sum_{r=1}^{r=n} (x_r y_{n+r} - x_{n+r} y_r)$$

in ein ganzes Vielfaches ihrer selbst übergeht.

Ich brauche den zu erwartenden eigenen Mittheilungen meines Freundes *Weierstrass* über seine hier erwähnten Untersuchungen nicht weiter vorzugreifen, da das Gesagte genügt, um die Veranlassung zu meinen rein algebraischen Arbeiten darzulegen, von denen ich im Folgenden einen kurzen Auszug geben will. Ich suchte nämlich die Bedingungen zu ermitteln, unter denen die transformirten Parameter τ' den ursprünglichen oben mit τ bezeichneten gleich werden, und bin dadurch auf die allgemeine Untersuchung derjenigen Transformationen bilinearer Formen von je $2n$ Variabeln x und y geführt worden, bei welchen die Substitutionscoefficienten für beide Systeme von Variabeln identisch sind. In der That ist der Zusammenhang jener Frage mit der erwähnten Art von Transformationen bilinearer Formen, von welcher nunmehr ausschliesslich die Rede sein soll, einerseits schon durch die Charakterisirung der Zahlen m gegeben, andrerseits aber wird ein solcher Zusammenhang noch durch die folgende Betrachtung hergestellt. Wenn man die obige Relation zwischen den Grössen τ und τ' mit $x_p \cdot y_q$ multiplicirt und alsdann in Beziehung auf alle Werthe von p und q summirt, so erhält man eine Gleichung, die durch Einführung der Bezeichnungen x_{n+r}, y_{n+r} für die Summen:

$$\sum_p \tau_{pr} x_p\,, \qquad \sum_q \tau'_{rq} y_q$$

die Form annimmt:

$$\sum m_{ir} x_i y_{n+r} = \sum m_{i,\,n+r} x_i y_r\,,$$

wo in Bezug auf i von 1 bis $2n$ und in Bezug auf r von 1 bis n zu summiren ist. Wenn man nun $\varepsilon_k = +1$ oder $= -1$ setzt, je nachdem der Index k zu der ersten oder der zweiten Hälfte der Zahlen $1, 2, 3, \ldots 2n$ gehört, und wenn man ferner sowohl bei den Coefficienten als bei den Variabeln der bilinearen Formen Indices, welche grösser als $2n$ sind, in dem Sinne zulässt, dass darunter deren kleinste positive Reste *modulo* $2n$ zu verstehen sind, so nimmt die obige Gleichung die einfachere Gestalt an:

$$\sum \varepsilon_k m_{i,\,n+k} x_i y_k = 0\,,$$

und die Summation ist hier in Beziehung auf i und k auf die Werthe $1, 2, 3, \ldots 2n$ auszudehnen. Man kann hiernach den Zusammenhang zwischen den Grössen τ und τ' vollständig dadurch charakterisiren, dass die bilineare Form:

$$\sum \varepsilon_k m_{i,\,n+k} x_i y_k\,,$$

welche mit $M(x, y)$ bezeichnet werden soll, vermöge der Substitutionen:

$$x_{n+r} = \sum \tau_{pr} x_p\,; \qquad y_{n+r} = \sum \tau'_{rp} y_p$$

identisch verschwinden muss. Sollen also die Grössen τ' den Grössen τ gleich werden, so sind dieselben in der Weise zu bestimmen, dass die bilineare Form der Variabeln x', y', in welche $M(x, y)$ durch eine Transformation:

$$x'_r = x_r\,, \qquad x'_{n+r} = -x_{n+r} + \sum_p \tau_{pr} x_p\,,$$

$$y'_r = y_r\,, \qquad y'_{n+r} = -y_{n+r} + \sum_p \tau_{pr} y_p$$

übergeht, für $x'_{n+r} = y'_{n+r} = 0$ identisch verschwindet. Für r sind hier stets sämmtliche Zahlen 1, 2, ... n zu setzen, damit die sämmtlichen neuen Variabeln durch die alten ausgedrückt erscheinen. Die angegebene Transformation ist eine für beide Systeme von Variabeln übereinstimmende, also eine von denjenigen Transformationen bilinearer Formen, welche hier überhaupt nur betrachtet werden sollen. Aber von der specielleren Beschaffenheit jener Transformation kann abgesehen werden, da offenbar aus *jeder* Transformation von $M(x, y)$ in eine Form $M'(x', y')$, die für $x'_{n+r} = y'_{n+r} = 0$ verschwindet, n lineare Gleichungen zwischen den je $2n$ Variabeln x und y, also auch im Allgemeinen je n Relationen von der Form:

$$x_{n+r} = \sum \tau_{pr} x_p, \qquad y_{n+r} = \sum \tau_{pr} y_p$$

hervorgehen, unter deren Anwendung $M(x, y)$ identisch gleich Null wird.

Die einfachste specielle bilineare Form, welche verschwindet, wenn man die zweite Hälfte der Variabeln x und y gleich Null setzt, ist die Form:

$$\sum_{k=1}^{k=2n} \lambda_k x_k y_{n+k},$$

welche ich „Normalform“ nennen will, weil *jede* bilineare Form in dieselbe transformirt werden kann. Diese Reduction der bilinearen Form von je $2n$ Variabeln auf die angegebene Normalform ist von der wesentlichsten Bedeutung, indem dadurch nicht bloss die obige Frage nach den speciellen Werthen der Grössen τ erledigt, sondern auch die allgemeine Transformation irgend einer bilinearen Form in eine andere vermittelt wird. Das Problem einer solchen allgemeinen Transformation zweier gegebener Formen:

$$\sum a_{ik} x_i y_k, \qquad \sum a'_{ik} x'_i y'_k,$$

in einander, welches also — wenn c_{ik} die $4n^2$ Substitutionscoefficienten bedeuten — durch die Gleichung:

$$\sum a'_{ik} x'_i y'_k = \sum a_{gh} c_{gi} c_{hk} x'_i y'_k$$

dargestellt wird, erfordert zwar die Erfüllung von $4n^2$ Bedingungsgleichungen für die gleiche Anzahl Coefficienten c und erscheint hiernach als stets lösbar und bestimmt, in der That aber ist dies nicht der Fall, da mit den Formen:

$$\sum a_{ik} x_i y_k, \qquad \sum a'_{ik} x'_i y'_k$$

gleichzeitig die transponirten Formen:

$$\sum a_{ki} x_i y_k, \qquad \sum a'_{ki} x'_i y'_k$$

durch eben dieselbe Transformation in einander übergehen müssen. Hiernach muss, wenn u und v zwei unbestimmte Variable bedeuten, die Gleichung:

$$\sum (u a_{ik} + v a_{ki}) x_i y_k = \sum (u a'_{ik} + v a'_{ki}) x'_i y'_k$$

durch die Substitution:

$$x_i = \sum c_{ih} x'_h, \qquad y_i = \sum c_{ih} y'_h$$

erfüllt werden. Bezeichnet man die Determinante eines Systems von Grössen b_{ik} durch $|b_{ik}|$, so erhält man für die Zulässigkeit der Transformation jener beiden bilinearen Formen in einander die Bedingung:

$$|a'_{ik}| \cdot |u a_{ik} + v a_{ki}| = |a_{ik}| \cdot |u a'_{ik} + v a'_{ki}|.$$

Da beide Seiten dieser Gleichung ganze symmetrische Functionen des $2n^{\text{ten}}$ Grades von u und v enthalten und die Coefficienten von $(u^{2n} + v^{2n})$ überdies identisch sind, so repräsentirt dieselbe n Relationen zwischen den Coefficienten a und a', welche für die Transformation der beiden bezüglichen Formen in einander erforderlich sind. Dieselben sind aber, wie sich zeigen wird, auch ausreichend, da beide Formen auf eine und dieselbe Normalform reducirt werden können, wenn, wie jetzt vorausgesetzt werden soll, die Determinante:

$$|u a_{ik} + v a_{ki}|$$

als Function von u und v betrachtet, keine gleichen Factoren enthält. Diese

Determinante, welche für die bilinearen Formen von besonderer Bedeutung ist, lässt übrigens noch mannichfache Umformungen zu, von denen ich nur eine hier hervorheben will. Bezeichnet man nämlich mit α_{ik} die Coefficienten des dem Substitutionssysteme a_{ik} entgegengesetzten Systems, so wird:

$$\sum_k a_{ik}\alpha_{kh} = \delta_{ih},$$

wenn, wie von jetzt ab stets geschehen soll, $\delta_{ik} = 1$ oder $\delta_{ik} = 0$ genommen wird, je nachdem die Indices i und k einander gleich oder von einander verschieden sind. Bei Einführung dieser Bezeichnungen erhält man für die obige Determinante die Relation:

$$|ua_{ik} + va_{ki}| = |a_{ik}| \cdot \left|u\delta_{ik} + v\sum_h a_{hi}\alpha_{hk}\right|.$$

Wenn die bilineare Form, deren Coefficienten a_{ik} sind, durch eine Substitution mit den Coefficienten c_{ik} auf die Normalform:

$$\sum \lambda_k x'_k y'_{n+k}$$

reducirt werden soll, so muss den vorstehenden Ausführungen gemäss:

$$\sum_{i,k} (ua_{ik} + va_{ki}) x_i y_k = \sum_h (u\lambda_h + v\lambda_{n+h}) x'_h y'_{n+h}$$

werden, wenn:

$$x_i = \sum_h c_{ih} x'_h, \qquad y_i = \sum_h c_{ih} y'_h$$

und in Folge dessen:

$$x'_h = \sum_k \gamma_{hk} x_k, \qquad y'_h = \sum_k \gamma_{hk} y_k$$

gesetzt wird, wobei die Coefficienten c und γ durch die Relation:

$$\sum_h c_{ih}\gamma_{hk} = \delta_{ik}$$

mit einander verbunden sind. Da die Normalform mit den Coefficienten λ, wenn man darin $p_k x'_k$ für x'_k und $p_k y'_k$ für y'_k setzt, in:

$$\sum \lambda_k \, p_k p_{n+k} \, x'_k y'_{n+k}$$

übergeht, so folgt, dass bei der Reduction einer beliebigen Form auf die Normalform sowohl für deren Coefficienten λ als für diejenigen der Substitution c nur die Quotienten:

$$\frac{\lambda_k}{\lambda_{n+k}}, \quad \frac{c_{ih}}{c_{kh}}$$

bestimmt sein können. Für diese Quotienten aber ergeben sich die nothwendigen Bedingungen, wenn man in der obigen Transformations-Gleichung die Variabeln x durch x' und die Variabeln y' durch y ersetzt. In der That erhält man alsdann:

$$\sum (ua_{ik} + va_{ki}) \, c_{ih} x'_h y_k = \sum (u\lambda_h + v\lambda_{n+h}) \, \gamma_{n+h,k} \, x'_h y_k \,,$$

so, dass die $2n$ Verhältnisse $\dfrac{\lambda_h}{\lambda_{n+h}}$ durch die $2n$ Wurzeln der reciproken Gleichung:

$$|a_{ik} z - a_{ki}| = 0$$

gegeben werden, während sich die Verhältnisse $\dfrac{c_{ih}}{c_{kh}}$ alsdann aus den $2n$ Gleichungen:

$$\sum_i (a_{ik} \lambda_{n+h} - a_{ki} \lambda_h) \, c_{ih} = 0$$

für $k = 1, 2, \ldots 2n$ bestimmen.

Es ist aber nunmehr noch zu zeigen, dass oder in wie weit diese Bestimmung der Coefficienten c und λ der Aufgabe genügt. Zu diesem Zwecke denke man sich die Determinante

$$|ua_{ik} + va_{ki}|$$

in irgend einer Weise in die $2n$ linearen Factoren

$$uv_r - vu_r$$

zerlegt, jedoch so, dass $v_{n+r} = u_r$, $u_{n+r} = v_r$ wird. Ferner seien $d_{ik}(u, v)$ die Unterdeterminanten von $|ua_{ik} + va_{ki}|$, so dass:

$$\sum_k (ua_{ik} + va_{ki})\, d_{kh}(u, v) = |ua_{ik} + va_{ki}| \cdot \delta_{ih},$$

also auch:

$$\sum_i (ua_{ik} + va_{ki})\, d_{ih}(v, u) = |ua_{ik} + va_{ki}| \cdot \delta_{kh}$$

wird. Setzt man nun:

$$\sum_{i,\,k} (ua_{ik} + va_{ki})\, d_{ih}(v_r, u_r)\, d_{kh}(u_s, v_s) = uA_{rs} + vB_{rs},$$

so ergiebt schon die Summation über i allein, dass

$$u_r A_{rs} + v_r B_{rs} = 0$$

sein muss, und ebenso ergiebt die Summation über k die Gleichung:

$$u_s A_{rs} + v_s B_{rs} = 0\,.$$

Da $\frac{u_r}{v_r}$ der Voraussetzung nach von $\frac{u_s}{v_s}$ verschieden ist, so folgt:

$$A_{rs} = B_{rs} = 0\,.$$

Ferner erhält man leicht die Relation:

$$A_{rr} = B_{n+r,\,n+r},$$

und mit Hülfe dieser Beziehungen zwischen den Grössen A und B ergiebt sich die Identität der auf $i, k, r, s = 1, 2, \ldots 2n$ auszudehnenden Summe:

$$\sum (ua_{ik} + va_{ki})\, d_{ih}(u_r, v_r)\, d_{kh}(u_s, v_s) \cdot p_r p_s x'_r y'_s$$

mit:

$$\sum_k (uA_{n+k,\,n+k} + vA_{kk})\, p_k p_{n+k} x'_k y'_{n+k}\,.$$

Die Identität dieser beiden Summenausdrücke, in welchen die Coefficienten p ganz willkürlich bleiben, setzt die Reduction einer Form:

$$\sum a_{ik} x_i y_k$$

auf die Normalform mittelst der Substitution:

$$x_i = \sum_r d_{ih}(u_r, v_r) \cdot p_r x'_r$$

in Evidenz, und die Coefficienten c_{ik} werden hiernach in der allgemeinsten Weise durch die Gleichung:

$$c_{ik} = p_k \cdot d_{ih}(u_k, v_k)$$

bestimmt.

Der bilinearen Form mit den Coefficienten a_{ik} ist in gewisser Hinsicht eine andere *beigeordnet*, welche aus derselben durch die Substitution:

$$\varepsilon_k \xi_{n+k} = \sum_i a_{ik} x_i$$

entsteht. Sind nämlich die Grössen α, wie oben, durch die Gleichung

$$\sum_k a_{ik} \alpha_{kh} = \delta_{ih}$$

für alle Indices i, h bestimmt, so erhält man die Relation:

$$\sum a_{ik} x_i y_k = \sum \varepsilon_i \varepsilon_k \alpha_{n+k,\, n+i} \xi_i \eta_k$$

für die beiden einander beigeordneten Formen. Wenn die Coefficienten der Substitution, mittels deren die beigeordnete Form auf die Normalform gebracht wird, mit c' bezeichnet werden, so besteht zwischen den Coefficienten c und c' die Beziehung:

$$\varepsilon_h c'_{n+h,\, i} = w_i \sum_k a_{kh} c_{ki} ,$$

welche für die nunmehr wieder aufzunehmende Ermittelung der Grössen τ von Bedeutung ist.

Wenn eine bilineare Normalform, deren Coefficienten λ sämmtlich von einander verschieden sind, dadurch gleich Null werden soll, dass die je $2n$ Variabeln durch je n übereinstimmende Relationen mit einander verbunden werden, so kann dies nur in der einfachen Weise geschehen, dass die eine Hälfte der Variabeln selbst gleich Null gesetzt wird. Es kann hierfür stets die letzte Hälfte genommen werden, sobald man keinerlei Voraussetzung über die Anordnung der Variabeln macht. Hiernach bestimmen sich die Coefficienten τ in den Relationen:

$$x_{n+q} = \sum_r \tau_{qr} x_r, \qquad y_{n+q} = \sum_r \tau_{qr} y_r,$$

für welche

$$\sum a_{ik} x_i y_k = 0$$

werden soll, aus den Coefficienten c durch die Gleichungen:

$$c_{n+q,p} = \sum_r c_{rp} \tau_{qr}.$$

Für die Indices p, q, r sind hier überall nur die Zahlen $1, 2, \ldots n$ zu setzen. Die Variabeln der Normalform und also die zweiten Indices der Coefficienten c werden in einer derjenigen Anordnungen vorausgesetzt, für welche $|c_{rp}|$ nicht verschwindet. Alsdann lässt sich für die zu der beigeordneten Form gehörigen Coefficienten c' die Gleichung:

$$c'_{n+q,p} = \sum_r c'_{rp} \tau_{rq}$$

herleiten. Hiernach stehen irgend zwei einander beigeordnete Formen in der gegenseitigen Beziehung, dass, wenn die eine vermöge der Relationen:

$$x_{n+q} = \sum_r \tau_{qr} x_r, \qquad y_{n+q} = \sum_r \tau_{qr} y_r$$

verschwindet, die andere durch die transponirten Substitutionen:

$$x_{n+q} = \sum_r \tau_{rq} x_r, \qquad y_{n+q} = \sum_r \tau_{rq} y_r$$

auf Null reducirt wird. Wenn also die beigeordneten Formen abgesehen von einem constanten Factor einander gleich und demgemäss die Coefficienten c und c' mit einander identisch anzunehmen sind, so muss $\tau_{qr} = \tau_{rq}$ sein. Dies findet in der That statt, wenn $a_{ik} = \varepsilon_k m_{i,n+k}$ genommen wird, wodurch übrigens für die Bestimmung der Coefficienten c aus der obigen Gleichung zwischen c und c' die Relationen

$$c_{hi} = w_i \sum_k m_{kh} c_{ki}, \qquad |w_i m_{kh} - \delta_{kh}| = 0$$

hervorgehen, und man kann das Resultat folgendermassen aussprechen:

„Wenn die Zahlen m_{ik} die $4n^2$ Substitutionscoefficienten für die Transformation der Form:

$$\sum \varepsilon_k x_k y_{n+k}$$

in ein Vielfaches ihrer selbst bilden, so giebt es *symmetrische* Systeme von n^2 Grössen τ, für welche die Form:

$$\sum \varepsilon_k m_{i,n+k} x_i y_k$$

verschwindet, wenn darin:

$$x_{n+q} = \sum \tau_{qr} x_r, \qquad y_{n+q} = \sum \tau_{qr} y_r$$

gesetzt wird. Unter der Annahme, dass die Determinante

$$|u\varepsilon_k m_{i,n+k} + v\varepsilon_i m_{k,n+i}|$$

aus lauter verschiedenen Linearfactoren:

$$uv_k - vu_k$$

bestehe, lassen sich sämmtliche Systeme von Grössen τ rational aus den Grössen u_k, v_k bestimmen. Wenn nämlich eine Hälfte der

Werthe u_k, v_k irgendwie ausgewählt wird, jedoch so, dass nicht zwei um n verschiedene Indices k darunter vorkommen, und man bezeichnet die Unterdeterminanten der obigen Determinante mit $d_{ih}(u, v)$, so werden die zu einem und demselben Systeme gehörigen Grössen τ durch diejenigen Gleichungen gegeben, welche aus:

$$\sum_{r=1}^{r=n} d_{rh}(u_k, v_k) \cdot \tau_{qr} = d_{n+q, h}(u_k, v_k)$$

für die ausgewählten n Indices k und für $q = 1, 2, \ldots n$ entstehen."

Eine besonders bemerkenswerthe Beziehung zwischen den Grössen τ und den zugehörigen bilinearen Formen besteht darin, dass transformirten bilinearen Formen transformirte Grössen τ entsprechen, vorausgesetzt dass die Coefficienten der Transformation selbst ein System m_{ik} bilden. Wenn nämlich die Grössen τ' zu der Form

$$\sum \varepsilon_k m'_{i, n+k} x'_i y'_k$$

und die Grössen τ zu derjenigen Form gehören, welche aus jener durch die Substitution:

$$x'_i = \sum_h m_{hi} x_h, \qquad y'_i = \sum_h m_{hi} y_h$$

hervorgeht, so besteht zwischen den Grössen τ und τ' genau die im Anfang dieser Mittheilung angegebene Relation, welche die einen als transformirte der andern charakterisirt. Die arithmetische Theorie der Grössensysteme τ ist sonach auf die der bilinearen Formen $M(x, y)$ zurückzuführen, und diese bilden eine in sich abgeschlossene Gattung von Formen, welche bei Transformationen der bezeichneten Art nur in einander übergehen und welche, wenn die Coefficienten m symmetrisch sind, durch quadratische Formen jener besonderen Gattung ersetzt werden können, welche Herr *Hermite* für den Fall $n = 2$ zuerst aufgestellt und behandelt hat.[1])

---

[1]) *Ch. Hermite,* Sur la théorie de la transformation des fonctions abéliennes. Comptes rendus de l'Académie des Sciences, tome XL année 1855. H.

Es muss hervorgehoben werden, dass nicht alle Werthe der Grössen τ, welche auf die angegebene Weise resultiren, die für die Convergenz der Θ-Reihen nothwendigen Bedingungen erfüllen. Ferner ist zu bemerken, dass, wenn die Gleichung:

$$|z a_{ik} - a_{ki}| = 0$$

gleiche Wurzeln enthält, die Grössen τ theilweise unbestimmt bleiben, d. h. es existiren in diesem Falle gewisse Functionen von einer oder mehreren Variabeln, die für τ_{ik} gesetzt der Aufgabe genügen. Ich will indessen auf diese eine genauere Untersuchung erfordernden Punkte nicht näher eingehen, sondern nur noch gewisse Eigenschaften der Zahlen m hervorheben, welche für die hier berührten Fragen von Bedeutung sind.

Die Gleichungen, denen das System der Zahlen m genügt, bleiben auch bei der Zusammensetzung solcher Systeme bestehen. Dies geht unmittelbar daraus hervor, dass die Zahlen m die Coefficienten der Substitution für die Transformation einer gewissen Form in ein Vielfaches derselben bilden. Auf dergleichen Substitutions-Systeme, deren Eigenschaften bei der Zusammensetzung erhalten bleiben, habe ich bereits vor längerer Zeit bei Gelegenheit anderer algebraischer Untersuchungen meine Aufmerksamkeit gerichtet und von denselben namentlich zur Bildung von Affectfunctionen Gebrauch gemacht. Um solche Systeme herzustellen, bedarf es nur der Auffindung von Formen, welche unendlich viele Transformationen in sich selbst zulassen, und wenn bereits derartige Formen bekannt sind, so kann man daraus neue ableiten, indem man Formen, die sowohl in sich selbst als in einander transformirbar sind, zu einander addirt. In dem oben angegebenen Falle sind es z. B. die n in sich selbst transformirbaren Formen: $x_k y_{n+k} - x_{n+k} y_k$, deren Summe eine neue Form bildet, welche Transformationen in sich selbst gestattet, und man sieht leicht, in welcher Weise sich namentlich die Verallgemeinerung für Determinanten höherer Ordnung gestaltet. Nach diesen Andeutungen über allgemeinere Systeme bemerke ich zuvörderst in Bezug auf dasjenige, durch welches die Form:

$$\sum \varepsilon_k x_k y_{n+k}$$

in sich selbst übergeht, dass dessen Elemente m_{ik} sich rational durch $n(2n+1)$ von einander unabhängige, ein symmetrisches System bildende Grössen v_{ik} ausdrücken lassen. Bringt man nämlich die Elemente des dem Systeme $(m_{ik}+\delta_{ik})$ entgegengesetzten Systems auf die Form:

$$\frac{1}{2}(\varepsilon_k v_{i,n+k}+\delta_{ik}),$$

so sind die Grössen m und v offenbar durch einander rational ausdrückbar, und es bestehen vermöge der Eigenschaften des Systems m für die Grössen v die Relationen: $v_{ik}=v_{ki}$. Durch diese Zurückführung der Systeme m auf symmetrische Systeme v wird indessen nur die Auffindung aller *rationalen*, nicht aber die aller *ganzzahligen* Elemente einer Transformation der Form $\sum \varepsilon_k x_k y_{n+k}$ in sich selbst ermöglicht. Hierzu dient vielmehr ein Princip der Reduction von gegebenen Substitutions-Systemen auf „elementare", welches auch auf die allgemeineren vorhin charakterisirten Systeme anwendbar ist.

Wenn man auf eine Substitution zweiter Ordnung mit ganzzahligen und vorläufig positiv anzunehmenden Coefficienten:

$$y_1 = ax_1 + bx_2\,, \qquad y_2 = cx_1 + dx_2$$

successive und abwechselnd die weiteren Substitutionen:

$$x_1 = x_2'\,, \qquad x_2 = -x_1'$$
$$x_1 = x_1' - px_2'\,, \qquad x_2 = x_2'$$

anwendet, und hierbei für die Zahlen p die Theilnenner nimmt, welche bei der Entwickelung von $\frac{b}{a}$ in einen Kettenbruch mit den Zählern -1 auftreten, so reducirt sich hierdurch schliesslich in der Reihe der neuen Coefficienten b einer auf Null. Ist

$$ad - bc = 1\,,$$

so werden hiernach die zugehörigen Coefficienten a und d gleich Eins, und eine Folge von drei ferneren Transformationen der obigen Art bringt auch den Coefficienten c auf Null. Da überdies eine Folge von Substitutionen der ersten Art jede zulässige Zeichenänderung der Coefficienten bewirkt und die der zweiten Art offenbar aus solchen zusammengesetzt werden können, in denen $p = 1$ ist, so ergiebt sich, dass *jedes* ganzzahlige Substitutionssystem zweiter Ordnung mit der Determinante 1 aus den beiden elementaren Systemen:

$$\begin{matrix} 0, & -1 \\ 1, & 0 \end{matrix} \quad \text{und} \quad \begin{matrix} 1, & 1 \\ 0, & 1 \end{matrix}$$

zusammengesetzt werden kann. Die Zusammensetzung von Systemen ist dabei stets in der Weise zu nehmen, wie sich dieselbe durch successive Transformation der Variabeln ergiebt, so dass ein aus der Aufeinanderfolge von Systemen a_{ik} und b_{ik} entstehendes System c_{ik} durch die Gleichung:

$$c_{ik} = \sum_h a_{ih} b_{hk}$$

bestimmt wird. — Da der angegebene, mit dem Kettenbruchsverfahren übereinstimmende Process der allmäligen Verkleinerung zweier ganzzahliger Elemente einer Horizontalreihe ohne Weiteres auf ein beliebiges ganzzahliges Substitutionssystem n^{ter} Ordnung angewendet werden kann, so sieht man, dass auf diese Weise zuvörderst nach einander die zur Rechten der Hauptdiagonale stehenden Glieder der ersten, zweiten, dritten etc. Horizontalreihe und, falls die Determinante gleich Eins ist, alsdann auch die auf der linken Seite befindlichen Glieder auf Null reducirt werden können. Die Zahl der hierzu nur erforderlichen elementaren Systeme ist genau gleich n, und zwar kann man dazu diejenigen wählen, welche durch die folgenden Transformationen der Variabeln bezeichnet sind:

1). $$x_1 = -x'_k, \quad x_k = x'_1, \qquad \text{und wenn} \quad i \gtrless k: \quad x_i = x'_i,$$

wo nach einander $k = 2, 3, \ldots n$ zu setzen ist;

2). $$x_1 = x'_1 + x'_2, \qquad \text{und wenn} \quad i > 1: \quad x_i = x'_i.$$

Jedes ganzzahlige Substitutionssystem n^{ter} Ordnung mit der Determinante Eins kann also als eine Aufeinanderfolge der angegebenen n elementaren Systeme betrachtet werden, und diese Zerlegung beliebiger Systeme in elementare, welche übrigens in gewisser Hinsicht eine bestimmte ist, hat auch für die arithmetische Theorie der Formen ihre besondere Bedeutung.

Um nunmehr zu der analogen Zerlegung der obigen Substitutionssysteme m in elementare überzugehen, bemerke ich zuvörderst, dass jede Transformation einer Summe von Formen: $x_k y_{n+k} - x_{n+k} y_k$ in sich selbst aus denjenigen sich zusammensetzen lassen muss, welche eine dieser Formen in sich selbst, und aus denjenigen, welche sie in eine der übrigen verwandelt. Demgemäss ergeben sich mit Rücksicht auf obige Ausführungen zwei elementare Transformationen der ersteren und n der letzteren Art, nämlich:

$$\text{I.}\quad 1)\quad x_1 = -x'_{n+1}, \quad x_{n+1} = x'_1;$$

$$2)\quad x_1 = x'_1 + x'_{n+1}.$$

$$\text{II.}\quad 1)\quad x_1 = x'_k, \quad x_{n+1} = x'_{n+k}, \quad x_k = x'_1, \quad x_{n+k} = x'_{n+1},$$

wo nach einander $2, 3, \ldots n$ für k zu setzen ist;

$$2)\quad x_1 = x'_1 + x'_{n+2}, \quad x_2 = x'_2 + x'_{n+1}.$$

Hierbei sind der Einfachheit wegen überall diejenigen x weggelassen worden, welche den entsprechenden x' gleich zu setzen sind. — Es lässt sich nun in der That jede beliebige ganzzahlige Transformation der Form $\sum \varepsilon_k x_k y_{n+k}$ in sich selbst in eine Folge der angegebenen $(n+2)$ elementaren Transformationen zerlegen, und die zu dieser Zerlegung erforderliche Reduction eines beliebigen ganzzahligen Systems m mit der Determinante Eins kann in folgender Weise bewirkt werden:

Erstens sind mit Hülfe der elementaren Substitutionen nach der oben angegebenen Methode diejenigen Glieder $m_{r,s}$ zu vernichten, in welchen $s > r$ ist, sowie diejenigen Glieder $m_{r,n+s}$, in welchen $s \geqq r$ ist, wobei die Indices r und s stets nicht grösser als n zu nehmen sind. Alsdann sind vermöge der Eigenschaften der Zahlen m nothwendig sämmtliche Glieder $m_{r,n+s}$ gleich Null, und also die Zahlen m_{rr} sämmtlich gleich Eins. — *Zweitens* sind hierauf die Glieder $m_{r,s}$, für welche $r > s$ ist, auf Null zu reduciren, und es verschwinden in Folge dessen von selbst die Glieder $m_{n+r,\, n+s}$, für welche r und s verschieden sind, während die Zahlen $m_{n+r,\, n+r} = 1$ werden. — *Drittens* sind endlich nunmehr auch die noch übrigen Glieder $m_{n+r,\, s}$ mit Hülfe der elementaren Substitutionen zu vernichten, so dass nur die Zahlen $m_{k,k}$, welche sämmtlich gleich Eins sind, übrig bleiben.

Wenn die Determinante der Zahlen m_{ik} von Eins verschieden ist, so treten bei der angegebenen Reduction mittelst elementarer Systeme in den Diagonalgliedern — statt der Zahl Eins — Theiler der Determinante auf, und es lassen sich hiernach nicht mehr sämmtliche ausserhalb der Diagonale stehenden Glieder auf Null reduciren. Aber man erhält durch dieses Verfahren die sämmtlichen nicht äquivalenten Substitutionssysteme irgend einer von Eins verschiedenen Determinante, und die bezüglichen Resultate sind als Verallgemeinerungen derjenigen anzusehen, welche Herr *Hermite* in seiner Abhandlung über die Transformation der *Abel*'schen Functionen[1]) für den Fall $n = 2$ gegeben hat.

Ich habe den vorstehenden Ausführungen die Bemerkung hinzuzufügen, dass mir vor dem Abdruck des obigen Auszugs aus meiner am 15. October gehaltenen Vorlesung, nämlich am 31. desselben Monats, das inzwischen erschienene Werk von *Clebsch* und *Gordan* über *Abel*'sche Functionen auf gütige Veranlassung der Herren Verfasser zugekommen ist. Die Entwickelungen im § 86 dieses Werkes, wo die Aufgabe alle ganzzahligen Systeme m aufzufinden behandelt wird, sind den meinigen analog, wenn auch nicht bis zu denselben einfachsten Resultaten durchgeführt; sie stützen sich aber ebenfalls wesentlich auf das oben dargelegte Princip der Reduction beliebiger Substitutionssysteme auf elementare, und es wird dabei die Idee einer solchen Reduction als mir angehörig in einer Note bezeichnet, deren etwas unbestimmte Fassung mich zu einer Darlegung des Sachverhältnisses veranlasst. In der That habe ich

[1]) *Ch. Hermite,* Sur la théorie de la transformation des fonctions abéliennes. Comptes rendus de l'Académie des Sciences, tome XL année 1855. H.

bereits vor acht Jahren das Problem, die sämmtlichen ganzzahligen Systeme m darzustellen, durch die obige Methode gelöst und eine vollständige schriftliche Auseinandersetzung derselben im Februar 1859 meinem Freunde *Weierstrass* übergeben, welcher sie bei einer damaligen Bearbeitung seiner Theorie der allgemeinen *Abel*'schen Functionen benutzen wollte. Die Methode ist überdies durch private Mittheilungen so wie durch meine an der Universität gehaltenen Vorlesungen seit Jahren mehrfach bekannt geworden. Indessen könnte jene Note in dem Werke von *Clebsch* und *Gordan* sich auch auf unmittelbare mündliche Mittheilungen beziehen, welche ich über die Reduction der Systeme und deren Anwendung auf die Transformation *Abel*'scher Functionen Herrn *Gordan* bei seiner vorjährigen Anwesenheit in Berlin gemacht habe.

ÜBER SCHAAREN QUADRATISCHER FORMEN.

[Gelesen in der Akademie der Wissenschaften am 18. Mai 1868.] [1])

Die Ausführungen des Hrn. *Weierstrass* geben mir Anlass zur Mittheilung einer sehr einfachen Behandlungsweise derjenigen Fälle, in welchen sich zwei quadratische Formen in eine Summe von Quadraten simultan transformiren lassen. Ich benutze dabei nur einige der bekanntesten Eigenschaften der quadratischen Formen, welche ich der Uebersichtlichkeit wegen hier zusammenstellen will:

1. Wenn eine quadratische Form von n Variabeln mit reellen Coefficienten den Werth Null erhalten kann, indem die n Variabeln durch höchstens $(n-1)$ lineare homogene Relationen mit reellen Coefficienten unter einander verbunden werden, so ist diese Form entweder eine „unbestimmte Form“ (*forma indefinita*), oder es verschwindet die Determinante derselben.

2. Wenn der Coefficient von x_n^2 in der quadratischen Form

$$F(x_1, x_2, \dots x_n)$$

nicht gleich Null ist, so lässt sich von der Form F das Quadrat einer linearen Function der Variabeln x absondern, so dass nur eine quadratische Form von $x_1, x_2, \dots x_{n-1}$ übrig bleibt; je nach den beiden Fällen lässt sich daher F auf eine der beiden Formen:

---

[1]) Diese Arbeit schliesst sich an die Abhandlung von *C. Weierstrass* „Zur Theorie der bilinearen und quadratischen Formen“ an (Monatsberichte der Königl. Preuss. Akademie der Wissenschaften, Jahrg. 1868, S. 310—338). Sie beginnt im Original mit den Worten: Herr *Kronecker* knüpfte an den vorstehenden Vortrag folgende Bemerkungen an: . H.

$$\pm x_n'^2 + F' \qquad \text{oder} \qquad x_n' x_{n-1}' + F'$$

bringen, in denen x_n' eine lineare Function von $x_1, x_2, \ldots x_n$, aber x_{n-1}' eine lineare Function von $x_1, x_2, \ldots x_{n-1}$, und F' eine quadratische Form derselben $(n-1)$ Variabeln bedeutet. Die Coefficienten aller dieser linearen und quadratischen Functionen der Variabeln x sind reell, wenn die Coefficienten von F reell sind.

3. Jede quadratische Form von n Variabeln lässt sich als eine Summe von Quadraten linearer Functionen derselben darstellen, deren Anzahl nicht grösser als n ist.

4. Eine quadratische Form: $F(x_1, x_2, \ldots x_n)$, deren Determinante gleich Null ist, lässt sich als quadratische Form von höchstens $(n-1)$ linearen Functionen der Variabeln x darstellen; denn wenn zwischen den n Ableitungen von F eine lineare Gleichung:

$$c_1 F_1 + c_2 F_2 + \cdots + c_{n-1} F_{n-1} = F_n$$

besteht, so ist identisch:

$$F(x_1, x_2, \ldots x_n) = F(x_1 + c_1 x_n, \ldots, x_{n-1} + c_{n-1} x_n, 0).$$

Wenn nun $\varphi(x_1, x_2, \ldots x_n)$ und $\psi(x_1, x_2, \ldots x_n)$ quadratische Formen mit reellen Coefficienten bedeuten, so bilden die Formen:

$$u\varphi + v\psi$$

für alle verschiedenen reellen Werthe des Verhältnisses: $\frac{u}{v}$ — um einen der Geometrie entlehnten Ausdruck zu gebrauchen — eine *Schaar* von quadratischen Formen. Solcher Schaaren giebt es zwei wesentlich verschiedene Arten. Die *erste* Art enthält „bestimmte Formen“ *(formae definitae)* von n Variabeln, deren Determinante von Null verschieden ist: die *zweite* Art enthält derartige Formen nicht. — Es kann offenbar unbeschadet der Allgemeinheit angenommen werden, dass nicht eine und dieselbe lineare Relation zwischen den n Ableitungen beider Formen φ und ψ besteht, dass also die n Ableitungen von

$(u\varphi + v\psi)$ nicht durch eine lineare Gleichung mit constanten, d. h. auch von u und v unabhängigen, Coefficienten mit einander verbunden sind; dagegen soll der Fall nicht ausgeschlossen werden, in welchem für die n Ableitungen von $(u\varphi + v\psi)$ eine lineare Gleichung existirt, deren Coefficienten von dem variabeln Verhältnisse: $\frac{u}{v}$ abhängig sind. Dieser besondere und bisher noch nicht beachtete Fall, in welchem die Determinante von $(u\varphi + v\psi)$ identisch Null wird und also die Determinante jeder Form der Schaar verschwindet, soll nachher im zweiten Theile der vorliegenden Notiz eingehend behandelt werden.

I.

Aus den beiden letzten der oben in Erinnerung gebrachten Eigenschaften quadratischer Formen ergiebt sich, dass, wenn die Determinante von $(u\varphi + v\psi)$ für einen complexen Werth des Verhältnisses: $\frac{u}{v}$ verschwindet, die betreffende Form als eine Summe von $(n-1)$ Quadraten:

$$(y_1 + iz_1)^2 + (y_2 + iz_2)^2 + \cdots + (y_{n-1} + iz_{n-1})^2$$

dargestellt werden kann, in denen $y_1, z_1, y_2, z_2, \ldots y_{n-1}, z_{n-1}$ lineare Functionen von $x_1, x_2, \ldots x_n$ mit reellen Coefficienten sind. Sämmtliche Formen der Schaar sind hiernach in dem auf die Werthe $k = 1, 2, \ldots (n-1)$ bezüglichen Summen-Ausdrucke:

$$\sum (uy_k^2 + 2vy_kz_k - uz_k^2)$$

enthalten, welcher — wenn man der Kürze halber die Bezeichnung: $\frac{v'}{u'}$ für den Quotienten: $\frac{v + \sqrt{u^2 + v^2}}{u}$ einführt — durch den Ausdruck:

$$\sum (u'y_k + v'z_k)(v'y_k - u'z_k)$$

ersetzt werden kann. Hierdurch tritt es in Evidenz, dass jede Form der Schaar, deren Determinante nicht verschwindet, eine „*forma indefinita*“ ist, wie aus der oben an erster Stelle angeführten Eigenschaft der quadratischen Formen hervorgeht; und man erhält also das Resultat:

„Wenn die Determinante von $(u\varphi + v\psi)$ einen complexen Linearfactor hat, so ist die Schaar von der zweiten Art; für Schaaren der ersten Art besteht demnach die bezeichnete Determinante aus lauter reellen Linearfactoren."

Anstatt der beiden Grundformen φ und ψ, deren lineare Verbindung die Schaar constituirt, können irgend zwei beliebige Formen der Schaar als Grundformen derselben gewählt werden. Sobald also für irgend eine Form der Schaar die Determinante gleich Null ist, d. h. sobald die Determinante von $(u\varphi + v\psi)$ irgend einen reellen Linearfactor hat, kann man als eine der beiden Grundformen eine solche wählen, welche sich als quadratische Form von höchstens $(n-1)$ linearen Functionen der Variabeln x darstellen lässt. Bezeichnet man die linearen Functionen mit:

$$x'_1,\ x'_2,\ \ldots,\ x'_m,$$

die Form selbst mit φ', und wählt weiter $(n-m)$ lineare Functionen:

$$x'_{m+1},\ \ldots,\ x'_n$$

beliebig, aber so, dass die Determinante der n linearen Functionen x' nicht verschwindet, so kann mit Benutzung der zweiten von den oben angeführten Eigenschaften homogener quadratischer Functionen die Schaar $(u\varphi + v\psi)$ auf eine der beiden Formen gebracht werden:

$$u'\varphi' + v'\psi' + v'x'^2_n \qquad \text{oder} \qquad u'\varphi' + v'\psi' + v'x'_{n-1}x'_n,$$

in denen x'_1, x'_2, ... x'_n homogene lineare Functionen der Variabeln x, und φ', ψ' homogene quadratische Functionen von x'_1, x'_2, ... x'_{n-1} mit reellen Coefficienten bedeuten. Die Determinante des letzteren dieser beiden Ausdrücke enthält den Factor v' zweimal, und die durch diesen Ausdruck dargestellte Schaar ist von der zweiten Art, da jede Form derselben verschwindet, wenn x'_1, x'_2, ... x'_{n-1} gleich Null gesetzt werden. Für Schaaren der ersten Art so wie für solche Schaaren der zweiten Art, deren Determinante keine gleichen Linearfactoren enthält, kann also nur der erstere dieser beiden Ausdrücke gelten, d. h. unter beiden Voraussetzungen lässt sich die Schaar $(u\varphi + v\psi)$ auf die Gestalt: $u'\varphi' + v'\psi' + v'x_n'^2$ bringen, so dass:

$$u\varphi + v\psi = u\varphi'' + v\psi'' + (uv_n - vu_n)x_n'^2$$

wird, wenn man unter φ'' und ψ'' lineare Verbindungen von φ' und ψ', also ebenfalls quadratische Formen von: $x_1', x_2', \ldots x_{n-1}'$ und unter u_n, v_n gewisse reelle Constanten versteht. Wenn aber eine der angegebenen Voraussetzungen für die Schaar $(u\varphi + v\psi)$ gilt, so gilt dieselbe auch für die Schaar $(u\varphi'' + v\psi'')$. Da nämlich dieselben Werthe von $x_1', x_2', \ldots x_{n-1}'$, für welche etwa eine Form $(u\varphi'' + v\psi'')$ gleich Null wird, unter Hinzunahme von: $x_n' = 0$ genügen, um die Form $(u\varphi + v\psi)$ zum Verschwinden zu bringen, so muss $(u\varphi'' + v\psi'')$ eine Schaar der ersten Art sein, wenn $(u\varphi + v\psi)$ eine solche ist. Ferner kann auch die Determinante von $(u\varphi'' + v\psi'')$ keinen Factor mehrfach enthalten, sobald dies für die Determinante von $(u\varphi + v\psi)$ nicht der Fall ist, da beide Determinanten sich nur durch den Linearfactor: $(uv_n - vu_n)$ von einander unterscheiden. Hiernach lässt sich unter jeder von beiden obigen Voraussetzungen das auf die Schaar $(u\varphi + v\psi)$ angewendete Verfahren auch für die Schaar $(u\varphi'' + v\psi'')$ benutzen, und man gelangt somit durch wiederholte Anwendung desselben Verfahrens zu einer Darstellung der Schaar durch eine Summe von Quadraten d. h. zu einer Gleichung:

$$u\varphi + v\psi = (uv_1 - vu_1)z_1^2 + (uv_2 - vu_2)z_2^2 + \cdots + (uv_n - vu_n)z_n^2,$$

in welcher $z_1, z_2, \ldots z_n$ homogene lineare reelle Functionen der Variabeln x bedeuten. Eine solche Darstellung ist also einerseits stets für solche Schaaren der zweiten Art zulässig, bei denen die Determinante von $(u\varphi + v\psi)$ aus lauter verschiedenen reellen Linearfactoren besteht, andererseits aber auch für *alle* Schaaren der ersten Art; und es ist wohl zu beachten, dass für diese Schaaren die angegebene Reduction auf eine Summe von Quadraten keinerlei Voraussetzung über die Ungleichheit der Linearfactoren der Determinante nöthig macht.

Aus den vorstehenden Entwickelungen kann man für beide Arten von Schaaren leicht Ausdrücke herleiten, welche die der Definition nach ihnen zukommende Eigenschaft in Evidenz treten lassen. So braucht man in dem für alle Schaaren der ersten Art geltenden Ausdrucke:

$$(uv_1 - vu_1)z_1^2 + (uv_2 - vu_2)z_2^2 + \cdots + (uv_n - vu_n)z_n^2$$

unter $u_1, v_1, u_2, v_2, \ldots u_n, v_n$ nur *positive* reelle Grössen zu verstehen, da man es durch geeignete Wahl der Grundformen φ, ψ stets bewirken kann, dass die Grössen u_k, v_k die angegebene Eigenschaft erhalten. Hieraus geht hervor, dass Schaaren der ersten Art stets *unendlich viele* „bestimmte Formen" enthalten. Ebenso unmittelbar lassen sich aus jenem Ausdrucke der Schaaren erster Art alle anderen bekannten Eigenschaften derselben ableiten, namentlich das Vorkommen jedes in der Determinante mehrfach enthaltenen Linearfactors in den Unterdeterminanten.

Zu den Schaaren der zweiten Art gehören jene besonderen, schon oben erwähnten Schaaren $(u\varphi + v\psi)$, deren Determinante identisch verschwindet, und für welche nunmehr der allgemeine Ausdruck hergeleitet werden soll.

II.

Wenn man den negativen Werth des Verhältnisses: $\frac{v}{u}$ mit w bezeichnet und

$$\varphi - w\psi = f$$

setzt, so ist f eine quadratische Form von $x_1, x_2, \ldots x_n$, deren Coefficienten lineare Functionen von w sind. Soll die Determinante von f für beliebige Werthe von w verschwinden, so muss zwischen den n Ableitungen von f mindestens *eine* lineare homogene Relation bestehen, deren Coefficienten ganze Functionen von w sind. Eine solche Relation, welche in Bezug auf w vom möglichst niedrigen Grade ist, sei nach Potenzen von w geordnet:

$$f_0' + f_1' w + f_2' w^2 + \cdots + f_m' w^m = 0,$$

wobei $f_0', f_1', \ldots f_m'$ lineare homogene Functionen der n Ableitungen von f

bedeuten. Die $(m+1)$ Functionen f' können durch keine lineare Relation mit constanten, d. h. auch von w unabhängigen Coefficienten unter einander verbunden sein, da, wenn dies der Fall wäre, schon zwischen m Functionen f' eine lineare homogene Gleichung existiren müsste, deren m Coefficienten alsdann höchstens vom $(m-1)^{\text{sten}}$ Grade in Bezug auf w sein würden. Denn, denkt man sich die nach den n Variabeln x genommenen Differentialquotienten jener m Functionen f' in n Horizontalreihen von je m Elementen geordnet, so müssten bei der gemachten Annahme sämmtliche daraus zu bildende Determinanten m^{ter} Ordnung verschwinden; jene m Coefficienten aber würden Unterdeterminanten $(m-1)^{\text{ster}}$ oder noch niedrigerer Ordnung proportional, also in der That höchstens vom Grade $(m-1)$ in Beziehung auf w sein, da die Elemente dieser Unterdeterminanten die Variable w nur linear enthalten. Die hiermit bewiesene Unabhängigkeit der $(m+1)$ Functionen f' gestattet die Variabeln: $x_1, x_2, \dots x_n$ linear so in $x'_0, x'_1, \dots x'_{n-1}$ zu transformiren, dass $f'_0, f'_1, \dots f'_m$ die resp. nach $x'_0, x'_1, \dots x'_m$ genommenen partiellen Differentialquotienten der transformirten Form von f werden. Diese transformirte Form sei f' und:

$$f'(x'_0, x'_1, \dots x'_{n-1}) = \varphi'(x'_0, x'_1, \dots x'_{n-1}) - w\psi'(x'_0, x'_1, \dots x'_{n-1}),$$

ferner für jeden Index h:

$$\varphi'_h = \frac{\partial \varphi'}{\partial x'_h}, \qquad \psi'_h = \frac{\partial \psi'}{\partial x'_h}$$

und also:

$$(\varphi'_0 - w\psi'_0) + (\varphi'_1 - w\psi'_1)w + (\varphi'_2 - w\psi'_2)w^2 + \cdots + (\varphi'_m - w\psi'_m)w^m = 0.$$

Aus dieser Gleichung folgen für die ersten Differentialquotienten von φ' und ψ' die Relationen:

$$\varphi'_0 = 0, \quad \psi'_m = 0 \qquad \text{und, wenn} \qquad 0 < k \leqq m \quad \text{ist}, \quad \varphi'_k = \psi'_{k-1};$$

also für die zweiten Differentialquotienten:

$$\varphi'_{0,h} = 0, \qquad \psi'_{m,h} = 0, \qquad \varphi'_{k,h} = \psi'_{k-1,h}$$

für jeden Index h. Da hiernach für jeden Index k innerhalb der angegebenen Grenzen:

$$\psi'_{m,k-1} = \psi'_{k-1,m} = \varphi'_{k,m} = 0,$$

und, wenn auch der Index h auf dieselben Grenzen beschränkt bleibt,

$$\varphi'_{k,h-1} = \psi'_{k-1,h-1} = \psi'_{h-1,k-1} = \varphi'_{h,k-1}$$

wird, so folgt unmittelbar, dass, wenn beide Indices h und k nicht grösser als m sind, stets $\varphi'_{k,h} = 0$ sein muss. Die Functionen: $\varphi'_1, \varphi'_2, \ldots \varphi'_m$ dürfen demnach nur lineare Functionen von: $x'_{m+1}, \ldots, x'_{n-1}$ sein, und wenn man noch die Gleichungen:

$$\varphi'_0 = 0, \quad \psi'_m = 0, \quad \varphi'_k = \psi'_{k-1}$$

berücksichtigt, so erhält man schliesslich für diejenigen Schaaren, welche nur Formen mit verschwindenden Determinanten enthalten, den allgemeinen Ausdruck:

$$(ux'_1 + vx'_0)\varphi'_1 + (ux'_2 + vx'_1)\varphi'_2 + \cdots + (ux'_m + vx'_{m-1})\varphi'_m + u\Phi + v\Psi,$$

in welchem $x'_0, x'_1, \ldots x'_{n-1}$ lineare Functionen von $x_1, x_2, \ldots x_n$, ferner Φ und Ψ quadratische Formen von: $x'_{m+1}, \ldots, x'_{n-1}$ und endlich $\varphi'_1, \varphi'_2, \ldots \varphi'_m$ homogene lineare Functionen derselben $(n - m - 1)$ Variabeln bedeuten.

In dem angegebenen Ausdrucke sind $\varphi'_1, \varphi'_2, \ldots \varphi'_m$ als lineare Functionen der Variabeln x vollkommen bestimmt durch die Gleichung, welche zwischen den n Ableitungen der Form f d. h. also der Form $(\varphi - w\psi)$ vorausgesetzt worden ist. Denn wenn diese Gleichung nach Potenzen von w geordnet wird, so ergeben die verschiedenen Coefficienten: $f'_0, f'_1, \ldots f'_m$ unmittelbar jene linearen Functionen φ' durch die Relation:

$$f'_0 + f'_1 w + f'_2 w^2 + \cdots + f'_{k-1} w^{k-1} + \varphi'_k w^k = 0$$

für $k = 1, 2, \ldots m$. Aber die linearen Functionen x' enthalten insofern eine gewisse Willkürlichkeit, als diejenigen $(n-m-1)$, deren Index grösser als m ist, durch beliebige lineare Functionen derselben ersetzt und ebensolche Functionen denjenigen x' hinzugefügt werden können, deren Index nicht grösser als m ist. Man erhält auf diese Weise:

$$(n-m-1)^2+(m+1)(n-m-1)=n(n-m-1)$$

willkürliche Constanten. Eben dieselbe Anzahl willkürlicher Constanten ergiebt sich aus der Bestimmung der linearen Functionen x', welche zu der Herleitung des obigen allgemeinen Ausdruckes geführt hat. Denn nach jener Bestimmung mussten, wenn die Beziehung zwischen den Variabeln x und x' durch die Gleichung:

$$x_k=\sum_{h=0}^{h=n-1} c_{hk}x'_h$$

für $k=1, 2, \ldots n$ ausgedrückt wird, diejenigen Substitutionscoefficienten c, deren vorderer Index h nicht grösser als m ist, aus der Relation:

$$f'_h=\sum_{k=1}^{k=n} c_{hk}f_k$$

für $h=0, 1, \ldots m$ entnommen werden, während die übrigen $n(n-m-1)$ Substitutionscoefficienten c beliebig zu wählen und nur der einzigen Beschränkung unterworfen sind, dass die Determinante der n^2 Coefficienten c nicht verschwinden darf.

Da keine lineare Relation zwischen den m ersten Functionen f' besteht, so müssen auch die hierdurch ausdrückbaren m Functionen φ' von einander unabhängig sein. Man kann deshalb die m Functionen: $x'_{m+1}, x'_{m+2}, \ldots x'_{2m}$ so gewählt annehmen, dass sie mit den m Functionen φ' übereinstimmen. Alsdann lässt sich der diese m Variabeln x' enthaltende Theil der quadratischen Formen Φ und Ψ in dem obigen allgemeinen Ausdrucke mit den ersten m Termen desselben vereinigen. Demnach sind die hier behandelten Schaaren, welche nur Formen mit verschwindenden Determinanten enthalten, vollständig dadurch zu charakterisiren, dass jede ihrer Formen in folgender Weise dargestellt werden kann:

$$\mathfrak{f}_1 x'_{m+1} + \mathfrak{f}_2 x'_{m+2} + \cdots + \mathfrak{f}_m x'_{2m} + \mathfrak{F},$$

wo $\mathfrak{F}$ eine quadratische Form der letzten $(n-2m-1)$ Variabeln x' bedeutet und unter $\mathfrak{f}_1, \mathfrak{f}_2, \ldots \mathfrak{f}_m$ irgend welche lineare homogene Functionen der sämmtlichen n Variabeln x' zu verstehen sind.

ÜBER SYSTEME VON FUNCTIONEN MEHRER VARIABELN.

[Gelesen in der Akademie der Wissenschaften am 4. März 1869.] [1])

I.

Es seien

$$F_0, F_1, F_2, \ldots F_n$$

eindeutige reelle Functionen der n reellen unbeschränkt veränderlichen Grössen

$$z_1, z_2, \ldots z_n$$

und zwar solche, die sowohl eine $n$fach unendliche Anzahl positiver als negativer Werthe annehmen. Ueberdies werden die Functionen F als im Allgemeinen stetig und nach den einzelnen Variabeln differentiirbar vorausgesetzt und es soll endlich angenommen werden, dass keine der $(n+1)$ Functionaldeterminanten gleichzeitig mit den betreffenden Functionen für unendlich viele Werthsysteme z verschwindet. Um diese $(n+1)$ Functionaldeterminanten auch ihrem Vorzeichen nach zu fixiren, stelle ich den aus den n partiellen Ableitungen gebildeten n Verticalreihen eine voran, deren $(n+1)$ Elemente resp. mit

$$F_{00}, F_{10}, \ldots F_{n0}$$

bezeichnet werden mögen, und bilde aus den auf diese Weise resultirenden

---

[1]) Im Originale wird diese Arbeit durch die folgenden Worte eingeleitet:

Herr *Kronecker* las eine Abhandlung *„über Systeme von Functionen mehrer Variabeln"*. Von den darin enthaltenen Resultaten sollen die hauptsächlichsten hier in kurzem Auszuge mitgetheilt und auch über die dabei benutzten Methoden einige Andeutungen gegeben werden. H.

und nach der Folge der Indices zu ordnenden $(n+1)^2$ Elementen die Determinante. Alsdann ist der nach F_{k0} genommene partielle Differentialquotient dieser Determinante die auch dem Vorzeichen nach bestimmte Functionaldeterminante der n Functionen:

$$F_0, F_1, \ldots F_{k-1}, F_{k+1}, \ldots F_n,$$

welche mit Δ_k bezeichnet werden soll.

Wenn man irgend welche $(n-1)$ der Functionen F gleich Null setzt, so wird hierdurch die Veränderlichkeit der Variabeln z auf eine einfache Unendlichkeit oder Mannigfaltigkeit eingeschränkt. Die derselben angehörigen Werthsysteme der n Grössen z bilden eine stetige Folge, und man kann jene Werthsysteme füglich als „Punkte“ und deren stetige Folge als „Linie“ bezeichnen. Um an einem beliebigen Punkte der Linie:

$$F_i = 0, \quad \text{für } i \text{ alle Indices mit Ausnahme zweier } (h \text{ und } k) \text{ gesetzt,}$$

den Sinn des Fortgangs in derselben zu fixiren, setze ich entweder an die Stelle von F_h oder an die von F_k irgend eine eindeutige Function Φ und bestimme den Fortgang so, dass an der betrachteten Stelle $d\Phi$ dasselbe Vorzeichen erhält, welches die aus den $(n-1)$ Functionen F_i unter Hinzunahme von Φ gebildete Functionaldeterminante in dem bezeichneten Punkte hat. Nach dieser Bestimmung ist der Sinn des Fortgangs verschieden, je nachdem Φ an die Stelle von F_h oder an die von F_k getreten ist, und es soll demgemäss die Linie selbst mit $[hk]$ oder mit $[kh]$ bezeichnet werden; aber der Sinn des Fortgangs ist in allen Punkten der Linie, welche nicht Doppelpunkte sind, genau fixirt und übrigens von der Wahl der Function Φ unabhängig. Da bis zu beliebiger Nähe der Doppelpunkte der Sinn des Fortgangs noch festzustellen ist, so schliesst auch das Vorkommen von Doppelpunkten die Anwendbarkeit jener Bestimmung nicht aus. Das hier auseinandergesetzte „Fortgangsprincip“ bildet die eigentliche Grundlage meiner Untersuchungen über Systeme von Functionen mehrer Variabeln.

II.

Es soll jetzt noch vorausgesetzt werden, dass sämmtliche $\frac{1}{2}n(n+1)$ Linien, welche aus dem Functionen-Systeme F auf die angegebene Weise entstehen, geschlossene Linien seien und dass die Anzahl der durch je n Gleichungen $F=0$ bestimmten Punkte endlich sei. Betrachtet man nun die Linie $[hk]$ in dem durch dieses Zeichen fixirten Sinne des Fortgangs an denjenigen Stellen, wo sie die $(n-1)$fache Mannigfaltigkeit $F_h=0$ schneidet, so tritt dieselbe dort — wenn nicht zugleich $F_k=0$ ist — aus einem Bereiche wo $F_h \cdot F_k$ negativ ist in einen solchen wo $F_h \cdot F_k$ positiv ist, oder umgekehrt. Insofern man den ersteren Bereich als einen inneren, den letzteren als einen äusseren bezeichnen kann, wird darnach eine Schnittstelle von $[hk]$ mit $F_h=0$ als ein Austritt oder als ein Eintritt der Linie $[hk]$ aufzufassen sein; und diese auf das Fortgangsprincip gegründete Auffassung ist, wie sich zeigen wird, von der wesentlichsten Bedeutung für die naturgemässe Interpretation analytischer Beziehungen. — Die Gesammtzahl der Ein- und Austritte ist eine grade Zahl; wenn man also von der Anzahl der Eintritte die der Austritte subtrahirt, so ist die Hälfte der so gebildeten Differenz eine ganze Zahl, die positiv oder negativ oder auch Null sein kann. Von dieser Zahl gilt das Fundamentaltheorem, dass dieselbe constant ist, wie man auch die Indices h und k auswählen mag; die Zahl ist demnach für das ganze Functionen-System charakteristisch und soll darum die „Charakteristik" desselben genannt werden.

Die hier betrachteten Ein- und Austrittsstellen der verschiedenen $\frac{1}{2}n(n+1)$ Linien des Functionen-Systems können auch als die gemeinsamen Punkte von je n Functionen F angesehen werden. Jeder dieser Punkte gehört also einem Systeme von nur n nach Weglassung irgend eines F_k übrig bleibenden Functionen an. Nimmt man nun zu diesen n Functionen an Stelle von F_k eine andere Function $\mathfrak{F}_k$ hinzu, welche die Eigenschaft hat, dass sie nur für einen einzigen der durch:

$$F_0 = F_1 = \cdots = F_{k-1} = F_{k+1} = \cdots = F_n = 0$$

bestimmten Punkte negativ, für alle andern aber positiv ist, so ist die Charakteristik dieses neuen Systems von $(n+1)$ Functionen ihrem absoluten Werthe nach gleich Eins und ihrem Vorzeichen nach mit dem der Functionaldeterminante Δ_k in jenem Punkte übereinstimmend, $\Delta_k \lessgtr 0$ vorausgesetzt. Diese Charakteristik soll „der Charakter des Punktes" genannt und mit χ bezeichnet werden.*) Es ist hiernach für jeden einfachen durch die Gleichungen:

$$F_i(\zeta_1^{(k)}, \zeta_2^{(k)}, \ldots \zeta_n^{(k)}) = 0, \quad (i = 0, 1, \ldots k-1, k+1, \ldots n)$$

definirten Punkt $(\zeta_1^{(k)}, \zeta_2^{(k)}, \ldots \zeta_n^{(k)})$:

$$\chi(\zeta_1^{(k)}, \zeta_2^{(k)}, \ldots \zeta_n^{(k)}) \cdot \Delta_k(\zeta_1^{(k)}, \zeta_2^{(k)}, \ldots \zeta_n^{(k)}) > 0$$

und also vermöge des Fortgangsprincips längs der Linie $[hk]$ in jedem Punkte $\zeta^{(k)}$:

$$\chi(\zeta^{(k)}) \cdot dF_h > 0.$$

Hieraus folgt unmittelbar, dass die algebraische Summe der Charaktere sämmtlicher Punkte $\zeta^{(k)}$ gleich Null ist und ferner dass die algebraische Summe der Charaktere aller derjenigen Punkte $\zeta^{(k)}$, für welche:

$$F_k(\zeta_1^{(k)}, \zeta_2^{(k)}, \ldots \zeta_n^{(k)}) < 0$$

ist, mit der halben Differenz zwischen der Anzahl der Ein- und Austritte

---

*) Ich habe mir keineswegs verhehlt, dass es etwas Missliches hat von der Bezeichnung „Charakteristik eines Systems von Functionen" zu dem Ausdrucke „Charakter eines Punktes" überzugehen. Denn während es durchaus unverfänglich ist die Charakteristik als eine Eigenschaft des Systems $(F_0, F_1, \ldots F_n)$ von der Reihenfolge und den Vorzeichen der Functionen F abhängig zu machen, ist es doch bedenklich eine solche Eigenschaft auch als die eines durch die Gleichungen: $F_k = 0$ bestimmten Werthsystems zu bezeichnen. Aber das Ungewöhnliche oder Anstössige einer solchen Bezeichnung haftet nicht an dem Begriffe des Punktcharakters, da derselbe ja mit dem einer gewissen Charakteristik vollkommen identisch ist, sondern nur an dem Ausdrucke; und ich habe mich nach reiflicher Ueberlegung für Benutzung dieses Ausdrucks entschieden, weil einerseits die Darstellung dadurch ganz ungemein an Uebersichtlichkeit gewinnt und weil es andrerseits freisteht, da wo etwa durch den Ausdruck Schwierigkeiten eintreten sollten, auf die ursprüngliche Bezeichnung zurückzugehen.

der Linie $[hk]$, d. h. also mit der Charakteristik des Functionen-Systems übereinstimmt.

Diese einfache Relation zwischen den Charakteren der Punkte ζ und der Charakteristik des Systems F setzt es in Evidenz, dass die letztere für alle Linien $[hk]$ bei constantem Index k unverändert bleibt. Aber dieselbe Relation führt auch zum Beweise der Unveränderlichkeit der Charakteristik bei Vertauschung der Indices h und k und also zum vollständigen Beweise des Satzes über die Constanz der Charakteristik. Betrachtet man nämlich sämmtliche Punkte $\zeta^{(h)}$ und $\zeta^{(k)}$ als durch die n Gleichungen:

$$F_0 = \cdots = F_{h-1} = F_h \cdot F_k = F_{h+1} = \cdots = F_{k-1} = 0\,,$$

$$F_{k+1} = F_{k+2} = \cdots = F_n = 0$$

definirt, deren Functionaldeterminante

$$F_k \cdot \Delta_k - F_h \cdot \Delta_h$$

ist, so ist in Bezug auf dieses Gleichungssystem der Definition gemäss der Charakter eines Punktes $\zeta^{(k)}$:

$$\varepsilon \cdot \chi(\zeta^{(k)})\,, \quad \text{wenn} \quad \varepsilon = \pm 1 \quad \text{und} \quad \varepsilon \cdot F_k(\zeta^{(k)}) > 0\,,$$

und der Charakter eines Punktes $\zeta^{(h)}$:

$$-\varepsilon \cdot \chi(\zeta^{(h)})\,, \quad \text{wenn} \quad \varepsilon = \pm 1 \quad \text{und} \quad \varepsilon \cdot F_h(\zeta^{(h)}) > 0\,;$$

und deshalb:

$$\sum \varepsilon\chi(\zeta^{(k)}) - \sum \varepsilon\chi(\zeta^{(h)}) = 0\,.$$

Ueberdies ist:

$$\sum \chi(\zeta^{(k)}) = 0\,, \qquad \sum \chi(\zeta^{(h)}) = 0\,,$$

wenn die Summation resp. auf alle Punkte $\zeta^{(k)}$ und $\zeta^{(h)}$ erstreckt wird, und hieraus folgt schliesslich, dass

$$\sum \chi(\zeta^{(k)}) = \sum \chi(\zeta^{(h)})$$

ist, wenn die erstere Summe nur auf alle diejenigen Punkte $\zeta^{(k)}$ ausgedehnt wird, für welche $F_k < 0$ und die letztere nur auf diejenigen Punkte $\zeta^{(h)}$ für welche $F_h < 0$ ist.

Die vorstehenden Auseinandersetzungen behalten unter gewissen Modificationen ihre Gültigkeit auch für besondere Fälle, welche als Grenzfälle der allgemeinen angesehen werden können; z. B. wenn in Punkten, die durch n Gleichungen $F = 0$ definirt sind, zugleich die Functionaldeterminante derselben verschwindet, wodurch der Charakter der bezüglichen Punkte von Eins verschieden werden kann. Ferner aber lassen sich die angeführten Sätze im Wesentlichen auch für den Fall aufrecht halten, dass die Variabeln z auf $n$fach unendlich viele discrete Punkte beschränkt werden. Doch sollen die hierfür nöthigen, etwas umständlichen Erörterungen übergangen, und nur einige für die folgenden Anwendungen der aufgestellten Sätze ganz wesentliche Bemerkungen beigefügt werden, um die Functionen F von gewissen Beschränkungen zu befreien. Es ist nämlich keineswegs erforderlich, dass die Functionen F durchgehends an ein und dasselbe analytisch gegebene Gesetz gebunden sind, und es kann überdies jede der Functionen F durch irgend eine andere ersetzt werden, wenn dieselbe nur so beschaffen ist, dass sie längs der zu betrachtenden Linien stets gleiches Zeichen mit jener Function F hat. In Folge dessen lassen sich z. B. Systeme von Functionen, welche nicht geschlossene Linien ergeben, durch solche mit geschlossenen Linien ersetzen.

III.

Die Charakteristik des Systems F selbst gewinnt eine besondere Bedeutung, wenn man die Functionaldeterminante von n Functionen F mit in Betracht zieht. Wird nämlich die Functionaldeterminante von $F_1, F_2, \ldots F_n$ wie oben mit Δ_0 bezeichnet, so ist jene Charakteristik gleich der halben Differenz, welche man erhält, wenn man von der Anzahl der Punkte, wofür:

$$\Delta_0 \cdot F_0 < 0, \qquad F_1 = F_2 = \cdots = F_n = 0$$

ist, die Anzahl der Punkte subtrahirt, wofür:

$$\varDelta_0 \cdot F_0 > 0\,, \qquad F_1 = F_2 = \cdots = F_n = 0$$

ist. Bezeichnet man also mit:

$$(\zeta_1, \zeta_2, \ldots \zeta_n), \qquad (\zeta_1', \zeta_2', \ldots \zeta_n'), \quad \ldots$$

die sämmtlichen gemeinsamen Werthsysteme der Gleichungen:

$$F_1 = 0, \quad F_2 = 0, \quad \ldots \quad F_n = 0\,,$$

so giebt die Charakteristik des Systems

$$(\varDelta_0 \cdot F_0', F_1, F_2, \ldots F_n)$$

den halben Ueberschuss der im Innern von $F_0' = 0$ liegenden Punkte (ζ) über die ausserhalb $F_0' = 0$ belegenen Punkte an. Wenn endlich der Bereich: $F_0' < 0$ einen anderen Bereich: $F_0'' < 0$ vollständig einschliesst, so wird die Anzahl der zwischen den beiden Umgrenzungen $F_0' = 0$ und $F_0'' = 0$ belegenen Punkte (ζ) durch die Differenz der beiden Charakteristiken von:

$$(\varDelta_0 \cdot F_0', F_1, F_2, \ldots F_n) \qquad \text{und} \qquad (\varDelta_0 \cdot F_0'', F_1, F_2, \ldots F_n)$$

ausgedrückt.

Ausser diesem Zusammenhang zwischen der Anzahl von Systemen (ζ) und der Charakteristik existiren noch besondere Beziehungen für den Fall, dass — wenn $n = 2m$ ist — die n Functionen $F_1, F_2, \ldots F_n$ die n Theile von m Functionen ebensovieler complexer Variabeln sind. Wird namentlich für F_0 alsdann eine Function gewählt, welche nur für endliche Werthe der Variabeln z verschwindet und überdies so beschaffen ist, dass für sämmtliche Punkte (ζ) zugleich $F_0 < 0$ ist, so giebt es in diesem Bereiche $(F_0 < 0)$ nur Eintritte und gar keine Austritte; dasselbe findet auch auf der Umgrenzung $F_0 = 0$ statt, und zwar liegen auf derselben doppelt so viel Schnittpunkte jeder durch Ausschluss einer der übrigen Functionen F gebildeten Linie als im Innern. Ist $F'_0 < 0$ ein von $F_0 < 0$ eingeschlossener Bereich, so giebt endlich die Charakteristik des Systems:

$$(F'_0, F_1, F_2, \dots F_n)$$

gradezu die Anzahl der in dem Bereich $F'_0 < 0$ liegenden Punkte (ζ) an. Hierbei ist aber vorausgesetzt, dass dem Begriffe der Charakteristik entsprechend die in dem betrachteten Falle sich ins Unendliche verzweigenden Linien in dem Bereiche $F_0 > 0$ durch geschlossene Linien ersetzt werden.

IV.

Wenn $F_0, F_1, \dots F_n$ ganze rationale Functionen der n Variabeln z sind, so lässt sich auf dieselben mit Hülfe der von mir im Monatsberichte vom December 1865 aufgestellten Interpolationsformel[1]) ein der Kettenbruchs-Entwickelung analoges Verfahren anwenden. Die durch dasselbe gelieferte Reihe von Functionen bildet die Verallgemeinerung der *Sturm*'schen Reihe und kann zur Ermittelung der Charakteristik des Systems F dienen. Um dies an dem einfachsten Falle zu zeigen, sei $z_1 = x$, $z_2 = y$ und zuvörderst:

$$F_0 = y, \quad F_1 = f(x) - y, \quad F_2 = f_1(x) - y,$$

wo f und f_1 ganze Functionen resp. vom Grade 2ν und $(2\nu - 1)$ bedeuten, in denen die Coefficienten der höchsten Potenzen von x positiv sind. Bildet man nun in bekannter Weise durch die Kettenbruchs-Entwickelung des Quotienten der beiden Functionen f und f_1 eine *Sturm*'sche Reihe

$$f(x), \; f_1(x), \; f_2(x), \; \dots,$$

so kann der Verlust an Zeichenwechseln, den diese Reihe beim Uebergange von $x = -\infty$ bis $x = +\infty$ erleidet, auf Grund der obigen Auseinandersetzungen in einfacher und anschaulicher Weise gedeutet werden; dieser Verlust ist nämlich genau — auch dem Zeichen nach — mit der doppelten

---

[1]) Monatsberichte d. Berl. Akad. v. J. 1865. S. 686—691. Bd. I S. 133—141 dieser Ausgabe von *L. Kronecker's* Werken. H.

Charakteristik des Systems (F_0, F_1, F_2) übereinstimmend. Wenn ferner f mit f_1 von einem und demselben, $f - f_1$ aber von niedrigerem Grade ist, und man bildet die *Sturm*'sche Reihe:

$$f(x),\ f(x) - f_1(x),\ f_2(x),\ \ldots$$

und setzt darin für x zuerst irgend einen Werth a und nachher einen grösseren Werth b, so ist die Differenz der Anzahl der Zeichenwechsel — vorausgesetzt dass alle Zeichenwechsel mit Ausnahme eines zwischen den ersten beiden Gliedern doppelt gezählt werden — gleich der Differenz der Charakteristiken der beiden Systeme:

$$\big(y\cdot(x-a),\ f(x)-y,\ f_1(x)-y\big),\quad \big(y\cdot(x-b),\ f(x)-y,\ f_1(x)-y\big).$$

Wenn man sich also auf der Abscissenaxe von b nach a bewegt und die Stellen wo F_1 passirt wird als Ein- und Austrittsstellen bezeichnet, je nachdem man dort in ein von F_1 und F_2 umschlossenes Gebiet hinein oder aus einem solchen herauskommt, so wird die Differenz der Anzahl dieser Ein- und Austritte durch den Verlust an Zeichenwechseln bestimmt, den die *Sturm*'sche Reihe von $x = a$ bis $x = b$ erleidet. Der hier erwähnte einfachste Fall ist meines Wissens zuerst von Herrn *Sylvester* behandelt nnd in einer ähnlichen wenn auch weniger anschaulichen Weise interpretirt worden. Herr *Sylvester* hat dabei (*Philosophical Transactions*, Part. III. 1853. pag. 495) einige Bemerkungen hinzugefügt, aus denen hervorgeht, dass derselbe eine Ausdehnung gewisser Sätze auf Functionen mehrer Variabeln vermuthet hat. Es scheint mir, dass dieser Vermuthung durch den oben unter Nr. II gegebenen Satz über die Constanz der Charakteristik entsprochen ist. Die Schwierigkeiten der Verallgemeinerung, deren Herr *Sylvester* Erwähnung thut, dürften wohl zumeist in der Beschränkung auf algebraische Gebilde liegen, die er festgehalten hat. Sobald ich die Einsicht gewann, dass alle bezüglichen Betrachtungen ausschliesslich jenem allgemeinen Gebiete angehören, welches für den Fall, wo $n = 2$ oder 3 ist, als „Geometrie der Lage" bezeichnet wird, ergaben sich mir die einfachsten Mittel zur Bewältigung der entgegenstehenden Schwierigkeiten.

V.

Wird eine durch die n reellen Variabeln $x_1, x_2, \dots x_n$ gebildete Mannigfaltigkeit auf die der Variabeln z durch die Gleichungen:

$$x_1 = F_1(z_1, z_2, \dots z_n), \quad x_2 = F_2(z_1, z_2, \dots z_n), \quad \dots, \quad x_n = F_n(z_1, z_2, \dots z_n)$$

bezogen, so entspricht jedem Punkte z ein Punkt x, jedoch im Allgemeinen so, dass auch zu verschiedenen Punkten z ein und derselbe Punkt x gehören kann, und es entspricht daher der $(n-1)$fachen Mannigfaltigkeit:

$$F_0(z_1, z_2, \dots z_n) = 0$$

eine $(n-1)$fache Mannigfaltigkeit:

$$\Phi(x_1, x_2, \dots x_n) = 0 .$$

Von der Function F_0 wird stets vorausgesetzt, dass sie nur für endliche Werthe der Variabeln z negativ sei. Setzt man nun sämmtliche Variabeln x — nur x_h und x_k ausgenommen — gleich Null, so bekommt man eine in der $(n-1)$fachen Mannigfaltigkeit $\Phi = 0$ enthaltene einfach unendliche Folge von Werthsystemen x d. h. also eine Linie. Diese Linie windet sich genau so vielmal um den Nullpunkt, als die Charakteristik des Functionen-Systems F angiebt, und dabei bezeichnet auch das Vorzeichen der Charakteristik den Sinn der Windung. Denn jedem *Eintritte* der Linie $[hk]$ bei $F_h = 0$ entspricht ein Durchgang durch $x_h = 0$ in dem einen Sinne der Drehung, jedem *Austritte* ein Durchgang durch $x_h = 0$ im entgegengesetzten Sinne; und von einem Eintritte bis zum folgenden wird eine halbe Windung vollendet. Wenn man also das „Vorwärts-Kommen" im ersteren Sinne der Drehung auffasst, so kommt man ebenso oft vorwärts als es Eintritte giebt und ebenso oft rückwärts als Austritte vorhanden sind, so dass das *wirkliche* Vorwärts-Kommen um halbe Windungen durch das Doppelte eben jener Zahl angegeben wird, welche als „Charakteristik" definirt worden ist. Da die Indices k und h ganz beliebig gewählt und überdies auch nach der am Schlusse von No. II gemachten Bemerkung für die Functionen F gewisse andere — z. B.

$$F_1 - \lambda_1 \sqrt{F_k^2 + F_h^2} \quad \text{für} \quad F_1, \qquad F_2 - \lambda_2 \sqrt{F_k^2 + F_h^2} \quad \text{für} \quad F_2, \ldots$$

substituirt werden können, so bleibt die Bedeutung der Charakteristik als Windungszahl nicht auf gewisse zu $\Phi = 0$ gehörige Linien beschränkt, sondern die Charakteristik erhält auch eine Bedeutung für die gesammte durch $\Phi = 0$ repräsentirte Mannigfaltigkeit. Ebenso hat dieselbe Mannigfaltigkeit $(\Phi = 0)$ je eine bestimmte Windungszahl wie in Beziehung auf den Nullpunkt so auch in Beziehung auf irgend einen beliebigen Punkt $(\xi_1, \xi_2, \ldots \xi_n)$, und die betreffende Windungszahl ist gleich der Charakteristik des Systems:

$$(F_0, F_1 - \xi_1, F_2 - \xi_2, \ldots F_n - \xi_n).$$

Nach dem Werthe dieser Charakteristik kann nun die Mannigfaltigkeit x in verschiedene Bereiche eingetheilt werden, so dass ein und derselbe Bereich von allen denjenigen Punkten ξ gebildet wird, für welchen jene Charakteristik denselben Werth hat. Der Uebergang aus einem Bereiche in den andern erfolgt alsdann in der Mannigfaltigkeit $\Phi = 0$. Doch will ich die weitere Ausführung bei Seite lassend sogleich zu der wichtigsten Anwendung der vorstehenden Betrachtungen übergehen, nämlich zu einem Ausdrucke der Charakteristik durch ein $(n-1)$faches Integral, wozu man unmittelbar durch dieselben geführt wird.

Es sei nämlich dw überhaupt das positiv genommene Element der durch irgend eine Gleichung:

$$F_0(z_1, z_2, \ldots z_n) = 0$$

repräsentirten $(n-1)$fachen Mannigfaltigkeit, und es möge zur Abkürzung das seinem Werthe nach bekannte durch Potenzen von π ausdrückbare Integral:

$$\int dw, \quad \text{über} \quad z_1^2 + z_2^2 + \cdots + z_n^2 = 1 \quad \text{erstreckt},$$

mit ϖ, ferner die positiven Werthe von:

$$\sqrt{F_1^2 + F_2^2 + \cdots + F_n^2} \qquad \text{und} \qquad \sqrt{F_{01}^2 + F_{02}^2 + \cdots + F_{0n}^2}$$

resp. mit S und $\mathfrak{S}$ bezeichnet und endlich:

$$R = \frac{1}{\mathfrak{S}} \cdot \begin{vmatrix} 0\,, & F_{01}, & F_{02}, & \ldots & F_{0n} \\ F_1, & F_{11}, & F_{12}, & \ldots & F_{1n} \\ F_2, & F_{21}, & F_{22}, & \ldots & F_{2n} \\ \cdot & \cdot & \cdot & \cdots & \cdot \\ \vdots & \vdots & \vdots & & \vdots \\ F_n, & F_{n1}, & F_{n2}, & \ldots & F_{nn} \end{vmatrix}$$

gesetzt werden. Alsdann ist die Charakteristik des Systems F durch:

$$-\frac{1}{\varpi}\int \frac{R}{S^n}\, dw$$

ausgedrückt, wo die Integration über die $(n-1)$fache Mannigfaltigkeit: $F_0 = 0$ zu erstrecken ist.

Nach den in No. III enthaltenen Erörterungen kann die Begrenzungsfunction F_0 so gewählt werden, dass durch den hier angegebenen Integralausdruck die Anzahl der in einem bestimmten Gebiete enthaltenen Punkte ζ dargestellt wird, also im Falle $n = 2$ für zwei Curven: $F_1 = 0$, $F_2 = 0$ die Anzahl der reellen Durchschnittspunkte, welche innerhalb eines gegebenen Bereiches liegen.

Ich bemerke in Bezug auf das Element dw, dass dafür die Gleichung:

$$dw = \pm \frac{\mathfrak{S}}{F_{0k}}\, dz_1 \cdots dz_{k-1} \cdot dz_{k+1} \cdots dz_n$$

stattfindet. Wenn man nämlich für n dem Punkte $(z_1^0, z_2^0, \ldots z_n^0)$ unendlich benachbarte der Mannigfaltigkeit: $F_0 = 0$ angehörige Punkte und einen $(n+1)^{\text{sten}}$ ausserhalb liegenden Punkt $(z_1, z_2, \ldots z_n)$ die bekannte Inhalts-Determinante bildet und durch:

$$\sqrt{(z_1^0 - z_1)^2 + (z_2^0 - z_2)^2 + \cdots + (z_n^0 - z_n)^2}$$

dividirt, so nähert sich dieser Quotient dem für das Element dw gegebenen Ausdrucke, wenn der Punkt $(z_1, z_2, \ldots z_n)$ ins Unendliche rückt.

Wenn man sämmtliche der Mannigfaltigkeit: $F_0 = 0$ angehörenden Punkte z mit z^0 bezeichnet, so dass also $z_1^0, z_2^0, \ldots z_n^0$ mit einander durch die Gleichung:

$$F_0(z_1^0, z_2^0, \ldots z_n^0) = 0$$

verbunden sind, und wenn man alsdann irgend einen Punkt z mittels der Gleichungen:

$$z_k = z_k^0 + p \cdot \frac{F_{0k}}{\mathfrak{S}}$$

so zu sagen auf die Mannigfaltigkeit $F_0 = 0$ bezieht (cf. *Gauss* „*Allgemeine Lehrsätze* etc.“ Art. 23[1]), so repräsentirt die Variable p eine Grösse, welche der Entfernung des Punktes z von dem Punkte z^0 in der Normal-Richtung für $n = 3$ entspricht und deren Vorzeichen mit dem von F_0 übereinstimmt. Alsdann erhält der Quotient $\frac{F_{0k}}{\mathfrak{S}}$ die Bedeutung, dass derselbe gleich dem partiellen Differentialquotienten: $\frac{\partial z_k}{\partial p}$ für $z_k = z_k^0$ wird, und es kann dieser Bedeutung entsprechend:

$$\frac{F_{0k}}{\mathfrak{S}} = z_{k,p}^0$$

gesetzt werden. Die Determinante R erhält hiernach die Gestalt:

$$R = \begin{vmatrix} 0, & z_{1p}^0, & z_{2p}^0, & \ldots & z_{np}^0 \\ F_1, & F_{11}, & F_{12}, & \ldots & F_{1n} \\ F_2, & F_{21}, & F_{22}, & \ldots & F_{2n} \\ \cdot & \cdot & \cdot & \cdots & \cdot \\ \cdot & \cdot & \cdot & \cdots & \cdot \\ F_n, & F_{n1}, & F_{n2}, & \ldots & F_{nn} \end{vmatrix}$$

und $\mathfrak{S}$ stimmt mit dem partiellen Differentialquotienten $\frac{\partial F_0}{\partial p}$ überein.

---

[1]) *C. F. Gauss'* Werke. Band V. S. 225. H.

Wenn man das die Charakteristik ausdrückende Integral aus der Mannigfaltigkeit z in die Mannigfaltigkeit x transformirt, so bekommt dasselbe eine anschauliche Form; denn das Element desselben ist alsdann die Verallgemeinerung desjenigen, welches für $n=3$ das Element des am Nullpunkte liegenden und einem Elemente der Fläche $\Phi=0$ entsprechenden räumlichen Winkels bildet. Das Integral der Charakteristik stellt also in doppelter Hinsicht eine Verallgemeinerung des von *Gauss* in der *Theoria attractionis corporum sphaeroidicorum ellipticorum* Art. 6 gegebenen Integrals[1]) dar; denn es ist die Beschränkung auf drei Integrations-Variabeln und selbst für $n=3$, die Beschränkung auf Begrenzungen einfacher Körper aufgehoben, also der Fall einer gegenseitigen Durchdringung von Körpern nicht ausgeschlossen.

VI.

Das eben erwähnte Integral von *Gauss* ist ein specielleres als dasjenige, welches er bei Herleitung der Potential-Gleichung benutzt. Dieses allgemeinere Integral geht in jenes über, wenn die Dichtigkeit constant ist. Dieser Umstand führte mich auf die durch den Erfolg vollkommen bestätigte Vermuthung, dass die Potential-Theorie Anhaltspunkte bieten dürfte, um zu einer allgemeinen Darstellung beliebiger Functionen der durch ein Gleichungs-System: $F=0$ definirten Punkte ζ und damit auch zu einer Verallgemeinerung des sogenannten *Cauchy*'schen Integrals zu gelangen.

Bedeutet $\mathfrak{F}$ eine eindeutige Function der Variabeln z und setzt man zur Abkürzung dv für das Element einer $n$fachen Mannigfaltigkeit d. h. also für:

$$dz_1 \cdot dz_2 \cdots dz_n,$$

ferner: $S(\xi)$ für den positiven Werth der Quadratwurzel aus:

$$(F_1-\xi_1)^2+(F_2-\xi_2)^2+\cdots+(F_n-\xi_n)^2,$$

so ist das über den Bereich: $F_0<0$ ausgedehnte Integral:

---

[1]) *C. F. Gauss'* Werke. Band V. S. 7—9. H.

$$\int \frac{\mathfrak{F} \cdot \Delta_0}{(n-2) \cdot S(\xi)^{n-2}} dv$$

eine dem Potential analoge Function der n Variabeln ξ und soll mit: $\Pi(\xi)$ bezeichnet werden. Für den Fall $n = 2$ aber ist statt des Divisors unter dem Integralzeichen: $-\log S(\xi)$ als Factor zu nehmen. Das Integral Π, welches ich auch kurzweg Potential nennen will, erhält die gewöhnliche Form, wenn man es aus der Mannigfaltigkeit z in die Mannigfaltigkeit x transformirt, da Δ_0 die Functionaldeterminante der n Functionen F ist. Aber in der Mannigfaltigkeit x ist $\mathfrak{F}$ im Allgemeinen nicht mehr eindeutig sondern eine mehrdeutige Function der Punkte x, so dass das Potential Π auch für den Fall $n = 3$ ein Potential bei mehrdeutiger Dichtigkeit oder mehrfacher Raumbedeckung darstellt.

Für die Functionen F werden die früheren Voraussetzungen festgehalten, dass sie — wenigstens innerhalb des betrachteten Gebietes $F_0 \leqq 0$ — im Allgemeinen stetig und differentiirbar und endlich seien, obgleich sich diese Voraussetzungen noch modificiren lassen. Das Gebiet: $F_0 < 0$ soll nur endliche Werthe der Variabeln z enthalten. Die Function $\mathfrak{F}$ soll so beschaffen sein, dass $\mathfrak{F} \cdot \Delta_0$ innerhalb des Integrations-Gebietes überall endlich und stetig bleibt und dass $\mathfrak{F}$ selbst diese Eigenschaften in der unmittelbaren Umgebung der Punkte ζ besitze, deren Anzahl wie bisher als endlich vorausgesetzt wird. Ueberdies soll die Function $\mathfrak{F}$ nach sämmtlichen Variabeln differentiirbar sein. Bezeichnet man nun in üblicher Weise mit $\Delta\Pi(\xi)$ die Summe der zweiten Ableitungen von Π nach den Variabeln ξ, so kann man sich unbeschadet der Allgemeinheit auf den Fall beschränken, wo sämmtliche ξ nach der Differentiation gleich Null gesetzt werden, und man erhält alsdann die fundamentale Gleichung:

$$(\mathfrak{A}) \qquad \Delta\Pi(0) = -\varpi \cdot \Sigma\, \chi(\zeta) \cdot \mathfrak{F}(\zeta),$$

wo sich die Summation auf alle durch die Bedingungen:

$$F_0 < 0, \quad F_1 = 0, \quad F_2 = 0, \quad \ldots, \quad F_n = 0$$

definirten Punkte ζ bezieht. In dieser merkwürdigen Gleichung tritt sowohl die eigenthümliche Bedeutung des Potentials Π als auch die Wichtigkeit der Unterscheidung der Punkte nach ihren Charakteren auf das Klarste hervor. Man kann dies auch dadurch erläutern, dass — wenn nur einfache Punkte ζ vorhanden sind, $\mathfrak{F}\cdot\Delta_0 = \Psi(z)$ gesetzt und mit $\Delta(\zeta)$ der absolute d. h. der positive Werth von $\Delta_0(\zeta)$ bezeichnet wird — die Gleichung ($\mathfrak{A}$) in:

$$\Delta\,\Pi(0) = -\,\varpi\sum\frac{\Psi(\zeta)}{\Delta(\zeta)}$$

übergeht. Aber die Beziehung zu den für den Fall $n = 2$ bekannten Resultaten zeigt sich erst bei der Umwandlung von $\Delta\Pi$ in die Differenz zweier Integrale, mittels deren ich jene Fundamentalgleichung erlangt habe.

VII.

Wenn man in dem Potential Π die Variabeln x einführt, so erhält man das über das Gebiet $\Phi < 0$ (cf. No. V) zu erstreckende Integral:

$$\frac{1}{n-2}\int\frac{K(x)}{\left(\Sigma(x_k-\xi_k)^2\right)^{\frac{1}{2}(n-2)}}\,dv,$$

wo $K(x)$ die durch die Gleichungen:

$$\pm K(x) = \mathfrak{F}(z);\quad x_1 = F_1(z),\quad x_2 = F_2(z),\quad \ldots,\quad x_n = F_n(z)$$

gegebene mehrdeutige Function der Variabeln x ist. Die *Gauss*'sche Methode zur Bestimmung von $\Delta\Pi$, auf ein allgemeines n angewendet, besteht nun im Wesentlichen darin, dass nach einmaliger Differentiation unter dem Integralzeichen für die Variabeln x neue Variabeln x' mittels der Gleichungen:

$$x'_k = x_k - \xi_k$$

eingeführt werden. Alsdann kommen nämlich die Grössen ξ unter dem Integralzeichen nur noch in der Function K und aber auch in jener Function Φ vor, welche das Integrationsgebiet bestimmt. Indem man nunmehr nochmals nach den Grössen ξ differentiirt und summirt, erhält man für $\Delta\Pi$ das Aggregat zweier Integrale, die den *Gauss*'schen durchaus analog sind. Man kann übrigens die Einführung der Variabeln x' schon in dem Potential selbst vornehmen und erst nachher zweimal nach den Variabeln ξ differentiiren, ein Verfahren, bei welchem man nach der ersten Differentiation den Ausdruck erhält, welcher in den *Dirichlet*'schen Vorlesungen über das Potential durch partielle Integration erlangt wird. Endlich aber ist zu bemerken, dass die Betrachtung mehrdeutiger Functionen $K(x)$ oder mehrfach bedeckter Mannigfaltigkeiten und die damit verbundene Schwierigkeit zu umgehen ist, wenn man die ursprünglichen Integrations-Variabeln z beibehält und alsdann Variabeln z' zu Hülfe nimmt, die durch die Gleichungen:

$$F_k(z) - \xi_k = F_k(z')$$

für kleine Werthe der ξ eindeutig bestimmt sind, sobald die Uebereinstimmung sämmtlicher z' mit den bezüglichen z für die Nullwerthe der ξ festgesetzt wird.

Wenn man in der ersten Horizontalreihe der unter No. V eingeführten Determinante die Ableitungen von F_0 durch die von $\mathfrak{F}$ ersetzt und die hierdurch entstehende Determinante mit $\mathfrak{R}$ bezeichnet, so dass:

$$\mathfrak{R} = \begin{vmatrix} 0, & \mathfrak{F}_1, & \mathfrak{F}_2, & \dots & \mathfrak{F}_n \\ F_1, & F_{11}, & F_{12}, & \dots & F_{1n} \\ F_2, & F_{21}, & F_{22}, & \dots & F_{2n} \\ \cdot & \cdot & \cdot & \dots & \cdot \\ \cdot & \cdot & \cdot & \dots & \cdot \\ \cdot & \cdot & \cdot & \dots & \cdot \\ \cdot & \cdot & \cdot & \dots & \cdot \\ \cdot & \cdot & \cdot & \dots & \cdot \\ F_n, & F_{n1}, & F_{n2}, & \dots & F_{nn} \end{vmatrix}$$

wird, so sind es die beiden durch die Gleichungen:

$$V = \int \frac{\mathfrak{R}}{S^n}\, dv \qquad \text{(über } F_0 < 0 \text{ erstreckt)}$$

$$W = \int \mathfrak{F} \cdot \frac{R}{S^n}\, dw \qquad \text{(über } F_0 = 0 \text{ erstreckt)}$$

definirten Integrale V und W, deren Aggregat $\Delta\Pi$ ergiebt. Es ist nämlich:

$$\Delta\Pi(0) = -V + W,$$

und eine genauere Untersuchung der Natur der beiden Integrale V und W führt zu der oben für $\Delta\Pi$ gegebenen Fundamentalgleichung.

VIII.

Die beiden Integrale V und W sind einerseits von den in den Functionen F vorkommenden Constanten, andrerseits von den durch die Function F_0 bestimmten Integrationsgebieten abhängig. Wenn der Bereich $F_0 \leqq 0$ keinen Punkt ζ enthält, so ist die Differentiation unter dem Integralzeichen von Π gestattet und dieselbe ergiebt: $\Delta\Pi(0) = 0$ also:

$$-V + W = 0.$$

Wenn man ferner den Bereich $F_0 \leqq 0$ auf die unmittelbare Umgebung eines einfachen Punktes ζ beschränkt und den Inhalt des Gebietes ins Unendliche abnehmen lässt, so verschwindet das Integral V, während der Werth von W sich der Grenze:

$$\mathfrak{F}(\zeta) \cdot \int \frac{R}{S^n} \cdot dw$$

nähert d. h., unter Berücksichtigung von dem in No. V Gesagten, der Grenze:

$$-\varpi \cdot \chi(\zeta) \cdot \mathfrak{F}(\zeta).$$

Hieraus folgt alsdann, dass

$$\text{(A)} \qquad -V + W = -\varpi \Sigma\, \chi(\zeta) \cdot \mathfrak{F}(\zeta)$$

wird, wenn die Integrationen in V und W über Gebiete erstreckt werden, die durch eine beliebige Function F_0 bestimmt sind, und wenn die Summation rechts sich auf alle Punkte ζ bezieht, für welche $F_0(\zeta) < 0$ ist. Nur ist anzunehmen, dass für keinen Punkt ζ die Function F_0 selbst verschwindet.

Für den Fall $n = 3$ und $F_1 = z_1$, $F_2 = z_2$, $F_3 = z_3$ gehen die beiden Integrale V und W, beide negativ genommen, in die von *Gauss* in seinen „*Allgemeinen Lehrsätzen* etc." pag. 14 (*Gauss Werke* Bd. V. pag. 209) mit M und N bezeichneten über. Für ein beliebiges n und lineare Functionen F sind dem Integrale W verwandte Integrale von *Jacobi* (*Journal für Mathematik,* Bd. XIV pag. 51 sqq.[1])) behandelt worden; doch will ich mich hier auf dieses blosse Citat beschränken, ohne auf den Inhalt und die Bedeutung der erwähnten *Jacobi*'schen Abhandlung näher einzugehen.

Wenn $\mathfrak{F} = 1$ ist, so verschwindet V und die Relation (A) ergiebt:

$$-\frac{1}{\varpi} W = \Sigma \chi(\zeta)$$

d. h. die mit der Charakteristik des Systems $(F_0, F_1, \ldots F_n)$ gleichbedeutende Summe der Punktcharaktere durch das Integral W ausgedrückt, was mit dem Inhalte des Abschnittes V übereinstimmt. Für den allgemeinen Fall aber giebt die Gleichung (A) analog dem sogenannten *Cauchy*'schen Satze einen Integral-Ausdruck für die algebraische Summe aller Werthe, welche eine gegebene Function $\mathfrak{F}(z_1, z_2, \ldots z_n)$ annimmt, wenn darin die durch die Bedingungen:

$$F_0 < 0, \quad F_1 = 0, \quad F_2 = 0, \quad \ldots F_n = 0$$

definirten Werthsysteme z substituirt werden, vorausgesetzt jedoch, dass man jeden dieser Functionswerthe bei der Summation mit demselben Vorzeichen versieht, welches die Functionaldeterminante von $F_1, F_2, \ldots F_n$ für das bezügliche Werthsystem hat. Wenn also die Functionaldeterminante für alle jene Werthsysteme z ein und dasselbe Zeichen behält, so wird durch die Gleichung (A) genau wie durch den *Cauchy*'schen Satz die Summe aller Functionswerthe $\mathfrak{F}$ durch einen Integral-Ausdruck dargestellt.

---

[1]) *C. G. J. Jacobi.* Dato systemate n aequationum linearium inter n incognitas, valores incognitarum per integralia definita $(n-1)$-tuplicia exhibentur. — Werke Bd. VI. S. 79—85. H.

IX.

Wenn für eine grade Zahl $n=2m$ die Functionen $F_1, F_2, \ldots F_n$ die n Theile von m Functionen der complexen Variabeln:

$$y_1 = z_1 + iz_{m+1}, \quad y_2 = z_2 + iz_{m+2}, \quad \ldots, \quad y_m = z_m + iz_{2m}$$

sind, so hat die Functionaldeterminante stets einerlei Zeichen. In diesem Falle stellt sich aber die Analogie der Gleichung (A) mit dem *Cauchy*'schen Satze noch vollständiger dar, indem sich alsdann das Aggregat der beiden Integrale V und W in ein einziges $(n-1)$faches oder Begrenzungs-Integral verwandeln lässt. Um diese merkwürdige Umformung näher zu präcisiren, seien $f_1, f_2, \ldots f_m$ Functionen von $y_1, y_2, \ldots y_m$ und für jeden Index k sei f_k' zu f_k conjugirt; ebenso sei $\mathfrak{f}$ eine Function der complexen Variabeln y und $\mathfrak{f}'$ zu $\mathfrak{f}$ conjugirt; ferner sei f_{kh} die Ableitung von f_k nach y_h und f_{kh}' conjugirt zu f_{kh}; endlich sei:

$$2F_k = f_k + f_k', \qquad 2iF_{m+k} = f_k - f_k'$$

für $k = 1, 2, \ldots m$ und:

$$\mathfrak{F} = \varepsilon \mathfrak{f} + \varepsilon' \mathfrak{f}',$$

wo entweder $\varepsilon = \varepsilon' = +1$ oder $\varepsilon = -\varepsilon' = i$ zu setzen ist. Ich führe nun zur Abkürzung noch folgende Bezeichnungen ein:

$$F_{0k} - iF_{0,m+k} = 2f_{0k}, \qquad F_{0k} + iF_{0,m+k} = 2f_{0k}'$$

für $k = 1, 2, \ldots m$ und:

$$\mathfrak{R}_1 = \begin{vmatrix} 0, & \mathfrak{f}_1, & \mathfrak{f}_2, & \ldots & \mathfrak{f}_m \\ f_1, & f_{11}, & f_{12}, & \ldots & f_{1m} \\ f_2, & f_{21}, & f_{22}, & \ldots & f_{2m} \\ \vdots & \vdots & \vdots & \ldots & \vdots \\ f_m, & f_{m1}, & f_{m2}, & \ldots & f_{mm} \end{vmatrix} \quad \text{und } \mathfrak{R}_2 \text{ conjugirt zu } \mathfrak{R}_1$$

$$R_1 = \frac{1}{\mathfrak{S}} \begin{vmatrix} 0, & f_{01}, & f_{02}, & \dots & f_{0m} \\ f_1, & f_{11}, & f_{12}, & \dots & f_{1m} \\ f_2, & f_{21}, & f_{22}, & \dots & f_{2m} \\ \cdot & \cdot & \cdot & \cdots & \cdot \\ \cdot & \cdot & \cdot & \cdots & \cdot \\ f_m, & f_{m1}, & f_{m2}, & \dots & f_{mm} \end{vmatrix} \quad \text{und } R_2 \text{ conjugirt zu } R_1$$

$$D_1 = \begin{vmatrix} f_{11}, & f_{12}, & \dots & f_{1m} \\ f_{21}, & f_{22}, & \dots & f_{2m} \\ \cdot & \cdot & \cdots & \cdot \\ \cdot & \cdot & \cdots & \cdot \\ f_{m1}, & f_{m2}, & \dots & f_{mm} \end{vmatrix} \quad \text{und } D_2 \text{ conjugirt zu } D_1.$$

Alsdann wird:

$$\mathfrak{R} = \varepsilon \mathfrak{R}_1 D_2 + \varepsilon' \mathfrak{R}_2 D_1$$
$$R = R_1 D_2 + R_2 D_1$$

d. h. die Determinanten $\mathfrak{R}$ und R lassen sich beide als Determinanten zweiter Ordnung darstellen, deren Elemente Determinanten $(m+1)^{\text{ster}}$ und m^{ter} Ordnung sind. Ferner lässt sich das $n$fache Integral V für Gebiete, die keine Punkte ζ enthalten, in ein $(n-1)$faches transformiren, und zwar wird:

$$V = \int (\varepsilon \mathfrak{f} R_1 D_2 + \varepsilon' \mathfrak{f}' R_2 D_1) \cdot \frac{dw}{S^n},$$

während

$$W = \int (\varepsilon \mathfrak{f} + \varepsilon' \mathfrak{f}') \cdot (R_1 D_2 + R_2 D_1) \cdot \frac{dw}{S^n}$$

ist, beide Integrationen über die ganze Begrenzung ausgedehnt. Hieraus folgt also, da $(-V + W)$ gleich Null ist, dass:

$$\varepsilon\int \mathfrak{f}\cdot\frac{R_2 D_1}{S^n}\,dw + \varepsilon'\int \mathfrak{f}'\cdot\frac{R_1 D_2}{S^n}\,dw = 0$$

wird. Da nun in dieser Gleichung einerseits: $\varepsilon = \varepsilon' = +1$ andrerseits: $\varepsilon = -\varepsilon' = i$ zu setzen ist, so folgt endlich, dass jedes der beiden einander conjugirten Integrale für sich verschwinden muss.

Das hier auftretende Integral:

$$\int \mathfrak{f}\cdot\frac{R_2 D_1}{S^n}\,dw$$

ist es nun, welches als eine Verallgemeinerung des *Cauchy*'schen Integrales betrachtet werden kann. Denn während dasselbe verschwindet, sobald die Begrenzung $F_0 = 0$ keinen Punkt ζ umschliesst, reducirt sich dasselbe, wenn $F_0 < 0$ die unmittelbare Umgebung eines einzigen Punktes ζ bildet, auf:

$$\mathfrak{f}(\zeta)\cdot\int\frac{R_2 D_1}{S^n}\,dw\,.$$

Es lässt sich aber zeigen, dass bei derartiger Begrenzung:

$$\int (R_1 D_2 - R_2 D_1)\cdot\frac{dw}{S^n} = 0\,,$$

also:

$$\int\frac{R_2 D_1}{S^n}\,dw = \frac{1}{2}\int (R_1 D_2 + R_2 D_1)\cdot\frac{dw}{S^n}$$

wird. Da nun die rechte Seite dieser Gleichung nach dem in No. V Gesagten den Charakter des eingeschlossenen Punktes, mit $-\frac{1}{2}\varpi$ multiplicirt, darstellt, so erhält man bei der angenommenen Begrenzung:

$$\int \mathfrak{f}\cdot\frac{R_2 D_1}{S^n}\,dw = -\frac{1}{2}\,\varpi\cdot\chi(\zeta)\cdot\mathfrak{f}(\zeta)\,,$$

und demnach bei einer *beliebigen* Begrenzung F_0 endlich:

(B) $$\int \mathfrak{f} \cdot \frac{R_2 D_1}{S^n}\, dw = -\frac{1}{2}\,\varpi\, \Sigma\, \chi(\zeta)\cdot \mathfrak{f}(\zeta)\,,$$

wo die Integration über die $(n-1)$fache Mannigfaltigkeit: $F_0 = 0$ und die Summation auf alle Punkte ζ auszudehnen ist, für welche F_0 einen negativen Werth annimmt.

X.

Die Charaktere sämmtlicher Punkte ζ die den n Gleichungen $F_k = 0$ genügen sind positiv und für einfache Punkte der Einheit gleich. Die rechte Seite der Gleichung (B) wird also, wenn man: $\eta_k = \zeta_k + i\zeta_{m+k}$ setzt:

$$-\frac{1}{2}\,\varpi\,\Sigma\,\mathfrak{f}(\eta)\,,$$

vorausgesetzt dass man bei der Summation jeden Werth $\mathfrak{f}(\eta)$ so viel mal nimmt als der Charakter des betreffenden Punktes angiebt. Ferner wird:

$$S^n = (\Sigma f_k \cdot f'_k)^m$$

und (cf. No. V):

$$2f'_{0k} = F_{0k} + iF_{0,\,m+k} = (z^0_{k,\,p} + iz^0_{m+k,\,p})\cdot \mathfrak{S}\,;$$

also wenn man:

$$y^0_k = z^0_k + iz^0_{m+k}$$

und demgemäss:

$$y^0_{kp} = z^0_{kp} + iz^0_{m+k,\,p}$$

setzt, wo y^0_{kp} den — so zu sagen — nach der Normale p genommenen partiellen Differentialquotienten von y_k in dem der Mannigfaltigkeit: $F_0 = 0$ angehörenden Punkte y_0 bedeutet:

$$\frac{f'_{0k}}{\mathfrak{S}} = \frac{1}{2}\, y^0_{kp}\,.$$

Endlich sei:

$$\theta = \begin{vmatrix} 0\,, & y^0_{1p}\,, & y^0_{2p}\,, & \ldots & y^0_{mp} \\ f'_1\,, & f'_{11}\,, & f'_{12}\,, & \ldots & f'_{1m} \\ f'_2\,, & f'_{21}\,, & f'_{22}\,, & \ldots & f'_{2m} \\ \cdot & \cdot & \cdot & \cdots & \cdot \\ \cdot & \cdot & \cdot & \cdots & \cdot \\ \cdot & \cdot & \cdot & \cdots & \cdot \\ \cdot & \cdot & \cdot & \cdots & \cdot \\ \cdot & \cdot & \cdot & \cdots & \cdot \\ \cdot & \cdot & \cdot & \cdots & \cdot \\ f'_m\,, & f'_{m1}\,, & f'_{m2}\,, & \ldots & f'_{mm} \end{vmatrix}$$

und $\mathfrak{f}\cdot D_1 = \varphi$, wo D_1 wie bisher die Functionaldeterminante der Functionen f bedeutet. Nach Einführung dieser Bezeichnungen geht die Gleichung (B) über in:

$$\text{(C)} \qquad \int \frac{\varphi\,\theta}{(\Sigma f f')^m}\,dw = -\,\varpi\cdot\sum\frac{\varphi(\eta)}{D_1(\eta)},$$

wo die Integration über die Mannigfaltigkeit: $F_0 = 0$ auszudehnen ist, und zwar stets in dem Sinne, dass $\int dw$ positiv bleibt, während die Summation rechts sich auf sämmtliche Punkte η bezieht, welche den Bedingungen:

$$F_0 < 0, \qquad f_1 = 0,\ f_2 = 0,\ \ldots\ f_m = 0$$

genügen, aber jeder Punkt so vielmal gerechnet als sein Charakter angiebt.

Für $m = 1$ geht die Gleichung (C) in die *Cauchy*'sche Formel über, denn es wird alsdann:

$$\varpi = 2\pi, \qquad \Sigma f f' = f_1 f'_1, \qquad \theta = -\,y^0_{1p}\cdot f'_1,$$

und wenn statt z^0_1, z^0_2 die Buchstaben x_0, y_0 für die Coordinaten der Punkte auf der Curve: $F_0 = 0$ eingeführt werden:

$$y^0_{1p} = \frac{\partial(x_0 + y_0 i)}{\partial p}.$$

Nimmt man nun dw d. h. das Element wachsenden Bogens auf der Curve: $F_0 = 0$ so, dass man in diesem Sinne fortgehend die negativen Werthe von p also auch die negativen Werthe von F_0 zur Linken behält, so ist:

$$\frac{\partial x_0}{\partial p} = \frac{\partial y_0}{\partial w}, \qquad \frac{\partial y_0}{\partial p} = -\frac{\partial x_0}{\partial w},$$

also:

$$y_{1p} = -i \cdot \frac{\partial (x_0 + y_0 i)}{\partial w},$$

und die Gleichung (C) erhält demnach — wenn überdies für f_1, f_{11} resp. f, f' und $\xi + \eta i$ für η gesetzt wird — die bekannte Form:

$$\int \frac{\varphi(x_0 + y_0 i)}{f(x_0 + y_0 i)} \cdot d(x_0 + y_0 i) = 2\pi i \sum \frac{\varphi(\xi + \eta i)}{f'(\xi + \eta i)},$$

welche sich somit in der That als specieller Fall der Gleichung (C) darstellt.

XI.

Diejenigen Werthsysteme oder Punkte $(\zeta_1, \zeta_2, \ldots \zeta_n)$, für welche mit den Functionen: $F_1, F_2, \ldots F_n$ zugleich deren Functionaldeterminante verschwindet, haben — wie schon oben bemerkt — einen Charakter, dessen absoluter Werth von Eins verschieden und auch gleich Null sein kann. Der Charakter derartiger Punkte kann als durch das Integral der Charakteristik, also (cf. No. V) durch:

$$-\frac{1}{\varpi} \int \frac{R}{S^n} \, dw$$

definirt angesehen werden, wobei die Integration auf ein beliebiges Gebiet $F_0 = 0$ zu erstrecken ist, welches aber ausser dem betrachteten Punkte ζ keinen andern umschliessen darf. In gleicher Weise kann also für den speciellen in den Abschnitten IX und X behandelten Fall von Functionen complexer Variabeln der Ausdruck:

(D) $$-\frac{1}{\varpi}\int\frac{\theta D_1}{(\Sigma ff')^m}\,dw$$

als Definition des Charakters eines Punktes gelten; d. h. das Integral (D) giebt an, wie vielfach ein Werthsystem $(\eta_1, \eta_2, \ldots \eta_m)$ zu rechnen ist, welches den Gleichungen:

$$f_1(\eta_1, \eta_2, \ldots \eta_m) = 0, \quad f_2(\eta_1, \eta_2, \ldots \eta_m) = 0, \quad \ldots \quad f_m(\eta_1, \eta_2, \ldots \eta_m) = 0$$

genügt, sobald die Integration über eine $(n-1)$fache Mannigfaltigkeit: $F_0 = 0$ erstreckt wird, für welche der Bereich $F_0 < 0$ nur jenen einzigen Punkt (η) enthält.

Die Formel (C) bleibt anwendbar, wenn die Gleichungen $f = 0$ ausser für discrete Punkte η auch noch für eine einfache oder mehrfache Mannigfaltigkeit von Punkten erfüllt sind; nur muss dann die Begrenzung F_0 so gewählt werden, dass jene Punktfolgen von dem Bereiche $F_0 < 0$ ausgeschlossen bleiben. Wenn nun in diesem Falle F_0 zugleich so bestimmt wird, dass der Bereich $F_0 < 0$ die sämmtlichen discreten Punkte η enthält, so wird die Anzahl derselben durch das Integral (D) ausgedrückt. Man könnte deshalb von einer genaueren Discussion dieses Integrals vielleicht einigen Aufschluss sowohl über die eben erwähnten bemerkenswerthen Fälle erwarten als über diejenigen, wo eine Multiplicität von Punkten auftritt, Fälle welche selbst für algebraische Gleichungs-Systeme bisher noch wenig erörtert worden sind. Aber es ist nicht zu verkennen, dass die Ermittelung des Werthes jenes Integrals (D) für die bezeichneten Fälle Schwierigkeiten darbietet, die eben mit der allgemeinen Gültigkeit desselben untrennbar verbunden sind. Dies erhellt schon aus dem Umstande, dass sämmtliche hier betrachteten Integrale eine ganz andere Form annehmen, wenn man für die Gleichungs-Systeme: $F_k = 0$ oder $f_k = 0$ andere aber äquivalente nimmt, d. h. solche, welche genau dieselben Punkte ζ oder η (sammt deren Charakter) bestimmen, während natürlich die Integrale ihrem Werthe nach dabei unverändert bleiben müssen. Andrerseits sollen aber auch die Erleichterungen hervorgehoben werden, welche man sich bei der directen Ermittelung jener Integralwerthe erlauben darf. Man kann nämlich für gegebene Begrenzungs-Functionen F_0 andere einer möglichst bequemen und geeigneten analytischen

Darstellung zugängliche Begrenzungen substituiren, da es ja nur darauf ankommt, dass diese mit jenen in Bezug auf die umschlossenen Punkte (η) übereinstimmen.

An die hier berührte Werth-Ermittelung für Integrale von der Form:

$$\int \psi(z_1^0, \; z_2^0, \; \ldots \; z_n^0)\, dw$$

will ich noch einige erläuternde Bemerkungen knüpfen. Die Einführung solcher Begrenzungs-Integrale war bei dem Gegenstande meiner Untersuchungen durchaus geboten und auch von denselben Vortheilen grösserer Einfachheit und Anschaulichkeit begleitet wie im Falle, wo n die Werthe 2 oder 3 hat, d. h. wie im Falle der Ebene und des Raumes. Aber derartige Begrenzungs-Integrale sind nicht unmittelbar für die Berechnung geeignet, sondern müssen zu diesem Zwecke erst in angemessener Weise transformirt werden. Das Integrations-Gebiet für die erwähnten Integrale ist: $F_0 = 0$ d. h. also eine aus der $n$fachen Mannigfaltigkeit (z) ausgeschiedene $(n-1)$fache Mannigfaltigkeit, und das Element derselben dw findet sich (cf. No. V) durch:

$$\pm \frac{\mathfrak{S}}{F_{0n}}\, dz_1 \cdot dz_2 \cdots dz_{n-1}$$

ausgedrückt, während das Element einer *an sich* betrachteten $(n-1)$fachen Mannigfaltigkeit $(z_1, z_2, \ldots z_{n-1})$ durch das Product:

$$dz_1 \cdot dz_2 \cdots dz_{n-1}$$

gegeben sein würde. Die hierbei auftretende Verschiedenheit der Natur von νfachen Mannigfaltigkeiten, je nachdem man dieselben an sich betrachtet oder aus einer Mannigfaltigkeit höherer Ordnung aussondert, kann nicht genug hervorgehoben werden; in den wenigen der geometrischen Interpretation zugänglichen Fällen sind derartige Unterscheidungen auch vollkommen geläufig. Eine an sich betrachtete oder (nach *Riemann*) ebene νfache Mannigfaltigkeit hat als Element das Product der Elemente der ν Variabeln d. h. also das Product der Elemente der ν einfachen Mannigfaltigkeiten, aus denen die νfache hergeleitet ist. Man kann nun kurzweg die für die Auswerthung jener Begrenzungs-Integrale erforderliche Transformation dahin charakterisiren, dass durch dieselbe die ausgesonderte $(n-1)$fache Mannigfaltigkeit: $F_0 = 0$ auf eine an sich betrachtete oder ebene $(n-1)$ fache Mannigfaltigkeit eindeutig bezogen und in dieselbe transformirt werden muss. Die Möglichkeit einer solchen Transformation geht unter Anderm aus folgenden Betrachtungen hervor.

Wenn man den Polarcoordinaten entsprechend für die Variabeln z die durch die Gleichungen:

$$r \cdot u_1 = z_1 - Z_1, \quad r \cdot u_2 = z_2 - Z_2, \quad \ldots, \quad r \cdot u_n = z_n - Z_n$$
$$u_1^2 + u_2^2 + \cdots + u_n^2 = 1$$

definirten neuen Variabeln: $r, u_1, u_2, \ldots u_n$ einführt, wo r positiv zu nehmen und unter $(Z_1, Z_2, \ldots Z_n)$ irgend ein fixirter Punkt (z) zu verstehen ist, so kann bei dieser Transformation die Gleichung: $F_0 = 0$ den Radius Vector r als eindeutige Function der Veränderlichen u bestimmen. In diesem Falle soll der Bereich: $F_0 < 0$ ein „Bezirk“ des Punktes Z (oder in Beziehung auf den Punkt Z) heissen. Da die n Variabeln u eindeutig durch $(n-1)$ Variabeln ausdrückbar sind, überdies auch jede einfache Folge von Werthen einer Variabeln x zwischen beliebigen Grenzen:

$$\frac{a}{a'} < x < \frac{b}{b'}$$

durch eine Substitution — z. B. indem:

$$x = \frac{ae^{-y} + be^{+y}}{a'e^{-y} + b'e^{+y}}$$

gesetzt wird — eindeutig in die gesammte unendliche Werthfolge der Variabeln y zu transformiren ist, so leuchtet ein, dass sobald nur $F_0 < 0$ für irgend einen Punkt Z einen „Bezirk“ bildet, jedes über die $(n-1)$ fache Mannigfaltigkeit $F_0 = 0$ zu erstreckende Begrenzungs-Integral in ein solches verwandelt werden kann, in welchem die Integration über eine gesammte *ebene* $(n-1)$ fache Mannigfaltigkeit auszudehnen ist. Wenn aber $F_0 < 0$ keinen Bezirk bildet, so kann man denselben in Bezirke theilen, vorausgesetzt dass der im vorliegenden Falle mehrwerthige Radius Vector r doch überall nur eine Anzahl von Werthen hat, welche eine bestimmte Zahl nicht überschreitet. Geht man nämlich von irgend einem Punkte Z des Bereiches: $F_0 < 0$ aus, so erfüllen die Linien r, wenn man dieselben nur bis zu den kleinsten der Begrenzung: $F_0 < 0$ angehörenden Werthen r_0 fortsetzt, einen bestimmten Theil des Bereiches: $F_0 < 0$, welcher alsdann einen Bezirk des Punktes Z bildet, jedoch mit einer leicht zu behebenden Modification. Diese Modification wird im Falle der Ebene ($n = 2$) anschaulich, wenn man sich eine das Stück einer Graden enthaltende Begrenzung vorstellt und dabei den Ausgangspunkt der *radii vectores* so annimmt, dass einer derselben mit jener graden Linie zusammenfällt. Die nach erfolgter Ausscheidung des einen Bezirks von dem Bereiche $F_0 < 0$ übrig bleibenden Theile hat man alsdann in gleicher Weise zu behandeln, bis der ganze Bereich: $F_0 < 0$ erschöpft ist. Die hier angedeutete Theilung eines Bereiches in Bezirke bietet für den vorliegenden Zweck gewisse Vortheile dar; aber man könnte unter den gemachten Voraussetzungen auch ohne dieselbe zu einer eindeutigen Bestimmung der verschiedenen Werthe von r_0 gelangen, indem man dieselben als erste, zweite, dritte etc. der Grösse nach unterscheidet. Hierbei will ich schliesslich auf die Erörterungen über Transformation vielfacher Integrale verweisen, welche Herr *Lipschitz* in *Borchardts Journal* Bd. 66. pag. 281 sqq. gegeben hat.

XII.

Bei den Untersuchungen, deren Entwickelungsgang ich hier in Umrissen dargelegt habe, bin ich vom *Sturm*'schen Satze ausgegangen. Eine Ausdehnung desselben auf Systeme von Gleichungen ist schon vor längerer Zeit von Hrn. *Hermite* angegeben worden[1]), aber es kam mir überdies darauf an, das den *Sturm*'schen Entwickelungen zu Grunde liegende Kettenbruchs-Verfahren selbst zu verallgemeinern und nachdem dies geschehen war die dadurch erhaltenen allgemeineren Resultate naturgemäſs zu interpretiren. Ich wurde hierbei auf jene Betrachtungen geführt, welche den Inhalt der ersten vier Abschnitte vorliegender Notiz bilden, und welche ich damals in mündlichen Unterhaltungen meinem Freunde *Weierstrass* mittheilte. Dabei wurde ich von ihm angeregt unter den erlangten neuen Gesichtspunkten den Gegen-

---

[1]) *Ch. Hermite,* Sur l'extension du théorème de M. Sturm à un système d'équations simultanées. Comptes rendus t. 35. 1852. II. p. 52.

Ch. Hermite, Remarques sur le théorème de M. Sturm. Comptes rendus t. 36. 1853. I. p. 294.

H.

stand meiner Untersuchung weiter und namentlich in derjenigen Richtung zu verfolgen, in welcher nicht bloss eine Ausdehnung des *Sturm*'schen sondern auch des *Cauchy*'schen Satzes erhalten würde. Die Arbeiten, welche ich darauf hin unternommen, und die Resultate, welche ich dabei erlangt habe, finden sich in den Abschnitten V bis X auseinandergesetzt und zwar im Wesentlichen in derselben Reihenfolge, wie sie sich mir bei der Untersuchung ergeben haben. Ich habe diese genetische Darstellung sowohl in der vorliegenden auszugsweisen Mittheilung als auch in der den Denkschriften vorbehaltenen ausführlichen Abhandlung gewählt, weil dadurch die Einsicht in den Zusammenhang der verschiedenen Resultate erleichtert wird; aber ich darf nicht unerwähnt lassen, dass man auf kürzerem und einfacherem Wege zur nachträglichen Verification einiger der gefundenen Resultate gelangen kann. Die hierbei anzuwendenden Methoden stützen sich zumeist auf die partielle Integration vielfacher Integrale und deren Variation nach den Grenzen. Ich will die bezüglichen Formeln deshalb hier am Schlusse noch aufstellen, zumal dieselben auch bei denjenigen Methoden benutzt werden müssen, welche ich in der vorliegenden Notiz angedeutet habe.

Wenn $P, Q, Q^{(1)}, Q^{(2)}, \ldots Q^{(n)}$ reelle eindeutige und im Allgemeinen stetige Functionen der n Variabeln z bedeuten und deren Ableitungen nach den einzelnen Variabeln durch Anfügung entsprechender unterer Indices bezeichnet werden, so hat man folgende Formel für die partielle Integration:

$$(1) \qquad \int \Sigma P_k Q^{(k)} \cdot dv + \int P \cdot \Sigma Q_k^{(k)} dv = \int P \cdot \Sigma Q^{(k)} \cdot z_{kp}^0 dw .$$

Die Summationen sind hier überall von $k=1$ bis $k=n$ zu erstrecken. Für die beiden auf der linken Seite stehenden $n$fachen Integrale wird der gemeinsame Integrations-Bereich als gegeben betrachtet; die Integration auf der rechten Seite ist alsdann über die gesammte $(n-1)$fache Mannigfaltigkeit: $F_0 = 0$ auszudehnen, welche „*die natürliche Begrenzung*" jenes Bereiches bildet. Unter diesem Ausdrucke „natürliche Begrenzung" soll nämlich die gesammte $(n-1)$fache Mannigfaltigkeit verstanden werden, welche die Unstetigkeitsstellen der zu integrirenden Functionen (d. h. sowohl einzelne Punkte als einfach oder mehrfach ausgedehnte Punktfolgen) unendlich nahe umschliesst oder abschliesst. In dem allgemeinsten Sinne des Ausdrucks „natürliche Begrenzung“ ist also auch die *gegebene* Begrenzung des Integrations-Bereiches der $n$fachen Integrale mit inbegriffen, insofern bei Erweiterung dieses Bereiches anzunehmen ist, dass die Werthe der zu integrirenden Functionen an der gegebenen Begrenzung plötzlich zu Null übergehen. Uebrigens ist zu bemerken, dass für gewisse Theile der natürlichen Begrenzung das Integral auf der rechten Seite der Gleichung (1) verschwinden kann und dass man also dergleichen Theile überhaupt wegzulassen befugt ist.

Die in der Formel (1) rechts vorkommende Grösse z^0_{kp} ist wie im Abschnitt V durch die Gleichungen:

$$\sqrt{F^2_{01} + F^2_{02} + \cdots + F^2_{0n}} = \mathfrak{S}, \qquad z^0_{kp} = \frac{F_{0k}}{\mathfrak{S}}$$

bestimmt, wo in $F_{01}, F_{02}, \ldots$ für $z_1, z_2, \ldots$ die auf der Begrenzung liegenden Werthe $z^0_1, z^0_2, \ldots$ einzusetzen sind.

Wenn mit J ein $n$faches Integral:

$$\int P dv \qquad \text{(über } F_0(z_1, z_2, \ldots z_n, t) < 0 \text{ erstreckt)}$$

bezeichnet wird, so hat man für die Differentiation desselben nach dem in der Begrenzungs-Function enthaltenen Parameter t die Formel:

$$\frac{\partial J}{\partial t} = -\int \frac{P}{\mathfrak{S}} \cdot \frac{\partial F_0}{\partial t} \cdot dw, \tag{2}$$

das Integral rechts über die Begrenzung: $F_0 = 0$ ausgedehnt.

Setzt man in der Gleichung (1) einer *Borchardt*'schen Formel entsprechend (cf. *Liouville's Journal* Bd. XIX pag. 383)[1]):

$$\mathfrak{S} \cdot Q^{(k)} = F_{0k},$$

so geht die rechte Seite über in:

---

[1]) *C. W. Borchardt.* Sur la quadrature définie des surfaces courbes. Ges. Werke S. 67—89. Vgl. dort S. 79 (9). H.

$$\int P dw\,,$$

und die Gleichung kann alsdann dazu benutzt werden, Begrenzungs-Integrale durch $n$fache Integrale auszudrücken.

Setzt man ferner in der Gleichung (1): $Q^{(k)} = Q_k$, so wird (cf. No. V):

$$\Sigma\, Q^{(k)} \cdot z^0_{kp} = \Sigma\, Q_k \frac{\partial z^0_k}{\partial p}\,,$$

wo die rechte Seite nichts Anderes ist, als der nach p genommene partielle Differentialquotient von Q in irgend einem Punkte (z^0). Die Gleichung (1) geht also bei der gemachten Annahme in folgende über:

$$(3) \qquad \int \Sigma\, P_k Q_k dv + \int P \cdot \Sigma\, Q_{kk} dv = \int P \cdot \frac{\partial Q}{\partial p} \cdot dw\,.$$

Endlich resultiren aus der Gleichung (1) die folgenden beiden Formeln für Functionen complexer Variabeln, wenn die im Abschnitt IX eingeführten Bezeichnungen:

$$y_h = z_h + i z_{m+h}\,, \qquad \mathfrak{f}(y_1, y_2, \dots y_m) = \mathfrak{f}\,, \qquad \frac{\partial \mathfrak{f}}{\partial y_h} = \mathfrak{f}_h$$

beibehalten und überdies noch m Functionen $g^{(h)}$ eingeführt werden, welche sowohl von den Variabeln y als von deren conjugirten y' abhängen können:

$$(4) \qquad \int \Sigma\, (\mathfrak{f}_h g^{(h)} + \mathfrak{f} \cdot g^{(h)}_h) dv = \frac{1}{2} \int \mathfrak{f} \cdot \Sigma (F_{0h} - i F_{0,\,m+h}) \cdot g^{(h)} \cdot \frac{dw}{\mathfrak{S}}$$

$$(5) \qquad \int \mathfrak{f}' \cdot \Sigma\, g^{(h)}_h dv = \frac{1}{2} \int \mathfrak{f}' \cdot \Sigma\, (F_{0h} - i F_{0,\,m+h}) \cdot g^{(h)} \cdot \frac{dw}{\mathfrak{S}}\,.$$

Die Summationen sind hierbei von $h = 1$ bis $h = m$ zu erstrecken, unter $\mathfrak{f}'$ ist die zu $\mathfrak{f}$ conjugirte Function und endlich unter g_h die partielle Ableitung von g nach y_h zu verstehen, während für die Integrationsbereiche dieselben Bestimmungen gelten wie bei der Formel (1).

Mit Hülfe der angegebenen Formeln lassen sich auch die von *Gauss* und *Green* herrührenden Potential-Sätze auf das Potential Π übertragen, aber es soll hierauf nicht näher eingegangen sondern nur noch eine Anwendung von den obigen Formeln gemacht werden, welche dem hier behandelten Gegenstande näher liegt.

Setzt man in der Formel (3) statt der n Integrations-Variabeln z die n Variabeln ξ und zur Unterscheidung dv' für dv, so dass:

$$dv' = d\xi_1 \cdot d\xi_2 \cdots d\xi_n$$

wird und ferner:

$$P = 1\,, \qquad Q = \Pi(\xi)\,,$$

so erhält man:

$$\int \Delta\Pi(\xi)dv' = \int \frac{\partial \Pi}{\partial p'} \cdot dw'\,, \tag{6}$$

wo die Integration links über ein Gebiet:

$$U_0(\xi_1, \xi_2, \ldots \xi_n) < 0\,,$$

rechts über dessen Begrenzung: $U_0 = 0$ zu erstrecken ist. Da nun, wenn man der früheren Bezeichnung analog:

$$\mathfrak{S}' = \sqrt{U_{01}^2 + U_{02}^2 + \cdots + U_{0n}^2}$$

setzt,

$$\frac{\partial \Pi}{\partial p'} = \sum \frac{\partial \Pi}{\partial \xi_k} \cdot \frac{U_{0k}}{\mathfrak{S}'}$$

wird, so verwandelt sich mit Rücksicht auf den im Abschnitt VI für $\Pi(\xi)$ gegebenen Ausdruck das Integral auf der rechten Seite der Gleichung (6) in:

$$\int \mathfrak{F}\Delta_0 dv \int \Sigma\, U_{0k}(F_k - \xi_k) \cdot \frac{dw'}{S^n \cdot \mathfrak{S}'} \cdot$$

Das innerste dieser beiden Integrale stellt nach Abschnitt V die Charakteristik des Systems von Functionen der Variabeln ξ:

$$(U_0, \xi_1 - F_1, \xi_2 - F_2, \ldots \xi_n - F_n)$$

multiplicirt mit: $-\varpi$ dar, und diese Charakteristik ist offenbar Eins oder Null je nachdem

$$U_0(F_1, F_2, \ldots F_n)$$

einen negativen oder einen positiven Werth hat. Das in Rede stehende Integral mit dem Element dw' übernimmt also bei der weiteren Integration nach dv die Rolle eines discontinuirlichen Factors und schliesst alle diejenigen Werthsysteme z aus, für welche $U_0(F) > 0$ ist, so dass endlich aus der Gleichung (6) die bemerkenswerthe Formel:

$$\int \Delta\Pi(\xi) dv' = -\varpi \int \mathfrak{F} \cdot \Delta_0 \cdot dv \tag{7}$$

resultirt. Die Integration ist hierbei links auf das Gebiet $U_0(\xi_1, \xi_2, \ldots \xi_n) < 0$ und rechts auf alle diesen Punkten ξ entsprechenden Punkte z zu erstrecken, während die Beziehung der Mannigfaltigkeiten ξ und z zu einander durch die Gleichungen:

$$\xi_k = F_k(z_1, z_2, \ldots z_n) \qquad (k=1, 2, \ldots n)$$

definirt wird.

Die im Abschnitte VI aufgestellte fundamentale Gleichung $(\mathfrak{A})$ kann als Grenzfall der Formel (7) betrachtet werden, wenn nämlich das durch $U_0 < 0$ definirte Gebiet auf die unmittelbare Umgebung des Punktes $(\xi_k = 0)$ eingeschränkt wird. Da die Formel (7) nicht bloss auf einfacherem Wege zu erlangen ist, sondern auch ohne die Voraussetzung, dass Ableitungen der Function $\mathfrak{F}$ existiren, so würde es durchaus vortheilhaft erscheinen, die Formel (7) zur Begründung der Gleichung $(\mathfrak{A})$ zu benutzen. Aber es ist dabei nöthig, entweder — wie es bei der obigen Herleitung der Formel (7) geschehen ist — die Existenz der zweiten Differentialquotienten von $\Pi(\xi)$ von vorn herein zu supponiren, oder aber nachzuweisen, dass die Aufeinanderfolge der beiden Grenzoperationen verändert werden kann, von denen die eine in dem Uebergange von einem endlichen Gebiete: $U_0 < 0$ zu einem einzigen darin enthaltenen Punkte besteht, die andere in dem Uebergange von einem Differenzenquotienten:

$$\frac{1}{\delta_k}\{\Pi_k(\ldots, \xi_k + \delta_k, \ldots) - \Pi_k(\ldots \xi_k \ldots)\},$$

den ich mit D_k bezeichnen will, zu dem entsprechenden Differentialquotienten Π_{kk}. Ohne die Voraussetzung der Existenz von Π_{kk} ergiebt sich nach obiger Methode nur, dass:

$$\lim \cdot \int \Sigma D_k \cdot dv' = -\varpi \int \mathfrak{F} \cdot \Delta_0 \cdot dv$$

wird, wenn sich die in D_k enthaltenen Grössen δ_k sämmtlich der Null nähern, und es ist immerhin bemerkenswerth, dass eine solche für den Fall der gewöhnlichen Massen-Potentiale anschaulich zu deutende und der partiellen Differentialgleichung des Potentials durchaus entsprechende Relation stattfindet, bei deren Herleitung keinerlei Voraussetzung über die Dichtigkeits-Function erforderlich ist, als die, dass der Potential-Ausdruck selbst einen bestimmten Sinn haben muss. Sollte durch die in Rede stehende Relation die Potential-Gleichung bei Anwendungen auf die Physik ersetzt werden können, so würde man damit von der Nothwendigkeit einer Voraussetzung befreit, die man im Falle der Natur nicht füglich machen kann, nämlich von der Voraussetzung, dass die Dichtigkeits-Function differentiirbar sei. Man braucht freilich selbst bei der Herleitung der Potential-Gleichung diese Voraussetzung nicht so unbedingt, wie es nach der *Gauss*'schen Darstellung auf den ersten Blick scheint; dieselbe lässt sich vielmehr noch wesentlich einschränkend modificiren, und bei der *Clausius*'schen Herleitung wird — im Grunde genommen — nur von dem Differentialquotienten der mittleren Dichtigkeit eines vom angezogenen Punkte ausgehenden Radius Vector Gebrauch gemacht; aber es muss doch erst weiterer Untersuchung vorbehalten bleiben über die Frage zu entscheiden, ob man ohne irgend eine Voraussetzung über die Dichtigkeits-Function zu machen die partielle Differentialgleichung des Potentials begründen kann, und ob überhaupt diese Differentialgleichung in eben solchem Umfange ihre Gültigkeit behält wie die obige derselben entsprechende Relation.

ÜBER SYSTEME VON FUNCTIONEN MEHRER VARIABELN.

[Gelesen in der Akademie der Wissenschaften am 5. August 1869.]

Wenn man mit F_0 eine reelle Function der n reellen Variabeln: $z_1, z_2, \ldots z_n$ und mit: $F_{01}, F_{02}, \ldots F_{0n}$ deren partielle Ableitungen bezeichnet, so kann man auf das System der $(n+1)$ Functionen:

$$(F_0, F_{01}, F_{02}, \ldots F_{0n})$$

die Betrachtungen anwenden, welche ich in meiner Mittheilung vom 4. März d. J. erörtert habe.[1]) Es knüpft sich an dieses specielle System ein eigenthümliches Interesse, weil man darauf geführt wird, wenn man die Theorie der Krümmung von Flächen auf Functionen mehrer Variabeln ausdehnt. Ich behalte die Ausdrücke und Bezeichnungen des im Monatsberichte vom März d. J. abgedruckten Aufsatzes bei und setze für den speciellen Fall, welcher den Gegenstand der vorliegenden Mittheilung bildet,

$$F_k = F_{0k} \qquad (k = 1, 2, \ldots n)$$

und auch der Gleichförmigkeit wegen, da wo es passend erscheint, F_{00} für F_0. Ferner bezeichne ich wie in meinem Aufsatze über bilineare Formen[2]) (Monatsbericht vom October 1866) mit:

---

[1]) *L. Kronecker,* Ueber Systeme von Functionen mehrer Variablen. Bd. I. S. 175—212 dieser Ausgabe von *L. Kronecker's* Werken. H.

[2]) *L. Kronecker,* Ueber bilineare Formen. Bd. I S. 143—162 dieser Ausgabe von *L. Kronecker's* Werken. H.

$$|A_{gh}|$$

die aus $(n+1)^2$ Grössen:

$$A_{gh} \qquad (g, h = 0, 1, 2, \ldots n)$$

gebildete Determinante und mit: δ_{gh} die „*Null*“ oder die „*Eins*“, je nachdem $g \gtrless h$ oder $g = h$ ist. Alsdann ist die Charakteristik des Systems:

$$(F_{00}, F_{01}, F_{02}, \ldots F_{0n})$$

durch:

$$\text{(K)} \qquad -\frac{1}{\varpi}\int |F_{gh}| \cdot \frac{dw}{S^{n+1}}$$

ausgedrückt. In der Determinante unter dem Integralzeichen nehmen die Indices g und h alle Werthe von 0 bis n an, und F_{0h} sowohl als F_{h0} übereinstimmend mit F_h bedeutet die Ableitung von F_0 nach z_h, während mit F_{gh} wenn g und h von Null verschieden sind, die Ableitung von F_g nach z_h oder also die zweite Ableitung von F_0 nach z_g und z_h bezeichnet ist. Scheidet man sämmtliche Werthsysteme (z), welche den Bedingungen:

$$F_0 < 0, \qquad F_{01} = F_{02} = \cdots = F_{0n} = 0,$$

genügen, in zwei Gattungen, je nachdem die *Hesse*'sche Determinante von F_0 einen positiven oder negativen Werth erhält, so giebt das Integral (K) nach der Bedeutung des Wortes „*Charakteristik*“ den Ueberschuss der Anzahl von Werthsystemen erster Gattung über die der zweiten an. Andrerseits hat aber für die Fälle $n = 2$ und 3 das Integral (K) eine bekannte geometrische Bedeutung und es bedeutet namentlich für $n = 3$ die über die ganze geschlossene Fläche: $F_0 = 0$ ausgedehnte „*curvatura integra*“, durch 4π dividirt; es ist also hiermit die Uebereinstimmung der „*curvatura integra*“ und der mit 4π multiplicirten Charakteristik des Systems: $(F_0, F_{01}, F_{02}, F_{03})$ erwiesen und dadurch auch eine einfache Methode für die Bestimmung der totalen Krümmung einer beliebigen geschlossenen Oberfläche gewonnen.

Die Untersuchung des obigen Integrals der Charakteristik eines Systems: $(F_0, F_{01}, F_{02}, \ldots F_{0n})$ hat mich darauf geleitet, die Theorie der Krümmung auf Functionen von n Variabeln zu übertragen. Dabei habe ich gefunden, dass die für Oberflächen gebräuchlichen Betrachtungen sich in sehr einfacher und eleganter Weise verallgemeinern lassen und dass die bekannten analytischen Resultate durchaus erhalten bleiben, wenn man an die Stelle der drei Raumcoordinaten n Variable einführt. Ich behalte mir die ausführlichere Mittheilung meiner bezüglichen Untersuchungen vor und will hier nur einige vorläufige Andeutungen darüber geben.

Ich nenne eine *ebene* νfache Mannigfaltigkeit eine solche, welche durch $(n-\nu)$ *lineare* Gleichungen aus der gesammten $n$fachen Mannigfaltigkeit ausgeschieden wird, welche also bei Einführung von ν neuen Variabeln u durch n Gleichungen:

$$z_k - z_k^0 = \sum_{i=1}^{i=\nu} c_{ki}\, u_i \qquad (k = 1, 2, \ldots n)$$

definirt werden kann. Eine ebene *einfache* Mannigfaltigkeit oder also eine „*ebene Linie*" kann hiernach durch die Form:

$$z_k - z_k^0 = a_k t \qquad (k = 1, 2, \ldots n)$$

dargestellt werden, wo $\sum a_k^2 = 1$ ist und die Variable t so zu sagen die Entfernung des variablen Punktes (z) von dem festen Punkte (z^0) bedeutet. Für zwei solche ebene Linien entspricht der Ausdruck:

$$\Sigma\, a_k a'_k \qquad (k = 1, 2, \ldots n)$$

dem Cosinus des Richtungs-Unterschiedes der beiden Linien. Ferner ist wie in meinem Aufsatze vom 4. März d. J. die Linie:

$$z_k - z_k^0 = \frac{F_k}{S} \cdot p$$

die Normale an F_0 im Punkte (z^0), und p die Entfernung des Punktes (z) vom Punkte (z^0). Mit Hülfe dieser Bestimmungen lässt sich offenbar auch der Begriff des Unterschiedes der Richtungen zwischen einer Linie und einer $(n-1)$fachen Mannigfaltigkeit festsetzen.

Die $(n-1)$ fache ebene Mannigfaltigkeit, welche die $(n-1)$ fache Mannigfaltigkeit: $F_0 = 0$ im Punkte (z^0) berührt, ist:

$$\Sigma (z_k - z_k^0) F_k = 0 \qquad (k = 1, 2, \ldots n),$$

wo in F_k für die Variabeln z die entsprechenden Werthe z^0 einzusetzen sind; eine *zweifache* ebene Mannigfaltigkeit, welche durch denselben Berührungspunkt geht, ist:

$$(a, b) \qquad z_k - z_k^0 = a_k u + b_k v \qquad (k = 1, 2, \ldots n),$$

wo u und v zwei Variable bedeuten. Hier können nun durch lineare Umformung von u und v die Werthe von a so gewählt werden, dass die Linie:

$$(a) \qquad z_k - z_k^0 = a_k t \qquad (k = 1, 2, \ldots n)$$

in jener berührenden Mannigfaltigkeit liegt und dass die Linie:

$$(b) \qquad z_k - z_k^0 = b_k t \qquad (k = 1, 2, \ldots n)$$

zu der Linie (a) normal ist. Alsdann finden also die Gleichungen statt:

$$\Sigma a_k F_k = 0, \qquad \Sigma a_k b_k = 0,$$

während übrigens wie oben:

$$\Sigma a_k^2 = 1, \qquad \Sigma b_k^2 = 1$$

ist. Denkt man sich nun in der Mannigfaltigkeit (a, b) und zwar im Punkte (z^0) eine Normale an die von der Mannigfaltigkeit (a, b) aus F_0 ausgeschnittene Linie bestimmt und bezeichnet mit:

$$\varrho(a, b)$$

die Länge derselben vom Punkte (z^0) bis zum Durchschnittspunkte der benachbarten Normale, so ist diese dem Krümmungsradius entsprechende und von den Coefficienten a und b abhängige Grösse ϱ durch die Gleichung:

$$\varrho(a, b) \cdot \Sigma a_i a_k F_{ik} = \Sigma b_k F_k \qquad (i, k = 1, 2, \ldots n)$$

gegeben. Da nun die Linie:

$$z_k - z_k^0 = \frac{F_k}{S} \cdot p$$

die Normale an F_0 im Punkte (z^0) darstellt, so ist die rechte Seite der obigen Gleichung nichts Anderes als der mit S multiplicirte Cosinus des Richtungs-Unterschiedes zwischen der Normale und der Linie (b). Wenn also die Linie (b) mit der Normale zusammenfällt d. h. also für einen *Normalschnitt* (a, b) ist:

$$\varrho(a) \cdot \Sigma a_i a_k F_{ik} = S,$$

und folglich analog dem *Meunier*'schen Satze:

$$\varrho(a, b) = \varrho(a) \cdot \Sigma b_k f_k,$$

wo zur Abkürzung f_k für den Quotienten: $\frac{F_k}{S}$ geschrieben ist.

Sucht man diejenigen Werthe der Function $\varrho(a)$, für welche die ersten Ableitungen derselben sämmtlich verschwinden, vorausgesetzt dass diese Ableitungen unter Berücksichtigung der beiden zwischen den Grössen (a) bestehenden Relationen gebildet werden, so ist es vortheilhaft die n Grössen a durch $(n-1)$ Grössen α zu ersetzen, welche durch folgende Gleichungen definirt werden:

$$a_k = \Sigma c_{rk} \alpha_r, \qquad (k = 1, 2, \ldots n)$$

wo die Summation in Bezug auf r — wie durchweg im Folgenden — auf die Werthe $1, 2, \ldots n-1$ zu erstrecken ist. Die Coefficienten c_{rk} sind dabei so zu bestimmen, dass durch die Substitution:

$$x_k = \Sigma c_{rk} y_r$$

die Bedingungen:

$$\Sigma F_k x_k = 0, \qquad \Sigma F_{ik} x_i x_k = \Sigma \lambda_r y_r^2, \qquad \Sigma x_k^2 = \Sigma y_r^2$$

erfüllt werden, in welchen die auf i und k bezüglichen Summationen stets auf die Zahlen 1 bis n auszudehnen sind. Man erhält hiernach für die Coefficienten c die folgenden bestimmenden Gleichungen:

$$\sum_k c_{rk}^2 = 1, \qquad \sum_h c_{rh} F_{0h} = 0, \qquad \sum_h c_{rh} F_{ih} = \lambda_r c_{ri},$$

wo h die Werthe $0, 1, \ldots n$, aber i und k nur die Werthe $1, 2, \ldots n$ annimmt und wo λ_r irgend eine der $(n-1)$ Wurzeln der Gleichung:

$$|F_{gh} - \lambda \cdot \delta_{gh}| = 0 \qquad \begin{pmatrix} g, h = 0, 1, 2, \ldots n \\ \delta_{00} = 0 \end{pmatrix}$$

bedeutet. Diese Wurzeln sind sämmtlich reell, und man überzeugt sich hiervon leicht, wenn man von den $(n+1)^2$ Grössen F_{gh} die n^2 letzten, d. h. also die Grössen:

$$F_{ik} \qquad (i, k = 1, 2, \ldots n)$$

durch Grössen: φ_k ersetzt, welche bei der orthogonalen Transformation:

$$\Sigma F_{ik} x_i x_k = \Sigma \varphi_k y_k^2, \qquad \Sigma x_k^2 = \Sigma y_k^2$$

auftreten.

Da nach den angegebenen Bestimmungen:

$$\varrho(a) \cdot \Sigma \lambda_r \alpha_r^2 = S, \qquad \Sigma \alpha_r^2 = 1$$

wird, so verschwinden sämmtliche Ableitungen von $\varrho(a)$, wenn alle $(n-1)$ Grössen α mit Ausnahme einer einzigen (α_r) gleich Null und demnach: $\alpha_r^2 = 1$ gesetzt wird. Irgend eines dieser besonderen Werthsysteme der Grössen a ist also einfach durch die Gleichungen:

$$a_k = c_{rk} \qquad (k = 1, 2, \ldots n)$$

gegeben und der entsprechende Werth von ϱ ist:

$$\frac{S}{\lambda_r}.$$

Hiernach werden die den Hauptkrümmungsradien entsprechenden $(n-1)$ Werthe von $\varrho(a)$, nämlich:

$$\varrho_r = \frac{S}{\lambda_r} \qquad (r = 1, 2, \ldots n-1)$$

durch die Gleichung:

$$|\varrho \cdot F_{gh} - S \cdot \delta_{gh}| = 0$$

bestimmt, die zweifache ebene Mannigfaltigkeit, welcher irgend ein ϱ_r als Krümmungsradius der aus F_0 ausgeschnittenen einfachen Mannigfaltigkeit angehört, ist:

$$z_k - z_k^0 = c_{rk} u + f_k v,$$

und die in der berührenden Mannigfaltigkeit hiervon ausgeschnittene ebene Linie:

$$z_k - z_k^0 = c_{rk} t.$$

Alle diese $(n-1)$ den verschiedenen Werthen des Index r entsprechenden Linien sind zu einander normal, d. h. es besteht für je zwei Linien:

$$z_k - z_k^0 = c_{rk} t, \qquad z_k - z_k^0 = c_{sk} t$$

die Relation:

$$\sum_k c_{rk} c_{sk} = 0,$$

und es wird analog der *Euler*'schen Formel:

$$\frac{1}{\varrho(a)} = \Sigma \frac{\alpha_r^2}{\varrho_r},$$

wo α_r durch die Gleichung:

$$\alpha_r = \sum_k c_{rk} a_k$$

definirt ist, also den Cosinus des Richtungs-Unterschiedes zwischen den beiden Linien:

$$z_k - z_k^0 = c_{rk} t, \qquad z_k - z_k^0 = a_k t$$

darstellt. Man sieht hieraus, wie die Grössen $\varrho_1, \varrho_2, \ldots \varrho_{n-1}$ in den wesentlichsten Beziehungen den Hauptkrümmungsradien der Oberflächen entsprechen, und es findet sich auch folgende Grundeigenschaft derselben wieder:

> „Es giebt auf der Normale:
>
> $$z_k - z_k^0 = f_k \cdot p$$
>
> $(n-1)$ Punkte (z), in denen dieselbe von einer benachbarten Normale geschnitten wird, und die zugehörigen Werthe von p sind jene Grössen: $\varrho_1, \varrho_2, \ldots \varrho_{n-1}$."

Der reciproke negative Werth des Productes der $(n-1)$ Werthe von ϱ, welche der Gleichung:

$$|\varrho \cdot F_{gh} - S \cdot \delta_{gh}| = 0$$

genügen, ist offenbar identisch mit dem Ausdrucke, welcher unter dem Integrale (K) mit dem Elemente dw multiplicirt ist. Die Charakteristik des Systems:

$$(F_0, F_{01}, F_{02}, \ldots F_{0n})$$

kann also auch durch:

$$+\frac{1}{\varpi}\int \frac{dw}{\varrho_1 \varrho_2 \cdots \varrho_{n-1}}$$

dargestellt werden, und der reciproke Werth des Productes: $\varrho_1 \varrho_2 \cdots \varrho_{n-1}$ entspricht dem *Gauss*'schen Krümmungsmaasse. Denn wenn man die *Gauss*'sche Bestimmung des Krümmungsmaasses auf $(n-1)$fache Mannigfaltigkeiten: $F_0 = 0$ ausdehnt, indem man die Normalen einer solchen mit denjenigen von:

$$\Sigma z_k^2 = 1$$

vergleicht, so erhält man als die dem Krümmungsmaasse entsprechende Grösse eben jenen Ausdruck, der unter dem Integrale (K) mit dem Elemente dw multiplicirt ist, negativ genommen, d. h. also den reciproken Werth des Productes: $\varrho_1 \varrho_2 \cdots \varrho_{n-1}$. Hieraus geht hervor, dass in der That derjenigen Zahl, welche das Verhältniss der „*curvatura integra*" einer geschlossenen Oberfläche zur Kugel-Oberfläche angiebt, für eine Function von n Variabeln (F_0) die Charakteristik des aus der Function F_0 und ihren n partiellen Ableitungen gebildeten Systems entspricht. Da diese Charakteristik durch den Ueberschuss derjenigen im Innern von F_0 liegenden Punkte (z) gegeben wird, für welche:

$$F_{01} = F_{02} = \cdots = F_{0n} = 0, \qquad |F_{ik}| > 0,$$

über diejenigen, wofür:

$$F_{01} = F_{02} = \cdots = F_{0n} = 0, \qquad |F_{ik}| < 0$$

ist, so kann sich dieselbe für verschiedene Mannigfaltigkeiten:

$$F_0 = c$$

bei Variation der Constante c nur dann ändern, wenn bei einer solchen Veränderung des inneren Bereiches $(F_0 < c)$ Punkte, wofür:

$$F_{01} = F_{02} = \cdots = F_{0n} = 0$$

ist, in denselben aufgenommen oder von demselben ausgeschlossen werden.

Die geometrische Beziehung der Charakteristik von Functionen-Systemen ist nicht auf die speciellen hier behandelten Systeme beschränkt.

Für allgemeine Systeme $(F_0, F_1, F_2, \ldots F_n)$ tritt aber in den geometrischen Beziehungen an Stelle des *Gauss*'schen Krümmungsmaasses das *Kummer*'sche Dichtigkeitsmaass auf. Betrachtet man nämlich das $(n-1)$ fach unendliche System ebener Linien:

$$z_k - z_k^0 = \frac{F_k(z_1^0, z_2^0, \ldots z_n^0)}{S\,(z_1^0, z_2^0, \ldots z_n^0)} \cdot t, \qquad (k = 1, 2, \ldots n)$$

wo

$$F_0(z_1^0, z_2^0, \ldots z_n^0) = 0$$

und $F_1, F_2, \ldots F_n$ irgend welche eindeutige Functionen der n Variabeln z bedeuten, also die obige Voraussetzung, dass dieselben mit den Ableitungen von F_0 übereinstimmen, fallen gelassen ist, so entspricht jeder ebenen Linie des Systems ein Punkt (z^0) der $(n-1)$ fachen Mannigfaltigkeit: $F_0 = 0$ und auch ein Punkt (ζ):

$$\zeta_k = \frac{F_k(z_1^0, z_2^0, \ldots z_n^0)}{S\,(z_1^0, z_2^0, \ldots z_n^0)} \qquad (k = 1, 2 \ldots n)$$

der $(n-1)$ fachen Mannigfaltigkeit:

$$\zeta_1^2 + \zeta_2^2 + \cdots + \zeta_n^2 = 1\,.$$

Bei der hierdurch entstehenden Beziehung der beiden $(n-1)$ fachen Mannigfaltigkeiten:

$$F_0(z_1^0, z_2^0, \ldots z_n^0) = 0\,, \qquad \Sigma\, \zeta_k^2 = 1$$

auf einander wird aber das Verhältniss der Elemente beider Mannigfaltigkeiten seinem absoluten Werthe nach durch:

$$\frac{1}{\mathfrak{S} \cdot S^n} \cdot |\, F_{gh} \,| \qquad (g, h, = 0, 1, 2, \ldots n)$$

ausgedrückt, wo

$$F_{g0} = F_g,$$

$$F_{0k} = \frac{\partial F_0}{\partial z_k}, \qquad F_{ik} = \frac{\partial F_i}{\partial z_k}$$

für $i, k = 1, 2, \dots n$ und:

$$\mathfrak{S}^2 = F_{01}^2 + F_{02}^2 + \cdots + F_{0n}^2$$

$$S^2 = F_1^2 + F_2^2 + \cdots + F_n^2$$

zu nehmen und überall unter den Functionszeichen F die durch die Gleichung:

$$F_0(z_1^0, z_2^0, \dots z_n^0) = 0$$

mit einander verbundenen Variabeln z^0 einzusetzen sind. Da nun nach der in meinem oben erwähnten Aufsatze vom März d. J. angenommenen Bedeutung von R:

$$R \cdot \mathfrak{S} = |F_{gh}|$$

ist, so wird jenes Verhältniss der Elemente durch:

$$\frac{R}{S^n}$$

dargestellt, d. h. durch eben den Ausdruck, welcher in dem Integrale der Charakteristik mit dem Elemente dw der Mannigfaltigkeit: $F_0 = 0$ multiplicirt ist. Wenn man also im Falle: $n = 3$ den Variabeln: z_1, z_2, z_3 die Bedeutung rechtwinkliger Raumcoordinaten beilegt, so wird das Element des Integrals der Charakteristik eines allgemeinen Functionen-Systems:

$$(F_0, F_1, F_2, F_3)$$

für das durch die Gleichungen:

$$z_k - z_k^0 = \frac{F_k(z_1^0, z_2^0, z_3^0)}{S(z_1^0, z_2^0, z_3^0)} \cdot t, \qquad (k = 1, 2, 3)$$

$$F_0(z_1^0, z_2^0, z_3^0) = 0$$

definirte Strahlensystem „das auf die Normalebene des zugehörigen Strahls projicirte Element der Fläche ($F_0 = 0$), multiplicirt mit dem *Kummer*'schen Dichtigkeitsmaass“ oder „das Element der Fläche ($F_0 = 0$) selbst, multiplicirt mit der auf dasselbe bezogenen Dichtigkeit des Strahlensystems“. Hierdurch zeigt es sich, dass die Theorie der Charakteristik von Functionen-Systemen ebenso nahe mit geometrischen Theorieen zusammenhängt wie mit der Potentialtheorie; und man darf wohl in diesen Beziehungen des ursprünglich aus rein analytischen Principien entwickelten Begriffs der Charakteristik zu anderen bekannten Theorieen eine Probe für die Echtheit desselben erkennen, einen Beweis dafür, dass die Einführung dieses Begriffes in die Wissenschaft durchaus naturgemäss und nothwendig ist.

SUR LE THÉORÈME DE STURM.

„En m'occupant du théorème de *Sturm*, j'ai trouvé que les fonctions résultant de la division successive de deux fonctions entières jouent aussi un rôle important quand on se sert de la méthode de *M. Hermite*[1]) pour faire l'énumération des racines réelles et imaginaires d'une équation algébrique.

„Soient

$$F(x) = (x - x_1)(x - x_2) \cdots (x - x_n),$$

$F_1(x)$ une fonction entière du degré $n-1$, et $F_2(x)$, $F_3(x)$, ... les fonctions données par les équations

$$\begin{aligned} F(x) &= (A_1 x + B_1) F_1(x) - F_2(x), \\ F_1(x) &= (A_2 x + B_2) F_2(x) - F_3(x), \\ &\cdots\cdots\cdots \\ F_{n-2}(x) &= (A_{n-1} x + B_{n-1}) F_{n-1}(x) - F_n . \end{aligned}$$

„Alors les fonctions $F_h(x)$ sont du degré $n-h$, et elles jouissent de cette propriété

$$\text{(I)} \qquad \sum_{k=1}^{k=n} \frac{x_k^\nu F_h(x_k)}{F'(x_k) F_1(x_k)} = 0,$$

---

[1]) *Ch. Hermite,* Comptes rendus 1853 I p. 294. H.

où $0 \leqq \nu < n - h$, et $F'(x)$ désigne la dérivée de $F(x)$. En effet, cette équation est satisfaite pour $h = 1$, et, en supposant qu'elle ait lieu pour toutes les valeurs $h = 1, 2, \ldots, r$, on conclut immédiatement de la définition des fonctions F que la relation (I) subsiste encore pour $h = r + 1$.

„Voici maintenant les deux remarques très-simples auxquelles la propriété que je viens d'énoncer donne lieu. C'est que cette propriété caractérise complétement les fonctions F à un facteur constant près, et qu'on a en outre pour deux indices inégaux quelconques i et h

$$\text{(II)} \qquad \sum_{k=1}^{k=n} \frac{F_i(x_k) F_h(x_k)}{F'(x_k) F_1(x_k)} = 0\,,$$

vu qu'on peut supposer évidemment $i > h$, et que par conséquent le degré de F_i soit inférieur à $n - h$. Les $n - h + 1$ coefficients d'une fonction $F_h(x)$ se trouvent déterminés par les $n - h$ relations représentées par l'équation (I), donc la fonction $F_h(x)$ est à un facteur constant le déterminant

$$\begin{vmatrix} 1, & x, & x^2, & \ldots, & x^{n-h} \\ s_0, & s_1, & s_2, & \ldots, & s_{n-h} \\ s_1, & s_2, & s_3, & \ldots, & s_{n-h+1} \\ \cdot & \cdot & \cdot & \cdot & \cdot \\ \cdot & \cdot & \cdot & \cdot & \cdot \\ s_{n-h-1}, & s_{n-h}, & s_{n-h+1}, & \ldots, & s_{2n-2h-1} \end{vmatrix},$$

où j'ai posé, pour abréger,

$$s_\mu = \sum_{k=1}^{k=n} \frac{x_k^\mu}{F'(x_k) F_1(x_k)}\,.$$

Puis, en désignant par S_ν' la somme

$$\sum_{k=1}^{k=n} \frac{F_\nu(x_k)\,F_\nu(x_k)}{F'(x_k)\,F_1(x_k)}$$

et par Z_k la somme

$$\sum_{\nu=1}^{\nu=n} z_\nu\,F_\nu(x_k)\,,$$

$z_1,\ z_2,\ \ldots,\ z_n$ étant des variables, on obtient en conséquence de la relation (II)

$$\text{(III)}\qquad \sum_{k=1}^{k=n} \frac{Z_k^2}{F'(x_k)\,F_1(x_k)} = \sum_{\nu=1}^{\nu=n} S_\nu'\,z_\nu^2\,;$$

donc les quantités S_ν' fournies par la méthode de *Sturm* sont en même temps applicables à la méthode de *M. Hermite.*

„En multipliant les deux équations

$$F_{h-1}(x_k) = \quad (A_h x_k + B_h)\,F_h(x_k) \qquad - F_{h+1}(x_k)\,,$$
$$F_h(x_k) \quad = (A_{h+1} x_k + B_{h+1})\,F_{h+1}(x_k) - F_{h+2}(x_k)$$

respectivement par $F_{h+1}(x_k)$ et $F_h(x_k)$, en divisant par $F'(x_k)\,F_1(x_k)$ et en sommant de $k=1$ jusqu'à $k=n$, on obtient

$$S_{h+1}' = A_h \sum \frac{F_h(x_k)\,F_{h+1}(x_k)}{F'(x_k)\,F_1(x_k)}\,x_k\,,$$
$$S_h' \quad = A_{h+1} \sum \frac{F_h(x_k)\,F_{h+1}(x_k)}{F'(x_k)\,F_1(x_k)}\,x_k\,,$$

d'où résulte

$$A_h S_h' = A_{h+1} S_{h+1}'\,,$$

et comme on a $A_1 S_1' = 1$, il vient enfin pour un indice quelconque

$$S_h' = \frac{1}{A_h}. \tag{IV}$$

„En considérant une fonction $F(x)$ quelconque pour laquelle aucune des quantités A ne s'évanouit, soit M le nombre des quantités positives A, et N celui des quantités négatives. Puis soit α le nombre des valeurs réelles x_k pour lesquelles le produit $F'(x_k) F_1(x_k)$ devient positif, et β le nombre des valeurs réelles x_k pour lesquelles ce même produit devient négatif; enfin soit 2γ le nombre des valeurs complexes x_k. Alors la méthode de *M. Hermite,* appliquée à l'équation (III), donne immédiatement les relations

$$\alpha + \gamma = M, \qquad \beta + \gamma = N,$$

et par conséquent

$$\alpha - \beta = M - N. \tag{V}$$

„En profitant des considérations que j'ai exposées dans un Mémoire qui vient d'être publié dans les *Monatsberichte* de l'Académie de Berlin (mars 1869[1]), on peut interpréter l'équation (V) de la manière suivante:

„Que l'on représente les deux équations

$$y = F(x), \qquad y = F_1(x)$$

par deux courbes, et que l'on appelle *intérieures* les parties du plan qui sont embrassées par les deux courbes, tandis que les autres parties du plan soient nommées *extérieures.* Enfin, en marchant sur la droite $y = 0$ de gauche à droite et franchissant la première de ces deux courbes que l'on distingue ces points (correspondants aux diverses valeurs réelles x_k), selon que l'on entre dans une partie intérieure ou que l'on sort d'une telle partie du plan, l'excès

---

[1]) Ueber Systeme von Functionen mehrer Variablen. Bd. I. S. 175—212 dieser Ausgabe von *L. Kronecker's* Werken. H.

du nombre des quantités positives A sur le nombre des quantités négatives est égal à l'excès du nombre de points de sortie sur ceux d'entrée.

„En prenant $F_1 = F'$, on a $\beta = 0$, et l'on obtient une relation entre le nombre des racines réelles de l'équation $F = 0$ et le nombre des signes positifs ou négatifs des quantités A. Puis, pour obtenir le nombre des racines réelles entre deux limites quelconques a et b, on peut poser

$$F_1 = (x - a)(b - x)F'.$$

Mais on peut obtenir ce même nombre en prenant successivement

$$F_1 = (a - x)F', \qquad F_1 = (b - x)F'.$$

„En effet, si l'on garde les lettres A, N et β pour le premier cas, et que l'on désigne par A', N' et β' les quantités correspondantes pour le second cas, le nombre des racines réelles x_k, pour lesquelles l'inégalité $a < x_k < b$ a lieu, se trouve exprimé par la quantité

$$\beta - \beta' = N - N'.$$

„En désignant par C_h le coefficient de x^{n-h} dans $F_k(x)$, ces coefficients sont liés avec les quantités A par les relations

$$A_h = \frac{C_{h-1}}{C_h},$$

où il faut prendre $C_0 = 1$. En vertu de ces relations et des relations caractéristiques (I), on peut vérifier immédiatement les formules combinatoires connues, dans lesquelles les fonctions F se trouvent exprimées par les racines x_k de l'équation $F = 0$. Je reviendrai sur ce sujet dans une autre communication, et je veux traiter alors le cas où quelques-unes des quantités A s'évanouissent. Il est vrai que ce cas ne fait pas une exception quand on se sert de la méthode de *Sturm*; mais, en s'appuyant sur la théorie des formes quadratiques, il faut une recherche particulière, qui du reste n'offre point de difficulté. Cependant la discussion de ces cas particuliers est nécessaire, puisque la détermination du nombre des racines réelles d'une équation par les signes des déterminants formés par les sommes des puissances de ses racines

$$\begin{matrix} s_0, & s_1, & \dots & s_m \\ s_1, & s_2, & \dots & s_{m+1} \\ . & . & . & . \\ s_m, & s_{m+1}, & \dots & s_{2m} \end{matrix}$$

se trouve en défaut, si quelques-uns de ces déterminants s'évanouissent. Par exemple, on ne peut pas conclure que toutes les racines soient réelles, à moins que tous ces déterminants ne soient *positifs*, c'est-à-dire > 0, et, par conséquent, il ne suffit pas de représenter ces déterminants comme sommes de carrés de quantités réelles pour démontrer la réalité des racines."

BEMERKUNGEN ZUR DETERMINANTEN-THEORIE.

[Auszug aus Briefen an Herrn Baltzer.]

. . . . . Ihrer Aufforderung entsprechend sende ich Ihnen Bemerkungen über einige Punkte der Determinanten-Theorie, welche Sie freilich nur zum Theil bei Bearbeitung der dritten Auflage Ihres Lehrbuches werden benutzen können, da der Druck des Werkes Ihren Mittheilungen nach schon weit vorgeschritten ist. Dabei werde ich durchweg von einigen bequemen Bezeichnungen Gebrauch machen, die ich in meinem Aufsatz „über bilineare Formen" (Bd. 68 dieses Journals)[1]) eingeführt habe, nämlich erstens die Determinante von n^2 Grössen: a_{ik} einfach durch das Zeichen:

$$|a_{ik}|$$

darstellen und zweitens:

$$\delta_{ik} \quad \textit{gleich Eins oder gleich Null}$$

setzen, je nachdem die beiden Indices i und k einander gleich oder von einander verschieden sind.

I.

An Stelle des Satzes 7, pag. 33 der zweiten Auflage Ihres Lehrbuches habe ich in Vorlesungen, welche ich im Winter 1864 an hiesiger Universität gehalten habe, folgendes allgemeinere Theorem gesetzt:

---

[1]) Bd. I. S. 143—162 dieser Ausgabe von *L. Kronecker's* Werken. H.

Es seien a_{ik} für $i, k = 1, 2, \dots n$ beliebige n^2 Elemente, ferner sei für $m < n$:

$$\begin{vmatrix} a_{11}, & a_{12}, & \dots & a_{1m} \\ a_{21}, & a_{22}, & \dots & a_{2m} \\ \vdots & \vdots & \dots & \vdots \\ a_{m1}, & a_{m2}, & \dots & a_{mm} \end{vmatrix} = d$$

und für irgend welche Indices i, k:

$$\begin{vmatrix} a_{11}, & a_{12}, & \dots & a_{1m}, & a_{1k} \\ a_{21}, & a_{22}, & \dots & a_{2m}, & a_{2k} \\ \vdots & \vdots & & \vdots & \vdots \\ a_{m1}, & a_{m2}, & \dots & a_{mm}, & a_{mk} \\ a_{i1}, & a_{i2}, & \dots & a_{im}, & a_{ik} \end{vmatrix} = d_{ik};$$

endlich sei:

$$c_{ik} = a_{ik} \cdot d - d_{ik} \qquad (i, k = 1, 2, \dots n).$$

Alsdann bilden die n^2 Elemente c_{ik} ein System, für welches sämmtliche Unterdeterminanten $(m+1)^{\text{ster}}$ Ordnung identisch verschwinden. Wenn man nämlich für $r = 1, 2, \dots m$ mit b_{rk} den Factor von a_{ir} in der Entwickelung von d_{ik} nach den Elementen der letzten Horizontalreihe bezeichnet, so dass:

$$d_{ik} = a_{ik} \cdot d + \sum_r a_{ir} \cdot b_{rk}$$

wird, so ist:

$$c_{ik} = -\sum_r a_{ir} \cdot b_{rk};$$

das System der Elemente c entsteht also aus der Zusammensetzung eines Systems a, in welchem die letzten $(n-m)$ Vertikalreihen fehlen, und eines Systems b, in welchem sämmtliche Elemente der letzten $(n-m)$ Horizontalreihen gleich Null sind, und hieraus folgt unmittelbar die Richtigkeit des obigen Theorems.

Nach der Definition der Grössen d_{ik} ist offenbar *identisch:*

$$d_{ik} = 0 \qquad \text{und also:} \qquad c_{ik} = a_{ik} \cdot d,$$

sobald nicht *beide* Indices i und k grösser als m sind. Ist also das System der Elemente a_{ik} so beschaffen, dass auch die $(n-m)^2$ Determinanten d_{ik}, in denen i und k grösser als m sind, verschwinden, so ist für *sämmtliche* Indices i, k:

$$c_{ik} = a_{ik} \cdot d;$$

folglich werden — vorausgesetzt, dass d von Null verschieden ist — nach obigem Theorem für ein solches System a_{ik} sämmtliche Unterdeterminanten $(m+1)^{\text{ster}}$ Ordnung gleich Null. Hiermit ist die Richtigkeit des im Eingang erwähnten Satzes dargethan, und ich will nur noch die Bemerkung hinzufügen, dass für aus *beliebigen* Elementen a in der oben angegebenen Weise gebildete Grössen b die Gleichung:

$$-b_{rs} = \delta_{rs} \cdot d$$

besteht, sobald der Index s nicht grösser als m ist.

II.

In Bezug auf den Inhalt des § 12 Ihres Lehrbuches, welcher von den Functionaldeterminanten handelt, habe ich Ihnen verschiedene Bemerkungen zu machen, die ich zur besseren Uebersicht in mehrere Paragraphen sondern will.

§ 1.

Wenn n Grössen: $x_{n+1}, x_{n+2}, \ldots x_{2n}$ als Functionen der n Variabeln: $x_1, x_2, \ldots x_n$ implicite durch die n Gleichungen:

$$F_i(x_1, x_2, \ldots x_{2n}) = 0 \qquad (i=1, 2 \ldots n)$$

definirt werden, so ist die Functionaldeterminante:

$$\left| \frac{\partial x_{n+i}}{\partial x_k} \right| \qquad (i, k=1, 2, \ldots n)$$

durch die Gleichung:

$$(A.) \qquad |F_{i,n+k}| \cdot \left| \frac{\partial x_{n+i}}{\partial x_k} \right| = (-1)^n \cdot |F_{ik}|$$

bestimmt, in welcher:

$$F_{ir} = \frac{\partial F_i}{\partial x_r} \qquad (r=1, 2, \ldots 2n)$$

zu nehmen ist. Da nämlich für die Unterdeterminanten D_{hi} des Systems von n^2 Grössen $F_{i,n+k}$ die Formel:

$$\sum_i D_{hi} \cdot F_{i,n+k} = \delta_{hk} \cdot |F_{i,n+k}| \qquad (h, i, k=1, 2, \ldots n)$$

besteht, so kommt, indem die Gleichung:

$$\sum_r F_{ir} dx_r = 0 \qquad (r=1, 2, \ldots 2n)$$

mit D_{hi} multiplicirt und über $i = 1, 2, \ldots n$ summirt wird:

$$|F_{i,n+k}| \cdot dx_{n+h} = -\sum_i \sum_k D_{hi} \cdot F_{ik} dx_k \qquad (i, k=1, 2, \ldots n)$$

Der partielle Differentialquotient von x_{n+h} nach x_k wird hiernach durch die Gleichung:

$$|F_{i,n+k}| \cdot \frac{\partial x_{n+h}}{\partial x_k} = -\sum_i D_{hi} \cdot F_{ik}$$

bestimmt, aus welcher mit Hülfe der Multiplicationsregel und der Relation:

$$|D_{hi}| = |F_{i,n+k}|^{n-1}$$

die obige Formel (A.) (cf. pag. 128 Ihres Buches) unmittelbar resultirt.

Wenn speciell:

$$F_i = -x_{n+i} + f_i(x_1, x_2, \dots x_n) \qquad (i=1, 2, \dots n)$$

ist, so ergiebt die Formel (A.):

$$\left|\frac{\partial x_{n+i}}{\partial x_k}\right| = \left|\frac{\partial f_i}{\partial x_k}\right|.$$

Wenn ferner zur Erledigung des Inhaltes von Art. 2, § 12 Ihres Buches F_i so angenommen wird, dass darin die Variabeln: $x_1, x_2, \dots x_{i-1}$ fehlen, so wird:

$$|F_{ik}| = F_{11} \cdot F_{22} \cdots F_{nn}.$$

Wenn endlich für $i = 1, 2, \dots n$:

$$F_i(x_1, x_2, \dots x_{2n}) = -x_{n+i} + f_i(x_i, x_{i+1}, \dots x_{n+i-1})$$

ist, so hat man überdies:

$$|F_{i,n+k}| = (-1)^n,$$

und die Formel (A.) reducirt sich für diesen Fall auf:

$$\left|\frac{\partial x_{n+i}}{\partial x_k}\right| = F_{11} \cdot F_{22} \cdots F_{nn},$$

wie pag. 120 Ihres Buches.

§ 2.

An Stelle des Art. 3, § 12 Ihres Buches möchte ich Ihnen folgende Entwickelung vorschlagen. Es seien $f_1, f_2, \ldots f_m$ eindeutig definirte Functionen der n Variabeln: $x_1, x_2, \ldots x_n$ und $n > m$. Die Functionen f seien so beschaffen, dass nicht sämmtliche aus den $m \cdot n$ Ableitungen:

$$f_{rk} \quad \text{d. i.} \quad \frac{\partial f_r}{\partial x_k} \qquad (r \leqq m,\ k \leqq n)$$

zu bildenden Determinanten m^{ter} Ordnung verschwinden. Alsdann lassen sich natürlich $(n - m)$ Functionen: $f_{m+1}, f_{m+2}, \ldots f_n$ hinzunehmen, so dass die Functionaldeterminante der n Functionen f von Null verschieden ist. Bezeichnet man die Unterdeterminanten derselben mit: Δ_{ik}, so ist:

$$\sum_i f_{hi} \cdot \Delta_{ik} = \delta_{hk} \cdot |f_{hk}| \qquad (h, i, k = 1, 2, \ldots n).$$

Wenn nun eine Function $f_0(x_1, x_2, \ldots x_n)$ die Eigenschaft hat, dass sämmtliche aus den $n(m+1)$ Ableitungen:

$$f_{0i}, f_{1i}, \ldots f_{mi} \qquad (i = 1, 2, \ldots n)$$

zu bildenden Determinanten $(m+1)^{\text{ster}}$ Ordnung verschwinden, so ist die Functionaldeterminante der n Functionen:

$$f_0, f_1, \ldots f_{m+\mu-1}, f_{m+\mu+1}, \ldots f_n \qquad \big(\mu = 1, 2, \ldots (n-m)\big)$$

gleich Null, also:

$$(B.) \qquad \sum_{i=1}^{i=n} f_{0i} \cdot \Delta_{i,\,m+\mu} = 0\,.$$

Denkt man sich an Stelle der Variabeln: x neue Variabeln: y eingeführt, die durch die Gleichungen:

$$y_i = f_i(x_1, x_2, \ldots x_n) \qquad (i=1, 2, \ldots n)$$

bestimmt sind, so erhält man für die Differentialien die Relation:

$$|f_{hk}| \cdot dx_i = \sum_k \Delta_{ik} \cdot dy_k \qquad (h, i, k=1, 2, \ldots n).$$

Für das vollständige Differential von f_0 gilt hiernach die Gleichung:

$$(C.) \qquad |f_{hk}| \cdot df_0 = \sum_i \sum_k f_{0i} \cdot \Delta_{ik} \cdot dy_k ,$$

in welcher die auf k bezügliche Summation vermöge der Gleichung ($B.$) auf die Werthe: $k \leqq m$ beschränkt werden kann. Es ist also $f_0(x_1, x_2, \ldots x_n)$, als Function der Variabeln y betrachtet, nur von den ersten m Variabeln y abhängig, von den $(n-m)$ folgenden aber unabhängig; und dies ist — wie sich aus dem Vorstehenden ergiebt — eine *nothwendige* Eigenschaft der Function f_0, während es evident ist, dass dieselbe Eigenschaft auch *hinreicht*, um die über f_0 gemachte Voraussetzung zu erfüllen.

Die hier angegebene lediglich formale Aenderung der *Jacobi*'schen Deduction (*Jacobi* de determinantibus functionalibus § 6 und 7[1]) führt nur zu dem Resultat: *wenn* sich eine Function: $f_0(x_1, x_2, \ldots x_n)$, für welche sämmtliche aus den $n(m+1)$ Ableitungen:

$$f_{0i}, f_{1i}, \ldots f_{mi} \qquad (i=1, 2, \ldots n)$$

zu bildenden Determinanten $(m+1)^{\text{ster}}$ Ordnung verschwinden, als Function der durch die Gleichungen:

$$y_i = f_i(x_1, x_2, \ldots x_n) \qquad (i=1, 2, \ldots n)$$

[1]) *C. G. J. Jacobi,* Gesammelte Werke. Bd. III. S. 404—408. H.

definirten Variabeln y ausdrücken lässt, so gehen in diesen Ausdruck die $(n-m)$ letzten Variabeln: $y_{m+1}, y_{m+2}, \ldots y_n$ nicht ein. Der hier vorausgesetzte Umsatz der Variabeln x in die Variabeln y, welcher einer wirklichen Elimination der n Grössen x aus den $(n+1)$ Gleichungen:

$$y_h = f_h(x_1, x_2, \ldots x_n) \qquad (h=0, 1, 2, \ldots n)$$

gleichkommt, ist aber nicht immer statthaft. Denn es giebt Beziehungen zwischen Grössen, welche durch Beziehungen zu andern Grössen vermittelt sind, und bei deren Definition eine solche Vermittelung unvermeidlich ist, d. h. also, es giebt Fälle, in denen eine Elimination unmöglich ist, wie das einfache Beispiel der beiden Gleichungen:

$$x = \sin v, \qquad y = \sin av$$

zeigt, aus denen v — wenn a einen irrationalen Werth hat — nicht wirklich eliminirt werden kann. Die obige aus dem Verschwinden der $n(m+1)$ Ableitungen:

$$f_{0i}, f_{1i}, \ldots f_{mi} \qquad (i=1, 2, \ldots n)$$

hergeleitete Folgerung ist also nicht vollkommen allgemein, und es ist deshalb eine neue, für *alle Fälle* passende Formulirung des Resultates zu geben, deren Auseinandersetzung die folgende, mehr auf das Wesen der Sache eingehende Deduction gewidmet ist.

§ 3.

Es seien

$$\mathfrak{f}_{m+1}, \quad \mathfrak{f}_{m+2}, \quad \ldots \quad \mathfrak{f}_n$$

irgend welche eindeutige Functionen der n Variabeln x, jedoch so, dass die Functionaldeterminante der n Functionen:

$$f_1, f_2, \ldots f_m; \ \mathfrak{f}_{m+1}, \ldots \mathfrak{f}_n$$

nicht identisch verschwindet. Ferner sei für irgend ein specielles Werthsystem (ξ):

$$\mathfrak{f}_{m+1}(\xi_1, \xi_2, \dots \xi_n) = \varphi_{m+1},$$
$$\dots\dots\dots\dots$$
$$\mathfrak{f}_n(\xi_1, \xi_2, \dots \xi_n) = \varphi_n.$$

Ich führe nun — unter Beibehaltung der Variabeln $y_{m+1}, y_{m+2}, \dots y_n$ — an Stelle der m Variabeln $y_1, y_2, \dots y_m$ die durch folgende Gleichungen definirten Variabeln z ein:

$$f_1(z_1, z_2, \dots z_n) = y_1, \quad f_2(z_1, z_2, \dots z_n) = y_2, \quad \dots \quad f_m(z_1, z_2, \dots z_n) = y_m;$$
$$\mathfrak{f}_{m+1}(z_1, z_2, \dots z_n) = \varphi_{m+1}, \quad \mathfrak{f}_{m+2}(z_1, z_2, \dots z_n) = \varphi_{m+2}, \quad \dots \quad \mathfrak{f}_n(z_1, z_2, \dots z_n) = \varphi_n.$$

Die n Variabeln z vertreten wegen der zwischen ihnen bestehenden $(n - m)$ Gleichungen nur die Stelle von m unabhängigen Variabeln, und die Formel $(C.)$ des vorigen Paragraphen zeigt, dass das vollständige Differential von f_0 nur die Differentiale dz, nicht aber die Differentiale:

$$dy_{m+1}, dy_{m+2}, \dots dy_n$$

enthält. Dieselbe Eigenschaft kommt also auch dem vollständigen Differentiale des Ausdrucks:

$$f_0(x_1, x_2, \dots x_n) - f_0(z_1, z_2, \dots z_n)$$

zu, welchen ich einstweilen mit f bezeichnen will. Diese Function f, welche gleich Null ist, sobald das System (x) mit einem System (z) zusammenfällt, bleibt demnach gleich Null, wenn man von einem solchen System (x) ausgehend zu einem andern System (x') übergeht und aber dabei die Werthe der m Functionen:

$$f_1(x_1, x_2, \dots x_n), \quad f_2(x_1, x_2, \dots x_n), \quad \dots \quad f_m(x_1, x_2, \dots x_n)$$

festhält. Da man nun ein beliebiges System (x) unter Festhaltung der Werthe der Functionen $f_1, f_2, \dots f_m$ in ein System (z) stetig übergehen lassen kann, d. h. in ein solches, für welches:

$$\mathfrak{f}_{m+1} = \varphi_{m+1}, \quad \mathfrak{f}_{m+2} = \varphi_{m+2}, \quad \dots \quad \mathfrak{f}_n = \varphi_n$$

wird, so giebt es für jedes beliebige System (x) auch ein System (z), für welches die Gleichungen:

$$f_1(x_1, x_2, \dots x_n) = f_1(z_1, z_2, \dots z_n), \quad \dots \quad f_m(x_1, x_2, \dots x_n) = f_m(z_1, z_2, \dots z_n)$$

und:

$$f_0(x_1, x_2, \dots x_n) = f_0(z_1, z_2, \dots z_n)$$

erfüllt sind. Der Zusammenhang, welcher zwischen den $(m+1)$ Functionen von n Variabeln x:

$$f_0(x_1, x_2, \dots x_n), \quad f_1(x_1, x_2, \dots x_n), \quad \dots \quad f_m(x_1, x_2, \dots x_n)$$

unter der Voraussetzung besteht, dass sämmtliche aus den $n(m+1)$ Ableitungen:

$$f_{0i}, f_{1i}, \dots f_{mi} \qquad (i=1, 2, \dots n)$$

zu bildenden Determinanten $(m+1)^{\text{ster}}$ Ordnung verschwinden, lässt sich also vollständig dadurch charakterisiren, dass derselbe Zusammenhang bestehen bleibt, wenn man zwischen den n Variabeln x irgend welche $(n-m)$ Gleichungen, wie z. B.

$$\mathfrak{f}_{m+1}(x_1, x_2, \dots x_n) = \varphi_{m+1}, \quad \dots \quad \mathfrak{f}_n(x_1, x_2, \dots x_n) = \varphi_n$$

festsetzt.

Die vorstehenden Erörterungen lassen sich für den Fall: $n=3$, $m=2$ geometrisch anschaulich machen. Wenn nämlich

$$\xi = f_0(x, y, z), \qquad \eta = f_1(x, y, z), \qquad \zeta = f_2(x, y, z)$$

gesetzt wird, so wird dadurch der Raum (ξ, η, ζ) auf den Raum (x, y, z) bezogen. Ist nun aber die Functionaldeterminante von (f_0, f_1, f_2) gleich Null, so erhält man — sämmtlichen Punkten (x, y, z) entsprechend — nicht den ganzen Raum (ξ, η, ζ), sondern nur eine Fläche darin, diese aber unendlich oft. Eben dieselbe Fläche erhält man aber schon, wenn man nur diejenigen Punkte (x, y, z) nimmt, zwischen deren Coordinaten eine beliebige Gleichung besteht, d. h. also wenn man nur die auf einer beliebigen Fläche liegenden Punkte (x, y, z) nimmt und die diesen entsprechenden Punkte (ξ, η, ζ) aufsucht.

III.

Während in den meisten Lehrbüchern der analytischen Geometrie zuvörderst die Punktcoordinaten und erst nachher die in der Gleichung der Ebene vorkommenden Coefficienten als Ebenencoordinaten definirt werden, dürfte es angemessener erscheinen, von vorn herein — wie ich es in meinen Universitätsvorlesungen gethan habe — die beiden Arten von Coordinaten gleichzeitig einzuführen, geometrisch zu erläutern und damit zu einer zwiefachen Interpretation homogener Gleichungen mit vier Variabeln zu gelangen.

§ 1.

Wenn die vier Eckpunkte eines Tetraeders mit 1, 2, 3, 4 und die gegenüberliegenden Ebenen resp. mit I, II, III, IV bezeichnet werden, und wenn ferner:

$$(1\mathrm{V}),\qquad (2\mathrm{V}),\qquad (3\mathrm{V}),\qquad (4\mathrm{V})$$

die kürzesten Abstände irgend einer Ebene: V von den vier Tetraederecken und:

$$(\mathrm{I}5),\qquad (\mathrm{II}5),\qquad (\mathrm{III}5),\qquad (\mathrm{IV}5)$$

die kürzesten Abstände irgend eines Punktes: 5 von den vier Tetraederflächen bedeuten, so können die Quotienten:

$$\frac{(\mathrm{I}5)}{(\mathrm{I}1)},\qquad \frac{(\mathrm{II}5)}{(\mathrm{II}2)},\qquad \frac{(\mathrm{III}5)}{(\mathrm{III}3)},\qquad \frac{(\mathrm{IV}5)}{(\mathrm{IV}4)}$$

die Punktcoordinaten des Punktes: 5 und ebenso die Quotienten:

$$\frac{(1\,\mathrm{V})}{(1\,\mathrm{I})}, \quad \frac{(2\,\mathrm{V})}{(2\,\mathrm{II})}, \quad \frac{(3\,\mathrm{V})}{(3\,\mathrm{III})}, \quad \frac{(4\,\mathrm{V})}{(4\,\mathrm{IV})}$$

die Ebenencoordinaten der Ebene: V genannt werden. Die Vorzeichen der Abstände werden bestimmt, indem für jede Ebene eine positive und negative Seite unterschieden wird.*)

Da der Abstand eines variabeln Punktes: 5 von einer festen Ebene: V eine lineare homogene Function der vier Punktcoordinaten des Punktes: 5 sein muss, so hat man die Gleichung:

$$A_1 \cdot \frac{(\mathrm{I}\,5)}{(\mathrm{I}\,1)} + A_2 \cdot \frac{(\mathrm{II}\,5)}{(\mathrm{II}\,2)} + A_3 \cdot \frac{(\mathrm{III}\,5)}{(\mathrm{III}\,3)} + A_4 \cdot \frac{(\mathrm{IV}\,5)}{(\mathrm{IV}\,4)} = (\mathrm{V}\,5),$$

in welcher die Constanten A am einfachsten dadurch bestimmt werden, dass man successive den Punkt: 5 mit den vier Tetraederecken zusammenfallen lässt. Auf diese Weise ergiebt sich die Fundamentalformel:

$$(\mathfrak{A}.) \qquad \frac{(\mathrm{I}\,5)\cdot(\mathrm{V}\,1)}{(\mathrm{I}\,1)\cdot(\mathrm{V}\,5)} + \frac{(\mathrm{II}\,5)\cdot(\mathrm{V}\,2)}{(\mathrm{II}\,2)\cdot(\mathrm{V}\,5)} + \frac{(\mathrm{III}\,5)\cdot(\mathrm{V}\,3)}{(\mathrm{III}\,3)\cdot(\mathrm{V}\,5)} + \frac{(\mathrm{IV}\,5)\cdot(\mathrm{V}\,4)}{(\mathrm{IV}\,4)\cdot(\mathrm{V}\,5)} = 1,$$

welche, wenn man die Coordinaten des Punktes: 5 resp. mit: u_0, u_1, u_2, u_3, die der Ebene: V resp. mit: U_0, U_1, U_2, U_3 und die vier Tetraederhöhen mit: h_0, h_1, h_2, h_3 bezeichnet, in:

$$(\mathfrak{A}'.) \qquad \Sigma\, h_k u_k U_k = (\mathrm{V}\,5) \qquad {\scriptstyle (k=0,\,1,\,2,\,3)}$$

übergeht. In dieser Gleichung wird, sobald der Punkt: 5 in der Ebene: V

---

*) Man kann auch statt der obigen Quotienten die Abstände eines Punktes von den vier Tetraederflächen selbst als Coordinaten desselben einführen und dabei statt der kürzesten Abstände auch solche nehmen, welche in vier bestimmten Richtungen zu messen sind, ebenso können die in vier vorgeschriebenen Richtungen gemessenen Abstände einer Ebene von den vier Tetraederecken als Ebenencoordinaten erklärt werden; aber die obige Definition homogener Punkt- und Ebenen-Coordinaten ist für die folgenden Ausführungen bequemer.

liegt, die rechte Seite gleich Null, und dieselbe stellt dann ebensowohl die Gleichung der Ebene: V in Punktcoordinaten als die Gleichung des Punktes: 5 in Ebenencoordinaten dar, während die Coefficienten, welche im ersteren Falle: hU und im letzteren: hu sind, ihre unmittelbare geometrische Bedeutung haben. — Lässt man in der Formel (𝔄.) die Ebene: V ins Unendliche rücken, so erhält man die für die vier Coordinaten eines beliebigen Punktes bestehende, nicht homogene, lineare Relation:

$$(\mathfrak{B}.) \qquad \sum u_k = 1 \qquad (k=0,1,2,3).$$

Es besteht nun in analoger Weise für die vier Coordinaten einer beliebigen Ebene eine nicht homogene Gleichung zweiten Grades, zu deren Herleitung folgende Entwickelungen dienen mögen.

Wenn man die Fundamentalformel (𝔄.) mit: (V5) multiplicirt, alsdann darin statt des Punktes: 5 einen andern Punkt: 6 substituirt und die beiden hierdurch entstehenden Formeln von einander subtrahirt, so erhält man vermöge der Gleichungen:

$$(\mathfrak{B}'.) \qquad (\mathrm{I}5)-(\mathrm{I}6)=(56)\cdot\cos(\mathrm{I\,VI}), \qquad (\mathrm{II}5)-(\mathrm{II}6)=(5\,6)\cdot\cos(\mathrm{II\,VI}), \qquad \ldots$$

die Relation:

$$(\mathfrak{C}.) \qquad \frac{(\mathrm{V}1)}{(\mathrm{I}1)}\cos(\mathrm{I\,VI})+\frac{(\mathrm{V}2)}{(\mathrm{II}2)}\cos(\mathrm{II\,VI})+\cdots+\frac{(\mathrm{V}4)}{(\mathrm{IV}4)}\cos(\mathrm{IV\,VI})=\cos(\mathrm{V\,VI}).$$

Hier bedeutet (5 6) den absoluten Werth der Entfernung der beiden eingeklammerten Punkte und: VI eine zu der Richtung (5 6) normale Ebene. Für die unter dem Zeichen: *cos* stehenden Winkel sind stets die *„inneren“* Winkel zu nehmen, d. h. diejenigen, welche von der positiven Seite der einen Ebene mit der negativen der andern gebildet werden, und welche demnach den für das Product beider Ebenen negativen „inneren“ Raum ausfüllen. Bei der durch die Relationen (𝔅′.) eingeführten Ebene: VI ist die positive und negative Seite gemäss einer dieser Relationen zu bestimmen, aber in der Gleichung (ℭ.) kann man von diesem Ursprunge der Ebene VI abstrahiren und diese Ebene selbst so wie ihre positive und negative Seite ganz beliebig annehmen.

Bezeichnet man die vier Tetraederflächen mit: $\varphi_0, \varphi_1, \varphi_2, \varphi_3$, ferner die Ebenen: V und VI resp. mit f und $\mathfrak{f}$, so erhält die Gleichung ($\mathfrak{C}$.) folgende Gestalt:

$$(\mathfrak{C}'.) \qquad \sum_k U_k \cos(\mathfrak{f}\varphi_k) = \cos(\mathfrak{f}f) \qquad (k=0,1,2,3).$$

Wendet man diese Gleichung auf zwei parallele Ebenen f und f' an, zwischen deren Coordinaten: U, U' die Beziehungen:

$$\varphi_k(U_i - U_i') = \varphi_i(U_k - U_k') \qquad (i, k=0,1,2,3)$$

statthaben, so resultirt die speciellere Formel:

$$\sum_k \varphi_k \cos(\mathfrak{f}\varphi_k) = 0 \qquad (k=0,1,2,3).$$

Wird endlich in ($\mathfrak{C}'$.) für $\mathfrak{f}$ successive: $f, \varphi_0, \varphi_1, \varphi_2, \varphi_3$ gesetzt, so kommt:

$$\sum U_k \cos(f\varphi_k) = 1, \quad \sum U_k \cos(\varphi_0\varphi_k) = \cos(f\varphi_0), \quad \ldots, \quad \sum U_k \cos(\varphi_3\varphi_k) = \cos(f\varphi_3),$$

und indem man in der ersten dieser fünf Gleichungen für: $\cos(f\varphi_k)$ die aus den vier folgenden Gleichungen entnommenen Werthe substituirt:

$$(\mathfrak{D}.) \qquad \sum U_i U_k \cos(\varphi_i\varphi_k) = 1 \qquad (i, k=0,1,2,3).$$

Diese für die Ebenencoordinaten U bestehende Relation lässt sich noch auf eine andere Form bringen. Legt man nämlich durch eine der vier Tetraederecken — z. B. durch den Punkt: 1 — eine mit f parallele Ebene, so sind deren Coordinaten:

$$U_k - \frac{\varphi_k}{\varphi_0} \cdot U_0 \qquad (k=0,1,2,3),$$

da nach den eingeführten Bezeichnungen: $h_i\varphi_i = h_k\varphi_k$ ist. Es kann also statt der Relation ($\mathfrak{D}$.) auch die folgende genommen werden:

$$\sum (\varphi_0 U_r - \varphi_r U_0)(\varphi_0 U_s - \varphi_s U_0) \cos(\varphi_r \varphi_s) = \varphi_0^2 \qquad (r, s = 1, 2, 3),$$

welche auf die Tetraederebene: I selbst angewendet, deren Coordinaten: $U_0 = 1$, $U_1 = U_2 = U_3 = 0$ sind, die Formel:

$$\sum \varphi_r \varphi_s \cos(\varphi_r \varphi_s) = \varphi_0^2 \qquad (r, s = 1, 2, 3)$$

ergiebt.

Die Relation ($\mathfrak{D}$.) hat auch ihre Bedeutung für die Darstellung der Kugel in Ebenencoordinaten. Sind nämlich: u_0, u_1, u_2, u_3 die Coordinaten des Mittelpunkts, so findet für die Coordinaten: U' jeder durch denselben gehenden Ebene die Gleichung:

$$\sum h_k u_k U'_k = 0 \qquad (k = 0, 1, 2, 3)$$

statt, während die Coordinaten: U jeder Tangentialebene der Kugel mit dem Radius R durch die Gleichungen:

$$h_k(U_k - U'_k) = R \qquad (k = 0, 1, 2, 3)$$

gegeben sind. Hiernach wird:

$$\sum h_k u_k U_k = R \qquad (k = 0, 1, 2, 3)$$

die Gleichung der Kugel in Ebenencoordinaten, welche nun mit Hülfe der Relation ($\mathfrak{D}$.) auf die erforderliche homogene Form zu bringen ist:

$$\sum h_i h_k u_i u_k U_i U_k = R^2 \cdot \sum U_i U_k \cos(\varphi_i \varphi_k),$$

in welcher sämmtliche Summationen auf die Werthe: $i, k = 0, 1, 2, 3$ zu erstrecken sind.

§ 2.

Die im vorigen Paragraphen entwickelten Formeln finden ihre Anwendung bei den Ausführungen, welche im § 15 Ihres Lehrbuchs enthalten sind. Wird der Kürze halber die aus den sechszehn Abständen von vier Ebenen (I, II, III, IV) und vier Punkten (5, 6, 7, 8) gebildete Determinante mit:

$$\begin{vmatrix} \text{I}, & \text{II}, & \text{III}, & \text{IV} \\ 5, & 6, & 7, & 8 \end{vmatrix}$$

bezeichnet, und setzt man in der oben im § 1 aufgestellten Formel ($\mathfrak{A}$.) successive die Punkte: 6, 7, 8 an Stelle des Punktes: 5, so wie die Ebenen: VI, VII, VIII an Stelle der Ebene: V, so erhält man sechszehn Formeln, aus denen unmittelbar die folgende Determinanten-Gleichung resultirt:

$$(a.)\qquad \begin{vmatrix} \text{I}, & \text{II}, & \text{III}, & \text{IV} \\ 5, & 6, & 7, & 8 \end{vmatrix} \cdot \begin{vmatrix} \text{V}, & \text{VI}, & \text{VII}, & \text{VIII} \\ 1, & 2, & 3, & 4 \end{vmatrix} = \begin{vmatrix} \text{I}, & \text{II}, & \text{III}, & \text{IV} \\ 1, & 2, & 3, & 4 \end{vmatrix} \cdot \begin{vmatrix} \text{V}, & \text{VI}, & \text{VII}, & \text{VIII} \\ 5, & 6, & 7, & 8 \end{vmatrix},$$

worin übrigens:

$$\begin{vmatrix} \text{I}, & \text{II}, & \text{III}, & \text{IV} \\ 1, & 2, & 3, & 4 \end{vmatrix} = (\text{I}1)\cdot(\text{II}2)\cdot(\text{III}3)\cdot(\text{IV}4)$$

ist, weil die Punkte 1, 2, 3, 4 die vier Durchschnittspunkte der Ebenen I, II, III, IV sind. Nimmt man überdies die Punkte 5, 6, 7, 8 als die vier Durchschnittspunkte der Ebenen V, VI, VII, VIII, so kommt:

$$\begin{vmatrix} \text{I}, & \text{II}, & \text{III}, & \text{IV} \\ 5, & 6, & 7, & 8 \end{vmatrix} \cdot \begin{vmatrix} \text{V}, & \text{VI}, & \text{VII}, & \text{VIII} \\ 1, & 2, & 3, & 4 \end{vmatrix} = (\text{I}1)(\text{II}2)(\text{III}3)(\text{IV}4)\cdot(\text{V}5)(\text{VI}6)(\text{VII}7)(\text{VIII}8).$$

Wenn man aber die Ebenen V, VI, VII als rechtwinklige Coordinatenebenen annimmt und die Ebene VIII ins Unendliche rücken lässt, so erhält man aus (a.)

$$(b.)\qquad \begin{vmatrix} \text{I}, & \text{II}, & \text{III}, & \text{IV} \\ 5, & 6, & 7, & 8 \end{vmatrix} = \frac{(5678)}{(1234)}\cdot(\text{I}1)(\text{II}2)(\text{III}3)(\text{IV}4),$$

wo (1234) und (5678) resp. die Inhalte der aus den eingeklammerten Punkten gebildeten Tetraeder bedeuten. Da nun im § 1 die Quotienten:

$$\frac{(\mathrm{I}5)}{(\mathrm{I}1)}, \quad \frac{(\mathrm{II}5)}{(\mathrm{II}2)}, \quad \frac{(\mathrm{III}5)}{(\mathrm{III}3)}, \quad \frac{(\mathrm{IV}5)}{(\mathrm{IV}4)}$$

als die homogenen auf das Fundamental-Tetraeder (1234) bezogenen Coordinaten des Punktes: 5 bezeichnet worden sind, so besagt die Gleichung (*b.*), dass die aus den sechszehn homogenen Coordinaten der vier Punkte 5, 6, 7, 8 gebildete Determinante dem Quotienten:

$$\frac{(5678)}{(1234)}$$

gleich ist, oder also, dass jene Determinante das Verhältniss des Tetraeder-Inhalts: (5678) zu dem Inhalte des Fundamental-Tetraeders: (1234) darstellt.

Wie in der Formel (*b.*) der Inhalt eines Tetraeders (5678) durch die Abstände der vier Eckpunkte von vier festen Ebenen: I, II, III, IV ausgedrückt erscheint, so lässt sich derselbe auch durch die Abstände der vier Seitenflächen von vier festen Punkten, d. h. also auch durch deren Ebenen-Coordinaten einfach ausdrücken.

Die Formel ($\mathfrak{A}$.) des § 1 lässt sich mit Hülfe der Relation ($\mathfrak{B}$.) auf folgende Gestalt bringen:

$$\frac{(\mathrm{I}5)}{(\mathrm{I}1)}\big((\mathrm{V}1)-(\mathrm{V}5)\big)+\frac{(\mathrm{II}5)}{(\mathrm{II}2)}\big((\mathrm{V}2)-(\mathrm{V}5)\big)+\frac{(\mathrm{III}5)}{(\mathrm{III}3)}\big((\mathrm{V}3)-(\mathrm{V}5)\big)+\frac{(\mathrm{IV}5)}{(\mathrm{IV}4)}\big((\mathrm{V}4)-(\mathrm{V}5)\big)=0.$$

Wenn man daher der Horizontalreihe:

$$(\mathrm{V}1)-(\mathrm{V}5), \quad (\mathrm{V}2)-(\mathrm{V}5), \quad (\mathrm{V}3)-(\mathrm{V}5), \quad (\mathrm{V}4)-(\mathrm{V}5)$$

drei fernere anfügt, in welchen resp. drei neue Ebenen: VI, VII, VIII an Stelle der Ebene: V getreten sind, so erhält man vier Reihen von je vier Elementen, deren Determinante identisch verschwindet. Lässt man den Punkt: 5 mit dem Durchschnittspunkte der Ebenen: VI, VII, VIII zusammenfallen, so besteht hiernach die Gleichung:

$$D = (\mathrm{V}\,5) \cdot D_1\,,$$

in welcher D die Determinante:

$$\begin{vmatrix} \mathrm{V}, & \mathrm{VI}, & \mathrm{VII}, & \mathrm{VIII} \\ 1, & 2, & 3, & 4 \end{vmatrix}$$

und D_1 diejenige Determinante bedeutet, welche aus D entsteht, wenn man darin die erste Horizontalreihe:

$$(\mathrm{V}1), \quad (\mathrm{V}2), \quad (\mathrm{V}3), \quad (\mathrm{V}4)$$

durch die Reihe:

$$1, \quad 1, \quad 1, \quad 1$$

ersetzt. Wenn nun D_2, D_3, D_4 ganz analog definirt und die drei übrigen Eckpunkte des aus den Ebenen V, VI, VII, VIII gebildeten Tetraeders durch die Ziffern: 6, 7, 8 bezeichnet werden, so gelten die vier Relationen:

$$D = (\mathrm{V}5) \cdot D_1 = (\mathrm{VI}6) \cdot D_2 = (\mathrm{VII}\,7) \cdot D_3 = (\mathrm{VIII}\,8) \cdot D_4\,,$$

und da vermöge der Gleichung (*b.*):

$$(5678) \cdot D = (1234) \cdot (\mathrm{V}5)(\mathrm{VI}6)(\mathrm{VII}7)(\mathrm{VIII}8)$$

ist, so resultirt schliesslich die Formel:

$$(c.) \qquad (5678) = (1234) \cdot \frac{D^3}{D_1 D_2 D_3 D_4}\,,$$

in welcher die Determinanten-Ausdrücke: D, D_1, D_2, D_3, D_4 nur die sechszehn Abstände der Ebenen: V, VI, VII, VIII von den Punkten: 1, 2, 3, 4 enthalten.

Die Determinanten-Ausdrücke: D lassen sich auf eine übersichtlichere Form bringen, wenn man von einer Ecke des Fundamental-Tetraeders, z. B. vom Punkte (4.) ausgehend, die drei anliegenden Kanten:

$$(14) = x, \qquad (24) = y, \qquad (34) = z$$

und die Abstände von den Ebenen V, VI, VII, VIII:

$$(\mathrm{V}\,4) = p_1, \qquad (\mathrm{VI}\,4) = p_2, \qquad (\mathrm{VII}\,4) = p_3, \qquad (\mathrm{VIII}\,4) = p_4$$

setzt. Alsdann gelten nämlich die Gleichungen:

$$(\mathrm{V}\,1) - (\mathrm{V}\,4) = x\cos(p_1x), \qquad (\mathrm{V}\,2) - (\mathrm{V}\,4) = y\cos(p_1y), \qquad (\mathrm{V}\,3) - (\mathrm{V}\,4) = z\cos(p_1z),$$

so wie die analogen Gleichungen für die Ebenen: VI, VII, VIII. Hiernach wird:

$$\frac{D}{xyz} = \begin{vmatrix} \cos(p_1x), & \cos(p_1y), & \cos(p_1z), & p_1 \\ \cos(p_2x), & \cos(p_2y), & \cos(p_2z), & p_2 \\ \cos(p_3x), & \cos(p_3y), & \cos(p_3z), & p_3 \\ \cos(p_4x), & \cos(p_4y), & \cos(p_4z), & p_4 \end{vmatrix},$$

und wenn die Determinante rechts gleich R und: $\frac{\partial R}{\partial p_k} = R_k$ gesetzt wird, so nimmt die Gleichung (*c.*) folgende Form an:

$$(c'.) \qquad (5678) = \frac{(1234)}{(14)(24)(34)} \cdot \frac{R^3}{R_1 R_2 R_3 R_4},$$

übereinstimmend mit dem pag. 185 Ihres Lehrbuches entwickelten Resultat. Hierbei ist zu bemerken, dass die Determinanten-Ausdrücke (R) eine einfache geometrische Bedeutung haben, indem nach pag. 189 Ihres Buches:

$$R_1 = \sin(xyz)\cdot\sin(5'), \qquad R_2 = \sin(xyz)\cdot\sin(6'), \qquad R_3 = \sin(xyz)\cdot\sin(7'),$$
$$R_4 = \sin(xyz)\cdot\sin(8'),$$
$$R = \sin(xyz)\cdot\big(p_1\sin(5') + p_2\sin(6') + p_3\sin(7') + p_4\sin(8')\big)$$

wird, wenn man unter: $5'$, $6'$, $7'$, $8'$ die zu den vier Tetraeder-Ecken: 5, 6, 7, 8 polaren Ecken versteht. Die Formel (*c'.*) verwandelt sich hiernach in folgende:

$$(5678)\cdot\sin(5')\cdot\sin(6')\cdot\sin(7')\cdot\sin(8') = \tfrac{1}{6}\left(p_1\sin(5') + p_2\sin(6') + p_3\sin(7') + p_4\sin(8')\right)^3,$$

und lässt sich in dieser Gestalt unmittelbar verificiren, wenn man berücksichtigt, dass jeder der hier vorkommenden sinus der polaren Ecken gleich ist dem neunfachen Quadrat des Tetraeder-Inhalts dividirt durch das doppelte Product der drei an der entsprechenden Tetraeder-Ecke liegenden Seitenflächen.

§ 3.

Die im § 1 entwickelten Gleichungen ($\mathfrak{A}$, $\mathfrak{B}$, $\mathfrak{C}$, $\mathfrak{D}$) lassen sich als Determinanten-Formeln auffassen und als solche verallgemeinern. Um diese allgemeineren Formeln elegant darstellen zu können, führe ich die folgenden dem Zwecke entsprechend gewählten Bezeichnungen ein:

$$|\xi_{ik}| = \Delta, \qquad |x_{ik}| = D, \qquad |\mathfrak{x}_{ik}| = \mathfrak{D},$$

$$\frac{\partial\Delta}{\partial\xi_{ik}} = \Delta_{ki}, \qquad \frac{\partial D}{\partial x_{ik}} = D_{ki}, \qquad \frac{\partial\mathfrak{D}}{\partial\mathfrak{x}_{ik}} = \mathfrak{D}_{ki},$$

$$\sum_h x_{gh}\Delta_{hk} = \Delta_g^{(k)}, \qquad \sum_i \xi_{ki} D_{ig} = D_g^{(k)},$$

$$\sum_r \Delta_{ri}\Delta_{rk} = \theta_{ik}^2, \qquad \sum_r D_{rg}^2 = S_g^2, \qquad \sum_r \mathfrak{D}_{rg}^2 = \mathfrak{S}_g^2.$$

Die Indices: g, h, i, k nehmen überall die Werthe: $0, 1, 2, \ldots n$ an, aber die in Beziehung auf den Index: r auszuführenden Summationen können auf irgend welche derselben $(n+1)$ Werthe beschränkt werden. Hiernach bestehen die Gleichungen:

$$\sum_i \xi_{hi}\Delta_{ik} = \sum_i \Delta_{hi}\xi_{ik} = \delta_{hk}\Delta,$$

und die analogen für die mit lateinischen und deutschen Buchstaben bezeichneten Grössen. Ferner sind $\Delta_g^{(k)}$ und $D_g^{(k)}$ Determinanten, welche resp. aus den Determinanten Δ und D entstehen, wenn man die Horizontalreihen:

$$\xi_{k0}, \quad \xi_{k1}, \quad \xi_{k2}, \quad \ldots \quad \xi_{kn}$$

$$x_{g0}, \quad x_{g1}, \quad x_{g2}, \quad \ldots \quad x_{gn}$$

mit einander vertauscht. Endlich ist zu bemerken, dass, wenn man dem Summationsbuchstaben r die *sämmtlichen* Werthe von Null bis n beilegt, die Grössen θ_{ik} die Unterdeterminanten eines Systems werden, welches aus der Zusammensetzung des Systems (ξ_{ik}) mit sich selber entspringt. Denn das adjungirte System (γ_{ik}) eines aus den Systemen (a_{ik}) und (b_{ik}) zusammengesetzten Systems (c_{ik}) entsteht selbst durch Zusammensetzung zweier Systeme (α_{ik}) und (β_{ik}), welche resp. zu (a_{ik}) und (b_{ik}) adjungirt sind. Wird nämlich:

$$c_{hi} = \sum_g a_{ig} b_{hg}, \qquad \gamma_{ik} = \sum_l \alpha_{li} \beta_{lk} \qquad \scriptstyle (g,\, h,\, i,\, k,\, l = 0,\, 1,\, 2,\, \ldots\, n)$$

gesetzt, so ergiebt sich unmittelbar die Richtigkeit der die adjungirten Elemente: (γ_{ik}) bestimmenden Formel:

$$\sum_i c_{hi} \gamma_{ik} = \delta_{hk} \cdot |a_{gi}| \cdot |b_{gh}| .$$

Mit Hülfe der eingeführten Bezeichnungen lässt sich die der Fundamental-Formel ($\mathfrak{A}$.) entsprechende allgemeinere Gleichung in folgender einfacher Weise darstellen:

$$(A.) \qquad \sum_k \Delta_g^{(k)} D_g^{(k)} = \Delta D .$$

Die Richtigkeit dieser Gleichung ergiebt sich unmittelbar, wenn man die Werthe von $\Delta_g^{(k)}$ und $D_g^{(k)}$ auf der linken Seite einsetzt. Denn man erhält auf diese Weise den Ausdruck:

$$\sum_{h,i,k} x_{gh} \xi_{ki} \Delta_{hk} D_{ig} \qquad \text{oder also:} \qquad \Delta \cdot \sum_{h,\,i} \delta_{hi} x_{gh} D_{ig} ,$$

welcher vermöge der Bedeutung von δ_{hi} sich auf:

$$\Delta \cdot \sum_i x_{gi} D_{ig},$$

d. h. also auf: ΔD reducirt. Genau auf dieselbe Weise wird die Formel:

$$\sum_k \mathfrak{x}_{kh} \Delta_g^{(k)} = x_{gh} \cdot \Delta$$

durch Substitution des Werthes von $\Delta_g^{(k)}$ verificirt. Diese Formel geht aber für $h = 0$, wenn $x_{g0} = 1$ und für *jeden* Werth von k auch $\xi_{k0} = 1$ gesetzt wird, in die Gleichung:

$$(B.) \qquad \sum_k \Delta_g^{(k)} = \Delta$$

über, welche der obigen Formel ($\mathfrak{B}$.) entspricht.

Die der Relation ($\mathfrak{C}$.) analoge allgemeinere Gleichung:

$$(C.) \qquad \sum_k D_g^{(k)} \cdot \sum_r \Delta_{rk} \mathfrak{D}_{rg} = \Delta \cdot \sum_r D_{rg} \mathfrak{D}_{rg}$$

ist, wie die beiden vorhergehenden Formeln, durch blosse Substitution des Werthes von $D_g^{(k)}$ zu verificiren. Die auf r bezüglichen Summationen sind hierbei auf dieselben Werthe zu erstrecken, wie in den Summen, durch welche: θ, S, $\mathfrak{S}$ definirt wurden. Lässt man nun die in $\mathfrak{D}_{rg}$ enthaltenen n Horizontalreihen der Grössen $\mathfrak{x}$ mit den n Horizontalreihen der Grössen ξ zusammenfallen, welche nach Ausschluss der Reihe: $\xi_{i0}, \xi_{i1}, \ldots \xi_{in}$ verbleiben, so geht $\mathfrak{D}_{rg}$ über in Δ_{ri} und also die Formel (C.) in:

$$\sum_k \theta_{ik}^2 D_g^{(k)} = \Delta \cdot \sum_r \Delta_{ri} D_{rg}.$$

Lässt man ferner die Grössen $\mathfrak{x}$ mit den Grössen x zusammenfallen, so verwandelt sich die Gleichung (C.) in:

$$\sum_i D_g^{(i)} \cdot \sum_r \Delta_{ri} D_{rg} = \Delta \cdot S_g^2.$$

Multiplicirt man diese Gleichung mit Δ und setzt auf der linken Seite derselben für die auf r bezügliche Summe den Werth ein, welcher sich aus der vorhergehenden Gleichung ergiebt, so resultirt schliesslich die Formel:

$$(D.)\qquad \sum \theta_{ik}^2 D_g^{(i)} D_g^{(k)} = \Delta^2 S_g^2,$$

welche der obigen Formel ($\mathfrak{D}$.) vollkommen entspricht.

§ 4.

Um die Analogie der im § 3 entwickelten vier Formeln mit denen des § 1 in Evidenz zu setzen, nehme ich sämmtliche Werthe von: ξ, x, $\mathfrak{x}$, deren zweiter Index Null ist, der positiven Einheit gleich und betrachte die je n übrigen Grössen: ξ, x, $\mathfrak{x}$, welche einen und denselben vorderen Index haben, als je einen Punkt einer $n$fachen Mannigfaltigkeit definirend. Durch n solcher Punkte ist eine ebene $(n-1)$fache Mannigfaltigkeit bestimmt; so durch die Punkte:

$$(\xi_{k1}, \xi_{k2}, \dots \xi_{kn}) \qquad (k=0, 1, \dots i-1, i+1, \dots n)$$

eine $(n-1)$fache Mannigfaltigkeit von Punkten $(x_1, x_2, \dots x_n)$, welche durch die Gleichung:

$$\sum_k x_k \Delta_{ki} = 0 \qquad (k=0, 1, \dots n)$$

gegeben ist und mit φ_i bezeichnet werden soll. Ebenso wird durch die Punkte:

$$(x_{r1}, x_{r2}, \dots x_{rn}) \qquad (r=1, 2, \dots n)$$

eine Mannigfaltigkeit f und durch die Punkte:

$$(\mathfrak{x}_{r1}, \mathfrak{x}_{r2}, \dots \mathfrak{x}_{rn}) \qquad (r=1, 2, \dots n)$$

eine Mannigfaltigkeit $\mathfrak{f}$ bestimmt. Wird ferner, um die geometrische Analogie festzuhalten, für irgend zwei durch die Gleichungen:

$$\sum c_r x_r = c_0 , \qquad \sum c_r^2 = 1 \qquad (r=1, 2, \dots n)$$

$$\sum c'_r x_r = c'_0 , \qquad \sum c'^2_r = 1 \qquad (r=1, 2, \dots n)$$

definirte $(n-1)$fache ebene Mannigfaltigkeiten f und f' die Bezeichnung:

$$\sum c_r c'_r = \cos (ff')$$

eingeführt, so ist für $i, k = 0, 1, \dots n$:

$$\theta_{ii}\theta_{kk} \cdot \cos(\varphi_i\varphi_k) = \theta_{ik}^2, \qquad S_0\, \mathfrak{S}_0 \cdot \cos(\mathfrak{f}f) = \sum_r D_{r0}\mathfrak{D}_{r0},$$

$$S_0\,\theta_{kk} \cdot \cos(f\varphi_k) = \sum_r \varDelta_{rk} D_{r0}, \qquad \mathfrak{S}_0\theta_{kk} \cdot \cos(\mathfrak{f}\varphi_k) = \sum_r \varDelta_{rk}\mathfrak{D}_{r0},$$

wo überall die Summationen auf: $r = 1, 2, \dots n$ zu erstrecken sind. Wenn nun endlich:

$$u_{0k} = \frac{\varDelta_0^{(k)}}{\varDelta}, \qquad U_{0k} = \frac{\theta_{kk} D_0^{(k)}}{\varDelta S_0}$$

genommen wird, so können die $(n+1)$ Grössen u_{0k} als homogene Coordinaten eines Punktes $(x_{01}, x_{02}, \dots x_{0n})$ aufgefasst werden — die $(n+1)$ Punkte (ξ) als *fest* betrachtet — und ebenso die Grössen U als homogene Coordinaten der $(n-1)$fachen Mannigfaltigkeit f. Bei Einführung dieser Coordinaten u und U gehen die vier mit (A, B, C, D) bezeichneten Gleichungen des vorigen Paragraphen in folgende über:

$$\sum_{k=0}^{k=n} \frac{u_{0k} U_{0k}}{\theta_{kk}} = \frac{D}{\varDelta S_0}, \qquad \sum_{k=0}^{k=n} u_{0k} = 1,$$

$$\sum_{k=0}^{k=n} U_{0k} \cos(\mathfrak{f}\varphi_k) = \cos(\mathfrak{f}f), \qquad \sum_{i=0}^{i=n}\sum_{k=0}^{k=n} U_{0i}\, U_{0k} \cos(\varphi_i\varphi_k) = 1,$$

welche mit den Formeln $(\mathfrak{A}, \mathfrak{B}, \mathfrak{C}, \mathfrak{D})$ des § 1 identisch werden, wenn man $n = 3$ nimmt und die Grössen $\xi, x, \mathfrak{x}$ als rechtwinklige Raumcoordinaten auffasst. — Führt man den Grössen u_{0k}, U_{0k} analog die Grössen u_{ik}, U_{ik} ein, so lässt sich durch dieselben — den Formeln des § 2 entsprechend — das Verhältniss der Determinanten D und $\varDelta$ ausdrücken, indem:

$$\frac{D}{\varDelta} = |u_{ik}|, \qquad \frac{D}{\varDelta} = \frac{V^n}{V_0 V_1 \dots V_n}$$

wird, wenn man für $i, k = 0, 1, \dots n$:

$$|U_{ik}| = V, \qquad \sum_k \frac{\theta_{kk}}{\theta_{ii}} \cdot \frac{\partial V}{\partial U_{ik}} = V_i$$

setzt. Die erste jener beiden Formeln ergiebt sich unmittelbar aus der Bedeutung der Grössen u, während die zweite aus den Gleichungen:

$$\sum_k \frac{u_{gk} U_{hk}}{\theta_{kk}} = \delta_{gh} \cdot \frac{D}{\varDelta S_g}, \qquad \sum_k u_{gk} = 1 \qquad (g, h, k = 0, 1, \dots n)$$

herzuleiten ist; denn es folgt hieraus, dass für $g = 0, 1, \dots n$ die $(n+1)$ Determinanten:

$$\left| U_{hk} - \delta_{gh} \cdot \frac{D\theta_{kk}}{\varDelta S_g} \right|$$

gleich Null werden, dass also nach den eingeführten Bezeichnungen für $g = 0, 1, \dots n$ die Gleichungen:

$$\frac{V}{V_g} = \frac{D\theta_{gg}}{\varDelta S_g}$$

stattfinden, aus denen mit Berücksichtigung des Werthes der Determinante V nämlich:

$$|U_{ik}| = \frac{D^n}{\varDelta^n} \cdot \frac{\theta_{00}\theta_{11} \dots \theta_{nn}}{S_0 S_1 \dots S_n}$$

der oben angegebene Ausdruck von $\frac{D}{\varDelta}$ resultirt.

Ueber die aus den Coordinaten von $(n+1)$ Punkten gebildeten Determinanten ist noch eine Bemerkung hinzuzufügen. Für die zu den Punkten (ξ) gehörige Determinante $\varDelta$ und deren Unterdeterminanten gelten vermöge der Gleichungen $\xi_{k0}=1$ die Relationen:

$$\sum_k \varDelta_{hk} = \delta_{0h}\cdot\varDelta \qquad (h, k=0, 1, \ldots n).$$

Setzt man daher:

$$-\frac{1}{\varDelta}\sum_h x_h \varDelta_{hk} = \Phi_k(x_1, x_2, \ldots x_n) \qquad (h, k=0, 1, \ldots n),$$

wo links $x_0=1$ zu nehmen ist, so hat man die beiden Gleichungen:

$$\sum_{k=0}^{k=n}\Phi_k = -1, \qquad \sum_{k=0}^{k=n}\left(\Phi_k + \frac{\varDelta_{0k}}{\varDelta}\right) = 0,$$

von denen die erstere zeigt, dass für jeden Punkt (x) wenigstens eine der Functionen Φ negativ ist, während aus der letzteren hervorgeht, dass für unendlich entfernte Punkte (x) nicht sämmtliche Functionen Φ negativ sein können. Die Gesammtheit der Functionen Φ scheidet also, den $(2^{n+1}-1)$ zulässigen Zeichencombinationen entsprechend, eine gleiche Anzahl Gebiete aus der ganzen $n$fachen Mannigfaltigkeit aus, von denen nur *eines* keine unendlich entfernten Punkte enthält. Dieses eine Gebiet ist dadurch charakterisirt, dass für alle darin liegenden Punkte (x) die Werthe der sämmtlichen $(n+1)$ Functionen Φ negativ sind, und das über eben dasselbe endliche Gebiet erstreckte Integral:

$$\int dx_1\cdot dx_2 \cdots dx_n,$$

multiplicirt mit dem Product: $1\cdot 2 \cdots n$ ist gleich $\varDelta$, d. h. also gleich der aus den Coordinaten der $(n+1)$ Punkte (ξ) gebildeten Determinante $|\xi_{ik}|$, welche deshalb füglich als „Inhaltsdeterminante“ bezeichnet werden kann.

IV.

Sowohl die Sätze über Producte von Dreiecksflächen und Tetraedervolumen als die polygonometrischen Relationen, welche in den §§ 16 und 17 Ihres Lehrbuchs aufgestellt sind, lassen sich grossentheils aus gemeinschaftlicher Quelle systematisch herleiten, wenn man zuvörderst allgemeine Determinanten n^{ter} Ordnung behandelt und erst nachher zu denjenigen speciellen Determinanten übergeht, welche die Fläche des Dreiecks und das Volumen des Tetraeders ausdrücken.

Es seien x_{lk}, ξ_{lk} für $l=0, 1, 2, \ldots n$ und $k=1, 2, \ldots n$ je $n(n+1)$ Grössen, welche den Bedingungen:

$$\sum_k (x_{ik}-x_{0k})^2 = r^2, \qquad \sum_k (\xi_{ik}-\xi_{0k})^2 = \varrho^2 \qquad (i, k=1, 2 \ldots n)$$

genügen. Ferner seien die Grössen s_{lm} und c_{hi} durch die Gleichungen:

$$\sum_k (x_{lk}-\xi_{mk})^2 = s_{lm}^2, \qquad \sum_k (x_{hk}-\xi_{0k})(\xi_{ik}-x_{0k}) = s_{h0}s_{0i}c_{hi}$$

bestimmt, wobei — wie stets im Folgenden — die Indices l, m die Werthe 0, 1, 2. ... n und die Indices i, k nur die Werthe 1, 2, ... n annehmen sollen. Wenn nun die Determinante:

$$\begin{vmatrix} u, & 1, & 1, & \ldots & 1 \\ 1, & s_{11}^2, & s_{12}^2, & \ldots & s_{1n}^2 \\ 1, & s_{21}^2, & s_{22}^2, & \ldots & s_{2n}^2 \\ \vdots & & & & \\ 1, & s_{n1}^2, & s_{n2}^2, & \ldots & s_{nn}^2 \end{vmatrix}$$

mit: $D(u)$ bezeichnet wird, so lässt sich die durch Multiplication der aus den je n^2 Grössen $(x_{ik}-\xi_{0k})$ und $(\xi_{ik}-x_{0k})$ gebildeten Determinanten entstehende Gleichung:

$$(1.)\qquad |x_{ik}-\xi_{0k}|\cdot|\xi_{ik}-x_{0k}| = |s_{i0}\cdot s_{0k}\cdot c_{ik}|$$

auf die Form bringen:

$$(2.)\qquad (-2)^n |x_{ik}-\xi_{0k}|\cdot|\xi_{ik}-x_{0k}| = p\cdot D\left(\frac{1}{p}\right),$$

wo zur Abkürzung: $r^2+\varrho^2-s_{00}^2=p$ gesetzt ist. Denn wenn man in der Determinante auf der rechten Seite die erste Vertikalreihe mit p multiplicirt und von jeder folgenden subtrahirt, so werden sämmtliche Glieder der ersten Horizontalreihe mit Ausnahme des ersten gleich Null, irgend eines der inneren Glieder aber verwandelt sich in:

$$s_{ik}^2 - r^2 - \varrho^2 + s_{00}^2, \qquad \text{also in:} \qquad -2 s_{i0} s_{0k} c_{ik}.$$

Da nun, wenn man kurzweg D für: $D(0)$ setzt:

$$D(u) = u\cdot|s_{ik}^2| + D$$

wird, so resultirt die Hauptformel:

$$(2^*.)\qquad (-2)^n |x_{ik}-\xi_{0k}|\cdot|\xi_{ik}-x_{0k}| = (r^2+\varrho^2-s_{00}^2)\cdot D + |s_{ik}^2|.$$

Setzt man $r=\varrho$ und $x_{0k}=\xi_{0k}=0$ für alle Indices k, ferner: $x_{ig}=x'_{ig}$, $\xi_{ig}=\xi'_{ig}$ für alle Indices i und für $g=1, 2, \ldots (n-1)$, endlich aber:

$$x_{in} = r + \frac{a_i}{r}, \qquad \xi_{in} = r + \frac{\alpha_i}{r},$$

so behalten die durch die Gleichungen:

$$\sum_g x_{ig}^2 + 2a_i + \frac{a_i^2}{r^2} = 0, \qquad \sum_g \xi_{ig}^2 + 2\alpha_i + \frac{\alpha_i^2}{r^2} = 0$$

definirten Grössen a und α auch für ein unendlich grosses r noch endliche Werthe, die Differenzen: $(x_{hn}-\xi_{in})$ verschwinden also für diesen Fall, und es wird demnach:

$$\sum_g (x'_{hg} - \xi'_{ig})^2 = s^2_{hi} \qquad (g=1, 2, \dots n-1).$$

Andrerseits reduciren sich für $r = \infty$ die durch r dividirten Glieder der letzten Vertikalreihen in den Determinanten $|x_{ik}|$, $|\xi_{ik}|$ sämmtlich auf *Eins*, und es ist also — wenn der Gleichförmigkeit wegen $x'_{in} = \xi'_{in} = 1$ gesetzt wird — für $r = \infty$:

$$\frac{1}{r} \cdot |x_{ik}| = |x'_{ik}|, \qquad \frac{1}{r} \cdot |\xi_{ik}| = |\xi'_{ik}|.$$

Die Hauptformel (2.) geht somit in folgende über:

$$(3.) \qquad -(-2)^{n-1} |x'_{ik}| \cdot |\xi'_{ik}| = D,$$

deren Gültigkeit einzig und allein an die Bedingungen:

$$x'_{in} = \xi'_{in} = 1, \qquad s^2_{hi} = \sum_g (x'_{hg} - \xi'_{ig})^2$$

geknüpft ist.

Bei den vorstehenden Entwickelungen wurde aus der mit (2.) bezeichneten Formel die Gleichung (3.) als eine speciellere hergeleitet; aber man kann auch diese letztere Gleichung direct verificiren und alsdann durch Specialisirung derselben zu der ersteren gelangen, so dass beide Formeln den gleichen Grad von Allgemeinheit haben. Um zuvörderst die Uebereinstimmung der linken Seite der Gleichung (3.) mit der Determinante D in Evidenz zu setzen, hat man nur die zweite Horizontalreihe derselben von jeder der folgenden zu subtrahiren und alsdann auch die zweite Vertikalreihe von jeder folgenden Vertikalreihe abzuziehen. Um ferner aus der Gleichung (3.) die Formel (2.) abzuleiten, hat man $(n+1)$ statt n und:

$$x'_{ik} = x_{ik}, \qquad \xi'_{ik} = \xi_{ik}, \qquad x'_{n+1,k} = \xi_{0k}, \qquad \xi'_{n+1,k} = x_{0k}$$

für $i, k = 1, 2, \dots n$ zu setzen. Hierdurch verwandelt sich die Formel (3.) in folgende:

$$- (-2)^n \left| x_{ik} - \xi_{0k} \right| \cdot \left| \xi_{ik} - x_{0k} \right| = \begin{vmatrix} 0, & 1, & \ldots & 1, & 1 \\ 1, & s_{11}^2, & \ldots & s_{1n}^2, & r^2 \\ \vdots \\ 1, & s_{n1}^2, & \ldots & s_{nn}^2, & r^2 \\ 1, & \varrho^2, & \ldots & \varrho^2, & s_{00}^2 \end{vmatrix},$$

und die Determinante auf der rechten Seite erhält dieselbe Form wie in der Gleichung (2.), nämlich:

$$-(r^2 + \varrho^2 - s_{00}^2) \cdot D\left(\frac{1}{r^2 + \varrho^2 - s_{00}^2}\right),$$

wenn man von der ersten Horizontalreihe die durch ϱ^2 dividirte letzte Horizontalreihe abzieht und alsdann die mit $(\varrho^2 - s_{00}^2)$ multiplicirte erste Vertikalreihe der letzten hinzufügt.

Führt man die Bedingung ein, dass die aus den Grössen x und ξ zusammengesetzten Ausdrücke: s_{ik}^2 ihrem Werthe nach mit denjenigen übereinstimmen, welche aus den Grössen x' und ξ' gebildet sind, so kann man in der Gleichung (2*.) für D den Werth substituiren, welcher sich aus der Gleichung (3.) ergiebt. Aber man kann diese beiden Gleichungen auch nach vorheriger Specialisation der ersteren mit einander combiniren. Werden nämlich x_{ln} und ξ_{ln} für sämmtliche $(n+1)$ Werthe des Index l gleich *Eins* angenommen, so verschwinden die beiden Determinanten auf der linken Seite der Gleichung (2*.), und es resultirt die speciellere Relation:

$$(r^2 + \varrho^2 - s_{00}^2) \cdot D + \left| s_{ik}^2 \right| = 0\,. \tag{4.}$$

Die hierin enthaltenen Grössen x_{ig}, ξ_{ig} $(i = 1, 2, \ldots n;\ g = 1, 2, \ldots, n-1)$ sind ganz beliebig; aus diesen sind die Grössen s_{ik} mittels der Gleichungen:

$$s_{ik}^2 = \sum_g (x_{ig} - \xi_{kg})^2 \qquad (g = 1, 2, \ldots n-1)$$

zu bestimmen, die Grössen x_{0g}, ξ_{0g} aber durch die Bedingung, dass sowohl der Werth von $\sum_g (x_{ig} - x_{0g})^2$ als der von $\sum_g (\xi_{ig} - \xi_{0g})^2$ für die verschiedenen Indices i unverändert bleiben soll; diese Werthe sind resp. durch r^2 und ϱ^2 und endlich der Werth von $\sum_g (x_{0g} - \xi_{0g})^2$ durch s_{00} zu bezeichnen. Nimmt man nun zu den je $n(n-1)$ Grössen x_{ig}, ξ_{ig} noch je n Grössen x_{in}, ξ_{in} hinzu, deren Werth gleich Eins ist, so kann man in der Gleichung (4.) die Grösse D durch denjenigen Ausdruck ersetzen, welcher die linke Seite der Gleichung (3.) bildet, und man erhält alsdann die Formel:

$$(5.) \qquad (-2)^{n-1}(r^2 + \varrho^2 - s_{00}^2) \cdot |x_{ik}| \cdot |\xi_{ik}| = |s_{ik}^2| \,.$$

Lässt man die Grössen x und ξ mit einander zusammenfallen, so gelten die specielleren aus (3.) und (4.) hervorgehenden Formeln:

$$(6.) \qquad (-2)^{n-1}|x_{ik}|^2 = -D, \qquad |s_{ik}^2| = -2r^2 D \,.$$

Wenn endlich in den Gleichungen (3.) und (5.) für sämmtliche Werthe von i die Grössen $x_{i,n-1}$ und $\xi_{i,n-1}$ gleich Null gesetzt werden, so erhält man die beiden Relationen:

$$(7.) \qquad D = 0, \qquad |s_{ik}^2| = 0 \,,$$

in denen die Elemente (s_{hi}^2) der beiden Determinanten durch die Gleichungen:

$$s_{hi}^2 = \sum_f (x_{hf} - \xi_{if})^2 \qquad (f = 1, 2, \ldots n-2)$$

definirt sind. Dabei sind die Grössen x_{hf} und ξ_{hf} in der ersteren Relation ganz beliebig, während die letztere nur dann gilt, wenn sich die Grössen x_{0f} und ξ_{0f} bestimmen lassen, für welche die beiden Ausdrücke:

$$\sum_f (x_{if} - x_{0f})^2, \qquad \sum_f (\xi_{if} - \xi_{0f})^2$$

constante, d. h. vom Index i unabhängige Werthe annehmen.

Die sämmtlichen hier entwickelten Relationen können geometrisch interpretirt werden, wenn man die drei ersten Grössen x und ξ jeder Horizontalreihe, d. h. also x_{l1}, x_{l2}, x_{l3} und $\xi_{l1}, \xi_{l2}, \xi_{l3}$ für alle Werthe von l als irgend welche Raumcoordinaten auffasst und die übrigen Grössen x und ξ gleich Null setzt. Ich werde mich aber darauf beschränken, die ersten drei Grössen x und ξ jeder Horizontalreihe als *rechtwinklige* Coordinaten zu betrachten. Alsdann repräsentiren die Grössen x_{l1}, x_{l2}, x_{l3} und $\xi_{l1}, \xi_{l2}, \xi_{l3}$ für $l=0, 1, 2, \ldots n$ zwei Gruppen von je $(n+1)$ Punkten im Raume: (x_l) und (ξ_l), und die Grössen s_{lm} bedeuten die Strecken, welche je einen Punkt (x) mit je einem Punkte (ξ) verbinden, während die Grössen c_{ik} die Cosinus der Winkel sind, welche die Strecken s_{i0} und s_{0k} mit einander bilden. Die je n Punkte (x_i) und (ξ_i) liegen auf Kugeloberflächen, deren Mittelpunkte resp. die Punkte (x_0) und (ξ_0) und deren Radien beziehungsweise r und ϱ sind; die Entfernung der beiden Mittelpunkte ist mit s_{00} bezeichnet. Wenn nun $n > 3$ angenommen wird, so verschwindet — vermöge der Festsetzung: $x_{l4} = \xi_{l4} = 0$ — die linke Seite der Gleichung (1.), und man erhält also für die Grössen c_{ik}, d. h. für die Cosinus der n^2 durch zwei Gruppen von je n Richtungen bestimmten Winkel die Relation:

$$|c_{ik}| = 0 .$$

Wird aber $n = 3$ angenommen, so enthält die Gleichung (1.) eine Darstellung des Products der beiden Tetraeder-Volumen: (ξ_0, x_1, x_2, x_3), $(x_0, \xi_1, \xi_2, \xi_3)$ durch die je drei an den Ecken (ξ_0) und (x_0) anliegenden Kanten und durch die Cosinus der neun von diesen je drei Kanten mit einander gebildeten Winkel. Ebendasselbe Product der Rauminhalte jener beiden speciellen Tetraeder wird mittels der Formel (2*.) durch die Quadrate der Strecken dargestellt, welche die je vier Eckpunkte des einen mit denen des andern verbinden, da die Grössen r, ϱ, s_{00} resp. die Strecken $(x_i x_0)$, $(\xi_i \xi_0)$, $(x_0 \xi_0)$ bedeuten. Ferner aber liefert, wenn $n = 4$ gesetzt wird, die Gleichung (3.) das Product zweier *beliebiger* Tetraeder-Volumen durch die sechszehn Entfernungen ihrer beiderseitigen Eckpunkte ausgedrückt, und die Gleichung (5.) giebt eine Darstellung desselben Products durch eben diese sechszehn Entfernungen unter Hinzunahme der Grösse: $r^2 + \varrho^2 + s_{00}^2$, welche die Radien r und ϱ der den beiden Tetraedern umschriebenen Kugeln und die Entfernung

s_{00} ihrer beiden Mittelpunkte enthält. Eben diese Grösse: $r^2 + \varrho^2 - s_{00}^2$ findet sich in der Gleichung (4.) in Form eines Quotienten zweier Determinanten dargestellt, deren Elemente die Quadrate der die beiderseitigen Tetraeder-Ecken verbindenden Strecken sind. Endlich können für $n = 4$ auch noch die beiden specielleren Formeln (6.) geometrisch interpretirt werden, und zwar so, dass in der ersteren das Volumen eines beliebigen Tetraeders, in der letzteren aber der Radius der demselben umschriebenen Kugel durch die sechs Kanten ausgedrückt erscheint. — Für die räumlich geometrische Deutung der mit (7.) bezeichneten Formeln ist $n > 4$ zu nehmen. Die erstere von beiden ist dann als eine Relation aufzufassen, welche zwischen den n^2 Entfernungen zweier Gruppen von je n beliebigen Punkten besteht, und welche die *Carnot*'sche Relation für fünf Punkte im Raum als speciellen Fall enthält, die letztere der beiden Formeln aber liefert eine Gleichung zwischen denselben n^2 Entfernungen unter der besonderen Voraussetzung, dass die n Punkte jeder Gruppe auf einer Kugeloberfläche liegen.

Berlin, im November 1869.

AUSEINANDERSETZUNG EINIGER EIGENSCHAFTEN DER KLASSENANZAHL IDEALER COMPLEXER ZAHLEN.

[Gelesen in der Akademie der Wissenschaften am 1. Decbr. 1870.][1])

Eines der hauptsächlichsten theoretischen Resultate in der soeben vorgetragenen Abhandlung ist der Satz, dass der zweite Factor der Klassenzahl idealer aus λ^{ten} Wurzeln der Einheit gebildeter Zahlen nur dann durch *Zwei* theilbar sein kann, wenn auch der erste Factor durch *Zwei* theilbar ist. Als mir mein Freund *Kummer* vor einiger Zeit diesen Satz mittheilte und die offenbare Analogie desselben mit seinem älteren, die Theilbarkeit der beiden Factoren der Klassenzahl durch λ betreffenden Satze hervorhob, suchte ich mir nähere Aufklärung darüber zu verschaffen, warum grade die Zahl *Zwei* in dem *Kummer*'schen Satze eine Rolle spielt. In diesem Sinne bemühte ich mich zuvörderst, die in dem Satze enthaltenen Eigenschaften der beiden Factoren der Klassenzahl unmittelbar aus deren Definition herzuleiten, oder wenigstens ohne, wie es in dem *Kummer*'schen Beweise geschieht, die entwickelten Ausdrücke der beiden Factoren zu benutzen. Da der zweite Factor der Klassenzahl selbst als Klassenzahl der aus zweigliedrigen Perioden gebildeten complexen Zahlen definirt werden kann, so ist der erste Factor als Quotient zweier Klassenzahlen bestimmt. Sobald es mir nun gelungen war, auf diese Definition einen Beweis des *Kummer*'schen Satzes zu gründen, erkannte ich sogleich, dass die dabei angewendete Methode nicht auf zwei-

---

[1]) Diese Arbeit schliesst sich an die *Kummer*'sche Abhandlung „Monatsber. d. Berl. Akad. v. J. 1870 S. 855—880“ an und beginnt mit den Worten:

„Herr *Kronecker* knüpfte an den Vortrag des Hrn. *Kummer* die folgende *Auseinandersetzung einiger Eigenschaften der Klassenanzahl idealer complexer Zahlen.*“ H.

gliedrige Perioden beschränkt, sondern auf beliebige Perioden anwendbar ist, und dass alsdann in dem *Kummer*'schen Satze an Stelle der Zahl *Zwei* die Primfactoren der Gliederzahl der Periode auftreten. Ich erkannte ferner, dass der Satz in allgemeinerer Fassung nicht blos für complexe aus λ^{ten} Wurzeln der Einheit gebildete Zahlen, sondern für beliebige complexe Zahlen gilt, sobald nur hierfür der Begriff der idealen Zahlen resp. der verschiedenen Klassen derselben festgestellt ist. Die Entwickelung dieser Begriffe bildet die Grundlage eingehender und umfassender Untersuchungen, welche ich schon vor langer Zeit, nämlich vor etwa dreizehn Jahren, über die Theorie der allgemeinsten complexen Zahlen und der damit zusammenhängenden in Linearfactoren zerlegbaren Formen angestellt und deren Hauptresultate ich damals meinen mathematischen Freunden mitgetheilt habe. Obgleich ich darüber bisher, durch andere Arbeiten in Anspruch genommen, noch nichts veröffentlicht habe, will ich dennoch die vorliegende Frage für den Fall beliebiger complexer Zahlen erörtern, weil bei dieser allgemeineren Behandlung die wesentlichen Gesichtspunkte klarer hervortreten.

§ 1.

In den Artikeln 305 und 306 der „*Disquisitiones arithmeticae*" hat *Gauss* eine Anordnung der verschiedenen Klassen quadratischer Formen auf die Theorie der Composition gegründet[1]) und Hr. *Schering* hat neuerdings der weiteren Ausführung dieses Gegenstandes eine Arbeit gewidmet, welche im XIV. Bande der Abhandlungen der Königlichen Gesellschaft der Wissenschaften zu Göttingen veröffentlicht ist und namentlich, wie es auch der Titel angiebt, eine sachgemässe Aufstellung von „Fundamentalklassen" zum Zwecke hat.[2]) Die überaus einfachen Principien, auf denen die *Gauss*'sche Methode beruht, finden nicht blos an der bezeichneten Stelle, sondern auch sonst vielfach und zwar schon in den elementarsten Theilen der Zahlentheorie Anwendung. Dieser Umstand deutet darauf hin, und es ist leicht sich davon zu überzeugen, dass die erwähnten Principien einer allgemeineren, abstrakteren Ideeensphäre angehören. Deshalb erscheint es angemessen die Entwickelung der-

[1]) *C. F. Gauss*' Werke. Band I. S. 369—375. H.

[2]) *E. Schering*, Die Fundamental-Classen der zusammensetzbaren arithmetischen Formen. Abh. d. Kgl. Ges. d. Wiss. zu Göttingen. Bd. XIV (11. Juli 1868). H.

selben von allen unwesentlichen Beschränkungen zu befreien, sodass man alsdann einer Wiederholung derselben Schlussweise in den verschiedenen Fällen des Gebrauchs überhoben wird. Dieser Vortheil kommt sogar schon bei der Entwickelung selbst zur Geltung und die Darstellung gewinnt dadurch, wenn sie in der zulässig allgemeinsten Weise gegeben wird, zugleich an Einfachheit und durch das deutliche Hervortreten des allein Wesentlichen auch an Uebersichtlichkeit.

Es seien

$$\theta', \theta'', \theta''', \ldots$$

Elemente in endlicher Anzahl und so beschaffen, dass sich aus je zweien derselben mittels eines bestimmten Verfahrens ein drittes ableiten lässt. Demnach soll, wenn das Resultat dieses Verfahrens durch $\mathfrak{f}$ angedeutet wird, für zwei beliebige Elemente θ' und θ'', welche auch mit einander identisch sein können, ein θ''' existiren, welches gleich: $\mathfrak{f}(\theta', \theta'')$ ist. Ueberdies soll:

$$\mathfrak{f}(\theta', \theta'') = \mathfrak{f}(\theta'', \theta')$$
$$\mathfrak{f}\big(\theta', \mathfrak{f}(\theta'', \theta''')\big) = \mathfrak{f}\big(\mathfrak{f}(\theta', \theta''), \theta'''\big)$$

und aber, sobald θ'' und θ''' von einander verschieden sind, auch:

$$\mathfrak{f}(\theta', \theta'') \qquad \text{nicht identisch mit} \qquad \mathfrak{f}(\theta', \theta''')$$

sein. Dies vorausgesetzt, kann die mit $\mathfrak{f}(\theta', \theta'')$ angedeutete Operation durch die Multiplikation der Elemente $\theta'\ \theta''$ ersetzt werden, wenn man dabei an Stelle der vollkommenen Gleichheit eine blosse Aequivalenz einführt.*) Macht man von dem üblichen Aequivalenzzeichen: $\sim$ Gebrauch, so wird hiernach die Aequivalenz:

$$\theta' \cdot \theta'' \sim \theta'''$$

*) Anstatt der Multiplikation kann auch die Addition gebraucht werden, welcher *Gauss* bei Einführung einer Symbolik für die Composition der quadratischen Formen aus leicht erkennbaren Gründen den Vorzug gegeben hat.

durch die Gleichung:

$$\mathfrak{f}(\theta', \theta'') = \theta'''$$

definirt. —

Da die Anzahl der Elemente θ, welche mit n bezeichnet werden möge, als endlich vorausgesetzt ist, so haben dieselben folgende Eigenschaften:

I. Unter den verschiedenen Potenzen eines Elementes θ giebt es stets solche, die der Einheit äquivalent sind. Die Exponenten aller dieser Potenzen sind ganze Vielfache eines derselben, zu welchem — wie ich mich ausdrücken werde — das betreffende θ *gehört*.

II. Gehört irgend ein θ zum Exponenten ν, so gehören auch zu jedem Theiler von ν gewisse Elemente θ.

III. Wenn die beiden Exponenten ϱ und σ, zu denen resp. die Elemente θ' und θ'' gehören, relative Primzahlen sind, so gehört das Produkt $\theta' \cdot \theta''$ zum Exponenten $\varrho\sigma$.

IV. Ist n_1 die kleinste Zahl, welche die sämmtlichen Exponenten als Theiler enthält, zu denen die n Elemente θ gehören, so giebt es auch Elemente, welche zu n_1 selbst gehören. Denn, wenn n_1 in seine Primfaktoren zerlegt gleich: $p^\alpha q^\beta r^\gamma \cdots$ ist, so giebt es nach II. Elemente θ', die zu p^α, ferner Elemente θ'', die zu q^β, Elemente θ''', die zu r^γ etc. gehören, und das Produkt: $\theta' \cdot \theta'' \cdot \theta''' \cdots$ gehört alsdann nach III. zu: $p^\alpha \cdot q^\beta \cdot r^\gamma \cdots$ d. h. zu n_1.

Der hier mit n_1 bezeichnete Exponent ist der grösste von allen, zu denen die verschiedenen Elemente θ gehören; zugleich ist n_1 ein ganzes Vielfache von jedem dieser Exponenten und es findet demnach für jedes beliebige θ die Aequivalenz:

$$\theta^{n_1} \sim 1$$

statt.

Gehört θ_1 zum Exponenten n_1, so lässt sich der Begriff der Aequivalenz dahin erweitern, dass zwei Elemente θ' und θ'' als *„relativ äquivalent“* angesehen werden, wenn für irgend eine ganze Zahl k:

$$\theta' \cdot \theta_1^k \sim \theta''$$

ist. Das Aequivalenzzeichen $\sim$ bleibt hier, wie im Folgenden, für den früheren engeren Begriff der Aequivalenz reservirt. Sondert man nun aus sämmtlichen Elementen θ ein vollständiges System solcher aus, die untereinander nicht relativ äquivalent sind, so genügt dasselbe den für das System *sämmtlicher* Elemente θ oben aufgestellten Bedingungen und besitzt daher auch alle daraus abgeleiteten Eigenschaften. Es existirt also namentlich eine der Zahl n_1 entsprechende Zahl n_2, welche so beschaffen ist, dass die n_2^{te} Potenz eines jeden θ relativ äquivalent *Eins* ist, und es existiren ferner Elemente $\theta_{\prime\prime}$, für welche keine niedrigere als die n_2^{te} Potenz der Einheit relativ äquivalent wird. Da für jedes Element θ die Aequivalenz: $\theta^{n_1} \sim 1$ stattfindet und also a fortiori θ^{n_1} auch *relativ* äquivalent *Eins* ist, so muss nach I. die Zahl n_1 ein Vielfaches von n_2 sein. Ist nun

$$\theta_{\prime\prime}^{n_2} \sim \theta_1^k,$$

und erhebt man die Ausdrücke auf beiden Seiten zur Potenz: $\frac{n_1}{n_2}$, so erhält man, wenn $\frac{k}{n_2} = m$ gesetzt wird, die Aequivalenz:

$$\theta_1^{m n_1} \sim 1,$$

aus welcher, da θ_1 zum Exponenten n_1 gehört, unmittelbar folgt, dass m ganz und also k ein Vielfaches von n_2 sein muss. Es giebt demnach ein Element θ_2, definirt durch die Aequivalenz:

$$\theta_2 \cdot \theta_1^m \sim \theta_{\prime\prime},$$

dessen n_2^{te} Potenz nicht blos relativ, d. h. im weiteren Sinne, sondern auch im engeren Sinne der Einheit äquivalent ist und welches (im zwiefachen Sinne des Wortes) zum Exponenten n_2 gehört.

Indem man nunmehr je zwei Elemente θ', θ'' als relativ äquivalent ansieht, für welche:

$$\theta' \cdot \theta_1^h \cdot \theta_2^k \sim \theta''$$

ist, gelangt man zu einem dem Elemente θ_2 entsprechenden θ_3, welches zum Exponenten n_3, einem Theiler von n_2, gehört u. s. f. und man erhält auf diese Weise ein „Fundamentalsystem“ von Elementen: $\theta_1, \theta_2, \theta_3, \ldots$, welches die Eigenschaft hat, dass der Ausdruck:

$$\theta_1^{h_1} \theta_2^{h_2} \theta_3^{h_3} \cdots \qquad (h_i = 1, 2, 3, \ldots n_i)$$

im Sinne der Aequivalenz sämmtliche Elemente θ und zwar jedes nur ein Mal darstellt. Dabei sind die Zahlen $n_1, n_2, n_3, \ldots$, zu denen resp. $\theta_1, \theta_2, \theta_3, \ldots$ gehören, so beschaffen, dass jede derselben durch jede folgende theilbar ist, das Produkt: $n_1 n_2 n_3 \cdots$ ist gleich der mit n bezeichneten Anzahl sämmtlicher Elemente θ, und diese Zahl n enthält demnach keine anderen Primfactoren als diejenigen, welche auch in n_1 enthalten sind.

Wenn man unter den Elementen θ ein System von nicht äquivalenten idealen Zahlen oder ein System von nicht äquivalenten zusammensetzbaren arithmetischen Formen versteht, so fällt die hier entwickelte Darstellung sämmtlicher Elemente θ durch ein Product von Potenzen ausgewählter Elemente $\theta_1, \theta_2, \theta_3, \ldots$ vollständig mit derjenigen zusammen, welche sich in der oben erwähnten Abhandlung des Hrn. *Schering* angegeben findet.

§ 2.

Wenn

$$\mathfrak{F}(x) = 0 \quad \text{und} \quad \Phi(x) = 0$$

irreductible ganzzahlige Gleichungen der Grade $\mathfrak{m}$ und μ bedeuten, von denen die erstere unter Adjunction einer Wurzel der letzteren reductibel wird, so lassen sich die $\mathfrak{m}$ Wurzeln der Gleichung $\mathfrak{F}(x) = 0$ in μ Gruppen sondern, deren jede einer der μ Wurzeln von $\Phi(x) = 0$ entspricht. Bezeichnet man demgemäss ($\mathfrak{m} = \mu m$ gesetzt) mit:

$$\omega_{h,k} \qquad (h = 1, 2, \ldots \mu;\ k = 1, 2, \ldots m)$$

die μm Wurzeln von $\mathfrak{F}(x) = 0$ und mit:

$$\varrho_h \qquad (h = 1, 2, \ldots \mu)$$

die Wurzeln von $\Phi(x) = 0$, so ist, insofern der Coëfficient von x^m in $\mathfrak{F}(x)$ und der Coëfficient von x^μ in $\Phi(x)$ gleich Eins vorausgesetzt wird:

$$\prod_h \prod_k (x - \omega_{h,k}) = \mathfrak{F}(x), \qquad \prod_h (x - \varrho_h) = \Phi(x)$$

und ferner:

$$\prod_k (x - \omega_{h,k}) = F(x, \varrho_h),$$

wo die Coëfficienten der mit F bezeichneten ganzen Function m^{ten} Grades von x rationale Functionen von ϱ_h sind, und die Buchstaben h, k wie überall im Folgenden resp. die Werthe: $1, 2, \ldots \mu$ und $1, 2, \ldots m$ annehmen. Ferner ist ϱ_h eine rationale Function von $\omega_{h,k}$ und zwar so, dass eine und dieselbe Gleichung:

$$\varrho_h = \mathfrak{f}(\omega_{h,k})$$

für alle Werthe von k besteht. Dies vorausgeschickt lässt sich eine Theorie ganzer complexer in ω rationaler Zahlen $f(\omega)$ aufstellen, unter welchen auch die in ϱ und also auch in ω rationalen Coëfficienten von $F(x)$ enthalten sind. Alsdann sind auch die Partialnormen:

$$\prod_k f(\omega_{h,k})$$

ganze complexe Zahlen $f(\omega)$, und man kann demgemäss aus irgend einem System nicht äquivalenter idealer Zahlen $f(\omega)$ diejenigen aussondern, welche Partialnormen der bezeichneten Art äquivalent sind. Diese mögen, da die Partialnormen wirklicher Zahlen $f(x)$ rational in ϱ sind, mit $\varphi(\varrho)$ und die nach den Bestimmungen des § 1 ausgewählten fundamentalen mit:

$$\varphi_1(\varrho), \quad \varphi_2(\varrho), \quad \varphi_3(\varrho), \quad \ldots$$

bezeichnet werden; auch möge in dem dort erläuterten Sinne des Wortes φ_1 zum Exponenten ν_1, φ_2 zum Exponenten ν_2 u. s. f. gehören.

Erweitert man den Begriff der Aequivalenz für die idealen Zahlen in ω dahin, dass $f'(\omega)$ und $f''(\omega)$ als *„relativ äquivalent“* angesehen werden, wenn im *engeren* Sinne die Aequivalenz:

$$f''(\omega) \sim \varphi(\varrho) \cdot f'(\omega)$$

stattfindet, so existirt nach dem Inhalte des § 1 auch ein System fundamentaler idealer Zahlen:

$$f_1(\omega)\,, \quad f_2(\omega)\,, \quad f_3(\omega)\,, \quad \ldots,$$

welche im Sinne der relativen Aequivalenz resp. zu den Exponenten $n_1, n_2, n_3, \ldots$ gehören. Hiernach sind die sämmtlichen im ursprünglichen engeren Sinne des Wortes unter einander nicht äquivalenten Zahlen $f(\omega)$ in dem Ausdrucke:

$$\varphi_1(\varrho)^{\alpha_1} \cdot f_1(\omega)^{a_1} \cdot \varphi_2(\varrho)^{\alpha_2} \cdot f_2(\omega)^{a_2} \cdot \varphi_3(\varrho)^{\alpha_3} \cdot f_3(\omega)^{a_3} \cdots$$

enthalten, wenn man darin den Exponenten α, a der Reihe nach die Werthe:

$$\alpha_1 = 1, 2, \ldots \nu_1 \quad ; \quad \alpha_2 = 1, 2, \ldots \nu_2 \quad ; \qquad \text{etc.}$$
$$a_1 = 1, 2, \ldots\ldots n_1 ; \quad a_2 = 1, 2, \ldots\ldots n_2 ; \qquad \text{etc.}$$

beilegt. Die Klassenzahl für die complexen Zahlen $f(\omega)$ ist also, wenn:

$$n = n_1 \cdot n_2 \cdot n_3 \cdots, \qquad \nu = \nu_1 \cdot \nu_2 \cdot \nu_3 \cdots$$

gesetzt wird, genau gleich $n \cdot \nu$, und jeder dieser beiden Factoren n und ν hat auch für sich die Bedeutung einer Klassenzahl.

Nach der obigen Definition der Zahlen $\varphi(\varrho)$ ist jede derselben der Partialnorm einer Zahl $f(\omega)$ äquivalent, und es sei demgemäss:

$$\varphi_1(\varrho_h) \sim \prod_k f(\omega_{h,k}).$$

Auf Grund der festgesetzten Bedeutung von n_1 muss andrerseits eine ideale Zahl $\varphi(\varrho)$ existiren, für welche

$$f(\omega_{h,k})^{n_1} \sim \varphi(\varrho_h)$$

ist und also, wenn auf beiden Seiten die Partialnorm gebildet wird:

$$\varphi_1(\varrho_h)^{n_1} \sim \varphi(\varrho_h)^m .$$

Ist nun τ der grösste gemeinsame Theiler von m und ν_1 und erhebt man die Ausdrücke auf beiden Seiten der Aequivalenz zur Potenz: $\frac{\nu_1}{\tau}$, so wird die rechte Seite der Einheit äquivalent, weil der Exponent: $\frac{m\nu_1}{\tau}$ ein ganzes Vielfache von ν_1 ist. Es muss demnach auch die linke Seite der Einheit äquivalent, also auch: $\frac{n_1\nu_1}{\tau}$ ein Vielfaches von ν_1 d. h.

$$n_1 \quad \text{durch} \quad \tau \quad \text{theilbar}$$

sein. Da ferner nach Inhalt des § 1 die Zahl ν keine andern Primfactoren enthält als ν_1, so muss die Zahl n_1 und folglich auch die durch n_1 theilbare Zahl n jeden Primfactor enthalten, welcher den beiden Zahlen m und ν gemeinsam ist. Die hiermit erlangten Sätze lassen sich folgendermassen aussprechen:

> Es sei ω Wurzel einer irreductibeln Gleichung m^{ten} Grades, deren Coëfficienten ganze complexe Zahlen $\varphi(\varrho)$ sind, wobei der Ausdruck „irreductibel" also im Sinne eben dieser complexen Zahlen zu verstehen ist. Alsdann ist die Klassenzahl für complexe Zahlen $f(\omega)$, welche die Zahlen $\varphi(\varrho)$ mit in sich begreifen, ein Product zweier Factoren, von denen der eine die Klassenzahl für die Zahlen $\varphi(\varrho)$ bedeutet. Jeder in diesem Factor enthaltene Primtheiler von m ist auch in dem andern Factor enthalten. Wenn es ferner ideale (nicht wirkliche) Zahlen $\varphi(\varrho)$ giebt, deren m^{te} Potenz wirklich ist, so giebt

es auch unter denjenigen idealen Zahlen $f(\omega)$, welche keiner Zahl $\varphi(\varrho)$ äquivalent sind, solche, deren m^{te} Potenz einer Klasse der Zahlen $\varphi(\varrho)$ angehört. Ist endlich d irgend ein Divisor von m, für welchen eine ideale Zahl $\varphi(\varrho)$ zur d^{ten} Potenz erhoben wirklich wird, ohne dass dies schon für eine niedrigere Potenz der Fall wäre, so giebt es auch ideale Zahlen $f(\omega)$, die so beschaffen sind, dass die d^{te} Potenz derselben, aber keine niedrigere, einer der idealen Zahlen $\varphi(\varrho)$ äquivalent wird.

Die angegebenen Sätze lassen sich unmittelbar auf die aus Wurzeln der Einheit gebildeten complexen Zahlen anwenden, wenn man für ω eine primitive Wurzel der Gleichung $x^{\lambda} = 1$ und für ϱ eine der Perioden nimmt, welche aus den Wurzeln dieser Gleichung gebildet werden können. Die Gliederzahl der Perioden ist alsdann gleich dem oben mit m bezeichneten Grade einer irreductibeln Gleichung, deren Wurzeln gewisse Potenzen von ω, deren Coëfficienten aber rationale Functionen einer Periode ϱ sind, und der Fall des im Eingang erwähnten *Kummer*'schen Satzes tritt ein, wenn für λ eine Primzahl und $m = 2$ angenommen wird.

ZUR ALGEBRAISCHEN THEORIE DER QUADRATISCHEN FORMEN.

[Gelesen in der Akademie der Wissenschaften am 24. Juni 1872.]

Das Problem, eine positive quadratische Form von möglichst grosser Determinante zu bestimmen, die für $(n+1)$ gegebene Werthsysteme der n Variabeln gewisse vorgeschriebene Werthe annimmt, führt auf eine sehr einfache Behandlung jener „Aufgabe des Maximum", dessen vollständige Lösung Hr. *Borchardt* im Jahre 1866 unserer Akademie mitgetheilt und in den Abhandlungen desselben Jahres veröffentlicht hat[1]). Für den Fall $n=3$, welchem die vorliegende Notiz gewidmet ist, erhält man hierdurch einerseits das den grössten Raum einschliessende Tetraeder von gegebenen Seitenflächen und andrerseits dasjenige von einem bestimmten Mittelpunkt aus einem gegebenen Tetraeder umschriebene Ellipsoid, welches das kleinste Volumen hat.

§ 1.

Das aufgestellte algebraische Problem lässt sich durch Transformation der Variabeln unmittelbar auf den Fall reduciren, wo die Werthe einer positiven ternären quadratischen Form $f(x_1, x_2, x_3)$ für die vier Werthsysteme

$$\begin{array}{llll} x_1=1, & x_1=0, & x_1=0, & x_1=1 \\ x_2=0, & x_2=1, & x_2=0, & x_2=1 \\ x_3=0, & x_3=0, & x_3=1, & x_3=1 \end{array}$$

---

[1]) *C. W. Borchardt,* Ueber die Aufgabe des Maximum, welche der Bestimmung des Tetraeders von grösstem Volumen bei gegebenem Flächeninhalt der Seitenflächen für mehr als drei Dimensionen entspricht. Math. Abhandlungen der Berl. Akademie v. J. 1866. S. 121—155. *C. W. Borchardt,* gesammelte Werke. S. 201—282. Vgl. auch die frühere Abhandlung, *Borchardt's* Werke S. 179—200. H.

resp. mit $f_1^2, f_2^2, f_3^2, f_4^2$ gegeben sind. Dabei kann angenommen werden, dass f_4^2 grösser sei als die drei anderen Formenwerthe, und es findet nothwendig für die positiven Werthe der Grössen f die Ungleichheitsbedingung

$$f_1 + f_2 + f_3 > f_4$$

statt; denn in einer positiven Form

$$\text{(f)} \qquad f_1^2 x_1^2 + f_2^2 x_2^2 + f_3^2 x_3^2 + 2c_{23} f_2 f_3 x_2 x_3 + 2c_{31} f_3 f_1 x_3 x_1 + 2c_{12} f_1 f_2 x_1 x_2$$

sind die Coëfficienten c absolut genommen kleiner als Eins und daher

$$f_1^2 + f_2^2 + f_3^2 + 2c_{23} f_2 f_3 + 2c_{31} f_3 f_1 + 2c_{12} f_1 f_2,$$

d. h. f_4^2 kleiner als das Quadrat von $f_1 + f_2 + f_3$. — Es lässt sich nun eine jede solche, d. h. überhaupt jede ternäre positive Form abgesehen von einem Factor auf folgende Gestalt bringen:

$$\text{(F)} \qquad v_1 x_1^2 + v_2 x_2^2 + v_3 x_3^2 - (v_1 x_1 + v_2 x_2 + v_3 x_3)^2 + w_1 x_2 x_3 + w_2 x_3 x_1 + w_3 x_1 x_2,$$

in welcher die Coëfficienten v und w reell und den Bedingungen

$$\text{(F*)} \qquad \begin{gathered} v_1 - v_1^2 : v_2 - v_2^2 : v_3 - v_3^2 : v_4 - v_4^2 = f_1^2 : f_2^2 : f_3^2 : f_4^2 \\ v_1 + v_2 + v_3 + v_4 = 1; \qquad w_1 + w_2 + w_3 = 0 \end{gathered}$$

unterworfen sind. Dass in der That reelle Werthe v_1, v_2, v_3, v_4 existiren, welche diese Relationen erfüllen, ist leicht zu sehen; denn wenn man

$$1 - 2v_i = \sqrt{1 + 4(v_4^2 - v_4)\frac{f_i^2}{f_4^2}} \qquad (i=1,2,3)$$

setzt, die Quadratwurzel positiv genommen, so resultirt durch Summation der drei Ausdrücke für $i = 1, 2, 3$ die Gleichung

$$1 + 2v_4 = \sum_i \sqrt{1 + 4(v_4^2 - v_4)\frac{f_i^2}{f_4^2}} \qquad (i=1,2,3)$$

welche einen reellen Werth von v_4 bestimmt. Wenn nämlich v_4 gleich Null oder positiv unendlich ist, so wird die linke Seite kleiner als die rechte, während, je nachdem $f_1^2 + f_2^2 + f_3^2$ grösser oder kleiner als f_4^2 ist, unmittelbar vor oder hinter $v_4 = 1$ die linke Seite den grösseren Werth hat. Da überdies beide Seiten der Gleichung für das ganze Intervall von $v_4 = 0$ bis $v_4 = \infty$ stetig bleiben, so giebt es einen — und zwar, wie aus der folgenden Entwickelung hervorgehen wird, nur einen — der Gleichung genügenden positiven Werth von v_4, welcher je nach den beiden unterschiedenen Fällen unter oder über Eins liegt. Diese beiden Fälle können resp. durch $\varepsilon = +1$ und $\varepsilon = -1$ charakterisirt werden, wenn dies Zeichen durch die Ungleichheit

$$\varepsilon(f_1^2 + f_2^2 + f_3^2 - f_4^2) > 0$$

definirt wird. Die Form (F) ist ebenso wie v_1, v_2, v_3 gleichzeitig mit ε positiv oder negativ, die Summe $v_1 + v_2 + v_3$ ist stets kleiner als Eins, weil v_4 positiv ist.

Es soll nunmehr gezeigt werden, dass die Determinante einer Form εF mit Beibehaltung der Coëfficienten v_1, v_2, v_3 immer noch zu verkleinern ist, so lange als die Coëfficienten w_1, w_2, w_3 nicht sämmtlich gleich Null sind. Zu diesem Behufe denke man sich die zwei in dem Ausdruck (F) enthaltenen Aggregate von je drei Gliedern gleichzeitig in eine Summe von Quadraten transformirt und auf diese Weise folgende Gleichungen entstanden:

$$\varepsilon(v_1x_1^2 + v_2x_2^2 + v_3x_3^2) = y_1^2 + y_2^2 + y_3^2$$

$$\varepsilon(w_1x_2x_3 + w_2x_3x_1 + w_3x_1x_2) = p_1y_1^2 + p_2y_2^2 + p_3y_3^2$$

$$\varepsilon(v_1x_1 + v_2x_2 + v_3x_3) = t_1y_1 + t_2y_2 + t_3y_3\,.$$

Hierbei sind t_1, t_2, t_3 resp. die Werthe von y_1, y_2, y_3, wenn $x_1 = x_2 = x_3 = 1$ gesetzt wird, und für die Grössen p und t bestehen die Relationen

$$p_1 t_1^2 + p_2 t_2^2 + p_3 t_3^2 = 0 \,, \qquad p_1 + p_2 + p_3 = 0$$
$$t_1^2 + t_2^2 + t_3^2 = \varepsilon(v_1 + v_2 + v_3) \,,$$

so dass eine Grösse p existirt, für welche

$$p_1 = p(t_2^2 - t_3^2) \,, \qquad p_2 = p(t_3^2 - t_1^2) \,, \qquad p_3 = p(t_1^2 - t_2^2)$$

ist. Die Form (F) geht nun mit ε multiplicirt in folgende über:

$$\text{(G)} \qquad (1 + p_1)y_1^2 + (1 + p_2)y_2^2 + (1 + p_3)y_3^2 - \varepsilon(t_1 y_1 + t_2 y_2 + t_3 y_3)^2 \,,$$

und deren Determinante

$$(1 + p_1)(1 + p_2)(1 + p_3)\left(1 - \frac{\varepsilon t_1^2}{1 + p_1} - \frac{\varepsilon t_2^2}{1 + p_2} - \frac{\varepsilon t_3^2}{1 + p_3}\right)$$

erreicht für $p = 0$, d. h. also für $p_1 = p_2 = p_3 = 0$, wie sich ganz direct zeigen lässt, ihren grössten Werth

$$1 - \varepsilon(t_1^2 + t_2^2 + t_3^2) \qquad \text{oder} \qquad v_4 \,.$$

Zuvörderst ist nämlich klar, dass das Product $(1 + p_1)(1 + p_2)(1 + p_3)$ den Werth Eins nicht übersteigen kann; denn die Summe der drei Factoren ist constant gleich 3 und mindestens zwei derselben müssen positive Werthe haben, damit die Form (G) positiv sei. Wird dieses Product hiernach gleich: $1 - q^2$ und

$$-t_1^2 + t_2^2 + t_3^2 = s_1 \,, \quad t_1^2 - t_2^2 + t_3^2 = s_2 \,, \quad t_1^2 + t_2^2 - t_3^2 = s_3$$

gesetzt, so ist die Determinante der Form (G) für $\varepsilon = -1$:

$$v_4 - q^2 - p^2(t_1^2 t_2^2 t_3^2 - s_1 s_2 s_3) \,,$$

und der Factor von p^2 wird niemals negativ, da derselbe auch auf die Form

$$\tfrac{1}{2}s_1(t_2^2 - t_3^2)^2 + \tfrac{1}{2}s_2(t_3^2 - t_1^2)^2 + \tfrac{1}{2}s_3(t_1^2 - t_2^2)^2$$

gebracht werden kann, und von den drei Grössen s entweder eine oder keine negativ ist. Für $\varepsilon = +1$ dagegen wird die Determinante

$$v_4 - v_4 q^2 + (1 - v_4)(1 + p_1)p_2 p_3 - t_1^2(p_1 - p_2)(p_1 - p_3),$$

und die sämmtlichen drei auf v_4 folgenden Glieder sind negativ, da $0 < v_4 < 1$, ferner $1 + p_1$ (ebenso wie $1 + p_2$, $1 + p_3$) positiv ist und

$$\text{entweder} \quad p_1 \geqq p_2 \geqq 0 \geqq p_3 \qquad \text{oder} \quad p_1 \leqq p_2 \leqq 0 \leqq p_3$$

vorausgesetzt werden kann. Durch diese Ausdrücke der Determinante tritt es in Evidenz, dass ihr Maximalwerth v_4 ist und dass derselbe *nur* für $p = 0$ d. h. also für $p_1 = p_2 = p_3 = 0$ erreicht wird. Hieraus ergiebt sich zuvörderst, dass — wie oben behauptet worden — jede positive ternäre Form sich nur auf eine einzige Weise als eine Form F darstellen lässt, oder dass jeder gegebenen bestimmten Proportion:

$$f_1^2 : f_2^2 : f_3^2 : f_4^2$$

nur ein einziges Werthsystem v_1, v_2, v_3, v_4 entspricht. Denn andernfalls liesse sich auch eine Form von grösster Determinante durch zwei Formen F mit verschiedenen Coëfficienten v und also mindestens einmal so darstellen, dass zwei der Coëfficienten w von Null verschieden sind. Sodann folgt, dass unter den verschiedenen ternären positiven Formen εF, die sich nur durch verschiedene Coëfficienten w von einander unterscheiden, diejenige die grösste Determinante hat, in welcher $w_1 = w_2 = w_3 = 0$ ist, d. h. die Form

$$(\Phi) \qquad v_1 x_1^2 + v_2 x_2^2 + v_3 x_3^2 - (v_1 x_1 + v_2 x_2 + v_3 x_3)^2,$$

dividirt durch r, ist die gesuchte Form von möglichst grosser Determinante, welche für die gegebenen Werthsysteme

$$\begin{array}{llll} x_1 = 1, & x_1 = 0, & x_1 = 0, & x_1 = 1 \\ x_2 = 0, & x_2 = 1, & x_2 = 0, & x_2 = 1 \\ x_3 = 0, & x_3 = 0, & x_3 = 1, & x_3 = 1 \end{array}$$

resp. die Werthe $f_1^2, f_2^2, f_3^2, f_4^2$ annimmt, wenn die Grössen r, v_1, v_2, v_3 unter Zuziehung einer Hilfsgrösse v_4 durch die Gleichungen

$$v_g - v_g^2 = rf_g^2, \quad \sum_g v_g = 1 \qquad (g=1, 2, 3, 4)$$

und im Uebrigen in der oben näher erörterten Weise bestimmt werden. Die Determinante der Form Φ ist

$$v_1 v_2 v_3 v_4$$

und die (schon in den *Borchardt*'schen Untersuchungen vorkommende) adjungirte Form, dividirt durch die Determinante:

$$(\Phi') \qquad \frac{x_1^2}{v_1} + \frac{x_2^2}{v_2} + \frac{x_3^2}{v_3} + \frac{1}{v_4}(x_1 + x_2 + x_3)^2;$$

der Divisor r ist zugleich mit ε positiv oder negativ und wird durch eine Gleichung bestimmt, welche in irrationaler Form also lautet:

$$\sum_g \sqrt{1 - 4rf_g^2} = 2 \qquad (g=1, 2, 3, 4),$$

im Wesentlichen mit derjenigen übereinstimmend, welche die Grundlage der oben citirten *Borchardt*'schen Untersuchungen bildet. Für $\varepsilon = +1$ sind die Grössen v und also Φ' positiv, folglich auch Φ. Für $\varepsilon = -1$ sind v_1, v_2, v_3 negativ, folglich die Form $-\Phi$ positiv.

Abstrahirt man von der Angabe eines Formwerthes für $x_1 = x_2 = x_3 = 1$, so folgt aus der entwickelten Methode fast unmittelbar, dass die Form

$$f_1^2 x_1^2 + f_2^2 x_2^2 + f_3^2 x_3^2$$

die grösste Determinante hat. Denn denkt man sich dieser Form ein Aggregat

$$w_1 x_2 x_3 + w_2 x_3 x_1 + w_3 x_1 x_2$$

hinzugefügt und alsdann beide ternären Formen gleichzeitig in die Summe von Quadraten, also resp. in:

$$y_1^2 + y_2^2 + y_3^2, \qquad p_1 y_1^2 + p_2 y_2^2 + p_3 y_3^2$$

transformirt, wobei

$$p_1 + p_2 + p_3 = 0, \quad 1 + p_1 > 0, \quad 1 + p_2 > 0, \quad 1 + p_3 > 0$$

ist, so wird die Determinante, nämlich das Product

$$(1 + p_1)(1 + p_2)(1 + p_3)$$

offenbar nur dann ein Maximum, wenn $p_1 = p_2 = p_3 = 0$ und demnach auch $w_1 = w_2 = w_3 = 0$ ist. —

Ganz ebenso wie bei Weglassung eines Formwerthes vereinfacht sich das Problem, sobald noch ein fünfter Formwerth hinzugegeben wird, d. h. wenn es sich darum handelt, in einer „Schaar“ von Formen

$$(1 - \lambda)\varphi(x_1, x_2, x_3) + \lambda\psi(x_1, x_2, x_3)$$

diejenige positive Form zu bestimmen, deren Determinante am grössten ist. Der betreffende Werth von λ ist nämlich einer derjenigen beiden reellen Werthe, für welche die nach λ genommene Ableitung der Determinante von $\varphi + \lambda(\psi - \varphi)$ verschwindet. Dass hierbei alle Bedingungen der Aufgabe erfüllt werden, ist folgendermassen darzuthun. Denkt man sich jede Form der Schaar als Aggregat von drei Quadraten dargestellt, so haben diese ihre bestimmten drei Vorzeichen und es ist also jeder Form eine gewisse „Zeichencombination“ eigenthümlich. Die ganze Werthreihe von $\lambda = -\infty$ bis $\lambda = +\infty$ wird nun durch die Nullwerthe der Determinante in vier Intervalle getheilt, denen ebensoviel „Abtheilungen“ der Schaar entsprechen. Den sämmtlichen

Formen einer und derselben Abtheilung ist eine und dieselbe „Zeichencombination“ eigenthümlich, während von einer Abtheilung zur andern sich eins der drei Zeichen ändert. Die den beiden äusseren Intervallen entsprechenden Abtheilungen enthalten nur „unbestimmte“ (indefinite) Formen, da es nach der Voraussetzung reelle Werthe der Variabeln x giebt, wofür $\varphi = \psi$, also wofür die Form $\psi - \varphi$ gleich Null wird. Die Werthe $\lambda = 0$ und $\lambda = 1$ müssen daher einem der beiden inneren Intervalle angehören, weil die entsprechenden Formen φ und ψ positive und bestimmte sind, und in demselben Intervalle muss, eben weil es ein inneres und die Determinante darin positiv ist, der zu deren Maximalwerth gehörige Werth von λ liegen.

§ 2.

Für die oben zuerst erwähnte geometrische Anwendung seien 1, 2, 3, 4 die vier Eckpunkte und f_1, f_2, f_3, f_4 die absoluten Inhalte der gegenüberliegenden Flächen eines Tetraeders. Die vier Ebenen mögen resp. mit I, II, III, IV und die Cosinus der Winkel ihrer Normalen mit

$$c_{gh} \qquad (g, h = 1, 2, 3, 4)$$

bezeichnet werden. Für das grösste Tetraeder mit den gegebenen Flächeninhalten f_1, f_2, f_3, f_4 (oder für ein diesem ähnliches) sind die Grössen c_{12}, c_{23}, c_{31} so zu bestimmen, dass die Form (f) im § 1 positiv, ihre Determinante möglichst gross werde, und dass sie dabei für $x_1 = x_2 = x_3 = 1$ den Werth f_4^2 erhalte, da die Bedingung

$$\text{(A)} \qquad f_1^2 + f_2^2 + f_3^2 + 2c_{23}f_2f_3 + 2c_{31}f_3f_1 + 2c_{12}f_1f_2 = f_4^2$$

erfüllt sein muss. Die übrigen drei Cosinus c_{14}, c_{24}, c_{34} bestimmen sich dann durch die Bedingung

$$\text{(A}'\text{)} \qquad f_1 + c_{12}f_2 + c_{13}f_3 + c_{14}f_4 = 0$$

und deren analoge.

Da die Summe der vier oben algebraisch definirten Grössen v_1, v_2, v_3, v_4 gleich Eins ist, so können dieselben als die auf ein beliebiges Tetraeder 1, 2, 3, 4 bezogenen homogenen Coordinaten eines Punktes 5 angesehen werden, d. h. es giebt einen solchen Punkt, für welchen sich die Tetraederinhalte

$$(1234) : (5234) : (1534) : (1254) : (1235)$$

wie

$$1 : v_1 : v_2 : v_3 : v_4$$

verhalten, wenn jene mit den geeigneten Vorzeichen also z. B. (1234) und (5234) mit gleichem oder entgegengesetztem Zeichen genommen werden, je nachdem die Punkte 1 und 5 auf einer und derselben Seite von der Ebene der Punkte 2, 3, 4 liegen oder nicht. Bedeuten $\overline{\mathrm{I}}$, $\overline{\mathrm{II}}$, $\overline{\mathrm{III}}$, $\overline{\mathrm{IV}}$ die vier resp. mit I, II, III, IV parallelen und durch die Punkte 1, 2, 3, 4 gehenden Ebenen, so hat der Punkt 5 nach § 1 (F*) die für seine Bestimmung charakteristische Eigenschaft:

$$\text{(B)} \qquad (5\mathrm{I}) \cdot (5\overline{\mathrm{I}}) = (5\mathrm{II}) \cdot (5\overline{\mathrm{II}}) = (5\mathrm{III}) \cdot (5\overline{\mathrm{III}}) = (5\mathrm{IV}) \cdot (5\overline{\mathrm{IV}}),$$

wo unter den eingeklammerten Ausdrücken, wie überall im Folgenden, die Abstände zu verstehen sind. Für einen solchen Punkt 5 sind, wie oben algebraisch gezeigt worden, die Verhältnisse

$$(1234) : (5234) : (1534) : (1254) : (1235)$$

einzig und allein von den Verhältnissen der Dreiecksinhalte

$$(234) : (134) : (124) : (123)$$

oder

$$f_1 : f_2 : f_3 : f_4$$

abhängig, sind also für alle Tetraeder, bei denen diese letzteren Verhältnisse gewisse gegebene Werthe haben, constant. Alle diese Tetraeder mögen mit

$$[1, 2, 3, 4]$$

und alle diejenigen unter einander ähnlichen, welche das (im Verhältniss zur Oberfläche) grösste Volumen einschliessen, mit

$$[\overset{\circ}{1}, \overset{\circ}{2}, \overset{\circ}{3}, \overset{\circ}{4}]$$

bezeichnet werden. — Die Auffindung des Punktes 5 für irgend eines der Tetraeder [1, 2, 3, 4] ist als geometrische Deutung der Auflösung jener im § 1 aufgestellten Gleichung anzusehen, welche die Werthe v_1, v_2, v_3, v_4 aus den Werthen der Verhältnisse

$$f_1^2 : f_2^2 : f_3^2 : f_4^2$$

bestimmt. Ist der Punkt 5 für irgend ein Tetraeder [1, 2, 3, 4] gefunden, so resultiren in sehr einfacher Weise die Bestimmungsstücke der besonderen Tetraeder $[\overset{\circ}{1}, \overset{\circ}{2}, \overset{\circ}{3}, \overset{\circ}{4}]$. Aus der quadratischen Form Φ im § 1 ergeben sich nämlich unmittelbar die Werthe von c_{12}, c_{23}, c_{31} und alsdann aus der Projectionsgleichung (A′) die übrigen drei Cosinus c_{14}, c_{24}, c_{34}. Ferner resultiren aus der adjungirten Form Φ' im § 1 die Werthe der Kanten und der Cosinus ihrer Richtungsunterschiede, sobald nur bemerkt wird, dass

$$\frac{1}{r}\,\Phi \quad \text{die adjungirte von} \quad \frac{1}{s}\,\Phi'$$

ist, wenn s mit demselben Vorzeichen wie r und durch die Gleichung

$$r = s^2 v_1 v_2 v_3 v_4$$

definirt genommen wird. Führt man noch anstatt der Grössen v ihre reciproken Werthe v' ein, so erhält man auf die angedeutete Weise folgende Bestimmungen für ein Tetraeder $[\overset{\circ}{1}, \overset{\circ}{2}, \overset{\circ}{3}, \overset{\circ}{4}]$:

$$c_{ik}^2 = \frac{v_i}{1 - v_i} \cdot \frac{v_k}{1 - v_k} = \frac{1}{v_i' - 1} \cdot \frac{1}{v_k' - 1}$$

$$\cos^2\big((hi), (hk)\big) = \frac{v_i}{v_h + v_i} \cdot \frac{v_k}{v_h + v_k} = \frac{v_h'}{v_h' + v_i'} \cdot \frac{v_h'}{v_h' + v_k'}$$

$$4s \cdot (\overset{\circ}{5}k)^2 = v_k' - 1\,; \qquad s \cdot (ik)^2 = v_i' + v_k'$$

$$s^2 f_k^2 = v_g' v_h' + v_h' v_i' + v_i' v_g'$$

$$36\, s^3 (\overset{\circ}{1}\overset{\circ}{2}\overset{\circ}{3}\overset{\circ}{4})^2 = v_1' v_2' v_3' v_4'\,.$$

Die Indices g, h, i, k sind hier den Ecken $\overset{\circ}{1}$, $\overset{\circ}{2}$, $\overset{\circ}{3}$, $\overset{\circ}{4}$ entsprechend und c_{ik} mit dem Vorzeichen von $-\varepsilon v_i v_k$ zu nehmen, da

$$r f_i f_k c_{ik} = - v_i v_k$$

ist; endlich sind unter (ik) etc. die Entfernungen der eingeklammerten Punkte zu verstehen. Der Werth von s unterscheidet nur die ähnlichen Tetraeder von einander und ist mit 4 multiplicirt der reciproke Werth des für alle vier Tetraederebenen constanten Products $(5\,\mathrm{I})\,(5\,\overline{\mathrm{I}})$. Die angegebenen Bestimmungen zeigen, dass je zwei gegenüberliegende Kanten zu einander senkrecht sind, dass also die vier Höhen des Tetraeders sich in einem Punkte schneiden *und zwar im Punkte* $\overset{\circ}{5}$, da derselbe die Bedingung (B), also die folgende

$$(\overset{\circ}{\mathrm{B}}) \qquad (\overset{\circ}{1}\overset{\circ}{5})(\overset{\circ}{\mathrm{I}}\overset{\circ}{5}) = (\overset{\circ}{2}\overset{\circ}{5})(\overset{\circ}{\mathrm{II}}\overset{\circ}{5}) = (\overset{\circ}{3}\overset{\circ}{5})(\overset{\circ}{\mathrm{III}}\overset{\circ}{5}) = (\overset{\circ}{4}\overset{\circ}{5})(\overset{\circ}{\mathrm{IV}}\overset{\circ}{5})$$

erfüllt. Die absoluten Werthe von c_{ik} sind demnach die Cosinus der Richtungsunterschiede der Linien $(\overset{\circ}{5}\,i)$ und $(\overset{\circ}{5}\,k)$ und zwar so, dass die von $\overset{\circ}{5}$ nach i und k gehenden Linien mit einander einen stumpfen oder spitzen Winkel bilden, je nachdem $\varepsilon = +1$ oder -1 ist; in dem Tetraeder $[\overset{\circ}{1}\overset{\circ}{2}\overset{\circ}{3}\overset{\circ}{4}]$ sind daher sowohl die Producte je zweier der drei von einer Ecke ausgehenden Kanten multiplicirt mit dem Cosinus ihrer Richtungsunterschiede constant als auch die sämmtlichen sechs Producte je zweier vom Punkte $\overset{\circ}{5}$ aus nach den Ecken ausgehenden Linien und des Cosinus ihres eingeschlossenen Winkels. Durch die letztere Eigenschaft allein d. h. durch die Existenz eines solchen Punktes $\overset{\circ}{5}$ ist schon — bei gegebenen Seitenflächen-Inhalten — sowohl dasjenige Tetraeder völlig bestimmt, welches das grösste Volumen hat, als auch dasjenige, dessen Höhen sich in einem Punkte treffen, und zwar so, dass sich beide als identisch erweisen. Denn nimmt man den

Punkt $\overset{\circ}{5}$ als Mittelpunkt eines orthogonalen Coordinatensystems, so muss der Voraussetzung gemäss die Relation

$$x_h x_i + y_h y_i + z_h z_i = x_h x_k + y_h y_k + z_h z_k$$

für je drei Indices $h, i, k = 1, 2, 3, 4$ d. h. für je drei Tetraederecken statthaben. Diese Relation besagt aber auch, dass die Linie $(\overset{\circ}{5} h)$ gegen die Kante (ik) senkrecht gerichtet ist und der Punkt $\overset{\circ}{5}$ muss demnach auf jeder der vier Höhen liegen. Da für einen Höhenpunkt $\overset{\circ}{5}$ die Gleichungen $(\overset{\circ}{B})$ bestehen, so ergeben sich daraus für dessen homogene Coordinaten v_1, v_2, v_3, v_4 die Bestimmungen

$$v_1 - v_1^2 : v_2 - v_2^2 : v_3 - v_3^2 : v_4 - v_4^2 = f_1^2 : f_2^2 : f_3^2 : f_4^2 ,$$

welche die Richtigkeit jener Behauptung darthun. Ein Tetraeder, dessen vier Höhen sich in einem Punkte treffen, umschliesst daher ein grösseres Volumen, als irgend ein anderes, dessen Seitenflächen dieselben Inhalte haben, und umgekehrt ist das grösste Tetraeder durch die Existenz eines Höhenpunktes vollkommen definirt. Endlich resultirt aus der vorhin dargelegten charakteristischen Eigenschaft eines Höhenpunktes $\overset{\circ}{5}$ eine einfache und anschauliche Construction des grössten Tetraeders. Da nämlich

$$(5\,\overline{\mathrm{I}}) = (5\,\mathrm{I})(v_1' - 1) , \qquad (5\,\overline{\mathrm{II}}) = (5\,\mathrm{II})(v_2' - 1) \quad \text{etc.}$$

$$4s(\overset{\circ}{5}\,\overset{\circ}{1})^2 = v_1' - 1 , \qquad 4s(\overset{\circ}{5}\,\overset{\circ}{2})^2 = v_2' - 1 \quad \text{etc.}$$

ist, so hat man nur in irgend einem Tetraeder mit den gegebenen Seitenflächen den Punkt 5 zu bestimmen und alsdann von einem beliebigen Punkte $\overset{\circ}{5}$ aus in vier verschiedenen Richtungen vier Strecken

$$(\overset{\circ}{5}\,\overset{\circ}{1}) , (\overset{\circ}{5}\,\overset{\circ}{2}) , (\overset{\circ}{5}\,\overset{\circ}{3}) , (\overset{\circ}{5}\,\overset{\circ}{4}) ,$$

deren Quadrate den Quotienten

$$\frac{(5\,\overline{\mathrm{I}})}{(5\,\mathrm{I})} , \quad \frac{(5\,\overline{\mathrm{II}})}{(5\,\mathrm{II})} , \quad \frac{(5\,\overline{\mathrm{III}})}{(5\,\mathrm{III})} , \quad \frac{(5\,\overline{\mathrm{IV}})}{(5\,\mathrm{IV})}$$

proportional sind, dergestalt zu nehmen, dass je zwei Strecken multiplicirt mit dem Cosinus ihres Richtungsunterschiedes stets ein und dasselbe Resultat ergeben. Auf diese Weise erhält man die vier Eckpunkte 1°, 2°, 3°, 4° eines Tetraeders, dessen Seitenflächen denen des Tetraeders [1 2 3 4] proportional sind und welches im Verhältniss zu seiner Oberfläche das grösste Volumen umschliesst.*)

Sucht man eine analoge geometrische Interpretation der beiden anderen algebraischen Resultate, die Formen von grösster Determinante betreffend, für welche nur drei oder aber fünf Formwerthe gegeben sind, so zeigt sich, dass man im ersteren Falle nur die dreifach orthogonale Ecke als diejenige erhält, deren Sinus einen Maximalwerth hat. Für den andern Fall dagegen ergiebt sich die Bestimmung der Cosinus dreier Richtungsunterschiede c_{12}, c_{23}, c_{31}, für welche

$$f_1^2 + f_2^2 + f_3^2 + 2c_{12}f_1f_2 + 2c_{23}f_2f_3 + 2c_{31}f_3f_1 = f_4^2$$

$$\mathfrak{f}_1^2 + \mathfrak{f}_2^2 + \mathfrak{f}_3^2 + 2c_{12}\mathfrak{f}_1\mathfrak{f}_2 + 2c_{23}\mathfrak{f}_2\mathfrak{f}_3 + 2c_{31}\mathfrak{f}_3\mathfrak{f}_1 = \mathfrak{f}_4^2$$

und dabei die Determinante

$$\begin{vmatrix} 1, & c_{12}, & c_{13} \\ c_{12}, & 1, & c_{23} \\ c_{13}, & c_{23}, & 1 \end{vmatrix}$$

möglichst gross ist. Man erhält hiernach zwei Tetraeder [1, 2, 3, 4] und [1', 2', 3', 4'], deren Ecken 4 und 4' einander congruent sind, und deren

*) Zur Vergleichung mit den *Borchardt*'schen Bezeichnungen und zwar namentlich mit denjenigen, welche er bei der Auseinandersetzung in *Baltzer's* Determinanten-Werk (3. Aufl. p. 233 sqq.) angewendet hat, bemerke ich, dass die obigen Grössen v' den von Hrn. *Borchardt* mit v bezeichneten Grössen proportional sind. Die letzteren gewinnen hierdurch eine einfache geometrische Bedeutung; eine jede derselben wird nämlich das Achtfache einer Tetraederhöhe multiplicirt mit demjenigen Theil, welcher nur von der Spitze bis zum Höhenpunkt reicht, d. h. es wird z. B. die *Borchardt*'sche Grösse v_1 gleich: $8(1\,\mathrm{I})(1\,5)$, v_2 wird gleich: $8(2\,\mathrm{II})(2\,5)$ etc.

Seitenflächen resp. die Inhalte f_1, f_2, f_3, f_4 und $\mathfrak{f}_1, \mathfrak{f}_2, \mathfrak{f}_3, \mathfrak{f}_4$ haben. Legt man die beiden Tetraeder mit den Ecken 4 und 4′ so an einander, dass die Kante (14) sich in derselben Richtung fortlaufend in die Kante (41′) fortsetzt etc., so resultirt ein von 5 Ebenen, 9 Graden und 7 Eckpunkten begrenztes Polyeder, dessen Oberfläche von 8 Dreiecken mit den Flächeninhalten $f_1, f_2, f_3, f_4, \mathfrak{f}_1, \mathfrak{f}_2, \mathfrak{f}_3, \mathfrak{f}_4$ gebildet wird, und welches, diese Flächengrössen als gegeben vorausgesetzt, ein möglichst grosses Volumen hat. Die Bestimmung eines solchen Polyeders erfolgt, wie oben dargelegt worden, mittels einer quadratischen Gleichung, dasselbe ist also im engeren Sinne des Wortes geometrisch construirbar.

§ 3.

Es seien nunmehr für die zweite im Eingang erwähnte geometrische Anwendung 1, 2, 3, 4 die Eckpunkte des gegebenen Tetraeders und der Punkt 0 der Mittelpunkt des dem Tetraeder zu umschreibenden Ellipsoids. Ferner seien wie oben I, II, III, IV die Tetraederebenen und $\overline{\mathrm{I}}, \overline{\mathrm{II}}, \overline{\mathrm{III}}, \overline{\mathrm{IV}}$ denselben parallel und die gegenüberliegenden Ecken enthaltend. Dabei sei der Punkt 4 so gewählt, dass der absolute Werth des Tetraederinhalts (0123) von keinem der drei übrigen (0234), (0134), (0124) an Grösse übertroffen wird. Nimmt man nun den Punkt 0 zum Mittelpunkt der Coordinaten, die Axen in den Richtungen der Strecken (01), (02), (03) und dabei diese Strecken selbst als Einheiten, so sind die drei Coordinaten irgend eines variabeln Punktes p:

$$z_1 = \frac{(0p23)}{(0123)}, \quad z_2 = \frac{(01p3)}{(0123)}, \quad z_3 = \frac{(012p)}{(0123)},$$

die Tetraederinhalte mit den richtigen Zeichen genommen. Die Coordinaten des Punktes 4 sind also gemäss der über denselben getroffenen Bestimmung sämmtlich absolut kleiner oder gleich Eins. Die Gleichung eines durch die Punkte 1, 2, 3 gehenden Ellipsoids mit dem Mittelpunkt 0 ist

$$z_1^2 + z_2^2 + z_3^2 + 2c_{12}z_1z_2 + 2c_{23}z_2z_3 + 2c_{31}z_3z_1 = 1,$$

und das Ellipsoid hat nach den obigen algebraischen Ausführungen (cf. p. 290

unten) den kleinsten Inhalt, wenn die drei Coëfficienten c gleich Null sind d. h. wenn die Punkte 1, 2, 3 auf einem Systeme conjugirter Durchmesser liegen. Soll die Oberfläche des Ellipsoids aber noch den Punkt 4 enthalten, so muss überdies die Gleichung

$$\zeta_1^2 + \zeta_2^2 + \zeta_3^2 + 2c_{12}\zeta_1\zeta_2 + 2c_{23}\zeta_2\zeta_3 + 2c_{31}\zeta_3\zeta_1 = 1$$

erfüllt sein, wenn $\zeta_1, \zeta_2, \zeta_3$ die Coordinaten des Punktes 4 bedeuten. Setzt man

$$z_k = f_k x_k, \qquad \zeta_k f_4 = f_k \qquad (k=1, 2, 3),$$

so ist nach der obigen algebraischen Darlegung

$$\text{(E)} \qquad v_1 x_1^2 + v_2 x_2^2 + v_3 x_3^2 - (v_1 x_1 + v_2 x_2 + v_3 x_3)^2 = r$$

die Gleichung des dem Inhalte nach kleinsten Ellipsoids mit gegebenem Mittelpunkt und vier gegebenen Oberflächenpunkten. Ebenso ergiebt sich das kleinste Ellipsoid mit *fünf* gegebenen Oberflächenpunkten und zwar in der Weise, dass irgend ein sechster Punkt dazu (im engeren Sinne des Wortes) geometrisch construirt werden kann. Die Lage des Mittelpunktes 0 muss stets eine derartige sein, dass die Summe der absoluten Werthe der drei Coordinaten ζ kleiner als Eins ist; andernfalls lässt sich überhaupt kein Ellipsoid dem gegebenen Tetraeder umschreiben.

Um nun auf den Fall, wo vier Oberflächenpunkte gegeben sind, noch näher einzugehen, seien

$$u_1, u_2, u_3, u_4$$

homogene Coordinaten eines variabeln Punktes p, das Tetraeder [1, 2, 3, 4] als Fundamentaltetraeder angenommen; und zwar sollen sich

$$1 : u_1 : u_2 : u_3 : u_4$$

verhalten wie

$$(1234) : (p234) : (1p34) : (12p4) : (123p).$$

Die vier Grössen v_1, v_2, v_3, v_4 seien die Coordinaten eines Punktes 5, welcher vermöge der Relation (F*) im § 1 durch die Proportionen

$$v_1 - v_1^2 : v_2 - v_2^2 : v_3 - v_3^2 : v_4 - v_4^2 = u_{10}^2 : u_{20}^2 : u_{30}^2 : u_{40}^2$$

bestimmt wird, wenn man die dortigen Grössen f_1, f_2, f_3, f_4 den absoluten Werthen der vier Coordinaten $u_{10}, u_{20}, u_{30}, u_{40}$ des Punktes 0 proportional setzt. Der Punkt 5 ist demnach durch die Bedingungen

$$\frac{(5\,\mathrm{I})(5\,\overline{\mathrm{I}})}{(0\,\mathrm{I})^2} = \frac{(5\,\mathrm{II})(5\,\overline{\mathrm{II}})}{(0\,\mathrm{II})^2} = \frac{(5\,\mathrm{III})(5\,\overline{\mathrm{III}})}{(0\,\mathrm{III})^2} = \frac{(5\,\mathrm{IV})(5\,\overline{\mathrm{IV}})}{(0\,\mathrm{IV})^2}$$

charakterisirt.

Wenn nun nach diesen Festsetzungen

$$x_i u_{i0} = u_4 u_{i0} - u_i u_{40} \qquad (i=1, 2, 3)$$

genommen wird, so lässt sich die obige Ellipsoidgleichung (E) in den homogenen Coordinaten u einfach darstellen. Irgend eine beliebige Gleichung

$$\sum_i \sum_k a_{ik} x_i x_k = 1 \qquad (i, k=1, 2, 3)$$

verwandelt sich nämlich, wenn die Grössen u_{i0} gemäss den Bedingungen

$$a_{ii} u_{40}^2 = u_{i0}^2 \qquad (i=1, 2, 3)$$

bestimmt werden, in folgende

$$\text{(E}'\text{)} \qquad u_{40}^2 \sum_g \sum_h a_{gh} \frac{u_g u_h}{u_{g0} u_{h0}} = \sum_g \sum_h u_g u_h \qquad (g, h=1, 2, 3, 4;\ g \gtrless h),$$

wo die Coëfficienten a mit dem Index 4 durch die vier Gleichungen

$$\sum_g a_{gh} = 0 \qquad (g, h=1, 2, 3, 4)$$

definirt sind. Die Gleichung (E′) stellt offenbar eine dem Fundamentaltetraeder umschriebene Fläche zweiten Grades dar, deren Mittelpunkt die Coordinaten $u_{10}, u_{20}, u_{30}, u_{40}$ hat, da die vier Ableitungen der Differenz der zu beiden Seiten der Gleichung (E') stehenden Ausdrücke für $u_1 = u_{10}$, $u_2 = u_{20}$ etc. einen und denselben Werth $+1$ erhalten. Für das kleinste Ellipsoid (E) kommt demgemäss

$$\sum_g \sum_h v_g v_h \cdot \frac{u_g u_h}{u_{g0} u_{h0}} + r \sum_g \sum_h u_g u_h = 0 \qquad (g, h = 1, 2, 3, 4;\ g \gtrless h),$$

wo r den für alle vier Indices $h = 1, 2, 3, 4$ constanten Werth des Verhältnisses

$$\frac{v_h - v_h^2}{u_{h0}^2} \quad \text{oder} \quad \frac{(5\,\mathrm{I})(5\,\bar{\mathrm{I}})}{(0\,\mathrm{I})^2} \quad \text{etc.}$$

bedeutet, und

$$u_1 = \frac{(p\,\mathrm{I})}{(1\,\mathrm{I})}, \qquad u_{10} = \frac{(0\,\mathrm{I})}{(1\,\mathrm{I})}, \qquad v_1 = \frac{(5\,\mathrm{I})}{(1\,\mathrm{I})}$$

$$u_2 = \frac{(p\,\mathrm{II})}{(2\,\mathrm{II})}, \qquad u_{20} = \frac{(0\,\mathrm{II})}{(2\,\mathrm{II})}, \qquad v_2 = \frac{(5\,\mathrm{II})}{(2\,\mathrm{II})}$$

$$\vdots \qquad\qquad \vdots \qquad\qquad \vdots$$

ist, unter p einen Punkt der Oberfläche des Ellipsoids verstanden. Wird endlich

$$(5\,\mathrm{I}) = \alpha_1^2, \qquad (5\,\bar{\mathrm{I}}) = \beta_1^2, \quad \text{etc.}$$

$$\frac{\alpha_1 u_1}{(0\,\mathrm{I})} = \omega_1 \quad \text{oder} \quad \frac{(5\,\mathrm{I})(p\,\mathrm{I})^2}{(0\,\mathrm{I})^2 (1\,\mathrm{I})^2} = \omega_1^2 \quad \text{etc.}$$

gesetzt, so gelangt man zu der einfachsten Darstellung des kleinsten Ellipsoids in homogenen Coordinaten

$$\sum_g \sum_h (\alpha_g \alpha_h + \beta_g \beta_h) \omega_g \omega_h = 0 \qquad (g, h = 1, 2, 3, 4;\ g \gtrless h)$$

d. h. des kleinsten unter allen denjenigen Ellipsoiden, welche den Punkt 0 zum Mittelpunkt haben und deren Oberfläche die Punkte 1, 2, 3, 4 enthält.

ÜBER DIE VERSCHIEDENEN STURM'SCHEN REIHEN UND IHRE GEGENSEITIGEN BEZIEHUNGEN.

[Gelesen in der Akademie der Wissenschaften am 17. Februar 1873.]

I.

Die Methode von Sturm und Sylvester.

Sind

$$f,\ f_1,\ f_2,\ \ldots f_\nu \qquad \text{und} \qquad g_1,\ g_2,\ \ldots g_\nu$$

ganze Functionen von x mit reellen Coëfficienten, welche durch die Gleichungen

$$\text{(A)} \qquad f = g_1 f_1 - f_2, \qquad f_1 = g_2 f_2 - f_3, \qquad \ldots \qquad f_{\nu-1} = g_\nu f_\nu$$

mit einander verbunden sind, so ergiebt jene fundamentale von *Sturm* herrührende und von Hrn. *Sylvester* verallgemeinerte Deduction, dass, f_ν als constant vorausgesetzt, die Differenz zwischen der Anzahl der Zeichenwechsel in den beiden Reihen:

$$\begin{array}{ccccc} f(x_1), & f_1(x_1), & f_2(x_1), & \ldots & f_{\nu-1}(x_1), & f_\nu \\ f(x_2), & f_1(x_2), & f_2(x_2), & \ldots & f_{\nu-1}(x_2), & f_\nu \end{array}$$

gleich ist dem Unterschiede zwischen der Anzahl der Aus- und Eintrittsstellen, welche man passirt, indem man auf der x-Axe vom Punkte x_1 in der Richtung wachsender x bis zum Punkte x_2 geht.*) Als Aus- und Eintrittsstellen sind dabei die Schnittpunkte der x-Axe mit der Curve $y = f(x)$ zu betrachten, je nachdem man aus einem Theile der Ebene kommt, in welchem das Product

$$\big(y - f(x)\big) \cdot \big(y - f_1(x)\big)$$

negativ oder positiv ist, d. h. wenn, wie von jetzt ab geschehen soll, die Coëfficienten der höchsten Potenzen von $f(x)$ und $f_1(x)$ positiv vorausgesetzt werden, „je nachdem man aus einem von den beiden Curven $y = f(x)$, $y = f_1(x)$ umschlossenen Theile der Ebene herauskommt oder in einen solchen hineingeht". Wird nämlich die Anzahl der Zeichenwechsel in der Reihe

$$f(x), \quad f_1(x), \quad f_2(x), \quad \ldots \quad f_{\nu-1}(x), \quad f_\nu$$

für irgend einen Werth von x mit $\mathfrak{N}(x)$ bezeichnet, so bleibt die Zahl $\mathfrak{N}(x)$ bei allmählig wachsendem x so lange ungeändert, bis ein Werth $x = \xi$ erreicht wird, wofür $f(\xi) = 0$ ist; denn für eine Stelle, wo

$$f_k(x) = 0 \qquad (k = 1, 2, \ldots \nu-1)$$

ist, haben die beiden benachbarten Functionen $f_{k-1}(x)$ und $f_{k+1}(x)$ entgegengesetzte Zeichen, sodass sowohl vorher als nachher ein und nur ein Zeichenwechsel zwischen f_{k-1} und f_{k+1} stattfindet, also die Zahl $\mathfrak{N}(x)$ keinerlei Veränderung erleidet. Aber an einer Stelle $x = \xi$, wo $f(\xi) = 0$ ist, geht ein Zeichenwechsel verloren oder es kommt ein solcher hinzu, je nachdem das Product $f(x) \cdot f_1(x)$ unmittelbar vorher negativ oder positiv war, d. h. je nachdem die Stelle $x = \xi$ als Aus- oder Eintrittsstelle anzusehen ist. Wird

*) Vgl. meine Notiz „Sur le théorème de *Sturm*". Comptes rendus 1869. I. pag. 1078 sqq.[1]) und *Sylvester* „On a theory of the syzygetic relations of two rational integral functions etc.". Philosophical Transactions. Part III for 1853. In der Section IV der *Sylvester*'schen Abhandlung sind unter der Ueberschrift „theory of intercalations" die obigen Ausführungen ihrem materiellen Inhalte nach schon vollständig enthalten; nur die geometrische Deutung fehlt, durch welche, wie mir scheint, der Inhalt gar sehr an Uebersichtlichkeit gewinnt.

[1]) Band I S. 227—234 dieser Ausgabe von *L. Kronecker's* Werken. H.

also die Anzahl der Aus- und Eintrittsstellen zwischen x_1 und x_2 resp. mit $\mathfrak{A}(x_1, x_2)$ und $\mathfrak{E}(x_1, x_2)$ bezeichnet, so ist:

$$\mathfrak{N}(x_1) - \mathfrak{N}(x_2) = \mathfrak{A}(x_1, x_2) - \mathfrak{E}(x_1, x_2).$$

Nimmt man $x_1 = -\infty$, $x_2 = +\infty$ und bezeichnet den Grad von $f(x)$ mit n, den von f_k mit $n - n_k$ und den Coëfficienten von x^{n-n_k} in $f_k(x)$ mit c_k, so erhält man die beiden Reihen

$$\begin{array}{lllll} c, & (-1)^{n_1}c_1, & (-1)^{n_2}c_2, & \ldots & (-1)^{n_\nu}c_\nu, \\ c, & c_1, & c_2, & \ldots & c_\nu, \end{array}$$

und ein Zeichenwechsel zwischen dem k^{ten} und $(k+1)^{\text{ten}}$ Gliede in der einen Reihe kann nur dann in der andern verloren gehen, wenn $n_k - n_{k-1}$ ungrade ist. Bedeutet nun $\mathfrak{P}(c_k c_{k-1})$ die Anzahl der positiven und $\mathfrak{N}(c_k c_{k-1})$ die Anzahl der negativen Producte $c_k c_{k-1}$, für welche $n_k - n_{k-1}$ ungrade ist, ferner $\mathfrak{A}$ und $\mathfrak{E}$ resp. die Anzahl der Aus- und Eintrittsstellen auf der ganzen x-Axe, so wird

$$\text{(B)} \qquad \mathfrak{P}(c_k c_{k-1}) - \mathfrak{N}(c_k c_{k-1}) = \mathfrak{A} - \mathfrak{E}$$

d. h. für ein grades n gleich der doppelten Charakteristik des Systems von Functionen

$$\big(y,\ f(x) - y,\ f_1(x) - y\big),$$

wie ich schon im Monatsbericht vom März 1869 angegeben habe[1]). — Es verdient hervorgehoben zu werden, dass die Annahme $x_1 = -\infty$, $x_2 = +\infty$ keine Beschränkung der Allgemeinheit involvirt, da die Differenz

$$\mathfrak{A}(x_1, x_2) - \mathfrak{E}(x_1, x_2)$$

für beliebige Werthe von x_1 und x_2 durch die Charakteristiken von zwei Functionensystemen

[1]) S. S. 184—185 dieser Ausgabe von *L. Kronecker's* Werken. Für ein ungrades n vgl. die einfache Modification Art. VIII dieser Abhandlung S. 346. H.

$$\left(y,\ f(x)-y,\ \mathfrak{f}_1(x)-y\right)$$

bestimmt wird, wo einmal $\mathfrak{f}_1(x)$ für alle Werthe $x=\xi$ mit denen von $(x-x_1)f_1(x)$, das andere Mal mit denen von $(x-x_2)f_1(x)$ übereinstimmend anzunehmen ist.

II.

Die Methode von Hermite und Jacobi.

Es soll nunmehr gezeigt werden, wie das angeführte allgemeine Resultat mittels der *Hermite-Jacobi*'schen Methode herzuleiten ist, bei deren Benutzung man sich meines Wissens bisher auf den einfachsten Fall beschränkt hat, in welchem sämmtliche Differenzen $n_k - n_{k-1}$ gleich Eins sind.*) Den Ausgangspunkt für die erwähnte Methode bildet die über alle Wurzeln ξ der Gleichung $f(x)=0$ erstreckte Summe:

$$\text{(C)} \qquad \sum_{(\xi)} \frac{(y_1 + y_2\xi + \cdots + y_n\xi^{n-1})^2}{f_1(\xi)f'(\xi)},$$

unter $f'(x)$ die Ableitung von $f(x)$ verstanden. Wird

$$\sum_{(\xi)} \frac{\xi^r}{f_1(\xi)f'(\xi)}$$

zur Abkürzung mit s_r bezeichnet, so ist (C) identisch mit der quadratischen Form

$$\text{(C')} \qquad \sum_{i,k} y_i y_k s_{i+k-2} \qquad (i, k = 1, 2, \ldots n),$$

---

*) Durch die von Hrn. *Borchardt* im 53. Bande seines Journals (pag. 281 sqq.) gegebenen historischen Mittheilungen[1]) erscheinen die Namen von *Hermite* und *Jacobi* ebenso unmittelbar mit der hier zu entwickelnden Methode verknüpft, wie der Name von *Sturm* mit der im Art. I angewendeten Deduction; aber der Name des Hrn. *Sylvester* wäre eigentlich gleichmässig bei beiden Methoden zu nennen, da er beide in der citirten Abhandlung wesentlich ausgebildet und verallgemeinert hat.

[1]) *C. W. Borchardt*, gesammelte Werke S. 469—472. H.

welche, in ein Aggregat von Quadraten verwandelt, $\mathfrak{P}$ positive und $\mathfrak{N}$ negative Quadrate enthalten möge. Da nun nach der oben in (B) angewendeten Bezeichnung $\mathfrak{A}$ und $\mathfrak{E}$ resp. die Anzahl derjenigen reellen Werthe ξ bedeuten, wofür $f(x)\cdot f_1(x)$ bei $x=\xi$ zunimmt oder abnimmt, d. h. also wofür $f_1(\xi)\cdot f'(\xi)$ positiv oder negativ ist, so hat man wegen der Unveränderlichkeit der Anzahl der positiven und negativen Zeichen bei reeller Transformation eines Aggregats von Quadraten:

$$\mathfrak{P}-\mathfrak{N}=\mathfrak{A}-\mathfrak{E}.$$

Die lineare Transformation, mittels welcher die quadratische Form (C′) in ein Aggregat von Quadraten verwandelt wird, kann aber schon an den in (C) enthaltenen linearen Ausdrücken

$$y_1+y_2\xi+y_3\xi^2+\cdots+y_n\xi^{n-1}$$

vorgenommen werden. Es sind hiernach irgend welche ganze, reelle, von einander linear unabhängige Functionen $F_k(x)$ so zu bestimmen, dass bei der Entwickelung von

$$\text{(D)}\qquad \sum_{(\xi)}\frac{1}{f_1(\xi)f'(\xi)}\left(y_1F_1(\xi)+y_2F_2(\xi)+\cdots+y_nF_n(\xi)\right)^2$$

die Coëfficienten von y_iy_k für ungleiche Indices i, k verschwinden, dass also, wenn δ_{ik} Null oder Eins bedeutet, je nachdem die Indices ungleich oder gleich sind,

$$\text{(D')}\qquad \sum_h\frac{F_i(\xi_h)F_k(\xi_h)}{f_1(\xi_h)f'(\xi_h)}=\delta_{ik}S_k \qquad (h,i,k=1,2,\ldots n)$$

und folglich auch, wie hier beiläufig zu bemerken ist,

$$\text{(D'')}\qquad \sum_k\frac{1}{S_k}F_k(\xi_h)F_k(\xi_i)=\delta_{hi}f_1(\xi_h)f'(\xi_h) \qquad (h,i,k=1,2,\ldots n)$$

wird.*) Alsdann muss die Anzahl der positiven und negativen Grössen S resp. gleich $\mathfrak{P}$ und $\mathfrak{N}$ sein, und die Reihe der Grössen

$$S_1, \quad S_2, \quad \ldots \quad S_n$$

kann, wenn auch etwas abweichend von der bisher üblichen Ausdrucksweise, insofern als eine

„*Sturm*'sche oder *Sylvester*'sche Reihe für die Functionen $f(x)$ und $f_1(x)$"

bezeichnet werden**), da $\mathfrak{P} - \mathfrak{N} = \mathfrak{A} - \mathfrak{E}$ ist, d. h. da die Differenz zwischen der Anzahl der positiven und negativen Werthe von S_k für ein grades n gleich ist der doppelten Charakteristik des Functionen-Systems

$$\big(y, \quad f(x) - y, \quad f_1(x) - y\big)$$

oder also gleich der Differenz zwischen der Anzahl derjenigen Nullpunkte von $f(x)$, wo die x-Axe aus einem von den Curven $y = f(x)$ und $y = f_1(x)$ umschlossenen Theile der Ebene austritt, und zwischen der Anzahl derjenigen, wo die Axe in einen der bezeichneten Ebenen-Theile eintritt[1]). Die hier angegebene Modification der *Hermite-Jacobi*'schen Methode, bei der die Bildung von *Sturm*'schen Reihen

$$S_1, \quad S_2, \quad \ldots \quad S_n$$

auf die von Systemen gewisser erzeugender Functionen

$$F_1(x), \quad F_2(x), \quad \ldots \quad F_n(x)$$

---

*) Wird $F_i(\xi_h)$ dividirt durch die Quadratwurzel aus $S_i f_1(\xi_h) f'(\xi_h)$ gleich c_{hi} gesetzt, so werden durch die Gleichungen (D′) die n^2 Grössen c_{hi} als die Coëfficienten einer orthogonalen Substitution definirt und genügen als solche auch gewissen analogen Gleichungen, die aus den definirenden durch Vertauschung der beiden Indices entstehen und oben in (D″) ausgedrückt sind.

**) Diese Modification der bisherigen Ausdrucksweise empfiehlt sich namentlich, wie sich nachher zeigen wird, für die Untersuchung der gegenseitigen Beziehungen zwischen den verschiedenen *Sturm*'schen Reihen.

[1]) Für ein ungrades n vgl. Art. VIII dieser Abhandlung S. 346. H.

zurückgeführt wird, erleichtert die Anwendung derselben in dem allgemeinen Falle, wo die Nenner $g_k(x)$ der Kettenbruchsentwickelung von $\frac{f_1(x)}{f(x)}$ von beliebigem Grade sind.*) Es spielen dabei, wie ich für den sogenannten regulären Fall linearer Nenner $g_k(x)$ schon an dem oben angeführten Orte dargelegt habe**), die Restfunctionen $f_k(x)$ eine besondere Rolle, insofern aus ihnen ein System erzeugender Functionen $F_k(x)$ in einfacher Weise hergeleitet werden kann. Ehe ich aber zu der betreffenden Ausführung übergehe, habe ich noch eine für die vollständige Präcisirung der „*Sturm*'schen Reihen" wesentliche Bemerkung hier einzuschalten, da die oben gegebene ebenso wie die sonst übliche Definition an einer gewissen Unbestimmtheit leidet. Diese Unbestimmtheit kann, wenn man zugleich die Allgemeinheit des Begriffs der *Sturm*'schen Reihen bewahren will, nur behoben werden, indem man, wie ich es in allen algebraischen Arbeiten und Vorträgen zu thun pflege, gewisse Grössen

$$\mathfrak{R},\ \mathfrak{R}',\ \mathfrak{R}''\ldots$$

einführt und zu Grunde legt, um Alles, was im Laufe der Untersuchung als rational anzusehen ist, ausdrücklich als „rationale Function der Grössen $\mathfrak{R}, \mathfrak{R}', \mathfrak{R}'', \ldots$ mit ganzzahligen Coëfficienten" bezeichnen und auf diese Weise deutlich und vollständig charakterisiren zu können.***) Dabei darf übrigens unbeschadet der Allgemeinheit angenommen werden, dass die Grössen $\mathfrak{R}$ entweder sämmtlich von einander unabhängige Veränderliche

*) Schon in dem Aufsatze des Hrn. *Brioschi* „sur les séries qui donnent le nombre de racines réelles etc." (Nouvelles annales de mathématiques 1856) findet sich pag. 278 b. eine kurze Bemerkung, die vielleicht als ein Hinweis auf die Einführung erzeugender Functionen $F_k(x)$ aufzufassen ist. Hr. *Brioschi* hat in dieser Abhandlung auch schon eine allgemeinere erzeugende quadratische Form für *Sturm*'sche Reihen der Untersuchung zu Grunde gelegt, ist aber nicht darauf eingegangen zu untersuchen, inwiefern dieselbe eine unnöthige Allgemeinheit enthält d. h. inwiefern die daraus gebildeten *Sturm*schen Reihen mit einander identisch werden.

**) Vgl. auch die Note des Hrn. *Brioschi*, Comptes rendus 1869. I. pag. 1318.

***) Vgl. meine Notiz im Monatsbericht vom Juni 1853[1]), wo die Grössen $A, B, C\ldots$ dieselbe Rolle spielen, wie oben die mit $\mathfrak{R}$ bezeichneten Grössen.

[1]) Ueber die algebraisch auflösbaren Gleichungen. Band IV. S. 1 dieser Ausgabe von *L. Kronecker*'s Werken. H.

seien, oder dass eine einzige irreductible algebraische Gleichung zwischen ihnen besteht; jedoch ist alsdann der Fall nicht auszuschliessen, wo die Anzahl der Variabeln gleich Null, wo also entweder gar keine oder nur eine, als Wurzel einer irreductibeln ganzzahligen Gleichung definirte Grösse $\mathfrak{R}$ vorhanden ist. In der That kann nämlich einerseits jede Grösse $\mathfrak{R}$, welche nicht in einer *algebraischen* Beziehung zu den übrigen steht, für alle algebraischen Fragen als eine neue unabhängige Variable gelten; ferner kann andrerseits, wenn *mehrere* Gleichungen zwischen den Grössen $\mathfrak{R}$ bestehen, die Wurzel der vollständigen Resolvente als eine neue Grösse $\mathfrak{R}$ hinzugefügt werden, da sie ja als eine rationale Function der übrigen mit ganzzahligen Coëfficienten anzunehmen ist, und alsdann können wiederum alle diejenigen Grössen $\mathfrak{R}$ weggelassen werden, welche durch das neu hinzugefügte $\mathfrak{R}$ und durch die übrigen rational ausdrückbar sind. Auf diese Weise gelangt man also von einem System irgend welcher, durch beliebige Beziehungen mit einander verbundenen Grössen $\mathfrak{R}$ zu einem specielleren von der vorhin angegebenen Beschaffenheit, für welches im vorliegenden Falle nur noch die Bedingung hinzuzufügen ist, dass die Grössen $\mathfrak{R}$ sämmtlich reell seien. Dies vorausgeschickt, sind die Grössen $\mathfrak{R}$ irgend wie so zu wählen, dass die Coëfficienten von $f(x)$ und $f_1(x)$ rationale Functionen (mit ganzzahligen Coëfficienten) von $\mathfrak{R}, \mathfrak{R}', \mathfrak{R}'' \ldots$ werden; hiernach sind die erzeugenden Functionen $F_k(x)$ der *Sturm*'schen Reihen betreffs ihrer Coëfficienten eben derselben beschränkenden Bedingung zu unterwerfen, und in Folge dessen werden dann auch die einzelnen Glieder der *Sturm*'schen Reihen rationale Functionen der Grössen $\mathfrak{R}$, nämlich die Coëfficienten der Quadrate, welche bei irgend einer Transformation der *Hermite-Jacobi*'schen Form (C') in ein Aggregat von Quadraten auftreten, vorausgesetzt, dass die Substitutionscoëfficienten rationale Functionen von $\mathfrak{R}, \mathfrak{R}', \mathfrak{R}'' \ldots$ sind.

Bezeichnet man nun mit φ_k und ψ_k resp. die Zähler und Nenner der Näherungswerthe für den aus der Entwickelung von $\frac{f_1(x)}{f(x)}$ hervorgehenden Kettenbruch, so bestehen die Gleichungen

$$\text{(E)} \qquad f_1\psi_{k-1} - f\varphi_{k-1} = f_k,$$

$$\text{(E')} \qquad f_k\psi_k - f_{k+1}\psi_{k-1} = f,$$

und die Grade der Functionen

$$f_k, \qquad g_k, \qquad \varphi_k, \qquad \psi_k$$

sind resp.

$$n - n_k, \quad n_k - n_{k-1}, \quad n_k - n_1, \quad n_k.$$

Setzt man $\mathfrak{f}_1(x) = f_\nu \psi_{\nu-1}(x)$, so dass nach (E) zwischen $\mathfrak{f}_1(x)$ und $f_1(x)$ die Relation

$$\mathfrak{f}_1(\xi) f_1(\xi) = f_\nu^2$$

stattfindet, so hat man für sämmtliche aus der Entwickelung von $\frac{f_1(x)}{f(x)}$ hervorgehenden Restfunctionen $\mathfrak{f}_k(x)$ die Gleichung

$$\text{(E'')} \qquad \mathfrak{f}_k(x) = f_\nu \psi_{\nu-k}(x), \qquad (k=1, 2, \ldots \nu)$$

und da $\mathfrak{f}_1(\xi)$ und $f_1(\xi)$ für reelle Werthe von ξ stets gleiches Zeichen haben, so können überall im Folgenden die Restfunctionen $\mathfrak{f}_k(x)$ d. h. also die mit f_ν multiplicirten Functionen ψ an die Stelle der Restfunctionen f_k treten.

Werden die Coëfficienten der höchsten Potenzen von x in g_k und ψ_k resp. mit a_k und b_k bezeichnet, so folgt aus den Gleichungen (A) und (E'), wenn von nun an $c = 1$ gesetzt wird,

$$\text{(F)} \qquad c_{k-1} = a_k c_k, \qquad b_k c_k = 1$$

und aus der Gleichung (E):

$$\text{(F')} \qquad f_1(\xi) \cdot \psi_{k-1}(\xi) = f_k(\xi)$$

für jede Wurzel ξ der Gleichung $f(x) = 0$. Nach den *Euler*'schen Formeln ist daher

$$\text{(G)} \qquad \sum_{(\xi)} \frac{\xi^{p-1} f_k(\xi)}{f_1(\xi) f'(\xi)} = 0 \quad \text{oder} \quad b_{k-1},$$

je nachdem die positive ganze Zahl p kleiner oder gleich $n - n_{k-1}$ ist, und also ferner für $i \geqq k$:

$$\text{(G')} \qquad \sum_{(\xi)} \frac{\xi^{p-1} f_i(\xi) f_k(\xi)}{f_1(\xi) f'(\xi)} = 0 \quad \text{oder} \quad c_i b_{k-1},$$

je nachdem p kleiner oder gleich $n_i - n_{k-1}$ ist. Setzt man nun

$$\sum_k \sum_r z_{kr} x^r f_k(x) = \theta(x) \qquad \left(\begin{smallmatrix} k=1,2,\dots \nu \\ r=0,1,\dots n_k - n_{k-1} - 1 \end{smallmatrix}\right)$$

$$\sum_{(\xi)} \frac{\theta(\xi)\theta(\xi)}{f_1(\xi) f'(\xi)} = Z,$$

so ist $\theta(x)$ eine lineare und Z eine quadratische homogene Function der n Variabeln z_{kr}, und es ist die Anzahl der positiven und negativen Zeichen zu ermitteln, welche bei der Verwandlung von Z in ein Aggregat von Quadraten vorkommen.

Da

$$\theta(\xi)^2 = \sum_i \sum_k \sum_r \sum_s z_{ir} z_{ks} \xi^{r+s} f_i(\xi) f_k(\xi) \qquad \left(\begin{smallmatrix} i,k=1,2,\dots \nu; \\ r=0,1,\dots n_i - n_{i-1} - 1,\ s=0,1,\dots n_k - n_{k-1} - 1 \end{smallmatrix}\right)$$

ist, so verschwinden vermöge der Gleichungen (G') die Coëfficienten von $z_i\, z_{ks}$ in Z, sobald i von k verschieden, und die Coëfficienten von $z_{kr} z_{ks}$, sobald $r + s < n_k - n_{k-1} - 1$ ist. Die Form Z enthält hiernach nur Glieder $z_{kr} z_{ks}$, in denen

$$\tfrac{1}{2}(n_k - n_{k-1} - 1) \leqq s < n_k - n_{k-1}, \qquad r \leqq s$$

ist, und wenn die mit z_{ks} multiplicirte lineare Function der Variabeln z mit z'_{ks} bezeichnet wird, falls $s \geqq \frac{1}{2}(n_k - n_{k-1})$ ist, so kommt:

$$Z = \sum_k \frac{c_k}{c_{k-1}} z_{kr}^2 + \sum_k \sum_s z_{ks} z'_{ks},$$

wo $k = 1, 2, \ldots \nu$, ferner für ungrade Differenzen $n_k - n_{k-1}$, aber nur für solche,

$$r = \tfrac{1}{2}(n_k - n_{k-1} - 1)$$

zu nehmen ist, während s durch die Ungleichheit

$$\tfrac{1}{2}(n_k - n_{k-1}) \leqq s < n_k - n_{k-1}$$

bestimmt wird. Da die Gesammtanzahl der Variabeln z_{kr}, z_{ks}, z'_{ks} genau gleich n ist, so müssen dieselben von einander linear unabhängig sein und es findet sich daher Z als ein Aggregat von Quadraten der n linearen Functionen

$$\tfrac{1}{2}(z_{kr} \pm z'_{kr}) \qquad \left(\begin{array}{c} k=1, 2, \ldots \nu \\ \frac{1}{2}(n_k - n_{k-1} - 1) \leqq r < n_k - n_{k-1} \end{array}\right)$$

dargestellt, wenn für $r = \frac{1}{2}(n_k - n_{k-1} - 1)$ die Variable z'_{kr} mit z_{kr} identisch genommen wird. Die Coëfficienten der Quadrate sind ± 1 und zwar übereinstimmend mit dem inneren Zeichen von $\frac{1}{2}(z_{kr} \pm z'_{kr})$, sobald z'_{kr} von z_{kr} verschieden ist, aber für $z'_{kr} = z_{kr}$ haben sie die Werthe $\dfrac{c_k}{c_{k-1}}$. Bezeichnet man also wie oben im Art. I die Anzahl der positiven und der negativen Werthe der Producte $c_k c_{k-1}$, für welche $n_k - n_{k-1}$ ungrade ist, resp. mit $\mathfrak{P}(c_k c_{k-1})$ und $\mathfrak{N}(c_k c_{k-1})$, so zeigt sich, dass in der That der Ueberschuss der positiven über die negativen Quadrate in Z gleich $\mathfrak{P}(c_k c_{k-1}) - \mathfrak{N}(c_k c_{k-1})$ ist, und es ergiebt sich demnach auch mittels der *Hermite-Jacobi*'schen Methode die Gleichung (B) des Art. I:

$$\mathfrak{P}(c_k c_{k-1}) - \mathfrak{N}(c_k c_{k-1}) = \mathfrak{A} - \mathfrak{E},$$

welche dort in bekannter und directer Weise abgeleitet worden ist.

III.

Die Beziehungen zwischen Sturm'schen Reihen.

Werden jene n linearen Functionen der Variabeln z, nämlich

$$\tfrac{1}{2}(z_{kr} \pm z'_{kr})$$

in irgend welcher Reihenfolge gleich $y_1, y_2, \ldots y_n$ gesetzt, so bilden die n Coëfficienten der nach den Variabeln y geordneten, oben mit θ bezeichneten Function von $x, z_{11}, z_{12}, \ldots$

$$\sum_k \sum_r z_{kr} x^r f_k(x)$$

ein System von n Functionen $F_k(x)$, welche den aufgestellten Bedingungen

$$\sum_{(\xi)} \frac{F_i(\xi) F_k(\xi)}{f_1(\xi) f'(\xi)} = \delta_{ik} S_k$$

genügen. Bedeutet $F'_k(x)$ irgend ein anderes System solcher Functionen, so kann

$$F'_k(x) = \sum_i C_{ik} F_i(x) \qquad (i, k = 1, 2 \ldots n)$$

gesetzt werden, und die Coëfficienten C sind alsdann rationale Functionen der Grössen $\mathfrak{R}$, welche nur den Bedingungen

$$\text{(H)} \qquad \sum_h S_h C_{hi} C_{hk} = \delta_{ik} S'_k \qquad (h, i, k = 1, 2, \ldots n)$$

unterworfen sind, so dass die Transformation der quadratischen Formen

$$\sum_k S_k y_k^2, \qquad \sum_k S'_k y'^2_k \qquad (k = 1, 2, \ldots n)$$

in einander mittels der Substitution

(H*) $$y_i = \sum_k C_{ik} y'_k \qquad (i, k = 1, 2, \ldots n)$$

bewirkt wird. Eine solche Transformation lässt sich aber in der allgemeinsten Weise aufstellen, da sich jede gegebene Transformation aus gewissen „elementaren“ Transformationen zusammensetzen lässt*), d. h. hier aus solchen, die sich nur auf *ein* Quadrat oder auf das Aggregat von nur *zwei* Quadraten beziehen. Da nämlich für beliebige Werthe von t

(H′) $$pu^2 + qv^2 = p'u'^2 + q'v'^2$$

wird, wenn man

$$u' = u + qtv\,, \qquad v' = v - ptu$$

$$p' = \frac{p}{1 + pqt^2}\,, \qquad q' = \frac{q}{1 + pqt^2}$$

setzt, so kann bei Anwendung der Transformation (H′) auf das Aggregat $S'_1 y'^2_1 + S'_2 y'^2_2$ die Grösse t so gewählt werden, dass in einer der beiden transformirten Variabeln, die ebenfalls lineare Functionen von $y_1, y_2, \ldots y_n$ sind, der Coëfficient von y_n gleich Null wird. Durch wiederholte Anwendung der Transformation (H′) gelangt man auf diese Weise zu einem Aggregat von Quadraten linearer Functionen der Variabeln $y_1, y_2, \ldots y_n$, unter denen nur noch *eine* die Variable y_n enthält. Diese eine kann sich alsdann aber nur durch einen rationalen Factor von y_n selbst unterscheiden, und es handelt sich somit nur noch um die Transformation eines Aggregats von $(n-1)$ Variabeln. Bei dem angegebenen Verfahren wird also durch eine Reihe von Transformationen (H′) die Form $\Sigma S' y'^2$ in die Form $\Sigma S y^2$ übergeführt, wenn schliesslich noch die „einfachen“ Substitutionen $y'_k = c y_k$ hinzugenommen werden, und die allgemeinste Transformation von $\Sigma S y^2$ in ein Aggregat von Quadraten lässt sich daher als eine Folge von $\frac{1}{2} n(n-1)$ successive auf je zwei der Variabeln y anzuwendenden elementaren Transformationen (H′) und von n einfachen Transformationen $y'_k = c y_k$ darstellen, wobei unter den

*) Vgl. meine Notiz im Monatsbericht vom October 1866 pag. 608 sqq.[1])

[1]) Band I S. 158 sqq. dieser Ausgabe von *L. Kronecker's* Werken. H.

$\frac{1}{2}n(n+1)$ willkürlichen Grössen c und t irgend welche rationale Functionen von $\mathfrak{R}, \mathfrak{R}', \mathfrak{R}'', \ldots$ zu verstehen sind. — Aus dieser Betrachtung erhellt auch unmittelbar die Unveränderlichkeit der Zeichenanzahl bei der Transformation eines Aggregats von Quadraten; denn für jede einzelne elementare Transformation (H') haben offenbar die beiden Coëfficienten p', q' dieselbe Vorzeichen-Combination wie p, q.*)

Nach vorstehenden Ausführungen sind die Grössen S, nämlich die Glieder einer bestimmten *Sturm*'schen Reihe als rationale Functionen von $\mathfrak{R}, \mathfrak{R}', \mathfrak{R}'', \ldots$ gegeben, und es sind daraus die Glieder S' irgend einer andern *Sturm*'schen Reihe mittels der Gleichungen (H)

$$S'_k = \sum_i S_i C_{ik}^2 \qquad (i, k = 1, 2, \ldots n)$$

herzuleiten. Die Coëfficienten C sind hierbei ebenfalls rationale Functionen der Grössen $\mathfrak{R}$ und es tritt somit bei der *Hermite-Jacobi*'schen Methode namentlich *die* Beziehung zwischen den Reihen S und S' ganz unmittelbar in Evidenz, vermöge deren die Glieder der einen positiv sind, sobald die der andern diese Eigenschaft haben.

IV.

Die Ausdrücke von Cayley und Sylvester.

Sollen für eine ganze Function $F(x)$ die Relationen

$$\sum_{(\xi)} \frac{\xi^{p-1} F(\xi)}{f_1(\xi) f'(\xi)} = 0 \qquad (0 < p < n - n_{k-1})$$

wie oben (G) für $f_k(x)$ bestehen, so muss eine ganze Function $\Psi(x)$ vom

*) Der hier gegebene einfache Beweis für die Unveränderlichkeit der Zeichenanzahl bei reeller Transformation eines Aggregats von Quadraten steht in einer gewissen Gedankenverbindung mit demjenigen, welchen Hr. *Hermite* in *Borchardt's* Journal für Mathematik Bd. 53 p. 271 mitgetheilt hat.

Grade n_{k-1} existiren, welche für $x = \xi$ mit dem Quotienten $\frac{F(\xi)}{f_1(\xi)}$ übereinstimmt, für welche also eine Gleichung

$$F(x) = f_1(x)\Psi(x) - f(x)\Phi(x)$$

stattfindet. Hiernach ist $f_k(x)$ als eine Function von möglichst niedrigem Grade zu charakterisiren, welche den Relationen (G) für $p < n - n_{k-1}$ genügt. In Folge derselben ist, wenn

$$f_k(x) = c_k x^{n-n_k} + c_k' x^{n-n_k-1} + \cdots + c_k^{(n-n_k)}$$

gesetzt wird:

$$c_k s_h + c_k' s_{h-1} + \cdots + c_k^{(n-n_k)} s_{h-n+n_k} = 0$$

für

$$h = n - n_k, \quad n - n_k + 1, \quad \ldots \quad 2n - n_k - n_{k-1} - 2,$$

wo s_h dieselbe Bedeutung hat wie im Art. II (C′). Es bestehen also $n - n_{k-1} - 1$ lineare Gleichungen zwischen den $n - n_k + 1$ Coëfficienten c_k, und es verschwinden demnach $n_k - n_{k-1} - 1$ Determinanten von je $(n - n_k + 1)^2$ Elementen s.

Wenn $n_k - n_{k-1}$ für alle Indices k gleich Eins und also $n_k = k$ ist, so bilden, wie die Gleichungen (G′) zeigen, die n Restfunctionen $f_k(x)$ selbst ein System erzeugender Functionen für eine *Sturm*'sche Reihe und zwar für die Reihe

$$\frac{c_1}{c}, \quad \frac{c_2}{c_1}, \quad \ldots \quad \frac{c_n}{c_{n-1}},$$

die Relationen (G) aber gewähren in diesem Falle die nothwendigen und hinreichenden Bestimmungen für die Functionen $f_k(x)$ und ergeben für dieselben sowohl die *Cayley*'schen als auch die *Sylvester*'schen Ausdrücke. Berücksichtigt man nämlich, dass die Determinante

$$\begin{vmatrix} s_0 & , s_1 , & \dots & s_k \\ \vdots & \vdots & & \vdots \\ s_{k-1} , & s_k , & \dots & s_{2k-1} \\ 1 & , x , & \dots & x^k \end{vmatrix}$$

mit

$$|xs_{p+q} - s_{p+q+1}| \qquad (p, q = 0, 1, \dots k-1)$$

übereinstimmt, so ist die Gleichung

$$c_k \cdot |xs_{p+q} - s_{p+q+1}| = |s_{p+q}| \cdot f_k(x) \qquad (p, q = 0, 1, \dots n-k-1)$$

und

$$|s_{p+q}| \cdot c_k c_{k+1}^2 \dots c_{n-1}^2 c_n = 1 \qquad (p, q = 0, 1. \dots n-k-1)$$

unmittelbar durch die Relation (G) zu verificiren. Die Determinanten

$$|xs_{p+q} - s_{p+q+1}| \qquad (p, q = 0, 1, \dots k-1)$$

bilden demnach selbst ein System von Functionen $F_k(x)$, und die mit S bezeichneten Glieder der hieraus entstehenden *Sturm*'schen Reihe sind

$$\left|\sum_h \eta_h \xi_h^{p+q}\right| \cdot \left|\sum_h \eta_h \xi_h^{p'+q'}\right| \qquad \begin{pmatrix} p, q = 0, 1, \dots k-1 \\ p', q' = 0, 1, \dots k \\ h, k = 1, 2, \dots n \end{pmatrix},$$

wenn η_h durch die Gleichung

$$\eta_h f_1(\xi_h) f'(\xi_h) = 1$$

bestimmt wird. Bei Anwendung dieser besonderen Functionen $F_k(x)$ ergeben die Gleichungen (D') und (D'') des Art. II zwei für beliebige Grössen

$$\xi_1, \xi_2, \dots \xi_n; \quad \eta_1, \eta_2, \dots \eta_n$$

gültige Formeln. Wird nämlich der Ausdruck

$$\eta_h \frac{\left|\sum \eta_r(\xi_g - \xi_r)\xi_r^{p+q}\right| \cdot \left|\sum \eta_r(\xi_h - \xi_r)\xi_r^{p'+q'}\right|}{\left|\sum \eta_r \xi_r^{p'+q'}\right| \cdot \left|\sum \eta_r \xi_r^{p''+q''}\right|},$$

in welchem sich die Summationen sämmtlich auf $r = 1, 2, \dots n$, die Determinantenstriche aber resp. auf die Werthsysteme

$$p, q = 0, 1, \dots i-1; \quad p', q' = 0, 1, \dots k-1; \quad p'', q'' = 0, 1, \dots k$$

beziehen, als von den Zahlwerthen g, h, i, k abhängig mit $[g, h, i, k]$ bezeichnet, so müssen die beiden über alle Werthe $h = 1, 2, \dots n$ erstreckten Summen

$$\sum [h, h, i, k], \qquad \sum [i, k, h, h]$$

identisch gleich Null oder gleich Eins sein, je nachdem $i \gtrless k$ oder $i = k$ ist.*)

Wird nunmehr behufs Ableitung der *Sylvester*'schen Formeln die vollständige Eliminationsresultante zweier Gleichungen $\varphi(z) = 0$ und $\psi(z) = 0$ mit $R(\varphi, \psi)$ bezeichnet, und bedeutet $\varphi_k(x)$ irgend einen Divisor $(n-k)^{\text{ten}}$ Grades von $f(x)$, in welchem der Coëfficient von x^{n-k} gleich Eins ist, und $\varphi_{n-k}(x)$ den complementären Divisor vom k^{ten} Grade, so ist die auf alle Zerlegungen

$$f(x) = \varphi_k(x)\varphi_{n-k}(x)$$

ausgedehnte Summe

$$\text{(K)} \qquad \sum \frac{R(f_1, \varphi_{n-k})}{R(\varphi_k, \varphi_{n-k})} \varphi_k(x)$$

übereinstimmend mit

$$\text{(K')} \qquad (-1)^{\frac{1}{2}k(k-1)} c_1^2 c_2^2 \cdots c_{k-1}^2 f_k(x).$$

Denn, bildet man die in den Relationen (G) vorkommenden Summen:

---

*) Vgl. die oben citirte *Sylvester*'sche Abhandlung p. 472 art. (f).

$$\sum_{(\xi)} \sum \frac{\xi^{p-1}\varphi_k(\xi)}{f_1(\xi)f'(\xi)} \cdot \frac{R(f_1, \varphi_{n-k})}{R(\varphi_k, \varphi_{n-k})},$$

so hat man nur diejenigen Wurzeln ξ zu nehmen, für welche

$$\varphi_k(\xi) \gtrless 0 \qquad \text{also} \qquad \varphi_{n-k}(\xi) = 0$$

ist, und es kommt, da

$$\varphi_{k-1}(x) = (x - \xi)\varphi_k(x), \qquad \varphi_{n-k}(x) = (x - \xi)\varphi_{n-k+1}(x)$$

zu setzen ist:

$$(-1)^{k-1} \sum_{(\xi)} \sum \frac{\xi^{p-1}}{\varphi'_{k-1}(\xi)} \cdot \frac{R(f_1, \varphi_{n-k+1})}{R(\varphi_{k-1}, \varphi_{n-k+1})},$$

unter $\varphi'_k(x)$ die Ableitung von $\varphi_k(x)$ verstanden. Summirt man hier zuerst über die $(n-k+1)$ Wurzeln ξ je einer bestimmten Gleichung $\varphi_{k-1}(x) = 0$, so sieht man, dass in der That, wie es die Relationen (G) erheischen, für $p < n-k+1$ nach den *Euler*'schen Formeln der Summenausdruck verschwindet und aber für $p = n-k+1$ sich auf

$$(-1)^{k-1} \sum \frac{R(f_1, \varphi_{n-k+1})}{R(\varphi_{k-1}, \varphi_{n-k+1})}$$

d. h. auf den Coëfficienten der höchsten Potenz von x in dem Ausdrucke (K) reducirt, wenn darin $(k-1)$ für k gesetzt und der Factor $(-1)^{k-1}$ hinzugefügt wird. Dieser Coëfficient wird nach dem oben angenommenen Werthe des Ausdrucks (K)

$$(-1)^{\frac{1}{2}k(k-1)} c_1^2 c_2^2 \cdots c_{k-2}^2 c_{k-1}$$

also in der That genau übereinstimmend mit dem Werthe der Summe, welchen man erhält, wenn man den durch $f_1(x)f'(x)$ dividirten Ausdruck (K′) mit x^{n-k} multiplicirt und alsdann über alle Werthe $x = \xi$ summirt.

V.

Anderweite Bedeutung des Sylvester'schen Ausdrucks.

Der *Sylvester*'sche Ausdruck (K) erhält noch eine anderweite Bedeutung, wenn man denselben mit jener Interpolationsformel in Beziehung setzt, die ich im Monatsbericht vom December 1865 pag. 691 aufgestellt habe.[1]) Werden die oben im Ausdruck (K) vorkommenden Bezeichnungen beibehalten und noch die Wurzeln ξ der Gleichung $\varphi_{n-k}(x) = 0$ durch die Indices 1, 2, ... k charakterisirt, so lässt sich die erwähnte Formel auf folgende Gestalt bringen:

$$\text{(L)} \qquad \sum \frac{P(\xi_1, \xi_2, \ldots \xi_k)}{R(\varphi_k, \varphi_{n-k})} \varphi_k(x_1)\varphi_k(x_2)\cdots\varphi_k(x_k),$$

— die Summation auf alle Zerlegungen

$$f(x) = \varphi_k(x)\varphi_{n-k}(x)$$

ausgedehnt — und stellt daher eine ganze symmetrische Function der Variabeln $x_1, x_2, \ldots x_k$ dar, welche in Beziehung auf jede derselben von möglichst niedrigem Grade und dabei ihrem Werthe nach mit dem der Function $P(x_1, x_2, \ldots x_k)$ übereinstimmend ist, sobald für die k Variabeln x irgend welche k Wurzeln ξ der Gleichung $f(x) = 0$ gesetzt werden. Die Function (L) ist hierdurch vollständig definirt und kann aber auch auf andre Weise aus der nunmehr als ganz vorauszusetzenden Function $P(x_1, x_2, \ldots x_k)$ abgeleitet werden. Bedeuten nämlich $x_1, x_2, \ldots x_n$ unbestimmte Variable und setzt man

$$(x - x_1)(x - x_2)\cdots(x - x_n) = x^n - \mathfrak{f}_1 x^{n-1} + \mathfrak{f}_2 x^{n-2} - \cdots \pm \mathfrak{f}_n,$$

so sind $\mathfrak{f}_1, \mathfrak{f}_2, \ldots \mathfrak{f}_n$ die n „elementaren symmetrischen Functionen“ der n Grössen $x_1, x_2, \ldots x_n$ und jedes Product

$$(x - x_k)(x - x_{k+1})\cdots(x - x_n),$$

---

[1]) Ueber einige Interpolationsformeln für ganze Functionen mehrer Variabeln. Band I S. 133—141 dieser Ausgabe von *L. Kronecker's* Werken. (S. S. 141.) H.

für $k = 1, 2, \ldots n$, ist eine ganze Function $(n - k + 1)^{\text{ten}}$ Grades von x, deren Coëfficienten ganze ganzzahlige Functionen von $x_1, x_2, \ldots x_{k-1}, \mathfrak{f}_1, \mathfrak{f}_2, \ldots \mathfrak{f}_n$ sind. Da diese Function von x für $x = x_k$ identisch Null ist, so lässt sich jede höhere als die $(n - k)^{\text{te}}$ Potenz von x_k durch Einführung der elementaren symmetrischen Functionen wegschaffen, und indem man dies successive für $k = n, n - 1, n - 2, \ldots 1$ ausführt, kann man offenbar jede ganze ganzzahlige Function von $x_1, x_2, \ldots x_n$ auf eine solche reduciren, welche in Beziehung auf jedes x_k nur vom Grade $(n - k)$ ist, und deren Coëfficienten ganze ganzzahlige Functionen der elementaren symmetrischen Functionen $\mathfrak{f}$ sind. Eine solche „reducirte Form" einer ganzen Function von n Variabeln ist völlig bestimmt*), und man muss daher den obigen Ausdruck (L) erhalten, wenn man $P(x_1, x_2, \ldots x_k)$ auf die reducirte Form bringt und darin die elementaren symmetrischen Functionen $\mathfrak{f}$ durch die bezüglichen positiv oder negativ zu nehmenden Coëfficienten der Gleichung $f(x) = 0$ ersetzt.

Nimmt man für $P(x_1, x_2, \ldots x_k)$ das Product

$$f_1(x_1)f_1(x_2)\cdots f_1(x_k),$$

so geht der Ausdruck (L) in folgenden über:

$$\text{(L')} \qquad \sum \frac{R(f_1, \varphi_{n-k})}{R(\varphi_k, \varphi_{n-k})} \varphi_k(x_1)\varphi_k(x_2)\cdots\varphi_k(x_k),$$

und der *Sylvester*'sche Ausdruck (K) ist demnach, wenn darin die Variable x_1 für x genommen wird, der Coëfficient des Gliedes

$$(x_2 x_3 \cdots x_k)^{n-k}$$

in der reducirten Form von $P(x_1, x_2, \ldots x_k)$. Wenn daher das Product

$$f_1(\xi_1)f_1(\xi_2)\cdots f_1(\xi_k)$$

*) Hieraus folgt unmittelbar die Darstellbarkeit jeder ganzen symmetrischen Function von $x_1, x_2, \ldots x_n$ als ganze ganzzahlige Function der elementaren Functionen $\mathfrak{f}$.

als ganze Function gewisser Wurzeln der Gleichung $f(x) = 0$ auf die als „reducirt" charakterisirte Form gebracht und darin der Coëfficient des Gliedes höchster Dimension, nämlich des Gliedes

$$(\xi_1 \xi_2 \cdots \xi_k)^{n-k}$$

mit γ_k bezeichnet wird, so unterscheidet sich γ_k nur durch einen quadratischen Factor von

$$(-1)^{\frac{1}{2}k(k-1)} c_k ,$$

und es bilden also die Glieder

$$(-1)^k \gamma_k \gamma_{k-1} \qquad (k=1, 2, \ldots n)$$

eine *Sturm*'sche Reihe für die Functionen $f(x)$ und $f_1(x)$.

Die vorstehende Auseinandersetzung führt auf einfache Weise zur Bestimmung der Coëfficienten c_k' in den aus der Entwickelung von $\frac{f_1'(x)}{f(x)}$ hervorgehenden Restfunctionen $f_k'(x)$, wenn $f_1'(x)$ durch $f_1(x)$ so bestimmt wird, dass für jede Wurzel ξ die Gleichung

$$f_1(\xi) = (a - \xi) f_1'(\xi)$$

stattfindet. Alsdann ist nämlich offenbar der Werth des Productes

$$f_1'(x_1) f_1'(x_2) \cdots f_1'(x_k)$$

für $x_1 = \xi_1, x_2 = \xi_2, \ldots, x_k = \xi_k$ gleich

$$f_1(\xi_1) f_1(\xi_2) \cdots f_1(\xi_k) \cdot \frac{\varphi_k(a)}{f(a)} ;$$

der Coëfficient γ_k', nämlich

$$\sum \frac{R(f_1', \varphi_{n-k})}{R(\varphi_k, \varphi_{n-k})},$$

ist also gleich

$$\sum \frac{R(f_1, \varphi_{n-k})}{R(\varphi_k, \varphi_{n-k})} \cdot \frac{\varphi_k(a)}{f(a)},$$

und hieraus erhält man, wenn die Uebereinstimmung der Ausdrücke (K) und (K′) in Rücksicht gezogen und dort einerseits $x = a$ andrerseits $x = \infty$ gesetzt wird, zur Bestimmung der Coëfficienten c_k' die Gleichung

$$c_k' = \left(\frac{c_1 c_2 \cdots c_{k-1}}{c_1' c_2' \cdots c_{k-1}'}\right)^2 \cdot \frac{f_k(a)}{f(a)}.$$

Hiernach kommt

$$\frac{c_k' c_{k-1}'}{c_{k-1}^2} = \frac{f_k(a)}{f_{k-1}(a)};$$

auch diese Betrachtung führt also zu dem Resultate, dass die Quotienten von je zwei aufeinanderfolgenden Restfunctionen $f_k(a)$ die Glieder einer *Sturm*'schen Reihe für die Functionen $f(x)$, $f_1'(x)$ bilden, und so zeigt sich in Uebereinstimmung mit der am Schlusse des Art. I gemachten Bemerkung, dass die hier überall festgehaltene Betrachtung der nur auf das ganze Intervall von $-\infty$ bis $+\infty$ bezüglichen *Sturm*'schen Reihen keine Beschränkung der Allgemeinheit involvirt.

VI.

Die Beziehungen zwischen den Sturm'schen Reihen, welche im weiteren Sinne des Wortes zu $f(x)$, $f_1(x)$ gehören.

Wenn $P_1, P_2, \ldots P_n$ sowie die Coëfficienten von $R_1(x), R_2(x), \ldots R_n(x)$ rationale Functionen von $\mathfrak{R}, \mathfrak{R}', \mathfrak{R}'' \ldots$ sind und dann $\mathfrak{f}_1(x)$ als ganze Function $(n-1)^{\text{ten}}$ Grades von x dadurch definirt wird, dass die Gleichung

$$\text{(M)} \qquad \mathfrak{f}_1(\xi) \sum_g P_g R_g(\xi)^2 = f_1(\xi) \qquad (g=1, 2, \ldots m)$$

für sämmtliche Wurzeln ξ Geltung haben solle, so lässt sich eine gewisse Beziehung zwischen den zu $f(x)$, $f_1(x)$ und den zu $f(x)$, $\mathfrak{f}_1(x)$ gehörigen *Sturm*'schen Reihen aufstellen. Es seien nämlich gemäss Art. II $F_k(x)$ und $\mathfrak{F}_k(x)$ Systeme erzeugender Functionen für die *Sturm*'schen Reihen S und $\mathfrak{S}$, dergestalt dass die beiden quadratischen Formen der Variabeln V und $\mathfrak{V}$

$$\sum_{(\xi)} \frac{1}{f_1(\xi) f'(\xi)} \left(V_1 F_1(\xi) + V_2 F_2(\xi) + \cdots + V_n F_n(\xi)\right)^2$$

$$\sum_{(\xi)} \frac{1}{\mathfrak{f}_1(\xi) f'(\xi)} \left(\mathfrak{V}_1 \mathfrak{F}_1(\xi) + \mathfrak{V}_2 \mathfrak{F}_2(\xi) + \cdots + \mathfrak{V}_n \mathfrak{F}_n(\xi)\right)^2$$

resp. gleich

$$\sum_k S_k V_k^2 \qquad \text{und} \qquad \sum_k \mathfrak{S}_k \mathfrak{V}_k^2 \qquad (k=1,2,\ldots n)$$

werden. Bestimmt man nun mn lineare Functionen V_{kg} der n Variabeln $\mathfrak{V}_k$

$$V_{kg} = \sum_i C_{gk}^{(i)} \mathfrak{V}_i \qquad (g=1,2,\ldots m;\; i,k=1,2,\ldots n)$$

so, dass die Gleichung

$$R_g(\xi) \sum_i \mathfrak{V}_i \mathfrak{F}_i(\xi) = \sum_k V_{kg} F_k(\xi) \qquad (i,k=1,2\ldots n)$$

also auch die Gleichung

$$R_g(\xi) \mathfrak{F}_i(\xi) = \sum_k C_{gk}^{(i)} F_k(\xi) \qquad (k=1,2,\ldots n)$$

für sämmtliche Wurzeln ξ sowie für alle Werthe der Indices g und i erfüllt ist, so wird der Ausdruck

$$\sum_g \sum_k P_g S_k V_{kg}^2 \qquad (g=1,2,\ldots m;\; k=1,2,\ldots n)$$

oder, was dasselbe ist,

$$\sum_{(\xi)}\sum_{g}\frac{P_g}{f_1(\xi)f'(\xi)}\Big(\sum_{k}V_{kg}F_k(\xi)\Big)^2 \qquad \left(\begin{matrix}g=1,2,\dots m\\ k=1,2,\dots n\end{matrix}\right)$$

identisch mit

$$\sum_{(\xi)}\sum_{g}\frac{P_gR_g(\xi)^2}{f_1(\xi)f'(\xi)}\Big(\sum_{i}\mathfrak{V}_i\mathfrak{F}_i(\xi)\Big)^2 \qquad \left(\begin{matrix}g=1,2,\dots m\\ i=1,2,\dots n\end{matrix}\right)$$

oder also wegen der Gleichung (M) auch identisch mit

$$\sum_{(\xi)}\frac{1}{\mathfrak{f}_1(\xi)f'(\xi)}\Big(\sum_{i}\mathfrak{V}_i\mathfrak{F}_i(\xi)\Big)^2 \quad \text{oder} \quad \sum_{i}\mathfrak{S}_i\mathfrak{V}_i^2 \qquad (i=1,2,\dots n)\,.$$

Es resultirt daher die Gleichung

$$\sum_{g}\sum_{k}P_gS_kV_{kg}^2=\sum_{i}\mathfrak{S}_i\mathfrak{V}_i^2 \qquad \left(\begin{matrix}g=1,2,\dots m\\ i,k=1,2,\dots n\end{matrix}\right)$$

oder also

$$\sum_{g}\sum_{h,i,k}P_gS_kC_{gk}^{(h)}C_{gk}^{(i)}\mathfrak{V}_h\mathfrak{V}_i=\sum_{i}\mathfrak{S}_i\mathfrak{V}_i^2 \qquad \left(\begin{matrix}g=1,2,\dots m\\ h,i,k=1,2,\dots n\end{matrix}\right)$$

und schliesslich

(N) $$\sum_{g}\sum_{k}P_gS_kC_{gk}^{(h)}C_{gk}^{(i)}=\delta_{hi}\mathfrak{S}_i \qquad \left(\begin{matrix}g=1,2,\dots m\\ h,i,k=1,2,\dots n\end{matrix}\right)$$

Die Formel (D″) im Art. II ergiebt, wenn darin $h=i$ gesetzt wird,

$$\sum_{k}\frac{F_k(\xi)^2}{S_k}=f_1(\xi)f'(\xi) \qquad (k=1,2,\dots n)\,.$$

Bezeichnet man daher, entsprechend der Function $f_1(x)$, mit $f_1'(x)$ irgend eine andere Function vom Grade $(n-1)$ und haben alsdann $F_k'(x)$ und S_k' die analoge Bedeutung von $F_k(x)$ und S_k, so kann man in (M) die Zahl $m=n$ und

$$P_g=S_g',\quad R_g(\xi)=\frac{F_g'(\xi)}{S_g'} \qquad (g=1,2,\dots n)$$

setzen, wonach

$$\mathfrak{f}_1(\xi) f_1'(\xi) f'(\xi) = f_1(\xi)$$

und

$$S_i' S_k C_{ik}^{(h)} = \sum_{(\xi)} \frac{\mathfrak{F}_h(\xi) F_i'(\xi) F_k(\xi)}{f_1(\xi) f'(\xi)} \qquad (h, i, k = 1, 2, \ldots n)$$

wird. Die Formel (N) geht dabei, wenn darin $h = i$ genommen wird, in folgende über

$$\text{(N}'\text{)} \qquad \sum_i \sum_k S_i' S_k C_{ik}^{(h)} C_{ik}^{(h)} = \mathfrak{S}_h \qquad (h, i, k = 1, 2, \ldots n),$$

und, falls $f_1'(x) = f_1(x)$ gesetzt wird, in die noch speciellere

$$\text{(N}''\text{)} \qquad \sum_i \sum_k S_i S_k C_{ik}^{(h)} C_{ik}^{(h)} = \mathfrak{S}_h \qquad (h, i, k = 1, 2, \ldots n),$$

auf deren Bedeutung nachher näher eingegangen werden soll.

Ist die ganze Function $\mathfrak{f}_1(x)$ so beschaffen, dass das Product $f_1(\xi)\mathfrak{f}_1(\xi)$ für alle reellen Wurzeln ξ der Gleichung $f(x) = 0$ einen positiven Werth erhält, so sind die Nullpunkte von $f(x)$ als Aus- und Eintrittsstellen gleich charakterisirt, sei es dass man die Function $f_1(x)$ oder die Function $\mathfrak{f}_1(x)$ dabei zu Hilfe nimmt. Die am Schlusse des Art. I mit $\mathfrak{A}$ und $\mathfrak{E}$ bezeichneten Zahlen sind also für beide Functionen $f_1(x)$ und $\mathfrak{f}_1(x)$ dieselben, und die Charakteristiken der beiden Functionen-Systeme

$$\big(y,\ f(x) - y,\ f_1(x) - y\big), \qquad \big(y,\ f(x) - y,\ \mathfrak{f}_1(x) - y\big)$$

haben einen und denselben Werth. Da hiernach in einer den Functionen $f(x)$, $\mathfrak{f}_1(x)$ zugehörigen *Sturm*'schen Reihe $\mathfrak{S}_1, \mathfrak{S}_2, \ldots$ die Differenz zwischen der Anzahl positiver und negativer Werthe gleich der in einer zu den Functionen $f(x)$ und $f_1(x)$ gehörigen Reihe $S_1, S_2, \ldots$ ist, so kann man „im weiteren Sinne des Wortes“ auch die *Sturm*'sche Reihe $\mathfrak{S}$ als den Functionen $f(x)$ und $f_1(x)$ zugehörig betrachten. In diesem „weiteren Sinne“ ist wiederum, wie oben

(Art. II) in der engeren Bedeutung des Wortes, die Gesammtheit der zu $f(x)$ und $f_1(x)$ gehörigen *Sturm*'schen Reihen erst dadurch zu präcisiren, dass man gewisse Grössen $\mathfrak{R}, \mathfrak{R}', \mathfrak{R}'', \ldots$ zu Grunde legt und alsdann festsetzt, es sollen sowohl die Coëfficienten von $f(x)$ als auch die aller Functionen $f_1(x)$, $\mathfrak{f}_1(x), \ldots$ rationale Functionen der Grössen $\mathfrak{R}, \mathfrak{R}', \mathfrak{R}'', \ldots$ mit ganzzahligen Coëfficienten sein.

Die Voraussetzung, welche hier über die Beziehungen zwischen $f_1(x)$ und $\mathfrak{f}_1(x)$ gemacht worden, ist erfüllt, sobald die obige Gleichung (M) besteht und die Grössen P_g darin sämmtlich positiv sind. Durch die Gleichung (N) findet sich alsdann jedes Glied der *Sturm*'schen Reihe $\mathfrak{S}$ als eine homogene lineare Function der Glieder der Reihe S mit wesentlich positiven Coëfficienten dargestellt, und also der Zusammenhang zwischen verschiedenen *Sturm*'schen Reihen, welche der obigen Ausdrucksweise gemäss im weiteren Sinne des Wortes zu den Functionen $f(x)$ und $f_1(x)$ gehören, in analoger Weise in Evidenz gesetzt, wie es für die im engeren Sinne zusammengehörigen *Sturm*'schen Reihen die *Hermite-Jacobi*'sche Betrachtung (cf. Art. III) ganz unmittelbar ergiebt.

Die im weiteren Sinne zu $f(x)$, $f'(x)$ gehörigen *Sturm*'schen Reihen geben, da alsdann nur Austrittsstellen vorhanden sind, durch die Vorzeichen ihrer Glieder die Anzahl der reellen Wurzeln der Gleichung $f(x) = 0$ an und können deshalb füglich als die zu dieser Gleichung gehörigen *Sturm*'schen Reihen bezeichnet werden. Die Reihe S' ist eine solche, wenn nur die obige Voraussetzung festgehalten wird, dass die Reihe $\mathfrak{S}$ im weiteren Sinne zu $f(x)$, $f_1(x)$ gehört; denn alsdann ist vermöge der obigen Gleichung

$$\mathfrak{f}_1(\xi) f_1'(\xi) f'(\xi) = f_1(\xi)$$

mit dem Producte $\mathfrak{f}_1(\xi) f_1(\xi)$ auch das Product $f_1'(\xi) f'(\xi)$ für alle reellen Wurzeln ξ positiv. Die Formel (N') stellt also jedes Glied irgend einer den Functionen $f(x)$, $f_1(x)$ angehörigen *Sturm*'schen Reihe als eine bilineare Form der n Glieder einer andern solchen Reihe und der n Glieder einer zu der Gleichung $f(x) = 0$ gehörigen *Sturm*'schen Reihe dar und zwar so, dass sämmtliche Coëfficienten Quadrate rationaler Functionen der Grössen $\mathfrak{R}$ sind.

Durch die Formel (N″) endlich findet sich jedes Glied von gewissen *Sturm*schen Reihen der Gleichung $f(x) = 0$ als eine quadratische Form der n Glieder irgend einer beliebigen *Sturm*'schen Reihe S und zwar mit quadratischen Coëfficienten dargestellt. Die drei Formeln (N) erhalten ihre eigentliche Bedeutung in dem Falle, wo die sämmtlichen Glieder der *Sturm*'schen Reihe S positiv sind, insofern alsdann das mit $\mathfrak{S}_h$ bezeichnete Glied einer andern *Sturm*'schen Reihe als Summe von je n^2 Quadraten mit positiven Coëfficienten dargestellt erscheint. Sind aber die Grössen S sämmtlich positiv, so müssen für die am Schlusse des Art. I eingeführten Grössen $\mathfrak{P}$, $\mathfrak{N}$, $\mathfrak{A}$, $\mathfrak{E}$ die Gleichungen

$$\mathfrak{P}(c_k c_{k-1}) = n\,, \quad \mathfrak{N}(c_k c_{k-1}) = 0 \qquad \text{also} \qquad \mathfrak{A} = n, \quad \mathfrak{E} = 0$$

stattfinden; dieser Fall tritt daher nur bei solchen Gleichungen $f(x) = 0$ ein, die lauter reelle Wurzeln haben, und auch dann nur bei solchen *Sturm*'schen Reihen, die der Gleichung $f(x) = 0$ selbst angehören. Aus der Bedingung $\mathfrak{A} = n$ folgt für den vorliegenden Fall, dass auch die im Art. I mit ν bezeichnete Anzahl der Glieder in der Kettenbruchsentwickelung von $f_1(x):f(x)$ gleich n sein muss, dass also diese Entwickelung regulär ist. Es können demnach bei Anwendung der Formel (N″), wie im Art. IV, für die erzeugenden Functionen $F_k(x)$ die Determinanten

$$|\, x s_{p+q} - s_{p+q+1} \,| \qquad {\scriptstyle (p,\, q = 0,\, 1,\, \ldots\, k-1)}$$

genommen werden, und dann resultirt die Formel

$$(\mathrm{N}''') \qquad |\, s_{p+q} \,| \cdot |\, s_{p'+q'} \,| = \sum_i \sum_k S_i S_k C_{ik}^{(h)} C_{ik}^{(h)}\,,$$

$$\scriptstyle (p,\, q = 0,\, 1,\, \ldots\, h-1;\quad p',\, q' = 0,\, 1,\, \ldots\, h;\quad h,\, i,\, k = 1,\, 2,\, \ldots\, n)$$

in welcher die Coëfficienten C durch die Gleichung

$$(\mathrm{N}'''') \qquad S_i S_k C_{ik}^{(h)} = \sum_{(\xi)} \frac{F_i(\xi)\, F_k(\xi)}{f_1(\xi)\, f'(\xi)}\, |\, \xi s_{p+q} - s_{p+q+1} \,| \qquad {\scriptstyle (p,\, q = 0,\, 1,\, \ldots\, h-1)}$$

bestimmt sind. Die Grössen s bedeuten hierbei die Potenzsummen der Wurzeln ξ, da für die Formel (N″) die Annahme

$$f_1'(x) = f_1(x) \quad \text{und also} \quad \mathfrak{f}_1(\xi) f'(\xi) = 1$$

gilt. Das hiernach in der Gleichung (N''') enthaltene Resultat ist folgendermassen zu formuliren:

„Wenn eine Gleichung vom Grade n, deren Coëfficienten rationale Functionen reeller Grössen $\mathfrak{R}$, $\mathfrak{R}'$, $\mathfrak{R}''$, ... sind, lauter reelle Wurzeln (ξ) hat, so lässt sich jedes Glied einer ihrer *Sturm*'schen Reihen

$$\left|\sum \xi^{p+q}\right| \cdot \left|\sum \xi^{p'+q'}\right| \qquad \begin{pmatrix} p,\ q = 0, 1, \ldots k \\ p',\ q' = 0, 1, \ldots k-1 \\ k = 1, 2, \ldots n \end{pmatrix}$$

als eine quadratische Form der n Glieder irgend einer andern so darstellen, dass die n^2 Coëfficienten sämmtlich Quadrate rationaler Functionen der Grössen $\mathfrak{R}$ sind."

Hieraus folgt die Darstellung jener Determinanten-Producte als Summen von je n^2 Quadraten rationaler Functionen der Grössen $\mathfrak{R}$, wenn diese so gewählt sind, dass mindestens eine der *Sturm*'schen Reihen aus lauter positiven Einheiten besteht, und dies ist für irgend eine Gleichung mit reellen Wurzeln z. B. stets in der Weise möglich, dass man den Coëfficienten derselben noch die Quadratwurzeln aus den n Gliedern irgend einer *Sturm*'schen Reihe (als $\mathfrak{R}$, $\mathfrak{R}'$, $\mathfrak{R}''$...) adjungirt. Bedeutet $D(x)$ die aus reellen Grössen a_{ik} gebildete symmetrische Determinante

$$|x\delta_{ik} - a_{ik}| \qquad (a_{ik} = a_{ki}\,;\ i, k = 1, 2, \ldots n),$$

so existirt, wie bekannt, eine solche aus positiven Einheiten bestehende *Sturm*'sche Reihe für die Gleichung $D(x) = 0$, wenn die Grössen a_{ik} selbst gleich $\mathfrak{R}$, $\mathfrak{R}'$, $\mathfrak{R}''$, ... genommen werden. Andrerseits ist aber auch jede Gleichung $f(x) = 0$, deren Wurzeln ξ sämmtlich reell sind, auf diese Form zu bringen, sobald eben die Glieder einer *Sturm*'schen Reihe sämmtlich gleich Eins sind, d. h. also sobald für irgend eine rationale Function $\mathfrak{F}(x)$

$$\text{(O)} \qquad \sum_{(\xi)} \mathfrak{F}(\xi)(y_1 + y_2\xi + \cdots + y_n\xi^{n-1})^2 = \sum_k z_k^2 \qquad (k = 1, 2, \ldots n)$$

ist, da alsdann die Grössen a_{ik} durch die Gleichung

$$(O') \qquad \sum_{(\xi)} \xi \mathfrak{F}(\xi)(y_1 + y_2\xi + \cdots + y_n\xi^{n-1})^2 = \sum_{i,k} a_{ik} z_i z_k \qquad (i, k = 1, 2, \ldots n)$$

bestimmt werden und zwar als rationale Functionen der Coëfficienten von $f(x)$ und der Coëfficienten der Substitution, durch welche die Variabeln y und z mit einander verbunden sind. Da nun bekanntlich von Hrn. *Borchardt* gezeigt worden ist, dass die Determinanten $|\Sigma\xi^{p+q}|$, welche aus den Potenzsummen der Wurzeln ξ jener Gleichung $D(x) = 0$ gebildet sind, sich als Summen von Quadraten darstellen lassen*), so lehrt jene Betrachtung, dass eigentlich schon daraus ein analoges Resultat für beliebige Gleichungen $(f(x) = 0)$ mit reellen Wurzeln gefolgert werden kann, zugleich geht aber aus eben derselben Betrachtung hervor, dass es dem Wesen der Sache nicht entsprechen würde, die erwähnte Eigenschaft der Determinanten $|\Sigma\xi^{p+q}|$ als an jene besondere Determinantenform der Gleichung $f(x) = 0$ geknüpft anzunehmen.

Bei der obigen Formulirung des in der Gleichung (N''') enthaltenen Resultats erscheint die Eigenschaft der Gleichung $f(x) = 0$, dass die Glieder einer ihrer *Sturm*'schen Reihen sich in Form eines Aggregats von Quadraten mit gewissen positiven Coëfficienten darstellen lassen, als eine Folge der Eigenschaft, dass alle ihre Wurzeln reell sind. Umgekehrt aber lässt sich die Realität der Wurzeln einer Gleichung aus jener Eigenschaft ihrer *Sturm*schen Reihen nicht unbedingt erschliessen; denn eine Summe von Quadraten rationaler Functionen der Grössen $\mathfrak{R}$ kann freilich — auch für specielle Werthe etwaiger Variabeln $\mathfrak{R}$ — *nicht negativ* werden, aber die Realität der Wurzeln von $f(x) = 0$ erfordert geradezu, dass alle Glieder einer *Sturm*schen Reihe *positiv* seien. Die oben citirte *Borchardt*'sche Darstellung *Sturm*scher Functionen für die Gleichung $D(x) = 0$ kann deshalb nicht ohne Weiteres, wie Seitens anderer Autoren geschehen**), als Beweis für die Rea-

*) *Liouville's* Journal Bd. XII.[1])

**) *Joachimsthal*, *Crelle's* Journal Bd. 48 pag. 401. *Brioschi* a. a. O., pag. 271. *Serret*, Cours d'algèbre supérieure, Paris 1866, Tome I. pag. 577.

[1]) *C. W. Borchardt*, Gesammelte Werke. S. 15—30. (Vgl. a. a. O. S. 506.) H.

lität der Wurzeln aufgefasst werden, hierzu bedürfte es vielmehr noch des Nachweises, dass die einzelnen Quadrate in jener Darstellung nicht sämmtlich gleich Null werden können, wenigstens nicht, so lange die Discriminante der Gleichung von Null verschieden ist. Dieser Nachweis ist, wenn man die Realität der Wurzeln von $f(x)=0$ *voraussetzt*, leicht daraus abzuleiten, dass alsdann die Kettenbruchsentwickelung von $f'(x):f(x)$ regulär sein muss. Die Realität der Wurzeln von $D(x)=0$ folgt aber eben ganz einfach daraus, dass eine ihrer *Sturm*'schen Reihen aus lauter positiven Einheiten besteht*), und grade diese *Sturm*'sche Reihe bietet sich von selbst dar, wenn man das Problem der Transformation quadratischer Formen behandelt, welches auf jene Gleichung führt. Bei der Behandlung der bezüglichen Aufgabe war eigentlich mit der Erkenntniss, dass *jede* Gleichung auf jene Determinantenform gebracht werden kann**), das Princip der *Hermite-Jacobi*'schen Methode fast unmittelbar gegeben, und die *Borchardt*'schen Mittheilungen im 53. Bande seines Journals (pag. 281 sqq.) machen es auch wahrscheinlich, dass *Jacobi* in solcher Weise zu den dort angegebenen Entwickelungen gekommen ist. Wenn *Jacobi* dabei nicht, wie Hr. *Hermite*, von vornherein auf die Ermittelung der Anzahl reeller Wurzeln in einem beliebigen Intervall sondern nur auf die Bestimmung der Gesammtzahl derselben ausgegangen ist, so lag darin nur scheinbar eine Beschränkung der Allgemeinheit; denn erstens entsprechen den zwischen a und b liegenden reellen Wurzeln der Gleichung $f(x)=0$ die sämmtlichen reellen Wurzeln z der Gleichung

$$f\left(\frac{a+bz^2}{1+z^2}\right)=0,$$

und zweitens ist die Anzahl jener offenbar gleich dem Ueberschusse der Anzahl reeller Wurzeln in der Gleichung $f(z^2+a)=0$ über die in der Gleichung $f(z^2+b)=0$, wenn $a<b$ vorausgesetzt wird. Bei dieser letzteren Betrachtung führt die *Jacobi*'sche Entwickelung unmittelbar auf die von Hrn.

*) Sachlich stimmt diese Begründung der Realität mit derjenigen überein, welche Hr. *Baltzer* in sein Determinanten-Lehrbuch (III. Aufl., p. 190) aufgenommen hat. Die Discriminante der Gleichung wird dabei stets von Null verschieden vorausgesetzt.

**) Siehe oben die Gleichung (O) und (O').

Hermite aufgestellte erzeugende quadratische Form und alsdann auf die Determinanten

$$\left| a s_{p+q} - s_{p+q+1} \right|, \quad \left| b s_{p+q} - s_{p+q+1} \right| \qquad (p, q = 0, 1, \ldots k-1),$$

welche nach Art. IV sich von den Restfunctionen bei der Entwickelung von $\frac{f'(a)}{f(a)}$ und $\frac{f'(b)}{f(b)}$ nur durch quadratische Factoren unterscheiden.

Wenn die ursprüngliche *Sturm*'sche Methode zur Bestimmung der Anzahl der reellen Wurzeln einer Gleichung durch ihre wahrhaft grossartige Einfachheit und Allgemeinheit ausgezeichnet ist, so hat ihr gegenüber die spätere *Hermite-Jacobi*'sche Betrachtungsweise doch *den* Vorzug, dass sie die Einsicht in die gegenseitigen Beziehungen der *Sturm*'schen Reihen ganz wesentlich erleichtert. Wie nur mühsam und dabei unvollständig eine solche Einsicht zu erlangen ist, wenn man auf die Benutzung des *Sturm*'schen Verfahrens allein angewiesen ist, zeigt sich in der immerhin sehr werthvollen Arbeit, welche *Joachimsthal* im 48. Bande des *Crelle*'schen Journals veröffentlicht hat. Während dort nur die verschiedenen Functionen $f_1(x)$ in Betracht gezogen werden, für welche die Restfunctionen der Entwickelung von $\frac{f_1(x)}{f(x)}$ *Sturm*'sche Reihen für die Gleichung $f(x)=0$ liefern, gewährt die *Hermite-Jacobi*'sche Methode ausserdem, auch ohne die oben im Art. II eingeführte Modification derselben, ohne Weiteres die $\frac{1}{2}n(n+1)$ fache Mannigfaltigkeit der zu einem und demselben System $\big(f(x), f_1(x)\big)$ gehörigen *Sturm*'schen Reihen.*) Die *Jacobi*'sche Transformation**) lässt sich nämlich auf die erzeugende quadratische Form

$$\sum_i \sum_k \sum_{(\xi)} y_i y_k \xi^{i+k-2} \qquad (i, k = 1, 2, \ldots n)$$

insofern verschiedentlich anwenden, als die Aufeinanderfolge der Variabeln y verschieden gewählt werden kann, und es ist ferner von jeder anderen Transformation Gebrauch zu machen, welche jene erzeugende Form in ein Aggregat

---

*) Cf. Art. III.

**) *Borchardt's* Journal, Bd. 53. pag. 270.

von Quadraten verwandelt.*) Endlich kann in der erzeugenden Form auch statt der Wurzel ξ irgend eine ganze Function derselben genommen werden, deren Coëfficienten ebenso wie die von $f(x)$ rationale Functionen von $\mathfrak{R}, \mathfrak{R}', \mathfrak{R}'', \ldots$ sind. Alle diese ganzen Functionen von ξ sind, ebenso wie ξ selbst, Wurzeln von Gleichungen n^{ten} Grades und zu derselben Klasse algebraischer Functionen von $\mathfrak{R}, \mathfrak{R}', \mathfrak{R}'', \ldots$ zu rechnen, wenn die betreffende Gleichung irreductibel ist. Auch die Gleichungen selbst können füglich (bei Festhaltung der Grössen $\mathfrak{R}$) als einer und derselben Klasse angehörig aufgefasst und bezeichnet werden, und die Gesammtheit der *Sturm*'schen Reihen einer Gleichung gehört dann nicht sowohl dieser Gleichung speciell sondern der ganzen Klasse von Gleichungen an. Dies liegt schon in der im Art. II gegebenen, auf die *Hermite-Jacobi*'sche Methode gegründeten Definition, völlig übereinstimmend mit der Bedeutung, welche die *Sturm*'schen Reihen einer Gleichung für die Anzahl der reellen Wurzeln haben; es tritt aber keineswegs in Evidenz, wenn die *Sturm*'schen Reihen nur mittels der ursprünglichen *Sturm*'schen Methode hergeleitet und definirt werden.

VII.

Die Determinantenformen der Functionen $f(x)$ und $f_1(x)$, auf welche die verschiedenen Sturm'schen Reihen führen.

Wenn $F_1(x)$, $F_2(x)$ ..., wie durchweg im Vorhergehenden, die Bedeutung haben, erzeugende Functionen *Sturm*'scher Reihen für $f(x)$, $f_1(x)$ zu sein, so ist

$$\sum_h \frac{F_i(\xi_h) F_k(\xi_h)}{f_1(\xi_h) f'(\xi_h)} = \delta_{ik} S_k \qquad (h, i, k = 1, 2, \ldots n),$$

unter $\xi_1, \xi_2, \ldots \xi_n$ die Wurzeln der Gleichung $f(x) = 0$ verstanden. Setzt man nun

---

*) Bei manchen Gleichungen, wie z. B. bei der Gleichung $x^n = 1$, ist die *Jacobi*'sche Transformation gar nicht anwendbar, wie auch die Aufeinanderfolge der Variabeln y gewählt werden möge.

$$\sum_h \xi_h \frac{F_i(\xi_h)F_k(\xi_h)}{f_1(\xi_h)f'(\xi_h)} = S_i A_{ik} \qquad (h, i, k=1, 2, \ldots n),$$

so ist die quadratische Form der Variabeln V

$$\text{(P)} \qquad \sum_{i,k} (x\delta_{ik} - A_{ik}) S_i V_i V_k \qquad (i, k=1, 2, \ldots n)$$

identisch mit

$$\text{(P')} \qquad \sum_h \frac{x-\xi_h}{f_1(\xi_h)f'(\xi_h)} \left(\sum_k V_k F_k(\xi_h)\right)^2 \qquad (h, k=1, 2, \ldots n),$$

und es ist hiernach

$$|x\delta_{ik} - A_{ik}| = f(x) \qquad (i, k=1, 2, \ldots n).$$

Andrerseits ist aber die Form (P) auch identisch mit

$$\text{(P'')} \qquad \sum_h \frac{(x-\xi_h)S_r}{f_{rr}(\xi_h)f'(\xi_h)} \left(\sum_k f_{rk}(\xi_h) V_k\right)^2 \qquad (h, k, r=1, 2, \ldots n),$$

wenn $f_{rk}(x)$ die Unterdeterminanten von $|x\delta_{ik} - A_{ik}|$ bedeuten. Für die hier eingeführten Ausdrücke A_{ik}, f_{ik} gelten nämlich die Relationen

$$\text{(Q)} \qquad \begin{gathered} S_i A_{ik} = S_k A_{ki}, \qquad S_i f_{ik}(x) = S_k f_{ki}(x) \\ S_r f_{ri}(\xi_h) f_{rk}(\xi_h) = S_i f_{ik}(\xi_h) f_{rr}(\xi_h) \end{gathered} \qquad (h, i, k, r=1, 2, \ldots n),$$

und mit Benutzung derselben geht (P″) in die Form

$$\sum_{h,i,k} \frac{f_{ik}(\xi_h)}{f'(\xi_h)} (x-\xi_h) S_i V_i V_k \qquad (h, i, k=1, 2, \ldots n)$$

über, deren Uebereinstimmung mit (P) sich unmittelbar ergiebt, wenn man von den *Euler*'schen Formeln

$$\sum_h \frac{\xi_h^{r-1}}{f'(\xi_h)} = \delta_{r,n} \qquad (h, r=1, 2, \ldots n)$$

Gebrauch macht. Ueberdies kann man die Transformation von (P) in (P″) auch in der üblichen Weise bewirken*), wenn man zuerst in (P″) die Gleichung

$$(Q') \qquad f_{rr}(\xi_h)f'(\xi_h) = \sum_k f_{rk}(\xi_h)f_{kr}(\xi_h) \qquad (h, k, r = 1, 2, \ldots n)$$

anwendet, eine Gleichung, welche in folgender Weise hergeleitet werden kann. Gemäss der Definition der Unterdeterminanten $f_{ir}(x)$ ist

$$\sum_i (x\delta_{ik} - A_{ik})f_{ir}(x) = \delta_{kr}f(x) \qquad (i, k, r = 1, 2, \ldots n),$$

und wenn hier nach x differentiirt, alsdann mit $f_{rk}(x)$ multiplicirt und über $k = 1, 2, \ldots n$ summirt wird, so erhält man die Gleichung

$$f_{rr}(x)f'(x) - f'_{rr}(x)f(x) = \sum_k f_{kr}(x)f_{rk}(x) \qquad (k, r = 1, 2, \ldots n),$$

aus welcher die obige Gleichung (Q′) für $x = \xi_h$ hervorgeht.

Die *Sturm*'sche Reihe S gehört ebenso wie zu $f(x)$, $f_1(x)$ auch zu den Functionen $f(x)$, $f'_1(x)$, wenn für jede Wurzel ξ

$$f'_1(\xi) = f_1(\xi)\varphi(\xi)^2$$

ist, unter $\varphi(x)$ eine rationale Function von x, $\mathfrak{R}$, $\mathfrak{R}' \ldots$ verstanden, und es kann daher irgend eine dieser Functionen $f_1(x)$ als Repräsentant aller gewählt werden. Nun folgt aus der Uebereinstimmung von (P′) und (P″)

$$(R) \qquad \frac{F_i(\xi_h)F_k(\xi_h)}{f_1(\xi_h)} = S_r \cdot \frac{f_{ri}(\xi_h)f_{rk}(\xi_h)}{f_{rr}(\xi_h)} \qquad (h, i, k, r = 1, 2, \ldots n)$$

und das Verhältniss

$$S_r f_{rr}(\xi) : f_1(\xi)$$

---

*) Vgl. *Baltzer*, Theorie und Anwendung der Determinanten, III. Aufl. § 14, 10 u. 13.

ist demnach gleich dem Quadrate einer rationalen Function von ξ, so dass $S_r f_{rr}(x)$ als Repräsentant der Functionen $f_1(x)$ genommen werden kann. Auf diese Weise wird man also von einer *Sturm*'schen Reihe S ausgehend durch Vermittelung der quadratischen Form (P) zu den Determinantenformen

$$f(x) = |x\delta_{ik} - A_{ik}| \qquad (i, k=1, 2, \ldots n)$$

$$S_r f_{rr}(x) = S_r \, |x\delta_{gh} - A_{gh}| \qquad (g, h=1, 2, \ldots r-1, r+1, \ldots n)$$

der beiden Functionen geführt, zu denen die *Sturm*'sche Reihe S gehört, und als deren erzeugende Functionen sind alsdann die Determinanten

$$S_r f_{rk}(x) \qquad (k=1, 2, \ldots n)$$

zu betrachten.

Die quadratische Form (P), welche hierbei gebraucht wurde, ist dieselbe, welche bei Anwendung der *Hermite-Jacobi*'schen Methode zu dem im Anfang des Art. I entwickelten Resultate führt. Wenn nämlich mit $\mathfrak{N}(x)$ die Anzahl der negativen Quadrate bezeichnet wird, welche bei der Verwandlung der Form (P) in ein Aggregat von Quadraten auftreten, so ist

$$\mathfrak{N}(x_1) - \mathfrak{N}(x_2) = \mathfrak{A}(x_1, x_2) - \mathfrak{E}(x_1, x_2),$$

die Ausdrücke rechts in derselben Bedeutung wie im Art. I genommen. $\mathfrak{A}(x_1, x_2)$ und $\mathfrak{E}(x_1, x_2)$ sind darnach resp. die Anzahlen der Austritte und Eintritte, welche auf der x-Axe vom Punkte x_1 bis zum Punkte x_2 stattfinden, und zwar sind hierbei die Durchschnittspunkte der x-Axe mit der Curve

$$y = f(x) \quad \text{oder} \quad y = |x\delta_{ik} - A_{ik}| \qquad (i, k=1, 2, \ldots n)$$

als Aus- und Eintrittsstellen ebensowohl durch die Curve

$$y = f_1(x) \quad \text{als durch} \quad yS_r = f_{rr}(x)$$

zu charakterisiren, da dies nach der über das Verhältniss $\dfrac{S_r f_{rr}(\xi)}{f_1(\xi)}$ gemachten Bemerkung offenbar übereinstimmt.

Werden in der Formel (N'''') des Art. VI die Functionen F_k mit Hilfe der Gleichung (R°) durch die Unterdeterminanten f_{rk} ersetzt und alsdann die Relationen (Q) benutzt, so kommt

$$S_k C_{ik}^{(h)} = \sum_{(\xi)} \frac{f_{ik}(\xi)}{f'(\xi)} \left| \xi s_{p+q} - s_{p+q+1} \right| \qquad (p, q = 0, 1, \ldots h-1).$$

Da nun die Determinante rechts, wie im Art. IV, mit

$$\text{(R)} \qquad \begin{vmatrix} s_0, & s_1, & \ldots & s_h \\ \vdots & \vdots & & \vdots \\ s_{h-1}, & s_h, & \ldots & s_{2h-1} \\ 1, & \xi, & \ldots & \xi^h \end{vmatrix}$$

identisch ist, so zeigt die Formel (N''') des Art. VI, wenn

$$\sum_{(\xi)} \frac{f_{ik}(\xi)}{f'(\xi)} \xi^r = A_{ik}^{(r)}$$

gesetzt wird, dass das Product

$$\text{(S)} \qquad \left| s_{p+q} \right| \cdot \left| s_{p'+q'} \right| \qquad \begin{pmatrix} p, \; q = 0, 1, \ldots h-1 \\ p', q' = 0, 1, \ldots h \end{pmatrix}$$

gleich ist der Summe der n^2 Determinanten-Producte

$$\text{(S')} \qquad \begin{vmatrix} s_0, & s_1, & \ldots & s_h \\ \vdots & \vdots & & \vdots \\ s_{h-1}, & s_h, & \ldots & s_{2h-1} \\ A_{ik}^{(0)}, & A_{ik}^{(1)}, & \ldots & A_{ik}^{(h)} \end{vmatrix} \cdot \begin{vmatrix} s_0, & s_1, & \ldots & s_h \\ \vdots & \vdots & & \vdots \\ s_{h-1}, & s_h, & \ldots & s_{2h-1} \\ A_{ki}^{(0)}, & A_{ki}^{(1)}, & \ldots & A_{ki}^{(h)} \end{vmatrix}$$

für $i, k = 1, 2, \ldots n$. Dieses Ergebniss der aus allgemeineren Betrachtungen hergeleiteten Formel (N''') soll nunmehr direct verificirt werden.

Zuvörderst folgt aus der Definition der Grössen $A_{ik}^{(r)}$, dass dieselben auch als Entwickelungscoëfficienten aufgefasst werden können, da

$$\frac{f_{ik}(x)}{f(x)} = \sum_{r=0}^{r=\infty} \frac{A_{ik}^{(r)}}{x^{r+1}}$$

ist. Es ist ferner zu bemerken, dass für irgend welche Systeme von je n^2 Grössen a_{ik}, b_{ik} und deren adjungirte α_{ik}, β_{ik} die Relation

$$\sum_{g,h} \alpha_{gi}\beta_{hk}(a_{gh} - b_{hg}) = \beta_{ik} \cdot |a_{ik}| - \alpha_{ki} \cdot |b_{ik}| \qquad (g, h, i, k = 1, 2, \dots n)$$

stattfindet. Setzt man hierin

$$a_{gh} = x\delta_{gh} - A_{gh}, \quad b_{hg} = y\delta_{gh} - A_{gh},$$

so gelangt man zu der Gleichung

$$\text{(T)} \qquad \sum_h \frac{f_{hi}(x) f_{kh}(y)}{f(x) f(y)} = \frac{1}{y-x}\left(\frac{f_{ki}(x)}{f(x)} - \frac{f_{ki}(y)}{f(y)}\right) \qquad (h, i, k = 1, 2, \dots n),$$

welche auf beiden Seiten nach fallenden Potenzen von x und y entwickelt die Relationen

$$\text{(T')} \qquad \sum_h A_{hi}^{(p)} A_{kh}^{(q)} = A_{ki}^{(p+q)} \qquad (h, i, k = 1, 2, \dots n)$$

liefert. Wenn überdies

$$\text{(U)} \qquad f'(x) = \sum_k f_{kk}(x) \qquad (k = 1, 2, \dots n)$$

auf beiden Seiten durch $f(x)$ dividirt und alsdann nach fallenden Potenzen von x entwickelt wird, so kommt

$$\sum \xi^r = s_r = \sum_k A_{kk}^{(r)} \qquad (k = 1, 2, \dots n)$$

und also mit Berücksichtigung der Gleichungen (T′)

$$\text{(U′)} \qquad s_{p+q} = \sum_i \sum_k A_{ik}^{(p)} A_{ki}^{(q)} \qquad (i, k = 1, 2, \ldots n)\,.$$

Bedeutet nun B_r den Coëfficienten von ξ^r in der nach den Elementen der letzten Zeile entwickelten Determinante (R), so ist das Determinanten-Product (S′) gleich

$$\sum_p \sum_q A_{ik}^{(p)} A_{ki}^{(q)} B_p B_q \qquad (p, q, = 0, 1, \ldots h)\,;$$

wenn also hierin über $i, k = 1, 2, \ldots n$ summirt wird, so kommt

$$\sum_p \sum_q s_{p+q} B_p B_q \qquad (p, q = 0, 1, \ldots h)\,,$$

und diese Doppelsumme reducirt sich in der That auf das Product (S), da erstens für $p < h$

$$\sum_q s_{p+q} B_q = 0 \qquad (p, q = 0, 1, \ldots h)\,,$$

zweitens

$$B_h = |\, s_{p+q} \,| \qquad (p, q = 0, 1, \ldots h-1)$$

und drittens

$$\sum_q s_{h+q} B_q = |\, s_{p'+q'} \,| \qquad \left(\begin{matrix} q = 0, 1, \ldots h-1 \\ p', q' = 0, 1, \ldots h \end{matrix} \right)$$

ist. — Setzt man

$$A_{ik}^{(r)} = a_{ik}^{(r)} S_k \qquad (i, k = 1, 2, \ldots n)\,,$$

so ist wegen der Relationen (Q) auf Grund der Definition der Grössen $A_{ik}^{(r)}$:

$$a_{ik}^{(r)} = a_{ki}^{(r)} \qquad (i, k = 1, 2, \ldots n)$$

und also

$$|s_{p+q}|\cdot|s_{p'+q'}| = \sum_i\sum_k S_i S_k \begin{vmatrix} s_0\,, & s_1\,, & \dots & s_h \\ \vdots & \vdots & & \vdots \\ s_{h-1}\,, & s_h\,, & \dots & s_{2h-1} \\ a_{ik}^{(0)}\,, & a_{ik}^{(1)}\,, & \dots & a_{ik}^{(h)} \end{vmatrix}^2$$

$$(p, q = 0, 1, \dots h-1; \quad p', q' = 0, 1, \dots h; \quad h, i, k = 1, 2, \dots n),$$

so dass das Product der beiden Determinanten auf der linken Seite als eine quadratische Form der n Grössen S ausgedrückt erscheint, deren einzelne Coëfficienten Quadrate von Determinanten sind. Andrerseits liefert die Gleichung (U') ganz unmittelbar eine Darstellung jeder einzelnen Determinante $|s_{p+q}|$ als eine Summe von Producten je zweier Determinanten

$$|A_{ik}^{(p)}|\cdot|A_{ki}^{(p)}| \qquad (p = 0, 1, \dots h-1;\ i, k = 1, 2, \dots n),$$

die resp. aus je h^2 Elementen $A_{ik}^{(p)}$ und $A_{ki}^{(p)}$ zu bilden sind; und zwar ist für diese Elemente der obere Index p, der überhaupt nur h Werthe hat, als der eine Index zu betrachten, während der andere durch den Complex der beiden unteren Indices i, k vertreten wird und demgemäss n^2 Werthe hat, aus welchen je h auszuwählen sind. Ersetzt man hierbei die Grössen $A_{ik}^{(r)}$ durch $a_{ik}^{(r)}\cdot S_k$, so wird jede einzelne Determinante $|s_{p+q}|$ als eine homogene Function der n Grössen S vom Grade $2h$ dargestellt, in welcher jeder der Coëfficienten eine Summe von Determinantenquadraten ist, gebildet aus den Elementen $a_{ik}^{(r)}$. Dies ist jene von Hrn. *Borchardt* herrührende Deduction, welche derselbe für den Fall

$$S_1 = S_2 = \cdots = S_n = 1$$

in seiner bereits citirten Abhandlung angewendet hat, und die Elemente $a_{ik}^{(r)}$ sind auch alsdann mit den dort eingeführten Grössen $a_{ik}^{(r)}$ vollkommen identisch. Diejenige Eigenschaft derselben, welche in der *Borchardt*'schen Arbeit den Ausgangspunkt bildet*), findet ihre Analogie in der für alle Wurzeln ξ geltenden Gleichung

*) *Liouville's* Journal Bd. XII. pag. 60 sqq.[1])

[1]) *Borchardt's* Werke. S. 26 sqq. H.

$$|\xi^r \delta_{ik} - A_{ik}^{(r)}| = 0 \qquad (i, k = 1, 2, \ldots n),$$

und diese kann ebenso wie (T′) aus der Fundamental-Formel (T) hergeleitet werden. Wird nämlich in (T) auf beiden Seiten nach fallenden Potenzen von y allein entwickelt, so kommt

$$\sum_h (x^r \delta_{hi} - A_{ih}^{(r)}) f_{hk}(x) = f(x) \sum A_{ik}^{(p)} x^q \qquad (h, i, k = 1, 2, \ldots n),$$

wo die Summe rechts auf alle nicht negativen Zahlen p, q zu erstrecken ist, welche zusammen die Zahl $r-1$ ergeben. Setzt man hier $x = \xi$, so resultirt die zu beweisende Gleichung.

Es ist im Vorstehenden durchweg vorausgesetzt, dass $f_{rr}(x)$ und $f(x)$ keinen gemeinsamen Theiler haben. Unter eben dieser Voraussetzung kann auch die Kettenbruchsentwickelung von $\frac{S_r f_{rr}(x)}{f(x)}$ an Stelle der von $\frac{f_1(x)}{f(x)}$ zu Grunde gelegt werden. Ist diese Entwickelung regulär, so bilden die Producte der beiden Coëfficienten der höchsten Potenzen von x in je zwei aufeinanderfolgenden Restfunctionen eine *Sturm*'sche Reihe. Die Glieder derselben lassen sich ebenso wie die irgend einer andern *Sturm*'schen Reihe $\mathfrak{S}$, welche aus erzeugenden Functionen $\mathfrak{F}_k(x)$ durch die Gleichung

$$\sum_{(\xi)} \frac{\mathfrak{F}_i(\xi)\mathfrak{F}_k(\xi)}{S_r f_{rr}(\xi) f'(\xi)} = \delta_{ik} \mathfrak{S}_k \qquad (i, k = 1, 2, \ldots n)$$

bestimmt sind, als lineare homogene Functionen der n Grössen S mit quadratischen Coëfficienten darstellen (cf. Art. III). Wenn nämlich für die Functionen $\mathfrak{F}_k(x)$, indem dieselben nach den Functionen $f_{rk}(x)$ entwickelt werden, sich die Gleichungen

$$\mathfrak{F}_i(x) = \sum_k c_{ik} f_{rk}(x) S_r \qquad (i, k = 1, 2, \ldots n)$$

ergeben, so kommt

$$\sum_h c_{ih} c_{kh} S_h = \delta_{ik} \mathfrak{S}_k \qquad (h, i, k = 1, 2, \ldots n)$$

und jedes Glied der *Sturm*'schen Reihe $\mathfrak{S}$ findet sich hiernach als eine Summe von nur n Quadraten dargestellt, wenn die *Sturm*'sche Reihe S aus lauter positiven Einheiten besteht d. h. wenn in dem Determinantenausdrucke von $f(x)$:

$$f(x) = |x\delta_{ik} - A_{ik}| \qquad (i, k = 1, 2, \ldots n)$$

die Grössen A_{ik} ein symmetrisches System bilden. In diesem Falle bleiben, wie aus den Gleichungen (Q) hervorgeht, die Functionen $f_{ik}(x)$ bei Vertauschung der beiden Indices ungeändert, und aus der Gleichung (Q′) folgt alsdann

$$f_{rr}(\xi)f'(\xi) = \sum_k f_{kr}(\xi)^2 \qquad (k = 1, 2, \ldots n),$$

so dass $f_{rr}(\xi)$ und $f'(\xi)$ für alle reellen Wurzeln ξ gleiches Vorzeichen haben. Jene aus lauter positiven Einheiten bestehende *Sturm*'sche Reihe S ist demnach eine von denjenigen, welche nach der oben eingeführten Ausdrucksweise zu der Gleichung $f(x) = 0$ selber gehören, und hieraus folgt einerseits die Realität der sämmtlichen Wurzeln ξ sowie andrerseits die Regularität der Kettenbruchsentwickelung von $f_{rr}(x):f(x)$.

VIII.

Die Vertauschbarkeit der beiden Functionen, zu denen die Sturm'schen Reihen gehören.

Die Charakteristik eines Systems von drei Functionen zweier Variabeln x und y ist ursprünglich nur für den Fall definirt, wo die drei Functionen gleich Null gesetzt geschlossene Curven repräsentiren. Um den Begriff der Charakteristik auf das oben pag. 307, 310 etc. vorkommende System

$$\big(y\,,\; f(x) - y\,,\; f_1(x) - y\big)$$

übertragen zu können, braucht man die drei Linien

$$y = 0, \quad y = f(x), \quad y = f_1(x)$$

nur auf *die* Weise in geschlossene Curven zu verwandeln, dass man irgend zwei Punkte auf je einer dieser drei Linien, zwischen denen sämmtliche Punkte belegen sind, in denen sie die beiden andern schneidet, durch eine beliebige Linie mit einander verbindet, und dass man alsdann diejenigen ins Unendliche verlaufenden Stücke der ursprünglichen Linie weglässt, welche jenseits der beiden neu verbundenen Punkte liegen. Hierbei kann so verfahren werden, dass z. B. für die Curve $y = f(x)$, wenn der Grad von $f(x)$ eine grade Zahl ist, die Anzahl der Durchschnittspunkte mit der x-Axe nicht vermehrt wird, dass ferner, wenn der Grad von $f(x)$ eine ungrade Zahl ist, nach dem letzten Durchschnittspunkt mit der x-Axe noch ein neuer hinzukommt, welcher dann als Aus- oder Eintrittsstelle jenem entgegengesetzt charakterisirt ist. Die Charakteristik des Systems

$$\left(y\,,\; f(x) - y\,,\; f_1(x) - y\right)$$

ist sonach für grade Zahlen n gleich $\frac{1}{2}(\mathfrak{A} - \mathfrak{E})$, diese Buchstaben in der Bedeutung wie im Art. I (B) genommen, und aber für ungrade n gleich $\frac{1}{2}(\mathfrak{A} - \mathfrak{E} \pm 1)$. Auch führt die vorstehend angegebene Verwandlung von ungeschlossenen Linien in geschlossene in Verbindung mit den Fundamentaleigenschaften der Charakteristik, wie ich dieselben im Art. II meiner Arbeit „über Systeme von Functionen mehrer Variabeln"*) dargelegt habe, wiederum zu dem oben im Art. I entwickelten *Sturm*'schen Verfahren, welches dabei unter einigermassen veränderten und allgemeineren Gesichtspunkten erscheint.

Es erhellt unmittelbar aus der Begriffsbestimmung der Charakteristik, dass dieselbe für zwei Functionensysteme

$$\left(y\,,\; f(x) - y\,,\; \mathfrak{f}(x) - y\right)\,,\quad \left(y\,,\; \mathfrak{f}(x) - y\,,\; -f(x) + y\right)$$

identisch ist. Wenn also die beiden Functionen $f(x)$ und $\mathfrak{f}(x)$ von gleichem Grade sind, so dass die zum Schliessen der Curven

---

*) Monatsbericht vom März 1869.[1])

[1]) Band I S. 179—182 dieser Ausgabe von *L. Kronecker's* Werken. H.

$$y = f(x)\,, \quad y = \mathfrak{f}(x)$$

erforderliche Ergänzung für beide in derselben Weise geschehen kann, so ist

$$\text{(V)} \qquad \mathfrak{A} - \mathfrak{E} = \mathfrak{A}' - \mathfrak{E}',$$

falls unter $\mathfrak{A}'$ und $\mathfrak{E}'$ resp. die Anzahl der Aus- und Eintrittsstellen verstanden wird, an denen die x-Axe die Curve $y = \mathfrak{f}(x)$ passirt, und falls hierbei die verschiedenen Theile der Ebene als innere oder äussere gelten, je nachdem das Product

$$\text{(W)} \qquad \big(y - f(x)\big)\big(y - \mathfrak{f}(x)\big)$$

positiv oder negativ ist. Die Gleichung (V) geht übrigens auch unmittelbar aus folgender Betrachtung hervor: Durch die Gesammtheit der beiden Curven

$$y = f(x)\,, \quad y = \mathfrak{f}(x)$$

wird die Ebene in zwei Theile geschieden, so dass in dem einen das Product (W) positiv, in dem andern negativ ist; die x-Axe muss daher die gesammte Begrenzung dieser beiden Theile d. h. also die beiden Curven $y = f(x)$ und $y = \mathfrak{f}(x)$ ebenso oft in dem Sinne passiren, dass sie in einen der beiden Theile eintritt als in dem entgegengesetzten Sinne, nämlich so, dass sie aus demselben Theile wieder heraustritt. Es kann nun bei der Definition der zu den Functionen $f(x)$, $f_1(x)$ gehörigen *Sturm*'schen Reihen, wie dieselbe oben im Art. II aufgestellt worden ist, von jeder Voraussetzung über die Coëfficienten der höchsten Potenzen von x abgesehen und überdies unbeschadet der Allgemeinheit angenommen werden, dass beide Functionen von gleichem Grade seien, da z. B. $f(x) + f_1(x)$ in der Definition an die Stelle von $f_1(x)$ gesetzt werden kann, wenn $f_1(x)$ von niedrigerem Grade ist als $f(x)$. Dies vorausgeschickt seien

$$S_1\,,\ S_2\,,\ \ldots S_n$$

die Glieder irgend einer zu den Functionen n^{ten} Grades $f(x)$, $\mathfrak{f}(x)$ gehörigen *Sturm*'schen Reihe und es seien ferner

$$S_1', \; S_2', \; \ldots S_n'$$

die Glieder einer zu den Functionen $\mathfrak{f}(x)$, $-f(x)$ gehörigen *Sturm*'schen Reihe; endlich seien in der ersten dieser beiden Reihen $\mathfrak{P}$ positive und $\mathfrak{N}$ negative, in der zweiten aber $\mathfrak{P}'$ positive und $\mathfrak{N}'$ negative Glieder. Alsdann ist wie im Art. II

$$\mathfrak{P} - \mathfrak{N} = \mathfrak{A} - \mathfrak{E}, \qquad \mathfrak{P}' - \mathfrak{N}' = \mathfrak{A}' - \mathfrak{E}'$$

und folglich vermöge der Gleichung (V)

$$\mathfrak{P} - \mathfrak{N} = \mathfrak{P}' - \mathfrak{N}'.$$

Da also der Ueberschuss der Anzahl der positiven über die der negativen Glieder in den beiden *Sturm*'schen Reihen S und S' derselbe ist, so kann jede zu Functionen gleichen Grades $f(x)$, $\mathfrak{f}(x)$ gehörige *Sturm*'sche Reihe im weitesten Sinne des Wortes zugleich als zu den Functionen $\mathfrak{f}(x)$, $-f(x)$ gehörig betrachtet werden, und die Vertauschung der beiden Functionen, zu denen eine *Sturm*'sche Reihe gehört, ist also unter der Bedingung gestattet, dass gleichzeitig das Vorzeichen einer der beiden Functionen geändert wird.

ÜBER SCHAAREN VON QUADRATISCHEN UND BILINEAREN FORMEN.

[Gelesen in der Akademie der Wissenschaften am 19. Januar 1874.]

In einer am 18ten Mai 1868 vorgetragenen und im Monatsberichte veröffentlichten Abhandlung hat Hr. *Weierstrass* das allgemeine Problem der gleichzeitigen Transformation von zwei quadratischen Formen in zwei andere fast vollständig erledigt, indem einzig und allein der Fall ausgeschlossen blieb, wo die der Untersuchung zu Grunde gelegte, a. a. O. p. 310 mit $[P, Q]$ bezeichnete Determinante identisch verschwindet. In derselben Sitzung der Akademie habe ich unmittelbar an den *Weierstrass*'schen Vortrag eine Mittheilung geknüpft[1]), in deren zweitem Theile jener unerledigt gebliebene Fall behandelt und ein allgemeiner Ausdruck für die Systeme von quadratischen Formen mit verschwindender Determinante $[P, Q]$ gegeben ist, während der erste Theil sich mit Fällen beschäftigt, in denen beide Formen gleichzeitig in Summen von Quadraten transformirbar sind und die Entwickelung einer ebenso allgemeinen als einfachen Methode zur Herleitung einer solchen Transformation enthält. Ich habe in der erwähnten Mittheilung die Gesammtheit der quadratischen Formen, welche entstehen, indem man zwei quadratische Formen mit beliebigen Constanten multiplicirt und zu einander addirt, eine Schaar genannt. Werden nun überhaupt nach zahlentheoretischer Weise zwei homogene Formen als äquivalent bezeichnet, sobald dieselben durch eine lineare Substitution der Variabeln in einander transformirbar sind, und werden ferner alle äquivalenten Formen zu einer „Classe" gerechnet, so lässt

---

[1]) Ueber Schaaren quadratischer Formen. Bd. I S. 163—174 dieser Ausgabe von *L. Kronecker's* Werken. H.

sich der Begriff der Aequivalenz und der Classe unmittelbar auf die „Schaaren quadratischer Formen“ übertragen. Da nämlich eine aus zwei quadratischen Formen $\varphi(x_1, x_2, \ldots)$ und $\psi(x_1, x_2, \ldots)$ entstehende Schaar durch den Ausdruck

$$u\varphi + v\psi$$

repräsentirt werden kann, wo u, v zwei Variable bedeuten, so sind zwei Schaaren $u\varphi + v\psi$, $u'\varphi' + v'\psi'$ als einander äquivalent und zu derselben Classe gehörig zu bezeichnen, wenn die beiden Ausdrücke

$$u\varphi(x_1, x_2, \ldots) + v\psi(x_1, x_2, \ldots), \qquad u'\varphi'(x_1', x_2', \ldots) + v'\psi'(x_1', x_2', \ldots)$$

resp. als homogene Formen der Variabeln $u, v, x_1, x_2, \ldots$ und $u', v', x_1', x_2', \ldots$ in einander transformirbar sind, dergestalt, dass die Variabeln u, v für sich in die Variabeln u', v' und die Variabeln x in die Variabeln x' durch lineare Substitutionen übergehen. Bilineare Formen können hierbei als specielle Arten quadratischer Formen einer graden Anzahl von Variabeln betrachtet werden, aber die linearen Transformationen sind alsdann der Beschränkung zu unterwerfen, dass die eine wie die andere Hälfte der Variabeln nur für sich transformirt werde, und hiernach ist auch der Aequivalenz- und Classenbegriff zu modificiren.

Nach diesen begrifflichen Festsetzungen gelangt man mit Hilfe der erwähnten *Weierstrass*'schen Untersuchungen und derjenigen, welche ich selbst ergänzend daran geknüpft habe, zu der Einsicht, dass jede Classe von Schaaren quadratischer Formen durch eine Reihe von Classen binärer homogener Formen charakterisirt wird, welche deshalb als „die Reihe oder das System von determinirenden Classen“ bezeichnet werden soll. Die Reihe enthält genau so viel Glieder als die Schaar Variabeln enthält. Das erste Glied derselben wird durch die Classe binärer Formen n^{ten} Grades von u, v gebildet, zu der die Determinante der eine Schaar repräsentirenden quadratischen Form

$$u\varphi(x_1, x_2, \ldots x_n) + v\psi(x_1, x_2, \ldots x_n)$$

gehört. Das folgende Glied entsteht ebenso aus dem grössten gemeinsamen

Theiler der ersten Unterdeterminanten, welche sämmtlich homogene Formen $(n-1)^{\text{ten}}$ Grades von u, v sind; das nächstfolgende Glied wird in derselben Weise aus den zweiten Unterdeterminanten hergeleitet u. s. f. Ich bemerke bei dieser Gelegenheit, dass, wie hier, so die algebraischen Invarianten überhaupt in ihrer wahren Allgemeinheit nur aus grössten gemeinsamen Theilern von ganzen Functionen gegebener Elemente herzuleiten und keineswegs, wie bisher angenommen wurde, durch literale Bildungen zu erschöpfen sind. Ich bin hierauf schon vor einer langen Reihe von Jahren bei meinen Untersuchungen über die Discriminante von algebraischen Gleichungen geführt worden, sowie später bei meiner Arbeit über lineare Transformationen, welche ich im October 1868 der Akademie mitgetheilt habe. Die bezüglichen Resultate habe ich zwar nicht durch den Druck veröffentlicht, aber durch meine an der hiesigen Universität gehaltenen Vorlesungen in weitere Kreise verbreitet.

Die einzelnen Glieder jener „Reihe von determinirenden Classen" können sich auf Classen von Formen *einer* Variabeln, ja selbst auf blosse Constanten reduciren, welche der Natur der Sache nach nur als *Null* oder *Eins* anzunehmen sind. Das erste Glied der Reihe kann sich nur dann auf eine Constante reduciren, wenn es verschwindet; die in gewissem Sinne einfachsten Schaaren quadratischer Formen von n Variabeln werden demgemäss durch eine der beiden Reihen determinirender Classen

$$(u^n, 1, 1, \ldots 1) \qquad \text{oder} \qquad (0, 1, 1, \ldots 1)$$

charakterisirt und sollen im Anschluss an einen von Hrn. *Weierstrass* eingeführten Ausdruck „elementare Schaaren" genannt werden, weil bei ihnen nicht mehr als ein „Elementar-Theiler" vorhanden ist. Wird diese Ausdrucks- und Bezeichnungsweise auch für den Fall $n=1$ beibehalten, wiewohl sie alsdann nur noch in uneigentlichem Sinne anwendbar ist, so lassen sich die Resultate, welche in der wiederholt erwähnten Arbeit des Hrn. *Weierstrass* und in dem zweiten Theile meiner eigenen daran angeschlossenen Bemerkungen enthalten sind, folgendermassen formuliren:

A) Zu äquivalenten Schaaren gehört eine und dieselbe Reihe von determinirenden Classen, und wenn für zwei Schaaren die Reihe der determinirenden Classen genau dieselben Glieder und darunter keine oder nur eine Null enthält, so sind dieselben äquivalent.

B) Jede Schaar von quadratischen Formen ist ein Aggregat von elementaren Schaaren; d. h. für jede Schaar $u\varphi + v\psi$ besteht eine Gleichung

$$u\varphi + v\psi = \sum_k (u_k \varphi_k + v_k \psi_k) \qquad (k=1,2,3\ldots),$$

in welcher jedes einzelne Glied auf der rechten Seite eine elementare Schaar repräsentirt, während die Grössen u_k, v_k sämmtlich lineare homogene Functionen der zwei Variabeln u und v bedeuten.

C) Jede Classe elementarer Schaaren von n Variabeln kann durch zwei Grundformen folgender Gestalt repräsentirt werden

$$x_1 x_2 + x_3 x_4 + \cdots; \qquad x_2 x_3 + x_4 x_5 + \cdots,$$

wo die eine mit $x_{n-1} x_n$, die andere mit $x_{n-2} x_{n-1} + \delta x_n^2$ abschliesst und $\delta = 0$ oder 1 ist; der Werth $\delta = 0$ ist für eine grade Anzahl der Variabeln jedoch nur dann zuzulassen, wenn die Formen bilinear sind und als solche behandelt werden.

Ich habe sehr bald, nachdem die beiden Arbeiten über bilineare und quadratische Formen am 18. Mai 1868 der Akademie vorgelegt waren, die Resultate derselben in der hier entwickelten Gestalt vereinigt und diese auch damals meinem Freunde *Weierstrass* mitgetheilt. Da indessen diese Vereinigung keinerlei Schwierigkeiten darbot, so hatte ich auch keine Veranlassung zu deren Publication. Aber mit jener veränderten Gestalt und Zusammenfassung der auf die simultane Transformation zweier quadratischen Formen bezüglichen Resultate war unmittelbar die Aufforderung gegeben, zu versuchen, ob auch im allgemeinen Falle jene einfache Herleitungsmethode brauchbar sei, welche ich im ersten Theil meiner erwähnten Arbeit für besondere Fälle entwickelt habe, wo bei der Reduction einer Schaar von quadratischen Formen auf ein Aggregat elementarer Schaaren lauter Formen einer Variabeln d. h. lauter einzelne Quadrate auftreten. Meine Bemühungen waren zu jener Zeit, im Sommer 1868 erfolglos; als ich jedoch vor einigen Monaten bei Gelegenheit allgemeinerer Untersuchungen, von ganz anderen Gesichtspunkten ausgehend, den erwähnten Gegenstand wieder aufnahm, gelang es mir, jene Reductionsmethode in der That dahin zu erweitern, dass mittels derselben jede beliebige Schaar quadratischer oder bilinearer Formen auf ein Aggregat von elementaren Schaaren zurückgeführt wird. Ich setzte dies damals in wissenschaftlichen Gesprächen meinem Freunde *Kummer* auseinander und hegte die Absicht, bei grösserer Musse eine ausführliche Arbeit über den beregten Gegenstand der Akademie vorzulegen; aber eine inzwischen erschienene Publication des Hrn. *C. Jordan* giebt mir Veranlassung, die heutige erste Classensitzung zu einer Mittheilung meiner Reductionsmethode zu benutzen.

I.

Es sei

$$f(y_1, y_2, \dots y_\nu)$$

eine quadratische Form, deren Determinante von Null verschieden ist. Die Variabeln y mögen irgendwie in zwei Gruppen getheilt sein:

$$y_1, y_2, \dots y_\mu; \quad y_{\mu+1}, y_{\mu+2}, \dots y_\nu.$$

Alsdann lässt sich f, wie ich schon in meiner Mittheilung vom Mai 1868 p. 339 erwähnt habe[1]), auf eine der beiden Formen bringen:

$$y_1'^2 + f' \qquad \text{oder} \qquad y_1 y' + f',$$

wo y_1' eine (von y_1 nicht unabhängige) lineare Function der Variabeln y, y' dagegen eine lineare Function derjenigen Variabeln y bedeutet, deren Index grösser als Eins ist. Die *erste* der Variabeln y, welche in der linearen Function y' wirklich enthalten ist, kann, je nachdem sie der ersten oder der

[1]) S. 165—166 dieser Ausgabe. H.

zweiten Gruppe angehört, als die Variable y_2 oder $y_{\mu+1}$ angenommen werden. Wenn demgemäss y' mit dem Index 2 oder $\mu+1$ versehen, an Stelle von y_2 oder $y_{\mu+1}$ in f eingeführt, und alsdann der Factor von y'_2 oder $y'_{\mu+1}$ mit y'_1 bezeichnet wird, so bleibt von f nach Absonderung des Productes $y'_1 y'_2$ oder $y'_1 y'_{\mu+1}$ nur noch eine von y_1 und resp. von y_2 oder $y_{\mu+1}$ unabhängige quadratische Form der Variabeln y übrig.

Durch Fortsetzung des angegebenen Verfahrens gelangt man zu einer Transformirten von f, bei welcher in jeder der beiden Gruppen von Variabeln noch zwei Abtheilungen zu unterscheiden sind:

$$y'_1, y'_2, \dots y'_{\mu-\lambda}; \quad y'_{\mu-\lambda+1}, y'_{\mu-\lambda+2}, \dots y'_\mu;$$

$$y'_{\mu+1}, y'_{\mu+2}, \dots y'_{\mu+\lambda}; \quad y'_{\mu+\lambda+1}, y'_{\mu+\lambda+2}, \dots \quad y'_\nu,$$

und es kommt

$$f = f_0 + f_1 + f_2,$$

wo f_0 eine quadratische Form der Variabeln der ersten Abtheilung und f_2 eine quadratische Form der Variabeln der letzten Abtheilung bedeutet, während f_1 in Beziehung auf die beiden mittleren Abtheilungen bilinear ist, nämlich:

$$f_1 = y'_{\mu-\lambda+1} y'_{\mu+1} + y'_{\mu-\lambda+2} y'_{\mu+2} + \dots + y'_\mu y'_{\mu+\lambda}.$$

Jede der Variabeln y'_k ist hierbei eine lineare Function von y_k und den *darauf folgenden* Variabeln y, und zwar so, dass darin der Coëfficient von y_k von Null verschieden ist. Die Form f_0 besteht nur aus Quadraten der einzelnen Variabeln y' und aus Producten je zweier.

II.

Es sei

$$F(z_0, z_1, \dots z_\nu)$$

eine quadratische Form von $(\nu+1)$ Variabeln z, und deren Determinante D

von Null verschieden, ferner sei D_0 die Determinante der Form von ν Variabeln

$$F(0, z_1, z_2, \ldots z_\nu).$$

Alsdann verschwindet die Determinante der quadratischen Form

$$D_0 F - D z_0^2,$$

und diese lässt sich daher als eine quadratische Form von ν linearen Functionen

$$z_1 + c_1 z_0, \; z_2 + c_2 z_0, \; \ldots \; z_\nu + c_\nu z_0$$

darstellen. Dies gilt übrigens auch, wenn $D = 0$ ist.

Für den Fall $D_0 = 0$ ist eine der ν partiellen Ableitungen von $F(0, z_1, \ldots z_\nu)$ eine lineare Function der übrigen. Wenn demgemäss die nach z_1 genommene Ableitung als lineare Function der nach $z_2, z_3, \ldots$ genommenen resp. die Coëfficienten $b_2, b_3, \ldots$ hat, so kommt

$$F(0, z_1, \ldots z_\nu) = F(0, 0, z_2 + b_2 z_1, \ldots z_\nu + b_\nu z_1),$$

und die Form $F(z_0, z_1, \ldots z_\nu)$ erhält also, wenn

$$z_k' = z_k + b_k z_1 \qquad (k=2, 3, \ldots \nu)$$

gesetzt wird, die Gestalt

$$z_0(a_0 z_0 + a_1 z_1 + a_2 z_2' + \cdots + a_\nu z_\nu') + F(0, 0, z_2', \ldots z_\nu').$$

Da die Determinante von $F(z_0, z_1, \ldots z_\nu)$ von Null verschieden vorausgesetzt ist, so kann weder der Coëfficient a_1 verschwinden noch auch die Determinante der Form von $\nu - 1$ Variabeln, welche den zweiten Theil dieses Ausdruckes bildet. Nimmt man das Glied $a_1 z_0 z_1$ davon hinweg, so bleibt demgemäss eine quadratische Form der ν Variabeln $z_0, z_2', z_3', \ldots z_\nu'$, für welche die obigen Bedingungen erfüllt sind, die also, wenn ein bestimmtes Vielfaches von z_0^2 abgezogen wird, als eine quadratische Form von $\nu - 1$ Grössen

$$z_2' + c_2 z_0, \; z_3' + c_3 z_0, \; \ldots z_\nu' + c_\nu z_0$$

darstellbar ist. Hieraus folgt, dass sich eine quadratische Form der Variabeln $z_0, z_1, \ldots z_\nu$ stets auf eine der beiden folgenden Formen bringen lässt

$$a z_0^2 + \mathfrak{F}(z_1 + c_1 z_0, \ldots z_\nu + c_\nu z_0)$$

$$z_0(a z_0 + a' z_1) + \mathfrak{F}'(z_2 + b_2 z_1 + c_2 z_0, \quad \ldots z_\nu + b_\nu z_1 + c_\nu z_0),$$

wo $\mathfrak{F}$ und $\mathfrak{F}'$ resp. nur ν und $\nu - 1$ Variabeln enthalten. Wenn man nun diese Formen ebenso transformirt und so weiter verfährt, bis die ersten μ Variabeln z resp. die durch Transformation daraus entstandenen Variabeln z' sämmtlich herausgehoben sind, dabei aber jedes Mal an Stelle von z_1 die *erste* der dazu geeigneten Variabeln nimmt, so gelangt man zu folgendem Resultat: Eine quadratische Form von $\nu + 1$ Variabeln z, welche irgendwie in zwei Gruppen

$$z_0, z_1, \ldots z_{\mu-1}; \quad z_\mu, z_{\mu+1}, \ldots z_\nu$$

eingetheilt sind, lässt sich durch Substitutionen

$$z_k' = c_{k,k} z_k + c_{k,k-1} z_{k-1} + \cdots + c_{k,0} z_0$$

in eine quadratische Form der Variabeln

$$z_0', z_1', \ldots z_{\mu-1}'; \quad z_\mu', z_{\mu+1}', \ldots z_\nu'$$

so transformiren, dass die neue Form als ein Aggregat von vier verschiedenen Theilen erscheint, nämlich in der Gestalt

$$\sum_g z_g'^2 + \sum_{h,i} z_h' z_i' + \sum_{k,p} z_k' z_p' + \mathfrak{F},$$

wo unter z_g', z_h', z_i', z_k' die sämmtlichen verschiedenen Variabeln der ersten

Gruppe, unter z'_p gewisse Variabeln der zweiten Gruppe zu verstehen sind, während $\mathfrak{F}$ eine quadratische Form von den übrigen Variabeln der zweiten Gruppe bedeutet.

III.

Es seien

$$\varphi(x_1, x_2, \ldots x_n) \qquad \text{und} \qquad \psi(x_{m+1}, x_{m+2}, \ldots x_r)$$

zwei quadratische Formen, ihre Determinanten von Null verschieden und m sei kleiner als n. Wird die Gesammtheit der in φ aber nicht in ψ enthaltenen Variabeln $x_1, x_2, \ldots x_m$ als erste Gruppe angesehen, so kann φ nach Art. I in ein Aggregat transformirt werden, dessen einzelne Theile durch eine Zerfällung der neuen Variabeln x' in fünf Abtheilungen zu charakterisiren sind:

$$x'_1, x'_2, \ldots x'_{2k};$$
$$x'_{2k+1}, x'_{2k+2}, \ldots x'_{m-l};$$
$$x'_{m-l+1}, x'_{m-l+2}, \ldots x'_m;$$
$$x'_{m+1}, x'_{m+2}, \ldots x'_{m+l};$$
$$x'_{m+l+1}, x'_{m+l+2}, \ldots x'_n;$$

und zwar wird

$$\varphi = \varphi_0 + \varphi_1 + \varphi_2 + \varphi_3$$

wo

$$\varphi_0 = \sum_i x'_i x'_{i+k} \qquad (i = 1, 2, \ldots k)$$

$$\varphi_1 = \sum_i x'^2_i \qquad (i = 2k+1, 2k+2, \ldots m-l)$$

$$\varphi_2 = \sum_i x'_{i-l}\, x'_i \qquad (i = m+1, m+2, \ldots m+l)$$

und φ_3 eine quadratische Form der Variabeln x' der fünften Abtheilung ist.

Jede der neuen Variabeln x' ist hierbei eine lineare Function der gleichnamigen Variabeln x und derer, die darauf folgen.

Werden die Veränderlichen x' nun auch in ψ eingeführt, so gehören die darin vorkommenden Grössen x' sämmtlich der vierten und fünften Abtheilung an und, falls $r > n$ ist, noch einer sechsten, welche durch die Indices $n+1, n+2, \ldots r$ charakterisirt wird. Wenn man also die Form ψ gemäss Art. II transformirt, indem man jene vierte Abtheilung der Variabeln als erste Gruppe betrachtet, so resultirt eine weitere Zerlegung jener vierten, fünften und sechsten Abtheilung, die durch folgende Unterabtheilungen der Indices gegeben ist:

$$m+1,\ m+2,\ \ldots m+2\mathfrak{k};$$
$$m+2\mathfrak{k}+1,\ m+2\mathfrak{k}+2,\ \ldots m+l-\mathfrak{l};$$
$$m+l-\mathfrak{l}+1,\ m+l-\mathfrak{l}+2,\ \ldots m+l-\mathfrak{l}';$$
$$m+l-\mathfrak{l}'+1,\ m+l-\mathfrak{l}'+2,\ \ldots m+l;$$
$$m+l+1,\ m+l+2,\ \ldots m+l+\mathfrak{l}';$$
$$m+l+\mathfrak{l}'+1,\ m+l+\mathfrak{l}'+2,\ \ldots n;$$
$$n+1,\ n+2,\ \ldots n+\mathfrak{l}-\mathfrak{l}';$$
$$n+\mathfrak{l}-\mathfrak{l}'+1,\ n+\mathfrak{l}-\mathfrak{l}'+2,\ \ldots r;$$

und zwar wird

$$\psi = \psi_0'' + \psi_1'' + \psi_2'' + \psi_3'' + \psi_4'',$$

wo

$$\psi_0'' = \sum_h x_h'' x_{h+\mathfrak{k}}'' \qquad (h = m+1,\ m+2,\ \ldots m+\mathfrak{k})$$

$$\psi_1'' = \sum_h x_h''^2 \qquad (h = m+2\mathfrak{k}+1,\ m+2\mathfrak{k}+2,\ \ldots m+l-\mathfrak{l})$$

$$\psi_2'' = \sum_h x_{m+l-h}'' x_{n+\mathfrak{l}-h}'' \qquad (h = \mathfrak{l}-1,\ \mathfrak{l}-2,\ \ldots \mathfrak{l}')$$

$$\psi_3'' = \sum_h x_h'' x_{h-\mathfrak{l}'}'' \qquad (h = m+l+1,\ m+l+2,\ \cdots m+l+\mathfrak{l}')$$

und ψ_4'' eine quadratische Form der in der letzten und drittletzten Abtheilung enthaltenen Variabeln x'' ist. Jede der Variabeln x'' unterscheidet sich von der gleichnamigen Variabeln x' nur durch eine lineare Function derjenigen Veränderlichen, deren Indices

$$m+1, m+2, \ldots m+l+l'$$

sind, soweit diese Veränderlichen x' auch in der quadratischen Form φ vorkommen. Wenn also die Grössen x'' in φ eingeführt werden, wobei φ_0 und φ_1 natürlich ungeändert bleiben, so geht φ_2 über in

$$\sum_h x^0_{m-l+h} x''_{m+h} \qquad (h=1, 2, \ldots l)$$

wo die Grössen x^0 lineare Functionen der sämmtlichen l Variabeln x'_{m-l+h} sind, und

$$\varphi_3(x'_{m+l+1}, x'_{m+l+2}, \ldots x'_n)$$

verwandelt sich in eine quadratische Form

$$\varphi_3''(x''_{m+l+1}, x''_{m+l+2}, \ldots x''_n)$$

und noch ein Aggregat von Gliedern, deren jedes eine der Grössen

$$x''_{m+1}, x''_{m+2}, \ldots x''_{m+l}$$

als Factor enthält. Hiernach wird, wenn an Stelle der l Variabeln x^0 geeignete Grössen x'' eingeführt und der Gleichförmigkeit halber auch den ersten $m-l$ Grössen x' zwei obere Striche beigefügt werden,

$$\varphi = \varphi_0'' + \varphi_1'' + \varphi_2'' + \varphi_3''$$

und

$$\varphi_0'' = \sum_h x_h'' x_{h+k}'' \qquad (h=1, 2, \ldots k)$$

$$\varphi_1'' = \sum_h x_h''^2 \qquad (h=2k+1, 2k+2, \ldots m-l)$$

$$\varphi_2'' = \sum_h x_{m-l+h}'' x_{m+h}'' \qquad (h=1, 2, \ldots l),$$

während φ_3'' eine quadratische Form derjenigen Variabeln x'' ist, deren Indices grösser als $m+l$ sind. Dabei kann noch

$$\varphi_2'' = \varphi_{20}'' + \varphi_{21}'' + \varphi_{22}'' + \varphi_{23}''$$

gesetzt werden, wo die verschiedenen Theile rechts den Formen

$$\psi_0'', \psi_1'', \psi_2'', \psi_3''$$

in der Weise entsprechen, dass sie *dieselben* Grössen x_{m+h}'' enthalten, dass also z. B.

$$\varphi_{20}'' = \sum_h x_{m-l+h}'' x_{m+h}'' \qquad (h=1, 2, \ldots 2f)$$

wird. Hieraus geht hervor, dass von einer Schaar $u\varphi + v\psi$ nach geeigneter Transformation der Variabeln Theile von folgender Art abgesondert werden können:

$$u x_a'' x_b'', \quad u x_b''^2, \quad u(x_a'' x_h'' + x_b'' x_i'') + v x_h'' x_i'',$$
$$u x_a'' x_h'' + v x_h''^2, \quad u x_a'' x_h'' + v x_h'' x_p'',$$

wo x_a'', x_b'' ausschliesslich in φ enthaltene Variabeln bedeuten, x_h'', x_i'' gewisse von den in φ *und* ψ vorkommenden Variabeln, und x_p'' gewisse von denjenigen, welche nur in ψ enthalten sind. Es bleibt alsdann noch der Theil

$$u\varphi_{23}'' + v\psi_3'' + u\varphi_3'' + v\psi_4''$$

übrig, d. h. eine Schaar, deren beide Grundformen $\varphi_{23}'' + \varphi_3''$ und $\psi_3'' + \psi_4''$ bei vereinfachender Aenderung der Indices folgende Gestalt annehmen:

$$\sum_k x''_k x''_{\mu+k} \quad + \varphi''(x''_{2\mu+1}, x''_{2\mu+2}, \ldots)$$

$$\sum_k x''_{\mu+k} x''_{2\mu+k} + \psi''(x''_{3\mu+1}, x''_{3\mu+2}, \ldots).$$

Die Summationen sind hierbei über $k = 1, 2, \ldots \mu$ zu erstrecken, und unter φ'', ψ'' sind quadratische Formen der bezüglichen Variabeln zu verstehen.

IV.

Bedeuten $f_{2\nu+1}, f_{2\nu+2}, \ldots$ homogene lineare Functionen von $x_{2\nu+1}, x_{2\nu+2}, \ldots$ und Φ, Ψ homogene Functionen zweiten Grades, deren letztere aber von den ersten ν Grössen x unabhängig ist, so können die beiden quadratischen Formen

$$(\mathfrak{A}) \qquad \sum_k x_k x_{\nu+k} \quad + \Phi(x_{2\nu+1}, x_{2\nu+2}, \ldots)$$

$$(\mathfrak{B}) \qquad \sum_k x_{\nu+k} f_{2\nu+k} + \Psi(x_{3\nu+1}, x_{3\nu+2}, \ldots) \qquad (k=1, 2, \ldots \nu)$$

durch gleichzeitige lineare Transformation in

$$(\mathfrak{A}^\circ) \qquad \sum_k x^0_k x^0_{\nu+k} \quad + \Phi(x^0_{2\nu+1}, x^0_{2\nu+2}, \ldots)$$

$$(\mathfrak{B}^\circ) \qquad \sum_k x^0_{\nu+k} x^0_{2\nu+k} + \Psi(x^0_{3\nu+1}, x^0_{3\nu+2}, \ldots) \qquad (k=1, 2, \ldots \nu)$$

übergeführt werden. — Sondert man nämlich zuerst von $f_{2\nu+1}$ den ganzen Theil ab, welcher keine der Grössen $x_{3\nu+1}, x_{3\nu+2}, \ldots$ enthält, und welcher mit $\mathfrak{f}_{2\nu+1}$ bezeichnet werden möge, so kann, da die Determinante von Ψ als von Null verschieden vorauszusetzen ist, gemäss der im Eingang von Art. II gemachten Bemerkung, der Ausdruck

$$(f_{2\nu+1} - \mathfrak{f}_{2\nu+1}) x_{\nu+1} + \Psi(x_{3\nu+1}, x_{3\nu+2}, \ldots),$$

als quadratische Form von $x_{\nu+1}$ und $x_{3\nu+1}, x_{3\nu+2}, \ldots$, auf die Gestalt

$$ax_{\nu+1}^2 + \Psi(x'_{3\nu+1}, x'_{3\nu+2}, \ldots)$$

gebracht werden, wo

$$x'_{3\nu+h} = x_{3\nu+h} + c_h x_{\nu+1} \qquad (h=1, 2, 3, \ldots)$$

ist. Wird hiernach in gleicher Weise derjenige Theil der mit $x_{\nu+2}$ multiplicirten linearen Function weggeschafft, welcher $x'_{3\nu+1}, x'_{3\nu+2}, \ldots$ enthält, und dieses Verfahren immer weiter fortgesetzt, so treten schliesslich an die Stelle der Variabeln $x_{3\nu+1}, x_{3\nu+2}, \ldots$ neue Veränderliche $x^0_{3\nu+1}, x^0_{3\nu+2}, \ldots$, welche sich von jenen nur durch lineare Functionen von

$$x_{\nu+1}, x_{\nu+2}, \ldots x_{2\nu}$$

unterscheiden, und die Form ($\mathfrak{B}$) verwandelt sich in

$$(\mathfrak{B}') \qquad \sum_{k=1}^{k=\nu} x^0_{\nu+k} x_{2\nu+k} + F + \Psi(x^0_{3\nu+1}, x^0_{3\nu+2}, \ldots),$$

wo F eine homogene Function zweiten Grades und $x^0_{\nu+k}$ eine homogene lineare Function der Variabeln

$$x_{\nu+1}, x_{\nu+2}, \ldots x_{2\nu}$$

bedeutet. Durch Einführung neuer Variabeln

$$x^0_{2\nu+1}, x^0_{2\nu+2}, \ldots x^0_{3\nu},$$

deren jede von der gleichnamigen Veränderlichen x nur um eine lineare Function von

$$x_{\nu+1}, x_{\nu+2}, \ldots x_{2\nu}$$

differirt, können endlich die ersten beiden Theile der Form ($\mathfrak{B}'$) vereinigt werden, so dass sie die obige Gestalt ($\mathfrak{B}^0$) annimmt.

Da jede der Variabeln $x_{\nu+1}, x_{\nu+2}, \ldots$ sich von der gleichnamigen Veränderlichen x^0 nur durch eine lineare Function von

$$x^0_{\nu+1}, x^0_{\nu+2}, \ldots x^0_{2\nu}$$

unterscheidet, so ist

$$\Phi(x_{2\nu+1}, x_{2\nu+2}, \ldots) = \Phi(x^0_{2\nu+1}, x^0_{2\nu+2}, \ldots) + \sum_{k=1}^{k=\nu} x^0_{\nu+k} f_{\nu+k},$$

wo $f_{\nu+1}, f_{\nu+2}, \ldots$ lineare Functionen von $x^0_{\nu+1}, x^0_{\nu+2}, \ldots$ bedeuten, und die Form $(\mathfrak{A})$ geht hiernach in der That, wenn noch neue Veränderliche

$$x^0_1, x^0_2, \ldots x^0_\nu$$

an Stelle von

$$x_1, x_2, \ldots x_\nu$$

eingeführt werden, in die Form $(\mathfrak{A}^\circ)$ über.

V.

Wählt man aus einer gegebenen Schaar von quadratischen Formen der Variabeln $\mathfrak{x}_1, \mathfrak{x}_2, \ldots$ eine einzelne Form aus, deren Determinante verschwindet, welche also durch Substitutionen

$$\mathfrak{x}'_k = \mathfrak{x}_k + c_k \mathfrak{x}_1 \qquad (k=2, 3, \ldots)$$

von $\mathfrak{x}_1$ unabhängig wird, so muss irgend eine andere Form der Schaar die Veränderliche $\mathfrak{x}_1$ wirklich enthalten, weil sonst die Schaar als solche auf eine Schaar quadratischer Formen von weniger Variabeln sich reduciren würde. Hiernach können als Grundformen der Schaar zwei solche angenommen werden, von denen die erste von $\mathfrak{x}_1$ abhängig, die zweite aber von $\mathfrak{x}_1$ unabhängig ist. Da nun überdies die zweite Grundform durch Substitutionen

$$\mathfrak{x}''_k = \mathfrak{x}'_k + b_k \mathfrak{x}'_2 \qquad (k=3, 4, \ldots)$$

von $\mathfrak{x}_2'$ unabhängig werden kann u. s. f., so ist die allgemeinste Annahme die, dass die zweite Grundform von gewissen Variabeln, welche in der ersten vorkommen, unabhängig sei. Geht man hiernach von zwei Grundformen

$$\varphi(x_1, x_2, \ldots x_n), \qquad \psi(x_{m+1}, x_{m+2}, \ldots x_r) \qquad (m \leqq n \leqq r)$$

aus, so sind für den Fall $m = n$ beide einzeln gemäss Art. I zu transformiren; wenn aber $m < n$ ist, so sind dieselben gemäss Art. III *gleichzeitig* in zwei andere zu verwandeln. Hierbei sondern sich aus der Schaar $u\varphi + v\psi$ gewisse einfache Schaaren ab, und es bleibt für die weitere Untersuchung eine Schaar, deren zwei Grundformen am Schlusse von Art. III angegeben sind. Wenn man nun die darin vorkommenden quadratischen Formen φ'', ψ'' ebenso behandelt, wie die Formen φ, ψ, von denen im Art. III ausgegangen worden, so wird zwar durch Einführung von gewissen neuen Variabeln $x'''_{2\mu+1}, x'''_{2\mu+2}, \ldots$ der aus $u\varphi'' + v\psi''$ bestehende Theil des Ausdrucks der ganzen Schaar gemäss der Tendenz der Untersuchung weiter umgestaltet, aber das bereits Gewonnene wird dabei theilweise wieder zerstört, insofern alsdann die Factoren $x''_{2\mu+k}$ in dem ersten Theile der zweiten Grundform nicht mehr die einzelnen Variabeln selbst, sondern lineare Functionen der neuen Veränderlichen x''' bedeuten. Die im Art. IV enthaltenen Entwickelungen lehren jedoch, wie man durch abermalige Transformation der Variabeln die zerstörte Form wiederherstellen und dabei die neu umgestalteten Theile unverändert erhalten kann.

Hiermit ist die Fortsetzbarkeit des im Art. III angegebenen Reductionsverfahrens vollständig dargethan, und es ergiebt sich also, dass jede Schaar quadratischer Formen in ein Aggregat von gewissen einfachen Schaaren transformirt werden kann, für welche

$$x_1x_2 + x_3x_4 + \cdots, \qquad x_2x_3 + x_4x_5 + \cdots$$

als die beiden Grundformen anzunehmen sind. Die eine dieser Grundformen schliesst mit $x_{n-1}x_n$, die andre mit

$$x_{n-2}x_{n-1} \qquad \text{oder} \qquad x_{n-2}x_{n-1} + x_n^2.$$

Schaaren der angegebenen Art sind durchweg „elementar", einzig und allein den Fall ausgenommen, wo für eine grade Zahl $m = 2n$ die beiden Grundformen

$$\sum_{k=1}^{k=m} x_{2k-1}x_{2k}, \qquad \sum_{k=1}^{k=m-1} x_{2k}x_{2k+1}$$

sind, und die Schaar nicht als eine bilineare behandelt, sondern jegliche Transformation der Variabeln gestattet werden soll. In dem bezeichneten Falle ist jene Schaar vermittelst der Substitution

$$x_k = x'_k + x'_{m+k}, \qquad x_{2m-k+1} = x'_k - x'_{m+k} \qquad (k=1, 2, \ldots m)$$

auf das Aggregat zweier elementarer Schaaren von je m Veränderlichen x' zurückzuführen, und hiermit ist die Reduction einer beliebigen Schaar quadratischer oder bilinearer Formen auf elementare vollendet. Handelt es sich um Schaaren von Formen mit reellen Coëfficienten, und will man sich dann auf reelle Transformationen beschränken, so gelangt man zu ähnlichen einfachen Resultaten, deren nähere Ausführung ich mir für eine andere Gelegenheit vorbehalte.

In der Publication des Hrn. *C. Jordan* „über bilineare Polynome" (Heft No. 25 der Comptes Rendus, 22. December 1873), auf welche ich mich oben am Schlusse der Einleitung bezogen habe, werden unter den mannigfaltigen Fragen, welche man sich stellen könne, die drei folgenden als drei verschiedene „Probleme" hervorgehoben: erstens durch orthogonale Transformationen der beiden Variabeln-Systeme und zweitens durch irgend welche, aber für beide Variabeln-Systeme übereinstimmende lineare Transformation ein bilineares Polynom auf eine „einfache canonische Form" zu bringen; drittens zwei Polynome P und Q durch gesonderte lineare Transformation der beiden Systeme von Variabeln simultan in eine „canonische Form" überzuführen. Sowie sie hier gestellt sind, ermangeln diese Probleme durchaus der Bestimmtheit, wie sehr auch grade das Wort „canonisch", seinem eigentlichen Sinne gemäss, den Schein von etwas absolut Bestimmtem zu erwecken geeignet ist. In der That hat der Ausdruck „canonische Form" oder „einfache canonische Form“, welchen Hr. *Jordan* behufs Präcisirung der Frage gebraucht, keinerlei allgemein massgebende Bedeutung und bezeichnet an und für sich einen Begriff ohne jeden objectiven Inhalt. Wohl mag es Jemandem, der z. B. an die Frage der gleichzeitigen Transformation zweier bilinearer Formen herantritt, als erstes unbestimmtes Ziel seiner Bemühungen vorschweben, allgemeine und einfache Ausdrücke zu finden, auf welche beide Formen simultan zu reduciren sind; aber ein „Problem“ in der ernsten und strengen Bedeutung, welche dem Worte in der wissenschaftlichen Sprache mit Recht beigelegt wird, darf jene vage Aufgabe sicherlich nicht genannt werden. Nachträglich, wenn dergleichen allgemeine Ausdrücke gefunden sind, dürfte die Bezeichnung derselben als canonische Formen allenfalls durch ihre Allgemeinheit und Einfachheit motivirt werden können; aber wenn man nicht bei den bloss formalen Gesichtspunkten stehen bleiben will, welche — gewiss nicht zum Vortheil der wahren Erkenntniss — in der neueren Algebra vielfach in den Vordergrund getreten sind, so darf man nicht unterlassen, die Berechtigung der aufgestellten canonischen Formen aus inneren Gründen herzuleiten. In Wahrheit sind überhaupt die sogenannten canonischen oder Normalformen lediglich durch die Tendenz der Untersuchung bestimmt und daher nur als Mittel, nicht aber als Zweck der Forschung anzusehen. Dies tritt namentlich überall da deutlich hervor, wo die algebraische Arbeit im Dienste andrer mathematischer Disciplinen geleistet wird und von ihnen Ausgangs- und Zielpunkt angewiesen erhält. Aber auch die Algebra selbst kann natürlich ausreichende Beweggründe zur Aufstellung canonischer Formen liefern, und so sind z. B. die Momente, welche Hrn. *Weierstrass* und mich in den beiden von Hrn. *Jordan* citirten Arbeiten*) bei Einführung gewisser Normalformen geleitet haben, an den bezüglichen Stellen klar und deutlich hervorgehoben. Bei Hrn. *Weierstrass* dient die „eigenthümliche“ simultane Umgestaltung zweier bilinearer Formen P, Q, welche in den Formeln (44) pag. 319 der mehrerwähnten Abhandlung enthalten ist**), ausdrücklich dazu, um die Uebereinstimmung der Elementartheiler als eine hinreichende Be-

*) Zur Theorie der bilinearen und quadratischen Formen. Monatsbericht vom Mai 1868. Ueber bilineare Formen. Monatsbericht vom October 1866[1]).

**) Cf. p. 314 am Schlusse des Art. 1 der *Weierstrass*'schen Abhandlung.

[1]) Bd. I S. 143—162 dieser Ausgabe von *L. Kronecker's* Werken. H.

dingung für die Transformirbarkeit zweier Formenpaare zu erweisen. Jene Umgestaltung führt in der citirten Formel (44) zu einem Aggregat von Formenpaaren

$$X_0 Y_{e-1} + X_1 Y_{e-2} + \cdots, \qquad X_0 Y_{e-2} + X_1 Y_{e-3} + \cdots,$$

mit denen diejenigen, welche Hr. *Jordan* angedeutet hat, genau übereinstimmen, wenn

$$X_k = y_{k+1}, \qquad Y_k = x_{e-k-1} \qquad (k=0, 1, 2, \ldots)$$

gesetzt wird. Ebenso lassen sich jene allgemeinen Ausdrücke, welche ich für Formenpaare P, Q, wofür $[P, Q] = 0$ ist, auf p. 345 und 346 des Monatsberichts vom Mai 1868 entwickelt habe[1]), mit leichter Mühe in folgende umwandeln:

$$\sum_k x_{2k} x_{2k+1} + \Phi, \qquad \sum_k x_{2k+1} x_{2k+2} + \Psi \qquad (k=0, 1, \ldots m-1),$$

wo Φ und Ψ quadratische Formen der auf x_{2m} folgenden Veränderlichen bedeuten. In der That braucht man behufs dessen z. B. nur von zwei Grundformen in der a. a. O. zuletzt angegebenen Gestalt auszugehen:

$$\mathfrak{f}_1 x'_{m+1} + \mathfrak{f}_2 x'_{m+2} + \cdots + \mathfrak{f}_m x'_{2m} + \mathfrak{F}$$
$$\mathfrak{f}'_1 x'_{m+1} + \mathfrak{f}'_2 x'_{m+2} + \cdots + \mathfrak{f}'_m x'_{2m} + \mathfrak{F}',$$

darin $\mathfrak{f}_1, \mathfrak{f}_2, \ldots \mathfrak{f}_m$ und $\mathfrak{f}'_m$ selbst als die Variabeln $x'_0, x'_1, \ldots x'_m$ zu nehmen, alsdann die oben im Eingang des Art. III gemachte Bemerkung nach der Art, wie es im Art. IV geschehen, wiederholentlich anzuwenden und endlich für die Indices k, die nicht grösser als m sind, $2k$, für die folgenden aber $2k - 2m - 1$ zu setzen.

So sind demnach die bei Hrn. *Jordan* für den Fall des dritten Problems als canonische Formen bezeichneten Ausdrücke bereits in der *Weierstrass*'schen Abhandlung vom Jahre 1868 und in meinem daran angeschlossenen

---

[1]) S. 172 und 174 dieser Ausgabe. H.

Aufsatze gegeben. Seine Methode zur Herleitung derselben hat Hr. *Jordan* a. a. O. nicht mitgetheilt, aber aus seinen Andeutungen ist zu entnehmen, dass sie auf einer allmähligen, gleichzeitigen Reduction von zwei bilinearen Formen beruht und also wohl principiell mit derjenigen übereinstimmen dürfte, welche ich oben entwickelt habe. Doch scheint Hr. *Jordan* die simultane Transformation von quadratischen Formen bei Seite gelassen und sich nur auf bilineare beschränkt zu haben. Dass dies in der That eine Beschränkung involvirt, sobald man sich solcher Reductionsmethoden bedient, ohne die symmetrischen bilinearen Polynome besonders zu berücksichtigen, ist leicht zu sehen. Bei dem oben auseinandergesetzten Reductionsverfahren sind die bilinearen Formen nur als specielle quadratische Formen von $2n$ Veränderlichen zu betrachten, und es ist in den Entwickelungen der Artt. I bis V sorgfältig Alles vermieden, was in diesem besonderen Falle eine Vermischung der beiden Systeme von Variabeln verursachen könnte. Wenn im Gegensatz hierzu bei Hrn. *Weierstrass* der Fall bilinearer Formen als der allgemeinere erscheint, so liegt dies darin, dass sich bei der dortigen expliciten Darstellung der bezüglichen Substitutionen die Uebereinstimmung der Transformation beider Variabeln-Systeme für den Fall, wo die bilinearen Formen symmetrisch sind, ohne Weiteres ergiebt. Uebrigens kann ich die Meinung des Hrn. *Jordan* nicht theilen, dass es ziemlich schwer sei, der *Weierstrass*schen Analyse zu folgen; sie scheint mir im Gegentheil vollkommen durchsichtig zu sein, und ich finde einen besonderen Werth derselben noch darin, dass sie (im Falle, wo $[P, Q]$ von Null verschieden ist) mit zwingender Nothwendigkeit auf den naturgemässen Begriff der „Elementartheiler" geführt und damit den Weg zu den oben entwickelten allgemeineren, den Fall $[P, Q] = 0$ mit umfassenden Begriffen der „elementaren Schaaren" und „determinirenden Formenclassen" klar und deutlich gezeigt hat. Es sind dies in der That, wie oben in der Einleitung und namentlich in den mit A, B, C bezeichneten Sätzen dargelegt worden ist, die wesentlichen Begriffe, die bei Behandlung derjenigen Frage auftreten, welche in ihrer bestimmteren, schärferen Fassung an die Stelle des „dritten *Jordan*'schen Problems" zu setzen ist, nämlich:

> die nothwendigen und hinreichenden Bedingungen für die Aequivalenz von zwei beliebigen quadratischen oder bilinearen Formen-

paaren zu ermitteln, und für den Fall der Aequivalenz eine Methode zur Auffindung der Transformation anzugeben.

Für die Lösung dieses Problems sind sowohl bei *Weierstrass*' directer Methode als auch bei dem oben entwickelten Reductionsverfahren jene einfachen Ausdrücke der Grundformen elementarer Schaaren

$$x_1x_2 + x_3x_4 + \cdots, \qquad x_2x_3 + x_4x_5 + \cdots$$

allerdings von grosser Wichtigkeit; aber nicht in ihrer formalen Einfachheit — und nur diese ist von Hrn. *Jordan* hervorgehoben worden —, sondern darin, dass in ihnen der Typus des „Elementaren" in Evidenz tritt, liegt ihre wesentliche Bedeutung. Wie wenig entscheidend an und für sich die äussere Einfachheit des Ausdrucks ist, geht z. B. daraus hervor, dass die oben am Schlusse des Art. V vorkommenden Formen

$$\sum_{k=1}^{k=m} x_{2k-1}x_{2k}, \qquad \sum_{k=1}^{k=m-1} x_{2k}x_{2k+1},$$

wenn man jene Rücksicht allein walten lässt, kaum der weiteren Umwandlung mittels der Substitutionen

$$x_k = x'_k + x'_{m+k}, \qquad x_{2m-k+1} = x'_k - x_{m+k} \qquad (k=1, 2, \ldots m)$$

bedürftig erscheinen, und dass in rein formaler Beziehung die transformirten Formen sogar etwas weniger einfach sich darstellen möchten; aber aus dem Umstande, dass die aus jenen beiden Formen entspringende Schaar noch mehr als einen Elementartheiler besitzt, folgt einerseits die Möglichkeit und andrerseits auch die Nothwendigkeit einer weiteren Reduction.

Die ersten beiden von Hrn. *Jordan* erwähnten Probleme sind in ähnlicher Weise wie das dritte zu präcisiren und aber, wie Hr. *Jordan* zu bemerken unterlassen hat, als specielle Fälle in diesem dritten schon enthalten. Das erste Problem bezieht sich sogar auf einen der einfachsten und bekanntesten dieser Fälle; denn es verlangt nichts, als zwei bilineare Formen von

$$x_1, x_2, \ldots x_n; \quad y_1, y_2, \ldots y_n,$$

— als quadratische Formen der sämmtlichen Variabeln betrachtet — in einander und gleichzeitig die Summe aller Quadrate

$$\sum_k x_k^2 + \sum_k y_k^2 \qquad (k = 1, 2, \ldots n)$$

in sich selber zu transformiren. — Beim zweiten Problem handelt es sich um die Transformation einer bilinearen Form in eine andere mittels einer Substitution, welche für beide Systeme von Variabeln übereinstimmt. Aber schon in meinem von Hrn. *Jordan* citirten Aufsatze (Monatsbericht vom October 1866 p. 600[1]) habe ich gleich von vorn herein ausdrücklich hervorgehoben, dass es hierbei eigentlich nur darauf ankommt, die zwei gegebenen bilinearen Formen selbst und gleichzeitig ihre Transponirten mittels linearer Substitutionen in einander überzuführen. Die überdies noch in Betracht zu ziehende Reduction einer symmetrischen oder alternirenden bilinearen Form auf ein Aggregat von Gliedern xy und resp. $xy' - x'y$ lässt sich mit leichter Mühe und auf mannigfaltige Weise bewirken, u. A. durch jenes einfache und nahe liegende Verfahren, welches sich im Art. I angegeben findet. Auch kann hierbei auf die „Theorie der bilinearen Functionen" verwiesen werden, welche Hr. *Christoffel* im 68. Bande von *Borchardt's* Journal veröffentlicht hat, und welche von Hrn. *Jordan* bei jenem zweiten Problem wohl hätte erwähnt werden müssen.

---

[1]) S. 148—149 dieser Ausgabe. H.

Nachtrag.

[Gelesen in der Akademie der Wissenschaften am 16. Februar und am 16. März 1874[1]).]

Es scheint mir nicht überflüssig, etwas näher auf die Vereinfachungen einzugehen, welche die in der vorigen Classensitzung vorgetragenen Entwickelungen für den speciellen Fall zulassen, wo die quadratischen Formen bilinear sind. Zuvörderst ist zu bemerken, dass überall diejenigen von den alternativ auftretenden Ausdrücken wegfallen, in denen Quadrate der Variabeln vorkommen. Hierdurch vereinfachen sich namentlich die in den Art. I, II und IV enthaltenen Deductionen. Der Inhalt des ersten Absatzes von Art. II kommt im vorliegenden Falle nur unter der Voraussetzung $D=0$ zur Anwendung und zwar in so einfacher Weise, dass es unnöthig wird, denselben besonders hervorzuheben. Dass aber der Anfang von Art. II für $D=0$ seine Gültigkeit behält, ist von selbst klar, und die Annahme $D \gtrless 0$ ist nur wegen des übrigen Inhalts des erwähnten Abschnittes an die Spitze desselben gestellt worden. Dies vorausgeschickt, übersieht man leicht, dass die oben citirten drei Artikel für den Fall bilinearer Formen durch folgende Betrachtungen ersetzt werden können.

I. Werden die in einer bilinearen Form f enthaltenen $2n$ Variabeln x und y irgendwie in zwei Gruppen getheilt, in denen übrigens die Anzahl der x nicht gleich der Anzahl der y zu sein braucht, so ist, wenn zugleich die Aufeinanderfolge der Veränderlichen innerhalb jeder Gruppe in beliebiger Weise fixirt wird, die erste Variable x_1 mit einer linearen Function der y

---

[1]) Der letzte Theil dieser Abhandlung, S. 382—413, ist am 16. Mai 1874 in der Akademie gelesen worden. H.

multiplicirt, welche als eine Variable y' eingeführt und als einer ersten oder zweiten Gruppe angehörig betrachtet werden kann, je nachdem darin ein y der ersten Gruppe vorkommt oder nicht. Nach Einführung von y' in f kann dessen Factor als eine neue Variable x_1' der ersten Gruppe angenommen werden, und indem man diese Operation so lange fortsetzt, als noch Variabeln der ersten Gruppe vorhanden sind, gelangt man zu einer Transformirten von f, in welcher drei verschiedene Theile zu unterscheiden sind, insofern als der eine nur Veränderliche der ersten Gruppe, der andre solche der ersten und zweiten Gruppe combinirt, der dritte endlich nur Variabeln der zweiten Gruppe enthält. Die ersten beiden Theile bestehen aus lauter einzelnen Producten $x'y'$, und jede der transformirten Veränderlichen x', y' ist nur eine lineare Function der gleichnamigen Variabeln x, y, sowie derer, die darauf folgen.

II. Wenn von der bilinearen Form f der mit der ersten Variabeln x_1 multiplicirte Theil abgesondert und das, was übrig bleibt, nach den Variabeln y geordnet wird, so besteht zwischen den n linearen Functionen der Variabeln $x_2, x_3, \ldots x_n$, welche hierbei als Factoren der Veränderlichen y auftreten, eine lineare Relation. Da hierin möglicherweise nicht alle jene n Functionen von $x_2, x_3, \ldots x_n$ wirklich vorkommen, so sei y_h die erste Variable, deren Factor eine lineare Function der Factoren von $y_{h+1}, y_{h+2}, \ldots y_n$ ist. Sind die Coëfficienten dieser linearen Function resp. $b_1, b_2, \ldots$, so kann durch die Substitution

$$y'_{h+k} = y_{h+k} + b_k y_h \qquad (k=1, 2, \ldots n-h)$$

die Variable y_h weggeschafft werden, und jener zweite Theil von f wird alsdann eine bilineare Form von

$$x_2, x_3, \ldots x_n; \quad y_1, \ldots y_{h-1}, y'_{h+1}, \ldots y'_n .$$

In dem ersten Theile von f kommt nothwendig das Glied $x_1 y_h$ und zwar, wie angenommen werden kann, mit dem Coëfficienten Eins vor, da die Determinante von f von Null verschieden vorausgesetzt wird. Denkt man sich also die bilineare Form

$$f - x_1 y_h$$

nach den Variabeln y geordnet, so erhellt unmittelbar, dass sich dieselbe durch eine Substitution

$$x'_k = x_k + a_k x_1 \qquad (k = 2, 3, \dots n)$$

in eine bilineare Form von

$$x'_2, x'_3, \dots x'_n; \; y_1, \dots y_{h-1}, y'_{h+1}, \dots y'_n$$

transformiren lässt. Setzt man dieses Verfahren so lange fort, als noch Variabeln der ersten Gruppe vorhanden sind, so gelangt man zu einer Transformirten von f, die in genau solche drei Theile zerfällt, wie die oben unter No. I aus f hergeleitete Form; doch ist hier jede der Variabeln x', y' nur eine lineare Function der gleichnamigen Variabeln x, y, sowie derer, die denselben vorangehen.

III. Werden die beiden Formen, welche im Art. IV meines früheren Aufsatzes den Ausgangspunkt bilden, als bilinear vorausgesetzt, so genügt für die dort zuerst behandelte Transformation der Form ($\mathfrak{B}$) in ($\mathfrak{B}^0$) folgendes einfachere Verfahren. Wenn die Veränderliche $x_{3\nu+h}$ in der linearen Function $f_{2\nu+1}$ mit dem Coëfficienten a, in Ψ aber mit $bx_{3\nu+k}$ multiplicirt vorkommt, so kann dieselbe durch die Substitution

$$ax_{\nu+1} + bx_{3\nu+k} = x'_{3\nu+k}$$

aus $f_{2\nu+1}$ entfernt werden. Wenn man auf diese Weise nach einander die sämmtlichen in der linearen Function $f_{2\nu+1}$ enthaltenen Variabeln wegschafft, deren Index grösser als 3ν ist, und dann die von $f_{2\nu+2}, \dots$, so gelangt man unmittelbar zu einer bilinearen Form

$$\sum_k x^0_{\nu+k} x_{2\nu+k} + \Psi(x^0_{3\nu+1}, x^0_{3\nu+2}, \dots) \qquad (k=1, 2, \dots \nu)$$

in welcher jede der Variabeln x^0 sich von der gleichnamigen Variabeln x nur durch eine lineare Function von

$$x_{\nu+1}, x_{\nu+2}, \dots x_{2\nu}$$

unterscheidet, sodass auch die Umwandlung der Form $(\mathfrak{A})$ in $(\mathfrak{A}^0)$ durch Einführung von neuen Veränderlichen $x_1^0, x_2^0, \ldots x_\nu^0$ ohne Weiteres bewerkstelligt werden kann[1]).

IV. Ich habe bereits in der vorigen Classensitzung angedeutet, wie man von den Ausdrücken, welche ich schon im Jahre 1868 für Schaaren mit verschwindenden Determinanten aufgestellt habe, zu den neuerdings hergeleiteten übergehen kann. Diesen Uebergang will ich nunmehr vollständig ausführen, um zugleich die Vereinfachungen darlegen zu können, welche auch hierbei für den Fall bilinearer Formen eintreten. Ich gehe zu diesem Behufe von der Schaar

$$\text{(A)} \qquad \sum_{k=1}^{k=m}(ux'_k + vx'_{k-1})\varphi'_k + u\Phi + v\Psi$$

aus, zu welcher ich bei meinen früheren Untersuchungen gelangt bin*). Hierin bedeuten $x'_0, x'_1, \ldots x'_m$ und $\varphi'_1, \varphi'_2, \ldots \varphi'_m$ von einander unabhängige lineare Functionen der ursprünglichen Variabeln $x_1, x_2, \ldots x_n$; es können daher, wie schon a. a. O. p. 346 bemerkt ist, die m Functionen φ' als ebensoviel neue Veränderliche $x'_{m+1}, x'_{m+2}, \ldots x'_{2m}$ eingeführt und $x'_0, x'_1, \ldots x'_{m-1}$ so gewählt werden, dass die quadratische Form Ψ nur noch $x'_{2m+1}, x'_{2m+2}, \ldots$ enthält, während aus der quadratischen Form Φ von den Variabeln $x'_{m+1}, x'_{m+2}, \ldots$, welche darin vorkommen können, nur x'_{2m} durch angemessene Wahl von x'_m wegzuschaffen ist. Wird endlich noch

$$x'_0 = \xi_1, \quad x'_k = \xi_{2k+1}, \quad x'_{m+k} = \xi_{2k} \qquad (k=1,2,\ldots m)$$

gesetzt, so verwandelt sich jener Ausdruck der Schaar in folgenden:

$$\text{(B)} \qquad \sum_{k=1}^{k=m}(u\xi_{2k+1} + v\xi_{2k-1})\xi_{2k} + u\sum_{k=1}^{k=m-1}\xi_{2k}f_k + u\Phi' + v\Psi',$$

---

*) Cf. Monatsbericht vom Mai 1868 p. 345. [S. 172 dieser Ausgabe.]

[1]) Vgl. die Bemerkung am Schlusse des Abschnittes a. S. 399. H.

wo Φ' und Ψ' quadratische Formen von gewissen Veränderlichen $\xi_{2m+2}, \xi_{2m+3}, \ldots$ bedeuten, während die linearen Functionen f_k ausser diesen Variabeln noch

$$\xi_{2k},\ \xi_{2k+2},\ \ldots \xi_{2m-2}$$

enthalten können. Es handelt sich nun einzig und allein um den Nachweis, dass durch geeignete Transformation der Variabeln ξ aus dem vorstehenden Ausdrucke (B) der zweite Theil gänzlich entfernt werden kann. Nimmt man diesen zweiten Theil bereits so weit reducirt an, dass nur noch die den Indices $k = 1, 2, \ldots \mu$ entsprechenden Glieder darin vorkommen, so genügt es, nachzuweisen, wie das Glied $\xi_{2\mu} f_\mu$ resp. jedes der darin vorkommenden Einzelproducte

$$c\,\xi_{2\mu}\xi_\nu \qquad (\nu \geqq 2\mu)$$

weggeschafft werden kann. Kommt in dem übrigen Theile der in u multiplicirten quadratischen Form

$$\sum_k \xi_{2k}\xi_{2k+1} + \Phi' \qquad (k=1, 2, \ldots m)$$

irgend ein Glied $a\xi_\lambda\xi_\nu$ vor, so braucht man nur, je nachdem $\lambda = \nu$ oder $\lambda \gtrless \nu$ ist, eine der beiden Substitutionen

$$a\xi_\nu + \tfrac{1}{2}c\,\xi_{2\mu} = \xi_\nu', \qquad a\xi_\lambda + c\,\xi_{2\mu} = \xi_\lambda'$$

anzuwenden und dann die in (B) mit $v\xi_{2\mu}$ multiplicirte lineare Function als eine neue Variable $\xi_{2\mu-1}'$ an Stelle von $\xi_{2\mu-1}$ einzuführen. Auf diese Weise fällt nämlich in der That das Glied $uc\xi_{2\mu}\xi_\nu$ in dem Ausdrucke (B) weg, während im Uebrigen die Gestalt desselben erhalten bleibt. Dass aber irgend ein Glied $a\xi_\lambda\xi_\nu$ vorkommt, ist für $\nu < 2m+2$ evident und für $\nu \geqq 2m+2$ ergiebt es sich aus folgenden Betrachtungen. Offenbar kann nämlich angenommen werden, dass ξ_ν in Φ' vorkommt, wenn nur Ψ' nicht von ξ_ν unabhängig ist; denn die eine Grundform kann ja durch irgend ein Aggregat der ersten und zweiten ersetzt werden, oder, was auf dasselbe hinauskommt, es kann für v eine lineare Function $v + cu$ genommen werden. Wäre nun aber mit Φ' auch Ψ' von ξ_ν unabhängig, so würde an die Stelle der Gleichung m^{ten} Grades in w, welche den Ausgangspunkt des Art. II meiner Arbeit vom Jahre 1868 bildet, eine Gleichung μ^{ten} Grades treten, was der zu Grunde gelegten Annahme widerspricht. — Wenn auf die angegebene Weise allmählig sämmtliche Glieder $c\xi_{2\mu}\xi_\nu$ weggefallen sind, in denen $\nu > 2\mu$ ist, und alsdann noch ein Glied $a\xi_{2\mu}^2$ übrig bleibt, so kann dieses schliesslich durch die Substitutionen

$$\xi_{2\mu+1} + a\xi_{2\mu} = \xi'_{2\mu+1}, \qquad \xi_{2\mu-1} - a\xi_{2\mu+2} = \xi'_{2\mu-1}$$

beseitigt und damit die Wegschaffung von $\xi_{2\mu}f_\mu$ zu Ende geführt werden. Sowohl die Veranlassung zu dieser letzten Operation als auch die obige Alternative $\lambda = \nu$ fällt bei Schaaren bilinearer Formen weg, und dass bei der Transformation solcher Schaaren die beiden Variabeln-Systeme getrennt zu halten sind, geht aus dem angegebenen Transformations-Verfahren selbst hervor[1]).

V. Wenn für die Schaar $u\varphi + v\psi$*) die sämmtlichen $(\mu - 1)^{\text{ten}}$ Unterdeterminanten aber nicht die μ^{ten} identisch verschwinden, so existiren genau μ von einander unabhängige lineare Relationen zwischen den nach den verschiedenen Variabeln genommenen partiellen Ableitungen von $u\varphi + v\psi$, deren Coëfficienten ganze homogene Functionen von u und v sind. Werden nun durch irgend welche Verbindungen jener Relationen μ solche hergestellt, deren Coëfficienten von möglichst niedriger Dimension in Beziehung auf u und v sind, so erhält man ein System von μ Gleichungen

$$\text{(G)} \qquad \sum_{h,k} (-1)^k \theta_k^{(r)} u^h v^k = 0 \qquad (h+k = m^{(r)},\ r = 0, 1, \ldots \mu-1),$$

in denen $\theta_k^{(r)}$ lineare homogene Functionen der Ableitungen von $u\varphi + v\psi$ und, wie leicht zu sehen, von einander unabhängig sind. Denkt man sich nämlich die Zahlen $m, m', m'', \ldots$, welche die Dimensionen der verschiedenen Glei-

*) Cf. Monatsbericht vom Mai 1868 p. 343. II. [S. 170 dieser Ausgabe].

[1]) Vgl. die Darstellung dieser Reductionsmethode in der Abhandlung *L. Kronecker's* „Algebraische Reduction der Schaaren quadratischer Formen". Berliner Berichte vom 8. Januar, S. 9—13. Band III dieser Ausgabe. H.

chungen (G) bestimmen, ihrer Grösse nach geordnet, so dass $m \leqq m' \leqq m'' \ldots$ ist, und wird dann $\theta_\varkappa^{(\varrho)}$ als eine lineare Verbindung derjenigen Grössen $\theta_k^{(r)}$ angenommen, in denen $r < \varrho$ ist, und derjenigen, in denen $r = \varrho$ aber $k < \varkappa$ ist, so kann der erstere Theil von $\theta_\varkappa^{(\varrho)}$ aus dem mit $v^\varkappa$ multiplicirten Gliede in der ϱ^{ten} Gleichung mit Hilfe der $\varrho - 1$ vorhergehenden und der zweite Theil mit Hilfe der ϱ^{ten} Gleichung selbst weggeschafft werden. Um dabei negative Potenzen von v zu vermeiden, genügt es für $\varkappa < m^{(\varrho-1)}$ die ϱ^{te} Gleichung mit einer Potenz von v zu multipliciren, deren Exponent $m^{(\varrho-1)} - \varkappa$ ist. Auf diese Weise entsteht eine neue Gleichung

$$\text{(G')} \qquad \sum_k (-1)^k \theta_k^{(s)} u^h v^k = 0 \qquad (h+k=m^{(s)},\ k=0,1,2,\ldots),$$

in welcher $\theta_g^{(s)} = 0$ ist, wenn g die grössere der Zahlen $\varkappa$ und $m^{(\varrho-1)}$ bedeutet. Diess kann aber nicht der Fall sein; denn die Grössen θ, welche einer derartigen Gleichung (G) genügen, haben überhaupt die Form

$$\text{(H)} \qquad \theta_0 = v\xi_2, \quad \theta_1 = u\xi_2 + v\xi_4, \quad \theta_2 = u\xi_4 + v\xi_6, \quad \ldots,$$

wo $\xi_2, \xi_4, \xi_6, \ldots$ lineare Functionen der Variabeln der Schaar bedeuten; auf Grund der obigen Annahme müsste daher ξ_{2g}, als erster Theil des betreffenden θ, ebenfalls gleich Null sein, und durch Elimination der vorhergehenden Grössen ξ aus den ersten g Gleichungen (H) würde eine Gleichung resultiren, deren Dimension in Beziehung auf u und v gleich $g-1$, also der ursprünglichen Voraussetzung zuwider kleiner als $m^{(\varrho)}$ wäre. Der Nachweis, dass zwischen denjenigen Grössen θ, welche einen und denselben oberen Index haben, keine lineare Relation bestehen kann, ist in ähnlicher Weise schon in meiner Arbeit vom Jahre 1868 gegeben worden.

Die Reihe der Zahlen $m, m', m'', \ldots$ bleibt natürlich bei irgend welcher linearen Transformation der Schaar $u\varphi + v\psi$ ebenso ungeändert wie die Reihe der determinirenden Classen, und diese Bemerkung hätte als eine unmittelbare Folgerung aus meiner Arbeit vom Jahre 1868 eigentlich schon in der Einleitung meines vorigen Aufsatzes ihre Stelle finden sollen. Da nur die Summe der Zahlen m, nicht aber die Reihe der einzelnen Zahlen selbst durch die Reihe der determinirenden Classen bestimmt ist, so muss zur

Identität dieser letzteren Reihe noch die der ersteren als Aequivalenzbedingung hinzugefügt werden, falls ausser der Determinante der Schaar auch noch die ersten Unterdeterminanten identisch verschwinden. Wird die Schaar $u\varphi + v\psi$ als ein Aggregat elementarer Schaaren dargestellt, so kommen darunter genau μ vor, deren Determinante gleich Null ist. Diess sind Schaaren von resp. $2m+1,\ 2m'+1, \ldots$ Veränderlichen, welche auf die Gestalt

$$\sum_k (u\xi_{2k+1} + v\xi_{2k-1})\xi_{2k} \qquad (k=1,2,\ldots m)$$

gebracht werden können, und die hierin auftretenden Variabeln ξ_{2k} sind als lineare Functionen der ursprünglichen Veränderlichen in ganz directer Weise durch jenes System von „determinirenden" Gleichungen (G) zu definiren. Es ist nämlich

$$\theta_0 = v\xi_2, \quad \theta_1 = u\xi_2 + v\xi_4, \quad \ldots \theta_{m-1} = u\xi_{2m-2} + v\xi_{2m}, \quad \theta_m = u\xi_{2m},$$

und die hieraus zu bestimmenden m Variabeln ξ bleiben auch, wie hervorzuheben ist, völlig unberührt, wenn jene oben in IV angegebene Transformation des im Monatsbericht vom Mai 1868 aufgestellten Ausdruckes für Schaaren mit verschwindender Determinante ausgeführt wird. Mit den Variabeln ξ_2 und ξ_{2m} sind auch die Variabeln ξ_1 und ξ_{2m+1} als deren resp. Factoren in der einen und der andern Grundform definirt: aber diese Definitionen sind insoweit nicht völlig bestimmt, als die determinirenden Gleichungen, aus welchen sie entnommen wurden, mit einander ohne Aenderung der Dimension combinirt werden können. Diess hängt unmittelbar mit der Frage zusammen, ob und in welcher Weise eine Schaar von quadratischen Formen in sich selbst transformirt werden kann. Ich habe diese Frage neuerdings untersucht und gedenke die bezüglichen Resultate in einer ausführlicheren Arbeit zu veröffentlichen, in welcher überhaupt die Eigenschaften der Schaaren quadratischer Formen systematisch und vollständig entwickelt und auch die allgemeineren algebraischen Gesichtspunkte, welche dabei hervortreten, besonders dargelegt werden sollen.

Soweit die Grössen θ oder ξ bestimmbar sind, lassen sie sich, wie die Gleichungen (G) zeigen, aus den μ^{ten} Unterdeterminanten von $u\varphi + v\psi$

bilden. Ueberdies gehört auch zu jeder bestimmten Reihe von Zahlen m eine bestimmte Reihe in Determinantenform angebbarer Gleichungen, denen die Coëfficienten der Formen φ und ψ genügen müssen, und die also die Stelle von Invarianten vertreten. Ein solches vollständiges System von Invarianten kann natürlich in mannigfachster Weise aufgestellt werden, und man gelangt dazu namentlich durch folgende Betrachtungen, welche noch in anderer Hinsicht ein besonderes Interesse darbieten.

Werden die Factoren von $\theta_0^{(r)}$ in der Schaar $u\varphi + v\psi$ resp. mit $\xi_1^{(r)}$ und ferner mit $x_{n+1}^{(r)}$ ebensoviel neue Veränderliche bezeichnet, so ist

$$u\varphi + v\psi + u \sum_r \xi_1^{(r)} x_{n+1}^{(r)} \qquad (r=0, 1, \ldots \mu-1)$$

und auch

$$u\varphi + v\psi + u \sum_r \xi_1^{(r)} \xi_1^{(r)} \qquad (r=0, 1, \ldots \mu-1)$$

eine mit $u\varphi + v\psi$, so zu sagen, covariante Schaar, deren Determinante von Null verschieden ist, so dass diese selbst und ihre Unterdeterminanten ein vollständiges System von Invarianten ergeben. Aber diese Zurückführung des allgemeinsten Falles, wo die $(\mu - 1)^{\text{ten}}$ Unterdeterminanten der Schaar verschwinden, auf denjenigen, welchen Hr. *Weierstrass* behandelt hat, liefert überdiess im Gegensatz zu meiner Reductionsmethode eine directe Transformation von $u\varphi + v\psi$ in ein Aggregat von elementaren Schaaren, und es zeigt sich daher, dass die Principien, von denen ich in meiner Arbeit vom Jahre 1868 ausgegangen bin, in Verbindung mit den damals von Hrn. *Weierstrass* gegebenen Entwickelungen zur vollständigen Erledigung des Transformationsproblems für beliebige Schaaren von quadratischen oder bilinearen Formen völlig ausreichend sind.

Seit meinem am 16. Februar gehaltenen Vortrage „über quadratische und bilineare Formen" sind zwei Publicationen des Hrn. *C. Jordan* über denselben Gegenstand erschienen: erstens eine grössere Abhandlung in *Liouville's* Journal (Ser. II, Bd. XIX, pag. 35—54), worin er seine Methoden zur Herleitung der schon in den Comptes Rendus vom 22. Dec. 1873 angekündigten Resultate vollständig entwickelt hat, zweitens eine kürzere Notiz in den Comptes Rendus vom 2. März d. J. (pag. 614—617), worin er sich gegen einige der Ausführungen wendet, welche ich der Darlegung meiner Reductionsmethode für Schaaren quadratischer Formen zu Anfang und Ende meines betreffenden Aufsatzes angefügt habe. Es findet sich in dieser Notiz *ein* Punkt, in Beziehung auf welchen ich mit dem Verfasser übereinstimme, und ich selbst habe schon in einem Nachtrage zu meiner ersten Arbeit, welchen ich in der vorigen Classensitzung gegeben habe, eine bezügliche Bemerkung mit aufgenommen. Ich habe nämlich dort unter No. V hervorgehoben, dass die Identität der Reihe der determinirenden Classen, falls dieselbe mehr als eine Null enthält, als Aequivalenzbedingung nicht *ausreichend* ist, und ich habe sowohl diese als einige andere im Nachtrage angegebene Modificationen im Texte selbst noch anbringen können, da das Januarheft zur Zeit im Drucke noch nicht so weit vorgeschritten und meine Arbeit bis dahin bloss in besonderen Exemplaren veröffentlicht war. In dem erwähnten Nachtrage habe ich übrigens auch die Aequivalenzbedingungen bezeichnet, welche in jenen speciellen Fällen noch hinzugefügt werden müssen, und ich habe damit schon im Voraus die Proposition abgelehnt, durch welche Hr. *Jordan* meinen Ausspruch über die Kriterien der Aequivalenz ersetzt wissen will. Seine Proposition, „dass für die Aequivalenz der Systeme zweier Formen die Uebereinstimmung der Reducirten nothwendig und hinreichend sei", ist zwar vollkommen richtig, aber zu dürftigen Inhalts, denn es handelt sich nicht um die Angabe eines praktischen Verfahrens zur Entscheidung der Frage der

Aequivalenz gegebener Formensysteme, sondern um eine möglichst unmittelbare Anknüpfung der theoretischen Kriterien der Aequivalenz an die Coëfficienten der gegebenen Formen, d. h. um die Aufstellung eines vollständigen Systems von „Invarianten", im höheren Sinne des Wortes*). Behufs Herleitung eines solchen Systems braucht man freilich zuerst jene Zurückführung zweier Formen auf Aggregate von Reducirten, aber man darf hierbei nicht stehen bleiben, sondern alsdann hat man noch für die einzelnen Reducirten die zugehörigen Invariantensysteme zu ermitteln und gelangt eben dadurch von dem bloss formalen Begriffe der „Reducirten" zu dem höheren der „elementaren Schaaren". Da nämlich die oben erwähnte Restriction der Aequivalenzbedingungen für elementare Schaaren nicht eintritt, so sind deren Classen durch die zugehörigen Reihen von determinirenden Formenclassen vollständig charakterisirt, und diese Reihen vertreten also durchaus die Stelle von Invariantensystemen. Demgemäss ist ferner für eine beliebige Classe von Schaaren S die Gesammtheit derjenigen Reihen determinirender Fomen-

*) In der arithmetischen Theorie der Formen muss man sich freilich mit der Angabe eines Verfahrens zur Entscheidung der Frage der Aequivalenz begnügen und das betreffende Problem wird deshalb auch ausdrücklich in dieser Weise formulirt (cf. *Gauss:* Disquisitiones arithmeticae, Sectio V, Artt. 173 sqq., 195 sqq.[1]). Das Verfahren selbst beruht auch dort auf dem Uebergange zu reducirten Formen: doch ist dabei nicht zu übersehen, dass denselben in den arithmetischen Theorieen eine ganz andere Bedeutung zukommt als in der Algebra. Da nämlich die Invarianten äquivalenter Formen dort ihrer Natur nach nur zahlentheoretische Functionen der Coëfficienten sind, so kann es nicht befremden, wenn dieselben zwar direct definirt aber nicht explicite sondern nur als Endresultate arithmetischer Operationen dargestellt werden können; denn ganz ähnlich verhält es sich mit den meisten arithmetischen Begriffen, z. B. schon mit jenem einfachsten Begriffe des grössten gemeinsamen Theilers. Man ist deshalb wohl berechtigt, z. B. im Falle binärer quadratischer Formen von negativer Determinante, die Coëfficienten der reducirten Form selbst als die Invarianten der Classe aufzufassen; sieht man aber von der Beschränkung ab, dass die Invarianten ganzzahlig sein sollen, so gewähren die singulären Moduln der elliptischen Functionen, wie die *Hermite*'schen und meine eigenen Untersuchungen ergeben haben, durchaus vollkommene Invarianten jener arithmetischen Formenclassen (cf. mein Aufsatz „Ueber die Auflösung der *Pell*'schen Gleichung mittels elliptischer Functionen", Monatsbericht vom Januar 1863[2]).

[1]) *C. F. Gauss'* Gesammelte Werke Bd. I. S. 149 flgde., 184 flgde. H.

[2]) Band IV dieser Ausgabe von *L. Kronecker's* Werken. H.

classen charakteristisch, die den verschiedenen elementaren Schaaren entsprechen, in welche die Schaar S zu zerlegen ist. Alle diese Reihen enthalten zusammen genau so viel Glieder wie die Reihe der determinirenden Formenclassen, welche zu der Schaar S selbst gehört, und die Glieder der letzteren können aus denen der ersteren in folgender Weise gebildet werden. Als erstes Glied der neuen Reihe ist das Product aller ersten Glieder der verschiedenen andern Reihen zu nehmen; lässt man aus diesem Producte je einen Factor weg, so ist der grösste gemeinsame Theiler der verschiedenen Producte, welche auf diese Weise entstehen, das zweite Glied der neuen Reihe u. s. f. Aus der angegebenen Bildungsweise folgt, dass auch umgekehrt durch die einzelnen Glieder der neuen Reihe die ersten Glieder der sämmtlichen früheren Reihen vollkommen bestimmt sind und also diese Reihen selbst, falls nur noch die Anzahl ihrer Glieder, die ja mit Ausnahme des ersten alle gleich Eins sind, gegeben ist. Diese Anzahl ist aber gleich der Dimension des ersten Gliedes, falls dieses von Null verschieden ist, und die Gesammtanzahl der Glieder aller Reihen ist gleich der Anzahl der Variabeln der Schaar; es bedarf daher für die Gliederzahlen der verschiedenen Reihen nur dann noch einer besonderen Bestimmung, wie ich sie in der vorigen Classensitzung gegeben habe, wenn mehr als eines der Anfangsglieder verschwindet. — Diess sind die Betrachtungen, mit Hilfe deren ich (schon vor sechs Jahren) zu jenen Resultaten gelangt bin, welche ich in der Einleitung meines Aufsatzes vom Januar d. J. als Folgerungen aus der *Weierstrass*'schen und meiner eigenen Arbeit vom Jahre 1868 aufgeführt habe. Schon dort hätten eigentlich, wie ich gern zugebe, die erwähnten Betrachtungen zur Begründung der gezogenen Consequenzen ihre Stelle finden sollen, und es wäre dabei in der That jenes Moment der Gliederzahl deutlich hervorgetreten, welches mir in der Erinnerung zuerst entgangen war, und auf welches ich erst nachträglich wieder aufmerksam wurde, als eben dasselbe Moment bei der Frage der Transformation der Schaaren in sich selbst mir von Neuem vor Augen trat*). Indessen grade hier war jenes Moment nur von scheinbarer Bedeutung, und es hängt die ziemlich complicirte Frage der Transformation von Schaaren in sich selbst vielmehr von den Coëfficienten u_k, v_k ab,

---

*) Cf. Monatsbericht vom 16. Februar 1874 Art. V[1]).

[1]) S. 379 dieser Ausgabe. H.

welche bei der Darstellung einer Schaar $u\varphi + v\psi$ als ein Aggregat von elementaren Schaaren auftreten. Ist nämlich, wie in meinem früheren Aufsatze

$$u\varphi + v\psi = \sum_k (u_k\varphi_k + v_k\psi_k) \qquad (k=1, 2, 3, \ldots),$$

so lassen im Falle bilinearer Formen stets alle diejenigen Theil-Aggregate, in denen die mit u_k, v_k bezeichneten linearen Functionen von u und v identisch sind, für sich allein Transformationen in sich selbst zu, aus denen sich alle zusammensetzen. Dabei ist jedoch zu bemerken, dass es sich nur darum handelt, ob eine Identification der Functionen u_k, v_k möglich ist; denn dieselben sind durchaus nicht vollständig bestimmt und können bei elementaren Schaaren mit verschwindender Determinante sogar ganz beliebig angenommen werden, wenn man sich nur bei der Auswahl der Grundformen φ_k und ψ_k darnach richtet. Diese Unbestimmtheit existirt aber nur bei jener formalen Definition des Zusammenhangs zwischen den verschiedenen Schaaren eines und desselben Theil-Aggregats. An sich ist dieser Zusammenhang völlig bestimmt, und zwar so, dass die Determinanten aller auf diese Weise zusammengehörigen elementaren Schaaren eine und dieselbe lineare Function von u, v als Factor enthalten. Diejenigen elementaren Schaaren, deren Determinante gleich Null ist, gehören demgemäss zu jedem Theil-Aggregate, welches aus den verschiedenen elementaren Schaaren zu bilden ist. So giebt es z. B. in der Schaar

$$(u+v)x_0y_0 + u(x_1y_1 + x_2y_2 + x_3y_3) + v(x_2y_1 + x_4y_3)$$

zwei solcher Theil-Aggregate, zu deren jedem die Schaar $y_3(ux_3 + vx_4)$ gehört, und die ganze Schaar bleibt ungeändert, wenn man die Variabeln y_0, y_1, x_3, x_4 resp. durch

$$y_0 - py_3, \quad y_1 - qy_3, \quad x_3 + px_0 + qx_1, \quad x_4 + px_0 + qx_2$$

ersetzt. Die Schaar, die aus den beiden Grundformen

$$x_1y_1 + x_2y_2 + x_3y_3 + x_4y_4 + x_5y_5, \quad x_2y_1 + x_3y_2 + x_5y_4$$

entsteht und eine von Null verschiedene Determinante hat, geht durch folgende Transformation in sich selbst über:

$$x_1' = x_1 + ax_2 + bx_3 + cx_4 + dx_5, \qquad x_2' = x_2 + ax_3 + cx_5,$$
$$x_3' = x_3, \qquad x_4' = \alpha x_2 + \beta x_3 + x_4 + \gamma x_5, \qquad x_5' = \alpha x_3 + x_5;$$
$$y_1 = y_1', \qquad y_2 = ay_1' + y_2' + \alpha y_4', \qquad y_3 = by_1' + ay_2' + y_3' + \beta y_4' + \alpha y_5',$$
$$y_4 = cy_1' + y_4', \qquad y_5 = dy_1' + cy_2' + \gamma y_4' + y_5'.$$

Auch elementare Schaaren bilinearer Formen, deren Determinante von Null verschieden ist, gestatten Transformationen in sich selbst, und es ist schon im einfachsten Falle

$$u(x_0y_1 + x_1y_0) + vx_0y_0 = u\big(x_0(y_1 - cy_0) + y_0(x_1 + cx_0)\big) + vx_0y_0.$$

Für Schaaren von quadratischen Formen, welche sich in Beziehung auf die Transformationen in sich selbst einigermassen anders als die der bilinearen Formen verhalten, möge hier nur die einfache Bemerkung Platz finden, dass jedes Aggregat von irgend zwei elementaren Schaaren

$$u(x_1x_2 + x_3x_4 + \cdots) + v(x_2x_3 + x_4x_5 + \cdots)$$
$$+ u(x_1'x_2' + x_3'x_4' + \cdots) + v(x_2'x_3' + x_4'x_5' + \cdots)$$

ungeändert bleibt, wenn man x_1 und x_1' resp. durch

$$x_1 + cx_2', \qquad x_1' - cx_2$$

ersetzt.

Die vorstehenden Ausführungen über die Transformation der Schaaren in sich selbst genügen, um die in der neuesten Notiz des Hrn. *Jordan* enthaltene Angabe zu widerlegen, dass eine solche Transformation *nur* statthaben könne, wenn „mehrere von den partiellen Reducirten ähnlich" seien; sie zeigen überdiess, dass die Natur der Bedingungen, unter denen Transformationen von Schaaren in sich selbst möglich sind, überhaupt eine ganz andere ist, und Hrn. *Jordan's* weitere Bemerkung, dass diese ganze Frage, die übrigens in den früheren Aufsätzen noch nicht erwähnt war, bei Anwendung seiner Reductionsmethode auf höchst einfache Weise beiher erledigt werde, verliert hiernach an Werth und Interesse*).

Bei meiner Untersuchung über die Transformation der Schaaren in sich selbst, mit der ich übrigens noch nicht zu einem vollständig befriedigenden Abschlusse gelangt bin, habe ich mich hauptsächlich auf die *Weierstrass*'sche Methode stützen müssen und aus meinem Reductionsverfahren für die bezeichnete Frage nur wenig Nutzen ziehen können. Wenn auf diese Weise bei einzelnen Fragen die eine oder die andre der beiden Methoden grösseren Vortheil gewähren mag, so sind doch beide zur Herstellung der wesentlichen Grundlagen für die Theorie der Schaaren ganz gleich geeignet. Den dabei zu befolgenden Gang will ich hier in seinen Hauptzügen kurz andeuten und daran eine übersichtliche Darlegung der eigentlichen Ideen und Principien knüpfen, auf denen die beiden Methoden selbst beruhen.

Wie sehr die Herleitung der verschiedenen Eigenschaften von Schaaren quadratischer Formen an Klarheit und Einfachheit gewinnt, wenn man jene Reduction auf gewisse einfache Ausdrücke, die Hr. *Jordan* ganz passend „reducirte" genannt hat, vorannimmt, das habe ich bereits in meiner Arbeit vom Jahre 1868 für diejenigen Schaaren gezeigt, welche *definite* Formen enthalten und dort als Schaaren der ersten Art bezeichnet sind**). Diese Ein-

---

*) *Jordan:* Sur la réduction des formes bilinéaires. Comptes Rendus 1874. I. pag. 615. „Enfin on reconnaît, chemin faisant, de la manière la plus simple, que la forme des réduites est complétement déterminée, et l'on trouve ces substitutions qui transforment les réduites en elle-même."

**) Da die Schaaren der ersten Art für viele andre mathematische Fragen von besonderer Bedeutung sind, so hatte sich ihnen früher die Untersuchung fast ausschliesslich zugewendet, und selbst in der ersten diesen Gegenstand betreffenden *Weierstrass*'schen Abhandlung vom Jahre 1858, in welcher zuerst das Problem der gleichzeitigen Transformation zweier quadratischer Formen allgemeiner gefasst wird, beziehen sich die ganz fertigen und hauptsächlichen Resultate — gemäss der ausgesprochenen Tendenz der Arbeit — auf den Fall, wo jede der beiden quadratischen Formen reell und wenigstens die eine *definit* ist. Erst die zweite *Weierstrass*'sche Arbeit vom Jahre 1868 enthält in der weiteren simultanen Umwandlung der zusammengehörigen (im Monatsberichte von 1858) mit ϑ_μ, θ_μ bezeichneten Functionen die vollständige Erledigung des Transformationsproblems für beliebige Schaaren von nicht verschwindender Determinante. Die Ausführungen, welche ich selbst damals unmittelbar daran geknüpft habe, beziehen sich aber

sicht veranlasste mich eben, jene Reductionsmethode weiter auszubilden und auf ganz beliebige Schaaren anwendbar zu machen. Aber man kann ebenso gut die *Weierstrass*'sche Methode benutzen, um zu zeigen, dass sich jede beliebige Schaar in eine „reducirte Schaar" d. h. in ein Aggregat von Schaaren transformiren lässt, deren Grundformen

$$x_1 x_2 + x_3 x_4 + \cdots; \qquad x_2 x_3 + x_4 x_5 + \cdots$$

sind; nur muss man, falls die Determinante der Schaar gleich Null ist, noch meine darauf bezüglichen Entwickelungen hinzunehmen. Uebrigens wird hierbei nur jener wichtigste Theil von der *Weierstrass*'schen Analyse gebraucht, welcher zuerst auf die „reducirten Schaaren" geführt hat, nämlich derjenige, welcher im § 2 der mehrfach erwähnten Abhandlung*) enthalten ist, und man kann sogar — freilich unter Verzicht auf den Vortheil der genetischen Darstellung — von der dort vorausgeschickten Erörterung des Begriffes der Elementartheiler dabei absehen. — Nachdem so auf die eine oder die andere Weise der Hauptpunkt erledigt und nachgewiesen ist, dass in jeder Classe von Schaaren eine reducirte existirt, ist die „Reihe der determinirenden Formenclassen" einzuführen und zu zeigen, dass dieselbe für alle Schaaren einer Classe identisch ist, d. h. dass der grösste gemeinsame Theiler der Unterdeterminanten von $u\varphi + v\psi$ bei jeder linearen Transformation ungeändert bleibt. Dies erhellt aber ganz unmittelbar, wenn man sich die linearen Substitutionen in lauter elementare zerlegt denkt d. h. in solche, die durch folgende $n+1$ Transformationen der n Variabeln x bezeichnet sind**):

---

in ihrem ersteren Theile nur auf den Inhalt der früheren *Weierstrass*'schen Arbeit und ergeben die wichtigsten Resultate derselben mittels einer andern Methode; sie zeigen, wie die gleichzeitige Verwandlung zweier quadratischer Formen in eine Summe von Quadraten, falls sie überhaupt möglich ist, durch ein einfaches und allgemeines Verfahren bewirkt werden kann, das also namentlich jenen Beschränkungen nicht unterworfen ist, welche — wie schon bei *Weierstrass* hervorgehoben wird — keineswegs durch die Natur der Sache sondern nur durch die Unvollkommenheit der früheren Methoden bedingt waren.

*) *Weierstrass:* Zur Theorie der bilinearen und quadratischen Formen. Monatsbericht vom Mai 1868.

**) Cf. meine Arbeit „über bilineare Formen". Monatsbericht vom October 1866 pag. 609.[1])

[1]) Bd. I S. 159 dieser Ausgabe von *L. Kronecker's* Werken. H.

(1) $x_1 = -x'_k, \quad x_k = x'_1,$ und wenn $i \gtrless k$ ist: $x_i = x'_i,$

wo nach einander $k = 2, 3, \ldots n$ zu setzen ist;

(2) $x_1 = x'_1 + x'_2,$ und wenn $i > 1$ ist: $x_i = x'_i,$

(3) $x_1 = c x'_1,$ und wenn $i > 1$ ist: $x_i = x'_i;$

denn bei jeder solchen elementaren Transformation geht eine Unterdeterminante nur entweder in eine andre oder in die Summe von zweien über, oder sie wird nur mit dem Substitutionscoëfficienten c multiplicirt. — Nunmehr sind die Schaaren hervorzuheben, welchen die einfachsten Reihen determinirender Formenclassen entsprechen, d. h. solche, in denen das erste Glied nur die Potenz einer linearen Function von u und v oder Null und jedes der übrigen Glieder gleich Eins ist. Die Reducirte einer solchen Schaar ist:

$$(u + cv)(x_1 x_2 + x_3 x_4 + \cdots) + v(x_2 x_3 + x_4 x_5 + \cdots),$$

in welcher beide Formen gleich viel Glieder enthalten, wenn die Determinante gleich Null ist, während andernfalls die erste Form ein Glied mehr enthält als die zweite. Eine solche reducirte Schaar ist ebenso wie die ganze Classe von Schaaren, zu denen sie gehört, durch die Anzahl der Variabeln und durch den Werth ihrer Determinante, die entweder gleich Null oder gleich $(u + cv)^n$ ist, vollständig bestimmt, da im ersteren Falle $c = 0$ genommen werden kann, und jede Schaar einer solchen Classe d. h. jede Schaar, zu der eine jener einfachsten Reihen von determinirenden Classen gehört, ist demgemäss als „elementare Schaar“ zu bezeichnen. Da nun die Reducirte einer beliebigen Classe von Schaaren ein Aggregat von reducirten elementaren Schaaren ist, so besteht für jede Schaar $u\varphi + v\psi$ eine Gleichung

$$u\varphi + v\psi = \sum_k \left((u + c_k v)\varphi_k + v\psi_k\right) \qquad (k = 1, 2, 3, \ldots),$$

in welcher jedes einzelne Glied auf der rechten Seite eine elementare Schaar repräsentirt. Es lässt sich ferner, wie oben näher ausgeführt worden, einerseits aus den Determinanten und Gliederzahlen der einzelnen elementaren Schaaren die zu $u\varphi + v\psi$ gehörige Reihe der determinirenden Formenclassen bilden, andrerseits können aus dieser Reihe und aus jener Reihe von Zahlen, welche die Dimension der „determinirenden Gleichungen“ angeben, die Determinanten und Gliederzahlen der einzelnen elementaren Schaaren hergeleitet werden, und man erkennt somit, dass die erwähnten beiden Reihen für alle zu einer und derselben Classe gehörigen Schaaren durchaus charakteristisch sind.

Um nunmehr die *Weierstrass*'sche Reductionsmethode zu entwickeln, sei $u\varphi + v\psi$ eine Schaar bilinearer Formen der Variabeln x, y und ihre Determinante von Null verschieden. Setzt man

$$u\varphi + v\psi = \sum_{i,k} w_{ik} x_i y_k$$

$$\sum_i w_{ik} x_i = w_{0k} = u\varphi_{0k} + v\psi_{0k} \qquad (i, k = 1, 2, \dots n)$$

$$\sum_k w_{ik} y_k = w_{i0} = u\varphi_{i0} + v\psi_{i0},$$

sowie ferner, um die Entwickelung in formaler Hinsicht zu vereinfachen,

$$u\varphi + v\psi = w \qquad \text{und} \qquad w_{00} = 0,$$

so erhält man w als bilineare Form ihrer Derivirten w_{0k}, w_{i0} in bekannter Weise als Quotient zweier Determinanten dargestellt, nämlich:

$$\text{(A)} \qquad w = -\frac{|w_{gh}|}{|w_{ik}|} \qquad \begin{pmatrix} g, h = 0, 1, \dots n \\ i, k = 1, \dots n \end{pmatrix}.$$

Diese Betrachtung der bilinearen Form w als Function ihrer derivirten bildet die eine wesentliche Grundlage der *Weierstrass*'schen Analyse, welche übrigens, so aufgefasst, auch in dem Falle anwendbar bleibt, wo die Determinante verschwindet. Ein zweiter Hauptpunkt der *Weierstrass*'schen Entwickelungen besteht darin, dass auf die Fom w, als Function ihrer derivirten betrachtet, die *Jacobi*'sche Transformation*) angewendet wird, um daraus die Zerlegung

*) *Borchardt's* Journal, Bd. 53, pag. 265 sqq.[1])

[1]) *C. G. J. Jacobi,* Gesammelte Werke. Bd. III. S. 583—590. H.

in Partialbrüche herzuleiten. Aber statt von dem *Jacobi*'schen Resultate Gebrauch zu machen entwickelt Hr. *Weierstrass* bei dieser Gelegenheit eine Methode, welche überhaupt zu einer eleganten Herleitung der *Jacobi*'schen Transformation benutzt und in folgender allgemeinen Determinantenformel zusammengefasst werden kann:

$$\text{(B)} \qquad w_{00} = \sum_{m=0}^{m=n} \frac{|w_{qr}| \cdot |w_{rq}|}{|w_{qq'}| \cdot |w_{ss'}|} \qquad \begin{pmatrix} q, q' = m, m+1, \ldots n \\ r \;\; = 0, m+1, \ldots n \\ s, s' = \;\; m+1, \ldots n \end{pmatrix}.$$

Die Grössen w bedeuten hier ganz beliebige $(n+1)^2$ Elemente, für welche die auf der rechten Seite vorkommenden Nenner von Null verschieden sind, in dem letzten Gliede d. h. für $m=n$ ist $|w_{ss'}|=1$ zu setzen, und die Formel selbst ist ohne Weiteres mit Hilfe der bekannten Gleichung*)

$$\frac{|w_{qr}| \cdot |w_{rq}|}{|w_{qq'}| \cdot |w_{ss'}|} = \frac{|w_{rr'}|}{|w_{ss'}|} - \frac{|w_{pp'}|}{|w_{qq'}|} \qquad \begin{pmatrix} p, p' = 0, m, m+1, \ldots n \\ q, q' = \;\; m, m+1, \ldots n \\ r, r' = \;\; 0, m+1, \ldots n \\ s, s' = \;\; m+1, \ldots n \end{pmatrix}$$

zu verificiren. In dem obigen Falle ist $w_{00}=0$, das dem Werthe $m=0$ entsprechende erste Glied auf der rechten Seite von (B) wird gemäss der Gleichung (A) gleich $-w$, und die Formel (B) verwandelt sich daher in folgende:

$$\text{(C)} \qquad w = \sum_{m=1}^{m=n} \frac{|w_{qr}| \cdot |w_{rq}|}{|w_{qq'}| \cdot |w_{ss'}|} \qquad \begin{pmatrix} q, q' = m, m+1, \ldots n \\ r \;\; = 0, m+1, \ldots n \\ s, s' = \;\; m+1, \ldots n \end{pmatrix},$$

welche mit der *Jacobi*'schen**) genau übereinstimmt.

Man kann sich die Schaar $u\varphi + v\psi$ (gemäss einer mündlichen Mittheilung meines Freundes *Weierstrass*) aus den Schaaren derselben Classe von vorn herein so ausgewählt denken, dass alle die verschiedenen aus den Elementen w_{ik} gebildeten partialen Determinanten einer und derselben Ordnung

---

*) *Baltzer*, Theorie und Anwendung der Determinanten, III. Auflage § 6, 3.

**) *Borchardt's* Journal, Bd. 53, pag. 269.[1])

[1]) Werke. Bd. III. S. 589. H.

auch einen und denselben grössten gemeinsamen Theiler mit der Determinante $|w_{ik}|$ selbst haben; denn diess findet offenbar statt, wenn eine allgemeine lineare Transformation mit unbestimmten Substitutionscoëfficienten auf die Form $u\varphi + v\psi$ angewendet wird. Ist nun $u + c_\nu v$ irgend ein Factor der Determinante $|w_{ik}|$, so muss derselbe unter der angegebenen Voraussetzung*) in den Determinanten

$$|w_{qr}|, \quad |w_{rq}|, \quad |w_{ss'}|$$

auf der rechten Seite der Formel (C) genau gleich oft, in $|w_{qq'}|$ aber zu derselben oder zu einer noch höheren Potenz erhoben als Factor vorkommen. Wenn im letzteren Falle die in

$$|w_{qq'}| \qquad (q, q' = m, m+1, \dots n)$$

enthaltene Potenz um e_m Einheiten grösser und e_m positiv ist, so lassen sich die Quadratwurzeln aus

$$(u + c_\nu v)^{e_m} \cdot \frac{|w_{rq}| \cdot |w_{rq}|}{|w_{qq'}| \cdot |w_{ss'}|}, \qquad (u + c_\nu v)^{e_m} \cdot \frac{|w_{qr}| \cdot |w_{qr}|}{|w_{qq'}| \cdot |w_{ss'}|}$$

nach ganzen positiven Potenzen von $\frac{u}{v} + c_\nu$ entwickeln, und die Coëfficienten werden hierbei das eine Mal lineare Functionen der Grössen w_{0k}, das andre Mal lineare Functionen der Grössen w_{i0}. Bezeichnet man daher die Coëfficienten der $\varkappa^{\text{ten}}$ Potenz resp. mit

$$u X_{\varkappa\nu}^{(m)} + v \overline{X}_{\varkappa\nu}^{(m)}, \qquad u Y_{\varkappa\nu}^{(m)} + v \overline{Y}_{\varkappa}^{(m)} \qquad (k = 0, 1, 2, \dots),$$

wo X, $\overline{X}$ lineare Functionen der Variabeln x und Y, $\overline{Y}$ lineare Functionen der Variabeln y bedeuten, so wird in der Entwickelung von

$$\frac{|w_{rq}| \cdot |w_{qr}|}{|w_{qq'}| \cdot |w_{ss'}|} \qquad \begin{pmatrix} q, q' = m, m+1, \dots n \\ r \quad = 0, m+1, \dots n \\ s, s' = \quad m+1, \dots n \end{pmatrix}$$

---

*) Die Grössen w_{0k}, w_{i0} sind hierbei nicht als lineare Functionen von u und v, sondern als unabhängige Veränderliche resp. als unbestimmte Grössen anzusehen.

nach steigenden Potenzen von $\frac{u}{v} + c_\nu$ der Coëfficient der $(-\varrho)^{\text{ten}}$ Potenz:

$$\sum_{\varkappa, \lambda} (u X_{\varkappa\nu}^{(m)} + v \overline{X}_{\varkappa\nu}^{(m)})(u Y_{\lambda\nu}^{(m)} + v \overline{Y}_{\lambda\nu}^{(m)}) \qquad \begin{pmatrix} \varkappa, \lambda = 0, 1, 2, \ldots \\ \varkappa + \lambda = e_m - \varrho \end{pmatrix}.$$

Setzt man der Kürze halber diese bilineare Function der Variabeln x, y gleich $F_{\varrho\nu}^{(m)}$, so erhält man für die gesuchte Zerlegung von w in Partialbrüche die Formel

$$\text{(D)} \qquad w = \sum \sum_{\varrho} (-v)^{\varrho - 1}(u + cv)^{-\varrho} F_{\varrho\nu}^{(m)} \qquad (\varrho = 1, 2, \ldots e_m),$$

in welcher die erste Summation sich auf alle Werthe von ν und resp. auf alle Werthe $m = 1, 2, \ldots$ bezieht, für welche e_m positiv ist.

Wenn in den Elementen der ersten Horizontal- und Verticalreihe der Determinante $|w_{gh}|$ einmal $u = 0$, das andre Mal $v = 0$ gesetzt und diess in folgender Weise angedeutet wird:

$$|w_{gh}|_{u=0}, \qquad |w_{gh}|_{v=0} \qquad (g, h = 0, 1, \ldots n),$$

so ist

$$\text{(E)} \qquad (u\varphi - v\psi) \cdot |w_{ik}| = |w_{gh}|_{u=0} - |w_{gh}|_{v=0} \qquad \begin{pmatrix} g, h = 0, 1, \ldots n \\ i, k = 1, \ldots n \end{pmatrix}.$$

Wird nämlich in der zweiten Determinante rechts die zweite Horizontalreihe mit x_1, die dritte mit x_2 etc. multiplicirt und von der ersten Horizontalreihe subtrahirt, und alsdann die zweite Verticalreihe mit y_1, die dritte mit y_2 etc. multiplicirt und von der ersten Verticalreihe abgezogen, so kommt als erste Horizontalreihe

$$-u\varphi + v\psi, \quad -v\psi_{01}, \quad -v\psi_{02}, \quad \ldots, \quad -v\psi_{0n}$$

und als erste Verticalreihe

$$-u\varphi + v\psi, \quad -v\psi_{10}, \quad -v\psi_{20}, \quad \ldots, \quad -v\psi_{n0},$$

und die Determinante selbst wird also in der That gleich

$$-(u\varphi - v\psi)\cdot|w_{ik}| + |w_{gh}|_{u=0} \qquad \begin{pmatrix} g,h=0,1,2,\dots n \\ i,k=\ \ 1,2,\dots n \end{pmatrix}.$$

Aus der Gleichung (E) geht hervor, dass die Coëfficienten der beiden höchsten Potenzen von u auf der linken Seite mit denen des zweiten Theils auf der rechten Seite übereinstimmen, also auch mit denen der rechten Seite von (D), wenn dieselbe mit $|w_{ik}|$ multiplicirt und dann in den mit F bezeichneten bilinearen Formen $v=0$ genommen wird. Hiernach kommt schliesslich, wenn

$$\sum_{\varkappa,\lambda} X^{(m)}_{\varkappa\nu} Y^{(m)}_{\lambda\nu} = \Phi^{(m)}_{\nu} \qquad (\varkappa+\lambda = e_m - 1,\quad \varkappa = 0,1,\dots e_m - 1)$$

$$\sum_{\varkappa,\lambda} X^{(m)}_{\varkappa\nu} Y^{(m)}_{\lambda\nu} = \Psi^{(m)}_{\nu} \qquad (\varkappa+\lambda = e_m - 2,\quad \varkappa = 0,1,\dots e_m - 2)$$

gesetzt wird:

$$\text{(F)} \qquad u\varphi - v\psi = \sum \left((u - c_\nu v)\,\Phi^{(m)}_{\nu} - v\,\Psi^{(m)}_{\nu} \right),$$

wo die Summation auf alle Werthe von ν und resp. alle zugehörigen Werthe von $m = 1, 2, \dots$ zu erstrecken ist, wofür $e_m > 0$ bleibt, und $\Psi^{(m)}_{\nu} = 0$ zu nehmen ist, sobald e_m den Werth Eins hat.

Durch die Formel (F), in welcher auch v in $-v$ verwandelt werden kann, wird eine beliebige Schaar, deren Determinante nicht verschwindet, als ein Aggregat von elementaren reducirten Schaaren dargestellt, und die obige Herleitung derselben zeigt, dass wenigstens für den erwähnten Fall der *Weierstrass*'sche Weg an Kürze und Uebersichtlichkeit demjenigen nicht nachsteht, welchen ich in meinem Vortrage vom 19. Januar d. J. für beliebige Schaaren angegeben habe. Aber die dort entwickelte Reductionsmethode lässt noch mancherlei redactionelle Vereinfachungen zu, bei denen zugleich die eigentlichen Principien, auf denen das Verfahren beruht, viel deutlicher hervortreten, und diess geschieht namentlich, wenn man dabei auf die volle Allgemeinheit verzichtet und sich auf den speciellen Fall beschränkt, wo die quadratischen Formen nur bilinear sind.

Ebenso wie die *Weierstrass*'sche Methode basirt auch die meinige im Falle bilinearer Formen wesentlich auf jener schon oben citirten *Jacobi*'schen Transformation:

(G) $$\sum_{i,k} a_{ik} x_i y_k = \sum_k A_k X_k Y_k \qquad (i, k = 1, 2, \ldots n),$$

und es sind hierbei X_k, Y_k resp. lineare Functionen der gleichnamigen Variabeln x_k, y_k und derer die darauf folgen. In dieser Fassung ist das *Jacobi*'sche Resultat zwar an die Bedingung geknüpft, dass keine der partialen Determinanten

$$|a_{rs}| \qquad (r, s = 1, 2, \ldots m;\ m = 1, 2, \ldots n)$$

verschwinde, aber die Deduction, aus der dasselbe hervorgegangen, ist ganz allgemein anwendbar, auch dann, wenn die Determinante $|a_{ik}|$ selbst gleich Null ist. Lässt man indessen diesen Fall bei Seite, so können nicht die sämmtlichen aus den *ersten* $n-1$ Horizontalreihen und *irgend welchen* $n-1$ Verticalreihen zu bildenden Determinanten $(n-1)^{\text{ter}}$ Ordnung verschwinden, und es muss daher eine grösste Zahl k_n existiren, wofür

$$|a_{rs}| \qquad (r = 1, 2, \ldots n-1;\ s = 1, \ldots n \text{ ausser } k_n)$$

von Null verschieden ist. Bedeutet nun ebenso k_{n-1} die grösste der Zahlen s, wofür die Determinante $(n-2)^{\text{ter}}$ Ordnung

$$|a_{pq}| \qquad (p = 1, 2, \ldots n-2;\ q = 1, \ldots n \text{ ausser } k_{n-1} \text{ und } k_n)$$

nicht verschwindet u. s. f., so ist die *Jacobi*'sche Analyse ohne Weiteres anwendbar, wenn die Variabeln x in ihrer natürlichen Reihenfolge genommen werden, die Variabeln y aber in derjenigen, welche durch die Folge der Indices

$$k_1,\ k_2,\ \ldots k_n$$

bezeichnet ist. Es ergiebt sich daher eine der obigen durchaus analoge Gleichung

(G′) $$\sum_{i,k} a_{ik} x_i y_k = \sum_h A'_h x'_h y'_h \qquad (h, i, k = 1, 2, \ldots n),$$

in welcher x'_h, y'_h resp. lineare Functionen von höchstens $n-h+1$ Variabeln x, y sind. Aber während in x'_h, genau wie oben, ausser x_h selbst nur die darauf folgenden Veränderlichen x vorkommen können, enthält y'_h erstens die Variable y, deren Index k_h ist, und zweitens nur solche, die zugleich bei der natürlichen und bei jener neuen Anordnung darauf folgen. In der mit y'_h bezeichneten linearen Function der Variabeln y können daher nur solche vorkommen, deren Indices gleichzeitig in den beiden Reihen

$$k_h, \; k_{h+1}, \quad k_{h+2}, \quad \ldots k_n$$

$$k_h, \; k_h + 1, \; k_h + 2, \; \ldots n$$

enthalten sind. Um diess etwas näher zu erläutern, möge der Einfachheit halber $k_n = \nu$ und $k_{n-1} = \mu$ gesetzt werden. Dann wird z. B. y'_{n-1} nach *Jacobi* durch eine Determinante $(n-1)^{\text{ter}}$ Ordnung gegeben, welche entsteht, wenn man in dem System a_{ik} die μ^{te} Verticalreihe mit y_μ und die ν^{te} mit y_ν multiplicirt, die erstere zu der letzteren addirt und alsdann die μ^{te} Verticalreihe sowie die n^{te} Horizontalreihe weglässt. Ist nun $\mu > \nu$, so ist nach den bei der Wahl der Indices μ und ν massgebenden Bestimmungen der in y_ν multiplicirte Theil dieser Determinante gleich Null, und sie ist daher nur ein Vielfaches von y_μ allein.

Werden die Indices sowohl für die Variabeln x als für die Variabeln y irgendwie in je zwei Gruppen getheilt

$$1, 2, \ldots m; \quad m+1, m+2, \ldots n,$$

$$1, 2, \ldots m'; \quad m'+1, m'+2, \ldots n,$$

so lassen sich in der bilinearen Form auf der rechten Seite der Gleichung (G′) drei Theile f'_1, f'_2, f'_3 unterscheiden, je nachdem darin nur Variabeln der ersten Gruppe oder nur solche der zweiten Gruppe oder endlich Variabeln beider verschiedener Gruppen mit einander multiplicirt vorkommen. Die Gleichung (G′) zeigt demnach, dass jede bilineare Form f der Variabeln x, y sich in ein Aggregat von drei solchen eben charakterisirten Formen f'_1, f'_2, f'_3 der Variabeln x', y' verwandeln lässt, dass also

$$\text{(H)} \qquad f = f'_1 + f'_2 + f'_3$$

wird, und zwar vermittelst einer Substitution, bei welcher die Veränderlichen der einen Gruppe nur unter einander transformirt werden. Es ist diess die zweite Gruppe, wenn die Indices in ihrer natürlichen Reihenfolge genommen werden, und aber die erste, wenn man von der umgekehrten Anordnung ausgeht.

Aus der Gleichung (H) ergeben sich je nach der einen oder andern Anordnung der Indices die beiden Resultate, welche ich in den mit I und II bezeichneten Abschnitten jenes Nachtrages vom 16. Februar entwickelt habe. Dieselben sind dort absichtlich nicht auf die *Jacobi*'sche Deduction gegründet, sondern, wie es für den Rahmen der Darstellung passte, mit Hilfe eines Reductionsverfahrens direct hergeleitet worden. Auch ist dieses Verfahren, dem Zwecke entsprechend, nur so weit als nöthig fortgesetzt und nicht auch auf denjenigen Theil erstreckt worden, der in der transformirten Form nur Variabeln der zweiten Gruppe mit einander multiplicirt enthalten würde*).

Das in der Gleichung (H) enthaltene Resultat kommt, so wie es oben formulirt wurde, bei der Reduction von Schaaren bilinearer Formen folgendermassen zur Benutzung. Nachdem die beiden Grundformen φ und ψ in der Weise vorbereitet sind, wie es in den einleitenden Sätzen des Art. V meines Aufsatzes vom 19. Januar angegeben ist, vertheilen sich die sämmtlichen Variabeln der Schaar $u\varphi + v\psi$ in drei verschiedene Complexe C_1, C_2, C_3, so dass C_1 und C_3 resp. die ausschliesslich in φ oder ψ vorkommenden Variabeln, C_2 aber die in beiden Formen zugleich vorkommenden enthält. Nunmehr hat man die Variabeln der bilinearen Form φ in die zwei Gruppen C_1, C_2 zu sondern und darauf die Transformation (H) dergestalt anzuwenden, dass dabei die Variabeln der *zweiten* Gruppe C_2 nur unter sich transformirt werden. Durch diese Transformation scheiden sich die neuen Variabeln von

$$C_1 \quad \text{und} \quad C_2$$

---

*) Die im Art. I und II meines Aufsatzes vom 19. Januar enthaltenen Entwickelungen führen ebenso von verschiedenen Seiten her zu einer und derselben allgemein giltigen Transformation beliebiger quadratischer Formen, welche in die *Jacobi*'sche übergeht, sobald die Formen nur bilinear sind.

in je zwei Abtheilungen

$$C_{11}, C_{12} \quad \text{und} \quad C_{21}, C_{22},$$

insofern dabei sowohl die Variabeln von C_{11} als die von C_{22} nur unter einander, diejenigen von C_{12} aber mit denen von C_{21} multiplicirt erscheinen, und nach deren Einführung in ψ sind demgemäss die Variabeln dieser zweiten Grundform in zwei Gruppen zu theilen, deren erste durch die Variabeln von C_{21}, die zweite aber durch die von C_{22} und C_3 gebildet wird. Hiernach ist wiederum die Transformation (H) auf die Form ψ anzuwenden, jedoch so, dass die Variabeln der *ersten* Gruppe C_{21} nur unter sich transformirt werden. Führt man endlich die hierbei auftretenden neuen Variabeln auch in φ ein, so erscheint darin jede zum Complex C_{21} gehörige Veränderliche mit einer linearen Function der übrigen multiplicirt, welche je eine der Variabeln von C_{12} enthält und an deren Stelle als neue Variable zu nehmen ist. — Nach dieser Reihe von Operationen sind Schaaren folgender Art

$$uxy, \quad (ux + vx')y, \quad (uy + vy')x, \quad u(xy' + x'y) + vxy$$

abzusondern, und es bleibt eine Schaar mit den Grundformen

$$(\mathfrak{A}) \qquad \sum_k z_k z_{\nu+k} \quad + \Phi(z_{2\nu+1}, z_{2\nu+2}, \ldots)$$

$$(\mathfrak{B}) \qquad \sum_k z_{\nu+k} z_{2\nu+k} + \Psi(z_{3\nu+1}, z_{3\nu+2}, \ldots), \qquad (k=1, 2, \ldots)$$

wenn mit $z_1, z_2, \ldots$ die Veränderlichen x, y zusammen bezeichnet werden. Da nun für die Schaar $u\Phi + v\Psi$, welche weniger als n Variabeln enthält, die Existenz einer Reducirten $u\Phi' + v\Psi'$ vorausgesetzt werden kann, so hat man an Stelle von $(\mathfrak{A})$ und $(\mathfrak{B})$ resp.

$$(\mathfrak{A}') \qquad \sum_k z_k z_{\nu+k} \quad + \Phi'(z'_{2\nu+1}, z'_{2\nu+2}, \ldots)$$

$$(\mathfrak{B}') \qquad \sum_k z_{\nu+k} z_{2\nu+k} + \Psi'(z'_{3\nu+1}, z'_{3\nu+2}, \ldots) \qquad (k=1, 2, \ldots)$$

zu nehmen, darin $z_{2\nu+1}, z_{2\nu+2}, \ldots z_{3\nu}$ als lineare Functionen von

$z'_{2\nu+1}, z'_{2\nu+2}, \ldots$ zu betrachten und endlich ($\mathfrak{A}'$) und ($\mathfrak{B}'$) gleichzeitig in die beiden Formen

$$(\mathfrak{A}) \qquad \sum_k z_k^0 z_{\nu+k}^0 \quad + \Phi^0(z_{2\nu+1}^0, z_{2\nu+2}^0, \ldots)$$

$$(k=1,2,\ldots)$$

$$(\mathfrak{B}^0) \qquad \sum_k z_{\nu+k}^0 z_{2\nu+k}^0 + \Psi^0(z_{3\nu+1}^0, z_{3\nu+2}^0, \ldots)$$

zu verwandeln, welche die Grundformen einer reducirten Schaar repräsentiren. Diese Verwandlung findet sich im Art. IV meines Aufsatzes vom Januar sowie im Art. III des Nachtrages vom Februar d. J. näher ausgeführt, und es ist dabei nur noch zu beachten, dass bei der angenommenen Bezeichnungsweise diejenigen beiden Arten von elementaren Schaaren ununterschieden bleiben, welche durch Vertauschung der beiden Variabelnsysteme aus einander entstehen. Für den Fall verschwindender Determinanten sind diess in der That zwei verschiedene Arten von Schaaren, und da ihnen auch zwei verschiedene Arten von determinirenden Gleichungen entsprechen, je nachdem die nach den Variabeln des einen oder des andern Systems genommenen Ableitungen darin vorkommen, so bedingt diess für den Fall bilinearer Formen einige leicht zu übersehende Modificationen der für Schaaren quadratischer Formen angegebenen Resultate.

Legt man bei der Bildung einer Schaar zwei bilineare Formen zu Grunde, die nach *Jacobi* als „conjugirt" zu bezeichnen sind, d. h. zwei Formen, deren eine die transponirte der andern ist, so entsteht eine Schaar

$$\sum_{i,k} (ua_{ik} + va_{ki}) x_i y_k \qquad (i, k = 1, 2, \ldots, n),$$

und die Zerlegung derselben in elementare führt auf eben solche Schaaren mit conjugirten Grundformen. Dabei sind jedoch im Allgemeinen je zwei elementare Schaaren paarweise zusammenzufassen, z. B. so, dass Schaaren entstehen, deren Grundformen

$$(\mathfrak{F}) \qquad a\sum_i x_{2i} y_{2i+1} + b\sum_i y_{2i} x_{2i+1} + c\sum_k x_{2k} y_{2k-1} + d\sum_k y_{2k} x_{2k-1} \qquad \binom{0 \leqq 2i < n+1}{0 < 2k \leqq n+1}$$

und ihre conjugirte sind, und deren Determinante, je nachdem n ungrade oder grade ist, den Werth Null oder

$$(au + bv)^m (av + bu)^m \qquad (n = 2m - 2)$$

hat. Es treten aber auch einfache elementare Schaaren auf, deren Grundformen

$$(\mathfrak{F}') \qquad \sum_{k=0}^{k=n} (-1)^k x_k y_{n-k} + \sum_{i=0}^{i=n-1} (-1)^i x_i y_{n-i-1}$$

und ihre conjugirte sind, und deren Determinante den Werth

$$\left(u + (-1)^n v\right)^{n+1}$$

hat. In dem Ausdrucke ($\mathfrak{F}'$) fällt für $n=0$ die auf i bezügliche Summation fort, und aus ($\mathfrak{F}$) entstehen für $n=0$ jene Schaaren

$$(au+bv)x_0y_1+(av+bu)x_1y_0,$$

welche bei der Zerlegung in elementare allein auftreten, wenn

$$|ua_{ik}+va_{ki}| \qquad (i,k=1,2,\dots 2r)$$

lauter verschiedene Factoren enthält*).

Man kann den Aequivalenzbegriff für bilineare Formen beschränken und zwei Formen

$$\sum_{i,k} a_{ik}x_iy_k, \qquad \sum_{i,k} a'_{ik}x'_iy'_k \qquad (i,k=1,2,\dots n)$$

nur dann als äquivalent gelten lassen, wenn die eine derselben in die andre durch die Substitutionen

$$x_i=\sum_k c_{ik}x'_k, \qquad y_i=\sum_k c_{ik}y'_k \qquad (i,k=1,2,\dots n)$$

übergeführt wird, d. h. also wenn die Transformation für beide Systeme von Variabeln identisch ist. Alsdann gehen gleichzeitig die transponirten Formen

$$\sum_{i,k} a_{ki}x_iy_k, \qquad \sum_{i,k} a'_{ki}x'_iy'_k \qquad (i,k=1,2,\dots n)$$

durch eben dieselbe Transformation in einander über, und jene Aequivalenz von zwei bilinearen Formen

$$\sum_{i,k} a_{ik}x_iy_k, \qquad \sum_{i,k} a'_{ik}x'_iy'_k \qquad (i,k=1,2,\dots n)$$

---

*) Vgl. meine Arbeit „über bilineare Formen“ Monatsbericht v. Octob. 1866.[1])

[1]) Bd. I S. 143—162 dieser Ausgabe von *L. Kronecker's* Werken. H.

hängt auf diese Weise unmittelbar mit der Aequivalenz der Schaaren

$$\sum_{i,k} (ua_{ik} + va_{ki})x_i y_k\,, \qquad \sum_{i,k} (ua'_{ik} + va'_{ki})x'_i y'_k \qquad (i, k=1, 2, \ldots n)$$

zusammen, deren je zwei Grundformen einander conjugirt sind*). So resultirt namentlich aus der Unzerlegbarkeit von elementaren Schaaren auch die Unmöglichkeit, irgend welche der Formen $\mathfrak{F}$ durch eine für beide Variabelnsysteme übereinstimmende Transformation in ein Aggregat bilinearer Functionen von weniger Variabeln zu verwandeln, und es widerlegt sich damit die *Jordan*'sche Behauptung, dass jedes bilineare Polynom durch eine solche Transformation auf eine Summe von bilinearen Functionen folgender Art

$$xy, \quad xy' - x'y, \quad xy + x'y - xy', \quad xy + x'y' + \varDelta(x'y - xy')$$

zurückführbar sei, deren jede höchstens vier Variabeln enthält**).

Die Methode, mit Hilfe deren Hr. *Jordan* dieses unrichtige Resultat erlangt hat, muss natürlich ihre Mängel haben, und einer derselben ist auch leicht erkennbar. Es werden nämlich in den mit Nr. 7 und 8 bezeichneten Abschnitten seiner bezüglichen Arbeit***) Substitutionen benutzt, welche nicht anwendbar sind, sobald die a. a. O. mit D und $\varDelta_1$ bezeichneten Nenner verschwinden.

Es war zu erwarten, dass die Behandlung der allgemeineren Frage, welche die Aequivalenz von Schaaren bilinearer Formen betrifft, auch über die speciellere der Aequivalenz von bilinearen Formen — in dem oben angegebenen engeren Sinne des Wortes — Aufschluss ertheilen würde, und ich habe deshalb bei Hrn. *Jordan* die Hinweisung darauf vermisst, dass seine

---

*) Vgl. meine schon citirte Arbeit „über bilineare Formen" Monatsbericht vom October 1866, p. 600[1]).

**) Comptes Rendus Tome LXXVII p. 1490 und 1491. *Liouville's* Journal Ser. II. Bd. XIX. p. 45 und 46.

***) *Liouville's* Journal Ser. II. Bd. XIX. p. 43, 44 und 45.

[1]) Band I S. 149 dieser Ausgabe von *L. Kronecker's* Werken. H.

beiden ersten Probleme als specielle Fälle des dritten aufzufassen sind. Indem ich am Schlusse meines Aufsatzes vom Januar d. J. die gegenseitigen Beziehungen jener drei Probleme hervorhob und dabei die Worte einschaltete, dass Hr. *Jordan* eben diese Beziehungen „zu bemerken unterlassen hat", habe ich keineswegs, wie er meint*), ihm zugleich den Vorwurf gemacht, für die Lösung seines zweiten Problems davon Nutzen gezogen zu haben. Eher hätte man wohl den entgegengesetzten Vorwurf aus jenen eingeschalteten Worten herauslesen können, aber ich habe damit eben nur constatiren wollen, dass jeder Hinweis auf das gegenseitige Verhältniss der drei Probleme in der *Jordan*'schen Mittheilung fehlt.

---

*) Die bezüglichen Worte (Comptes Rendus vom 2. März d. J. p. 617) lauten: „Nous avons traité accessoirement, dans notre travail, deux autres problèmes plus simples, qu'on peut considérer comme des cas particuliers du précédent. M. *Kronecker* nous reproche à la fois et d'avoir omis cette remarque, et de l'avoir utilisée pour la solution du second problème, sans indiquer que des méthodes fondées sur le même principe avaient été données par lui d'abord, puis par M. *Christoffel*." Uebrigens sind weder in der einen noch in der andern von den mehrfach citirten *Jordan*'schen Arbeiten die beiden ersten Probleme „accessorisch" behandelt, sondern überall mit dem dritten auf ganz gleiche Linie gestellt, und in den Comptes Rendus vom December v. J. ist Hr. *Jordan* auf die ersten beiden Probleme sogar viel ausführlicher eingegangen, als auf das dritte.

Bei dem Reductionsverfahren für Schaaren von quadratischen und bilinearen Formen, wie ich es hier und in meinen beiden vorhergehenden Arbeiten auseinandergesetzt habe, bildet die gruppenweise Zusammenfassung von gewissen Variabeln der Schaar das wesentliche Fundament. Das Bedürfniss einer solchen Zusammenfassung trat in jenem einfacheren Falle, welchen ich in dem ersten Theile meines Aufsatzes vom 18. Mai 1868 behandelt habe, noch nicht hervor und ebensowenig bei der weiteren Transformation der Ausdrücke, die ich dort im zweiten Theile aufgestellt habe*). Bei diesen Fragen genügte vielmehr die a. a. O. ausführlich entwickelte Methode, durch welche je eine der Variabeln nach der andern von der Schaar abgetrennt wird. Als ich diese einfache Methode im Sommer 1868 unmittelbar auf beliebige Schaaren anzuwenden versuchte, stiess ich auf die Schwierigkeit, dass in dem Falle, wo die eine Grundform mehr als eine Variable ausschliesslich enthält, unter gewissen Umständen einer der früheren Schritte des Reductionsverfahrens durch einen der späteren zu Nichte gemacht wurde, und erst dann, als ich bei meiner neueren Beschäftigung mit diesem Gegenstande auf den Gedanken kam, das Verfahren statt auf die einzelnen Veränderlichen gleichzeitig auf ganze Gruppen derselben zu erstrecken, gelang mir die Auffindung einer Methode zur Reduction von beliebigen Schaaren quadratischer oder bilinearer Formen. Dieser Gedanke der Gruppenbildung lag indessen nicht so nahe, als es vielleicht den Anschein hat, und die Durchführung desselben erforderte noch mancherlei Mühe, deren Spuren in meiner ersten Ausarbeitung vom 19. Januar d. J. nur zu deutlich erkennbar sind. Dass sich aber für eine zugleich einheitliche und ganz allgemeine Entwickelung, wie sie in der eben erwähnten Arbeit gegeben ist, gewisse neue

---

*) Die erwähnte Transformation findet sich im Art. IV des Nachtrages vom 16. Februar d. J. ausführlich dargelegt [S. 376—378 dieser Ausgabe].

Principien als nöthig erwiesen, kann durchaus nicht befremden, und es wäre im Gegentheil zu verwundern, wenn wirklich den *Jordan*'schen Behauptungen gemäss*) die allereinfachsten Mittel dazu ausreichen sollten. Denn man ist es gewohnt — zumal in algebraischen Fragen — wesentlich neue Schwierigkeiten anzutreffen, wenn man sich von der Beschränkung auf diejenigen Fälle losmachen will, welche man als die allgemeinen zu bezeichnen pflegt. Sobald man von der Oberfläche der sogenannten, jede Besonderheit ausschliessenden Allgemeinheit in das Innere der wahren Allgemeinheit eindringt, welche alle Singularitäten mit umfasst, findet man in der Regel erst die eigentlichen Schwierigkeiten der Untersuchung, zugleich aber auch die Fülle neuer Gesichtspunkte und Erscheinungen, welche sie in ihren Tiefen enthält. Diess bewährt sich durchweg in den wenigen algebraischen Fragen, welche bis in alle ihre Einzelheiten vollständig durchgeführt sind, namentlich aber in der Theorie der Schaaren von quadratischen Formen, die oben in ihren Hauptzügen entwickelt worden ist. Denn so lange man es nicht wagte, die Voraussetzung fallen zu lassen, dass die Determinante nur ungleiche Factoren enthalte, gelangte man bei jener bekannten Frage der gleichzeitigen Transformation von zwei quadratischen Formen, welche seit einem Jahrhundert so vielfach, wenn auch meist blos gelegentlich, behandelt worden ist, nur zu höchst dürftigen Resultaten, und die wahren Gesichtspunkte der Untersuchung blieben gänzlich unerkannt**). Mit dem Aufgeben jener Voraussetzung führte die *Weierstrass*'sche Arbeit vom Jahre 1858 schon zu einer höheren Einsicht und namentlich zu einer vollständigen Erledigung des Falles, in welchem nur einfache Elementartheiler vorhanden sind. Aber die allgemeine Einführung dieses Begriffes der Elementartheiler, zu welcher dort nur ein vorläufiger Schritt gethan war, erfolgte erst in der *Weierstrass*'schen Abhandlung vom Jahre 1868, und es kam damit ganz neues Licht in die Theorie der Schaaren für den Fall beliebiger, doch von Null verschiedener Determinanten. Als ich darauf auch diese letzte Beschränkung abstreifte und aus jenem Begriffe der Elementartheiler den allgemeineren der elementaren

---

*) „Les méthodes nouvelles que nous proposons sont, au contraire, extrêmement simples. ...“ „On voit, par une discussion très-simple, que l'on peut transformer. ...“ Comptes Rendus Tome LXXVII pag. 1488 und 1491.

**) Cf. die Anmerkung auf pag. 387.

Schaaren entwickelte, verbreitete sich die vollste Klarheit über die Fülle der neu auftretenden algebraischen Gebilde, und bei dieser vollständigen Behandlung des Gegenstandes wurden zugleich die werthvollsten Einblicke in die Theorie der höheren, in ihrer wahren Allgemeinheit aufzufassenden Invarianten gewonnen.

Die oben erwähnte Schwierigkeit, durch die ich auf den Gedanken jener Gruppenbildung geführt worden bin, macht sich auch bei dem von Hrn. *Jordan* entwickelten Reductionsverfahren geltend, aber sie ist dort nicht wirklich behoben, sondern nur durch eine unausgesprochene und unzulässige Voraussetzung bei Seite geschoben. Hr. *Jordan* stellt nämlich im 12. Abschnitte seines Aufsatzes „über bilineare Formen“ eine Gleichung auf*):

$$Q = x_\varrho y_1 + X_1 y_1 + (x_1 + a_2 x_2 + \cdots + a_m x_m) Y_1 + R_1',$$

welche auf der an sich unberechtigten Annahme beruht, dass die lineare Function der Variabeln x, welche mit Y_1 multiplicirt ist, keine der Variabeln $x_{m+1}, x_{m+2}, \ldots x_n$ enthält. Nur wenn in der Form Q überhaupt keine andern Variabeln x als

$$x_1, x_2, \ldots x_m \quad \text{und} \quad x_\varrho$$

vorkommen, ist jene Annahme ohne Weiteres gestattet; wollte man aber von vorn herein eine solche Voraussetzung machen, so würde dadurch der Giltigkeitsbereich der *Jordan*'schen Deduction ganz ungemein beschränkt. Um diess an einem einfachen concreten Beispiel von zwei symmetrischen bilinearen Formen zu erläutern, sei

$$P = x_1 y_1 + x_2 y_2,$$

$$Q = (x_2 + x_3) y_1 + (x_1 + x_4) y_2 + (x_1 + x_3) y_3 + (x_2 + x_4) y_4,$$

sodass nach den *Jordan*'schen Vorschriften $m = 2$ und x_ϱ entweder gleich x_3 oder gleich x_4 zu nehmen ist. In beiden Fällen wird dann

---

*) *Liouville's* Journal Ser. II. Bd. XIX. pag. 47.

$$R_1' = (x_1 + x_3)y_3 + (x_2 + x_4)y_4,$$

aber je nach der einen oder andern Annahme

$$x_\varrho = x_3, \quad X_1 = x_2, \quad Y_1 = y_2, \quad Q = x_\varrho y_1 + X_1 y_1 + (x_1 + x_4)Y_1 + R_1',$$

$$x_\varrho = x_4, \quad X_1 = x_1, \quad Y_1 = y_1, \quad Q = x_\varrho y_2 + X_1 y_2 + (x_2 + x_3)Y_1 + R_1',$$

sodass der Factor von Y_1 stets eine derjenigen Variabeln x enthält, deren Index grösser als m ist. Das *Jordan*'sche Reductionsverfahren ist also auf das System jener beiden Formen (P, Q) nicht anwendbar; dagegen ergiebt sich eine geeignete Transformation

$$x_4' = x_4 + x_2, \quad x_3' = x_3 + x_1, \quad y_4' = y_4 + y_2, \quad y_3' = y_3 + y_1$$

$$Q = x_4' y_4' + x_3' y_3' - (x_1 - x_2)(y_1 - y_2)$$

ganz unmittelbar, wenn man auf die Form Q (der p. 397 angegebenen Vorschrift gemäss) die *Jacobi*'sche Transformation in der Weise anwendet, dass dabei die Variabeln x und y in der Reihenfolge

$$x_4, \; y_4, \quad x_3, \; y_3, \quad x_2, \; y_2, \quad x_1, \; y_1$$

genommen werden. Ebenso resultirt alsdann die weitere Substitution

$$x_1 + x_2 = 2x_1', \quad x_1 - x_2 = 2x_2', \quad y_1 + y_2 = 2y_1', \quad y_1 - y_2 = 2y_2',$$

sodass sich schliesslich die Schaar

$$2ux_1'y_1' + 2(u - 2v)x_2'y_2' + v(x_3'y_3' + x_4'y_4')$$

als die reducirte von $uP + vQ$ ergiebt.

Es ist nicht ein vereinzelter oder unwesentlicher Mangel der *Jordan*schen Analyse, den ich hier aufgezeigt habe; derselbe kehrt vielmehr im Laufe des Reductionsverfahrens immerfort wieder und berührt die Grundlagen der gesammten Deduction. Ob diesem Mangel abzuhelfen ist, ohne eben diejenigen Mittel in Anwendung zu bringen, durch welche ich die bezügliche Frage erledigt habe, mag dahingestellt bleiben; sicher ist, dass die *Jordan*-schen Entwickelungen, sowie sie in *Liouville's* Journal vorliegen, in keiner Weise ausreichend sind, um die schliesslichen Resultate zu begründen und deren vorausgeschickte Ankündigung zu rechtfertigen*). Mit den Entwickelungen selbst fällt natürlich auch der Einwand, welchen Hr. *Jordan* meiner Aeusserung entgegensetzt, dass sich die in meiner Arbeit vom Jahre 1868 aufgestellten Ausdrücke mit leichter Mühe in diejenigen umwandeln lassen, welche ich erst im Januar d. J. veröffentlicht habe. Denn sein Einwand, dass sich das dazu erforderliche Verfahren ganz ebenso leicht wie auf jene besonderen Ausdrücke auch auf beliebige Formen anwenden lasse, und dass also jene erste Vorbereitung vollkommen unnöthig sei**), stützt sich eben auf die falsche Voraussetzung der Richtigkeit seiner Reductionsmethode. Das Verfahren, wie *ich* es in meinen Arbeiten auseinandergesetzt habe, verlangt für die Reduction von beliebigen „unvorbereiteten" Formenpaaren wesentlich andere Mittel, als für die Transformation von Schaaren mit verschwindender Determinante, welche bereits auf die Gestalt***)

$$\text{(A)} \qquad \sum_{k=1}^{k=m} (ux'_k + vx'_{k-1})\varphi'_k + u\Phi + v\Psi$$

gebracht sind, in der sie schon äusserlich mit der Reducirten nahezu übereinstimmen und sich auch in der That nur durch einen auf pag. 376 mit

$$u\sum_{k=1}^{k=m-1} \xi_{2k} f_k$$

*) „Les méthodes nouvelles que nous proposons sont, au contraire, extrêmement simples et ne comportent aucune exception." Comptes Rendus Tome LXXVII pag. 1488. „Nous pensons donc satisfaire les géomètres en exposant, pour la solution de ces questions, une méthode nouvelle très-simple, et ne comportant plus aucun cas d'exception." *Liouville's* Journal Ser. II Bd. XIX pag. 35.

**) Comptes Rendus Tome LXXVIII pag. 617.

***) Cf. Monatsbericht vom Mai 1868 pag. 343. II[1]) und Monatsbericht vom Februar d. J. pag. 151 resp. oben pag. 376.

[1]) Band I S. 170. II dieser Ausgabe von *L. Kronecker's* Werken. H.

bezeichneten Theil davon unterscheiden. Dass dieser eine Theil wirklich durch so einfache Mittel weggeschafft werden kann, wie sie Hr. *Jordan* ausschliesslich anwendet, liegt in einer Voraussetzung, auf welche dort ausdrücklich recurrirt wird; denn diese bewirkt, dass — wie es an der erwähnten Stelle heisst — stets ein Glied $a\xi_\lambda\xi_\nu$ vorkommt, und dass deshalb die Schwierigkeit nicht eintritt, welche sonst eine Zusammenfassung der Variabeln in Gruppen nöthig macht.

Ich habe bereits oben den specifischen Unterschied zwischen den Hilfsmitteln dargelegt, welche bei der Reduction von allgemeinen Schaaren und resp. bei der weiteren Transformation jener besonderen Schaaren (A) zu benutzen sind. Aber auch schon in meinem Aufsatze vom Januar d. J. habe ich, um jedem Einwande im Voraus zu begegnen, in Beziehung auf die weitere Transformation der Schaaren (A) ausdrücklich hervorgehoben, dass nur ein unbedeutender Theil von der gesammten Reductionsmethode dabei gebraucht wird, nämlich eine Reihe von gewissen einfachen Operationen, wie sie bei den im Art. IV entwickelten finalen Umgestaltungen zur Anwendung kommen*).

---

*) Hr. *Jordan* hat diess ausser Acht gelassen, indem er in den Comptes Rendus vom 2. März d. J. sagt: „Notre . . . critique répond qu'il est facile de passer des expressions (1) aux réduites (2): car il suffit de leur appliquer les nouveaux procédés de réduction qu'il développe dans son Mémoire de 1874.“

In den beiden letzten Abschnitten hat es sich gezeigt, wie ungenügend die Entwickelungen sind, welche Hr. *Jordan* in der mehrerwähnten ausführlichen Arbeit „über bilineare Formen"*) in Beziehung auf sein „zweites und drittes Problem" gegeben hat. Das erste von den drei darin behandelten Problemen ist eigentlich das der orthogonalen Transformation einer beliebigen bilinearen Form in eine andre, aber diese kann dadurch vermittelt werden, dass beide Formen durch orthogonale Substitutionen in eine dritte übergeführt werden, welche nur aus den einzelnen Producten von je zwei Veränderlichen besteht. Es ist demnach für irgend eine bilineare Form mit den Coëfficienten a_{ik} eine Transformation

$$\sum_{i,k} a_{ik} x_i y_k = \sum_k c_k x'_k y'_k \qquad (i, k = 1, 2, \ldots n)$$

zu finden, unter den Bedingungen

$$\sum_k x_k^2 = \sum_k x_k'^2, \qquad \sum_k y_k^2 = \sum_k y_k'^2 \qquad (k = 1, 2, \ldots n),$$

die man offenbar durch die eine

$$\sum_k x_k^2 + \sum_k y_k^2 = \sum_k x_k'^2 + \sum_k y_k'^2 \qquad (k = 1, 2, \ldots n)$$

ersetzen kann. Das bezeichnete Problem ist also — wie man bei Einführung der Grössen $x'_k + y'_k$ und $x'_k - y'_k$ sofort sieht — in demjenigen schon enthalten, welches in der *Weierstrass*'schen Abhandlung vom Jahre 1858 und nachher mit Hilfe einer einfachen Reductionsmethode in dem ersten Theile

*) *Liouville's* Journal, Ser. II Bd. XIX pag. 35 sqq.

meiner Arbeit vom Jahre 1868 vollständig gelöst worden ist. Nur muss noch gezeigt werden, dass, wenn eine bilineare Function

$$\sum_{i,k} a_{ik} x_i y_k \qquad (i, k = 1, 2, \dots n),$$

als quadratische Form der $2n$ Veränderlichen x, y betrachtet, durch eine orthogonale Substitution in eine andre

$$\sum_k c_k x'_k y'_k \qquad (k = 1, 2, \dots n)$$

transformirt wird, die beiden Variabelnsysteme gesondert bleiben oder gesondert werden können, je nachdem die Transformation eine bestimmte ist oder nicht. Die n Grössen c_k sind hierbei dadurch definirt, dass das Product

$$(u^2 - c_1^2 v^2)(u^2 - c_2^2 v^2) \cdots (u^2 - c_n^2 v^2)$$

mit der Determinante der Schaar

$$u \sum_k x_k^2 + u \sum_k y_k^2 + v \sum_{i,k} a_{ik} x_i y_k \qquad (i, k = 1, 2, \dots n)$$

übereinstimmt. Scheidet man nun die linearen Functionen x'_k und y'_k in je zwei Theile, von denen die einen nur die Variabeln x, die andern nur die Variabeln y enthalten, so dass

$$x_k'^2 + y_k'^2 = (\xi_k + \eta'_k)^2 + (\xi'_k + \eta_k)^2, \qquad x'_k y'_k = (\xi_k + \eta'_k)(\xi'_k + \eta_k)$$

wird, so müssen die drei Gleichungen

$$\sum_{k=1}^{k=n} c_k \xi_k \xi'_k = 0, \qquad \sum_{k=1}^{k=n} c_k \eta_k \eta'_k = 0, \qquad \sum_{k=1}^{k=n} (\xi_k \eta'_k + \xi'_k \eta_k) = 0$$

bestehen. Da aus den drei aufgestellten Bedingungen hervorgeht, dass die je n Grössen ξ_k, η_k als von einander unabhängige Functionen der Variabeln x, y angenommen werden können, so ist

$$\xi_i' = \sum_k b_{ik} \xi_k \qquad (i, k = 1, 2, \ldots n)$$

und also gemäss der dritten Gleichung

$$\eta_k' = -\sum_i b_{ik} \eta_i \qquad (i, k = 1, 2, \ldots n)$$

zu setzen. Endlich folgen aus den ersten beiden Gleichungen die für alle Indices i, k giltigen Relationen

$$c_k b_{kk} = 0, \qquad c_i b_{ik} + c_k b_{ki} = 0, \qquad c_k b_{ik} + c_i b_{ki} = 0,$$

und es kann also b_{kk} nur dann, wenn $c_k = 0$ ist, aber b_{ik} und b_{ki} nur dann, wenn $c_i^2 = c_k^2$ ist, von Null verschieden sein. Man braucht aber dann im ersteren Falle nur

$$\xi_k \sqrt{1 + b_{kk}^2}, \qquad \eta_k \sqrt{1 + b_{kk}^2}$$

an Stelle von ξ_k, η_k und im letzteren Falle

$$\xi_i \sqrt{1 + b_{ki}^2}, \qquad \xi_k \sqrt{1 + b_{ik}^2}, \qquad \eta_i \sqrt{1 + b_{ik}^2}, \qquad \eta_k \sqrt{1 + b_{ki}^2}$$

an Stelle von ξ_i, ξ_k, η_i, η_k einzuführen, um die mit b_{kk} und resp. die mit b_{ik}, b_{ki} multiplicirten Glieder weglassen zu dürfen, sodass die etwa vorkommenden, mit ξ_k', η_k' bezeichneten Theile in der That weggeschafft werden können. — Ich bemerke hierbei, dass in ganz ähnlicher Weise das allgemeine Problem der simultanen Transformation dreier Formen

$$\sum_{i,k} a_{ik} x_i x_k, \qquad \sum_{i,k} b_{ik} y_i y_k, \qquad \sum_{i,k} c_{ik} x_i y_k \qquad (i, k = 1, 2, \ldots n)$$

in

$$\sum_{i,k} a_{ik}' x_i' x_k', \qquad \sum_{i,k} b_{ik}' y_i' y_k', \qquad \sum_{i,k} c_{ik}' x_i' y_k' \qquad (i, k = 1, 2, \ldots n)$$

mit Hilfe der gleichzeitigen Umformung zweier

$$\sum_{i,k} a_{ik}x_i x_k + \sum_{i,k} b_{ik}y_i y_k, \qquad \sum_{i,k} c_{ik}x_i y_k \qquad (i,k=1,2,\ldots n)$$

in

$$\sum_{i,k} a'_{ik}x'_i x'_k + \sum_{i,k} b'_{ik}y'_i y'_k, \qquad \sum_{i,k} c'_{ik}x'_i y'_k \qquad (i,k=1,2,\ldots n)$$

zu behandeln ist.

Die vorstehenden Entwickelungen zeigen, dass in der *Jordan*'schen Abhandlung die Lösung des ersten Problems nicht eigentlich neu ist, während die des zweiten sich als gänzlich verfehlt und die des dritten als durchaus unzulänglich begründet erwiesen hat. Nimmt man hinzu, dass eben dieses dritte Problem in Wahrheit die beiden ersten als besondere Fälle umfasst, dass ferner dessen vollständige Lösung einestheils unmittelbar aus der *Weierstrass*'schen Arbeit vom Jahre 1868 folgt und anderntheils mit leichter Mühe aus den Bemerkungen entnommen werden kann, welche ich damals daran angeschlossen habe, so ist wahrlich hinreichender Grund vorhanden, Hrn. *Jordan* „seine Resultate", soweit sie eben richtig sind, streitig zu machen. Aber nicht um dieses untergeordneten Zweckes willen bin ich hier und in meiner früheren Mittheilung auf die *Jordan*'schen Arbeiten näher eingegangen; es galt vielmehr die wirkliche Bedeutung der darin enthaltenen Methoden und Resultate zu ermitteln und ihre Beziehungen zu den vorher bekannten aufzuklären. Es war also nicht die Feststellung der Priorität, sondern die Feststellung der Wahrheit der eigentliche Zweck meiner Ausführungen, aber sie erfüllen nebenher auch die Bestimmung, es im Voraus zu rechtfertigen, wenn ich mich künftig der Rücksichtnahme auf die bezüglichen *Jordan*'schen Publicationen enthalte.

SUR LES FAISCEAUX DE FORMES QUADRATIQUES ET BILINÉAIRES.

J'ai l'honneur d'offrir à l'Académie mes Mémoires *sur les faisceaux de formes quadratiques et bilinéaires.* Il résulte des développements contenus dans ces Mémoires, à la fin desquels cette conclusion se trouve d'ailleurs indiquée, que dans le Mémoire de M. *Jordan „Sur les formes bilinéaires" (Journal de M. Liouville, 2e série t. XIX, p. 35—54),* la solution du premier problème n'est pas véritablement nouvelle; la solution du deuxième est manquée, et celle du troisième n'est pas suffisamment établie. Ajoutons qu'en réalité ce troisième problème embrasse les deux autres comme cas particuliers, et que sa solution complète résulte du travail de M. *Weierstrass* de 1868[1]) et se déduit aussi de mes additions à ce travail. Il y a donc, si je ne me trompe, de sérieux motifs pour contester à M. *Jordan* l'invention première de ses résultats, en tant qu'ils sont corrects; mais ce n'est pas là l'intention qui m'a guidé dans l'examen auquel, dans le cours des miens, j'ai soumis les travaux analogues de M. *Jordan.* J'ai été entraîné dans cette voie par le désir de reconnaître la véritable portée des méthodes dont il s'est servi et des résultats auxquels il est parvenu, et d'en éclaircir les rapports avec les méthodes et les résultats antérieurs, et ce n'est pas une question de priorité, mais une question d'analyse, que je me suis proposé d'élucider par mes remarques. Croyant d'ailleurs qu'elles servent à me justifier, si dorénavant je me dispense de revenir sur les publications de M. *Jordan* relatives à ce

---

[1]) *C. Weierstrass,* Zur Theorie der bilinearen und quadratischen Formen. Berliner Berichte v. J. 1868. S. 310—338. *L. Kronecker,* Ueber Schaaren quadratischer Formen; ebenda S. 339—346. Bd. I S. 163—174 dieser Ausgabe von *L. Kronecker's* Werken. H.

sujet, je vais en peu de mots indiquer les principes à l'aide desquels j'ai traité la théorie des faisceaux de formes quadratiques et qui peuvent être appliqués directement à une question de transformation des formes bilinéaires, que j'ai déjà abordée en 1866.[1]) C'est par ces moyens, en effet, que j'ai trouvé qu'en opérant la même substitution linéaire sur les deux séries de variables, tout polynôme bilinéaire peut être transformé en une somme de fonctions de l'une des formes suivantes:

$$\text{I.} \qquad (-1)^n \sum_h x_h y_{h+1} + \sum_h (-1)^h y_h x_{h+1} + x_n y_n \qquad (h=0,1,\ldots n-1)$$

$$\text{II.} \qquad (-1)^m \sum_h x_h y_{h+1} + \sum_h (-1)^h y_h x_{h+1} \qquad (h=0,1,\ldots 2m-2)$$

$$\text{III.} \qquad a \sum_h x_h y_{h+1} + b \sum_h y_h x_{h+1} \qquad \left(\begin{matrix} h=0,1,\ldots n-1 \\ a^2 \gtrless b^2 \end{matrix}\right),$$

Ces trois fonctions ne sont plus décomposables d'une manière analogue et c'est pourquoi je les désigne comme *formes élémentaires.* L'un des deux coefficients a, b peut toujours être pris égal à l'unité; l'autre est alors différent de ± 1, et il peut être pris égal à zéro si n est un nombre pair.

En appliquant les notions de l'Arithmétique à l'Algèbre, on peut appeler *équivalentes* deux formes bilinéaires, dont l'une peut être transformée en l'autre par une même substitution, opérée sur les deux systèmes de variables, et ensuite on peut réunir en une même *classe* toutes les formes équivalentes. Cela posé, on voit que toute forme bilinéaire est équivalente à une somme de formes élémentaires, et que par conséquent toute classe peut être décomposée, pour ainsi dire, en *classes élémentaires.*

Pour que deux formes bilinéaires $\varphi(x, y)$ et $\psi(x, y)$ appartiennent à une même classe, il faut et il suffit que les deux faisceaux formés des deux paires de fonctions conjuguées

$$u\varphi(x, y) + v\varphi(y, x), \qquad u\psi(x, y) + v\psi(y, x)$$

---

[1]) *L. Kronecker,* Ueber bilineare Formen, Berliner Berichte v. J. 1866 S. 597—612. Bd. I S. 143—162 dieser Ausgabe von *L. Kronecker's* Werken. H.

soient équivalents. C'est de cette manière qu'un certain faisceau de formes est lié avec chaque forme bilinéaire, et si l'on désigne par F_1, F_2, F_3 respectivement les faisceaux qui appartiennent aux formes élémentaires I, II, III et par D_1, D_2, D_3 leurs déterminants, on a

$$D_1 = [u + (-1)^n v]^{n+1},$$

$$D_2 = [u + (-1)^m v]^{2m},$$

$$D_3 = (au + bv)^m (av + bu)^m, \qquad (n+1 \text{ étant égal à } 2m),$$

$$D_3 = 0, \qquad (n+1 \text{ étant un nombre impair}).$$

Les faisceaux F_1 sont eux-mêmes élémentaires, mais chacun des faisceaux F_2 et F_3 est décomposable en deux faisceaux élémentaires du même nombre de variables.

ÜBER DIE CONGRUENTEN TRANSFORMATIONEN DER BILINEAREN FORMEN.

Wenn man in einer bilinearen Form die einzelnen Glieder der beiden Reihen von Variabeln einander irgendwie zuordnet, sodass je eine Veränderliche der einen Reihe als je einer der andern entsprechend oder „*correspondirend*" angesehen wird, so heben sich aus der Gesammtheit der allgemeinen Transformationen bilinearer Formen gewisse besondere heraus, namentlich solche, bei denen die Substitutionssysteme für die correspondirenden Variabeln gegen einander symmetrisch*), und solche, bei denen dieselben untereinander congruent sind, d. h., wenn je zwei gleichnamige Variabeln x_k, y_k als einander correspondirend betrachtet werden, die beiden Arten von Transformationen:

$$x_i = \sum_k c_{ik} x'_k, \quad y_i = \sum_k c_{ki} y'_k \qquad (i, k = 1, 2, \ldots n),$$

$$x_i = \sum_k c_{ik} x'_k, \quad y_i = \sum_k c_{ik} y'_k \qquad (i, k = 1, 2, \ldots n).$$

In einer im Monatsbericht vom October 1866 und nachher auch in *Borchardt's* Journal veröffentlichten Arbeit[2]) habe ich bereits Transformationen der letzteren Art behandelt, d. h. solche, bei welchen die bezüglichen Substitutionscoëfficienten für beide Reihen von Variabeln übereinstimmen, und welche deshalb

*) *Jacobi* bezeichnet die gegen einander symmetrischen Substitutionssysteme als conjugirt, und es ist auch im Folgenden von dieser Bezeichnung Gebrauch gemacht (cf. *Borchardt's* Journal, Bd. 53, pag. 265[1]).

[1]) *C. G. J. Jacobi*, Gesammelte Werke. Bd. III S. 585. H.

[2]) Ueber bilineare Formen, Bd. I S. 143—162 dieser Ausgabe von *L. Kronecker's* Werken. H.

als „congruente Transformationen“ bezeichnet werden sollen*). Es wird a. a. O. zuerst hervorgehoben, dass, wenn zwei bilineare Formen

$$\sum_{i,k} a_{ik} x_i y_k, \qquad \sum_{i,k} a'_{ik} x'_i y'_k \qquad (i, k = 1, 2, \ldots 2m)$$

durch eine „congruente“ Transformation

$$x_i = \sum_k c_{ik} x'_k, \qquad y_i = \sum_k c_{ik} y'_k \qquad (k = 1, 2, \ldots 2m)$$

in einander transformirbar sind, nothwendig auch die conjugirten und also auch die beiden bilinearen Formen

$$\sum_{i,k} (u a_{ik} + v a_{ki}) x_i y_k, \qquad \sum_{i,k} (u a'_{ik} + v a'_{ki}) x'_i y'_k \qquad (i, k = 1, 2, \ldots 2m)$$

durch dieselbe lineare Transformation in einander übergehen. Alsdann wird für den Fall, dass die Determinante

$$|u a_{ik} + v a_{ki}| \qquad (i, k = 1, 2, \ldots 2m)$$

aus lauter verschiedenen Factoren besteht, noch gezeigt, dass jene nothwendige Bedingung der Transformirbarkeit auch eine hinreichende ist, und dieser Nachweis wird darauf gegründet, dass jede bilineare Form sich unter der angegebenen Voraussetzung durch congruente Transformation in ein Aggregat von elementaren Formen

$$p_k x_k y_{m+k} + q_k y_k x_{m+k} \qquad (k = 1, 2, \ldots m)$$

verwandeln lässt. Aber das angegebene Resultat ist in Wahrheit nicht an jene Restriction gebunden, noch auch auf den Fall einer graden Anzahl von Variabeln beschränkt, sondern ganz allgemein giltig, und diess ist in entsprechender Weise mit Hilfe einer allgemeinen Zerlegung der bilinearen Formen in „elementare“ zu beweisen, welche den Hauptgegenstand der vor-

---

*) Vgl. auch die *Christoffel*'sche Abhandlung im 68. Bande von *Borchardt's* Journal p. 253 sqq.

liegenden Mittheilung bildet. Die erwähnte Zerlegung einer beliebigen bilinearen Form

$$\sum_{i,k} a_{ik} x_i y_k \qquad (i, k=1, 2, \ldots n)$$

lässt sich freilich aus derjenigen der „zugehörigen“ Schaaren

$$\sum_{i,k} (u a_{ik} + v a_{ki}) x_i y_k \qquad (i, k=1, 2, \ldots n)$$

ableiten, aber man kann auch — wie im Folgenden geschehen soll — die Methode, mit Hilfe deren ich die Zerlegung der Schaaren in elementare bewirkt habe, direct zur congruenten Transformation einer beliebigen bilinearen Function in ein Aggregat von elementaren benutzen.

§ 1.

Die Jacobi'sche Transformation quadratischer und bilinearer Formen.

Bedeutet $F(z_1, z_2 \cdots z_n)$ eine beliebige homogene Function zweiten Grades, F_k deren nach z_k genommene Ableitung und F_{ik} die Derivirte von F_k nach z_i, so ist jeder der beiden Ausdrücke

$$F_{ik}^2 F - F_{ik} F_i F_k + \tfrac{1}{2} F_{kk} F_i^2, \qquad F_{ii} F_{kk} F - \tfrac{1}{2} F_{ii} F_k^2$$

von z_k und die Differenz derselben auch von z_i unabhängig. Für $F_{ii} = 0$ ist also der erstere Ausdruck frei von den beiden Variabeln z_i und z_k, und wenn man darin $i = 1$ und k gleich der kleinsten der Zahlen $h = 1, 2, \ldots n$ nimmt, für welche $F_{1h} \gtrless 0$ ist, so hat man in

$$F_{1h}^2 F - F_1 (F_{1h} F_h - \tfrac{1}{2} F_{hh} F_1)$$

eine quadratische Form, welche von der Variabeln z_1 und, falls $F_{11} = 0$ ist, noch von einer zweiten Variabeln z_h unabhängig ist. Je nachdem F_{11} von Null verschieden oder gleich Null ist, lässt sich daher ein Ausdruck

$$c Z_1^2 \quad \text{oder} \quad Z_1 Z_h$$

von F absondern, und zwar so, dass nur eine quadratische Form von höchstens $n-1$ und resp. $n-2$ Veränderlichen übrig bleibt. Dabei kann

$$2cF_{11}=1\,,\quad Z_1=F_1 \quad \text{und resp.} \quad F_{1h}Z_1=F_{1h}F_h-\tfrac{1}{2}F_{hh}F_1\,,\quad F_{1h}Z_h=F_1$$

gesetzt werden, sodass c und die Coëfficienten der linearen Functionen Z_1, Z_h rational aus denen der quadratischen Form F zu bilden sind, und dass ferner Z_1 die erste Variable z_1 und irgend welche von den übrigen, aber Z_h nur z_h und darauf folgende Variabeln enthält. Setzt man dieses Verfahren in der Weise fort, dass man stets an Stelle von z_1 die *erste* in der quadratischen Form vorkommende Veränderliche nimmt, so gelangt man zu einer Transformation von F, bei welcher die angenommene (natürliche) Anordnung der Variabeln

$$z_1,\ z_2,\ \ldots z_n$$

durchaus massgebend ist, und welche mit Rücksicht auf *Jacobi's* bezügliche Entwickelungen*) die „*Jacobi*'sche Transformation" genannt und im Folgenden näher charakterisirt werden soll.

I. Die *Jacobi*'sche Transformation verwandelt die Form F in einen Ausdruck

$$\sum_{h,h'} c_{hh'} Z_h Z_{h'} \qquad (h=h_1, h_2, \ldots h_\nu;\ h'=h'_1, h'_2, \ldots h'_\nu)$$

und führt auf diese Weise, von der natürlichen Anordnung der Variabeln z ausgehend, zu einer besonderen Reihenfolge derselben, welche durch die Folge der Indices

(H) $$h_1,\ h'_1,\ h_2,\ h'_2,\ \ldots h_\nu,\ h'_\nu,$$

bestimmt ist, und welche als „die zu $F(z_1,\ z_2,\ \ldots z_n)$ gehörige" oder auch als „die zur Form F gehörige und aus der ursprünglichen Anordnung

$$z_1,\ z_2,\ \ldots z_n$$

*) Cf. *Borchardt's* Journal, Bd. 53, pag. 265 sqq.[1]).

[1]) Gesammelte Werke Bd. III pag. 585 sqq.

abgeleitete“ bezeichnet werden soll. Nur die ungestrichenen Indices h finden sich hei dieser Anordnung stets zugleich ihrer Grösse nach geordnet, d. h.

$$\text{für} \quad r < s \quad \text{ist auch} \quad h_r < h_s .$$

Zugleich ist

$$\text{für} \quad r < s \quad \text{auch} \quad h_r < h'_s \quad \text{aber} \quad h'_r \gtrless h'_s ,$$

und endlich für jeden Index r

$$h_r \leqq h'_r .$$

Einer und derselbe Index kann hiernach, aber eben *nur* in dieser Weise, doppelt vorkommen; hinwiederum kommen nicht alle Indices in jener Reihe (H) vor, wenn die Determinante von F gleich Null ist.

Jede lineare Function Z enthält die Variable z von gleichem Index, aber ausserdem nur solche, die sowohl bei der ursprünglichen als bei der abgeleiteten Anordnung darauf folgen. Die Coëfficienten der Functionen Z und die Coëfficienten $c_{hh'}$ sind sämmtlich rational aus denen der Form F zusammengesetzt, und wenn h und h' von einander verschieden sind, kann $c_{hh'} = 1$ genommen werden.

II. Bei der zu $F(z_1, z_2, \ldots z_n)$ gehörigen Anordnung (H) bestimmen sich die Indices h_r, h'_r aus den $2r-2$ vorhergehenden nicht bloss durch die bezüglichen Bestimmungen des Transformationsverfahrens, sondern auch dadurch, dass

$$n h_r + h'_r$$

die kleinste Zahl ist, wofür die symmetrische Determinante

$$|F_{ik}| \qquad (i, k = h_1, h'_1, h_2, h'_2, \ldots h_r, h'_r),$$

in welcher den beiden Indices i, k natürlich nur alle von einander *verschiedenen* Werthe von h_1, h'_1, $\ldots h_r$, h'_r beizulegen sind, nicht gleich Null wird.

Denkt man sich die n^2 Elemente F_{ik} auf die übliche Weise in n Horizontalreihen von je n Elementen geordnet und so auf einander folgend, wie wenn sie in diesem Schema die einzelnen Buchstaben gewöhnlicher Schrift repräsentirten, so erhält man eben jene durch die Zahlen $ni+k$ gegebene Reihenfolge, und es wird F_{ik} das $(ni+k-n)^{\text{te}}$ Element. Die charakteristischen Eigenschaften der Anordnung (H) lassen sich hiernach folgendermassen formuliren: die ν Determinanten

$$|F_{ik}| \qquad (i, k=h_1, h'_1, h_2, h'_2, \ldots h_r, h'_r;\ r=1, 2, \ldots \nu)$$

sind sämmtlich von Null verschieden, und jedes dieser ν Systeme F_{ik} entsteht aus dem vorhergehenden durch Hinzufügung des *ersten* dazu geeigneten Elements F_{ik} und der dadurch bestimmten Horizontal- und Verticalreihen. Wenn nämlich für dieses Element F_{ik} die beiden Indices die Werthe

$$i=h_r, \quad k=h'_r$$

haben, so ist die Anfügung der h_r^{ten} und der $h_r'^{\text{ten}}$ Horizontal- und Verticalreihe erforderlich, also nur *eine*, falls $h_r=h'_r$ ist.

III. Nimmt man $2n$ Variabeln $x_1, x_2, \ldots x_n, y_1, y_2, \ldots y_n$ resp. einen Theil derselben in derjenigen Aufeinanderfolge, welche

für die Grössen x_i durch die Reihe der Werthe $i=h_1, h'_1, h_2, h'_2, \ldots h_\nu, h'_\nu$,

für die Grössen y_k durch die Reihe der Werthe $k=h'_1, h_1, h'_2, h_2, \ldots h'_\nu, h_\nu$

bezeichnet wird, so lässt sich auf die symmetrische bilineare Form

$$\sum_{i,k} F_{ik} x_i y_k \qquad (i, k=1, 2, \ldots n)$$

die *Jacobi*'sche Transformation anwenden, wie sie sich im 53. Bande von *Borchardt*'s Journal auf pag. 265 sqq. angegeben findet. Dabei bestimmen sich die oben mit $c_{hh'}$ bezeichneten Coëfficienten, sowie die jener linearen Functionen Z in Form von Quotienten gewisser aus den Elementen F_{ik} gebildeten

Determinanten, und es folgen eben daraus die vorher im Art. II aufgestellten charakteristischen Eigenschaften der Anordnung

(H) $$h_1, h'_1, h_2, h'_2, \ldots h_\nu, h'_\nu,$$

welche zu der quadratischen Form

$$\sum_{i,k} F_{ik} z_i z_k \qquad (i, k = 1, 2, \ldots n)$$

gehörig und aus der natürlichen Anordnung der Variabeln z abgeleitet ist. Es gilt nämlich, wie hier gezeigt werden soll, die betreffende *Jacobi*'sche Transformationsformel für ganz beliebige bilineare Formen d. h. auch für solche, deren Determinante gleich Null ist, und eben darauf beruht es, dass, wie ich bereits in meiner vorigen Mittheilung*) bemerkt habe, die *Weierstrass*'sche Methode der Reduction von Schaaren quadratischer Formen auch dann anwendbar bleibt, wenn die Determinante der Schaar identisch verschwindet.

Bedeutet $\mathfrak{F}$ irgend eine bilineare Form der Variabeln $\mathfrak{x}_1, \mathfrak{x}_2, \ldots \mathfrak{x}_\mathfrak{n}$, $\mathfrak{y}_1, \mathfrak{y}_2, \ldots \mathfrak{y}_\mathfrak{n}$, und bezeichnet man mit $\mathfrak{F}_{\mathfrak{i}0}$, $\mathfrak{F}_{0\mathfrak{k}}$ resp. deren Ableitungen nach $\mathfrak{x}_\mathfrak{i}$, $\mathfrak{y}_\mathfrak{k}$, mit $\mathfrak{F}_{\mathfrak{i}\mathfrak{k}}$ aber die zweite nach $\mathfrak{x}_\mathfrak{i}$ und $\mathfrak{y}_\mathfrak{k}$ genommene Derivirte, so sind die $\mathfrak{n}^2$ Grössen $\mathfrak{F}_{\mathfrak{i}\mathfrak{k}}$ die Coëfficienten der Form $\mathfrak{F}$, und wenn für das System dieser Coëfficienten nur Determinanten von niedrigerer als der $(\mathfrak{m}+1)^{\text{ten}}$ Ordnung von Null verschieden sind, so ist

$$|\mathfrak{F}_{\mathfrak{g}\mathfrak{h}}| \qquad (\mathfrak{g}, \mathfrak{h} = 0, 1, \ldots \mathfrak{m};\ \mathfrak{F}_{00} = \mathfrak{F})$$

identisch gleich Null. Denn diese Determinante ist eine bilineare Form der Variabeln $\mathfrak{x}$, $\mathfrak{y}$, und durch deren zweimalige Differentiation nach $\mathfrak{x}_\mathfrak{i}$ und $\mathfrak{y}_\mathfrak{k}$ entsteht die Determinante

$$|\mathfrak{F}_{\mathfrak{g}\mathfrak{h}}| \qquad (\mathfrak{g} = \mathfrak{i}, 1, 2, \ldots \mathfrak{m};\ \mathfrak{h} = \mathfrak{k}, 1, 2. \ldots \mathfrak{m}),$$

welche in denjenigen Fällen, wo $\mathfrak{i}$ und $\mathfrak{k}$ grösser als $\mathfrak{m}$ sind, der gemachten

*) Cf. Monatsbericht vom März p. 212; p. 37 der Separatabdrücke[1]).

[1]) Band I S. 390 dieser Ausgabe. H.

Voraussetzung gemäss, in allen andern Fällen aber an und für sich verschwindet. — Es kann offenbar für eine ganz beliebige bilineare Form $\mathfrak{F}$ sowohl die Zahl $\mathfrak{m}$ als auch die Bezeichnung der in $\mathfrak{F}$ enthaltenen Variabeln stets so gewählt werden, dass die $\mathfrak{m}$ Determinanten

$$|\mathfrak{F}_{\mathfrak{p}\mathfrak{q}}| \qquad (\mathfrak{p}, \mathfrak{q} = 1, 2, \ldots \mathfrak{r};\ \mathfrak{r} = 1, 2, \ldots \mathfrak{m})$$

von Null verschieden sind. Diess vorausgesetzt, ergiebt die aus

$$|\mathfrak{F}_{\mathfrak{g}\mathfrak{h}}| = 0 \qquad (\mathfrak{g}, \mathfrak{h} = 0, 1, \ldots \mathfrak{m};\ \mathfrak{F}_{00} = \mathfrak{F})$$

unmittelbar folgende Gleichung

$$\mathfrak{F} = -\frac{|\mathfrak{F}_{\mathfrak{g}\mathfrak{h}}|}{|\mathfrak{F}_{\mathfrak{i}\mathfrak{k}}|} \qquad \begin{pmatrix} \mathfrak{g}, \mathfrak{h} = 0, 1, 2, \ldots \mathfrak{m};\ \mathfrak{F}_{00} = 0 \\ \mathfrak{i}, \mathfrak{k} = 1, 2, \ldots \mathfrak{m} \end{pmatrix}$$

eine ganz allgemeine Darstellung bilinearer Formen als Functionen ihrer Derivirten, deren Giltigkeit man wohl bisher als auf den speciellen Fall $\mathfrak{m} = \mathfrak{n}$ beschränkt angesehen hat. Unter den gemachten Voraussetzungen kann ferner auf das System der $(\mathfrak{m}+1)^2$ Grössen

$$\mathfrak{F}_{\mathfrak{g}\mathfrak{h}} \qquad (\mathfrak{g}, \mathfrak{h} = 0, 1, \ldots \mathfrak{m};\ \mathfrak{F}_{00} = \mathfrak{F})$$

die in meiner vorigen Mittheilung aufgestellte Determinantenformel*)

$$w_{00} = \sum_{m=0}^{m=n} \frac{|w_{qr}| \cdot |w_{rq}|}{|w_{qq'}| \cdot |w_{ss'}|} \qquad \begin{pmatrix} q, q' = m, m+1, \ldots n \\ r = 0, m+1, \ldots n \\ s, s' = m+1, \ldots n \end{pmatrix}$$

angewendet werden, und man gelangt auf diese Weise, da das dem Werthe $m = 0$ entsprechende erste Glied

$$\frac{|\mathfrak{F}_{\mathfrak{g}\mathfrak{h}}|}{|\mathfrak{F}_{\mathfrak{i}\mathfrak{k}}|} \qquad \begin{pmatrix} \mathfrak{g}, \mathfrak{h} = 0, 1, 2, \ldots \mathfrak{m};\ \mathfrak{F}_{00} = \mathfrak{F} \\ \mathfrak{i}, \mathfrak{k} = 1, 2, \ldots \mathfrak{m} \end{pmatrix}$$

*) Cf. Monatsbericht vom März pag. 212; p. 37 der Separatabdrücke[1]).

[1]) S. 391 dieser Ausgabe. H.

verschwindet, zu der Gleichung

$$\mathfrak{F} = \sum_{m=1}^{m=\mathfrak{m}} \frac{|\mathfrak{F}_{qr}| \cdot |\mathfrak{F}_{rq}|}{|\mathfrak{F}_{qq'}| \cdot |\mathfrak{F}_{ss'}|} \qquad \begin{pmatrix} q, q' = m, m+1, \ldots \mathfrak{m} \\ r = 0, m+1, \ldots \mathfrak{m} \\ s, s' = m+1, \ldots \mathfrak{m} \end{pmatrix},$$

welche die *Jacobi*'sche Transformation einer ganz beliebigen bilinearen Form explicite enthält und für den Fall $\mathfrak{m} = \mathfrak{n}$ mit der von *Jacobi* selbst aufgestellten vollkommen übereinstimmt.

IV. Wenn man eine bilineare Function $\mathfrak{F}$ als quadratische Form der $2\mathfrak{n}$ Veränderlichen $\mathfrak{x}$, $\mathfrak{y}$ auffasst und als solche mittels des oben für $F(z_1, z_2, \ldots z_n)$ entwickelten Verfahrens transformirt, so bleiben die beiden Variabeln-Systeme dabei gesondert, und von den je zwei oben mit z_h, $z_{h'}$ bezeichneten linearen Functionen der ursprünglichen Variabeln enthält die eine immer nur Variabeln $\mathfrak{x}$, die andre nur Variabeln $\mathfrak{y}$. Die *Jacobi*'sche Transformation bilinearer Functionen kann auf diese Weise aus der bezüglichen Transformation quadratischer Formen hergeleitet werden, und wenn auch gewöhnlich, sowie im vorhergehenden Art. III, der entgegengesetzte Weg eingeschlagen wird, so hat doch auch jene Art der Deduction gewisse Vorzüge. Man kann dabei die sämmtlichen Variabeln des einen Systems denen des andern vorangehen lassen, oder auch die einen Veränderlichen auf ganz beliebige Weise unter die andern einreihen, z. B. so, dass stets zwei gleichnamige oder correspondirende Variabeln unmittelbar auf einander folgen. Geht man von einer solchen Anordnung der Variabeln $\mathfrak{x}$, $\mathfrak{y}$

$$\mathfrak{x}_1, \mathfrak{y}_1, \mathfrak{x}_2, \mathfrak{y}_2, \ldots \mathfrak{x}_\mathfrak{n}, \mathfrak{y}_\mathfrak{n}$$

aus, so führt das *Jacobi*'sche Verfahren, wenn die bilineare Form $\mathfrak{F}$ symmetrisch oder alternirend ist*), zu einer für beide Variabeln-Systeme *congruenten* Transformation. Nimmt man nämlich bei der Entwickelung im Anfange dieses Paragraphen

---

*) Eine bilineare Form heisst symmetrisch oder alternirend, wenn sie bei gleichzeitiger Vertauschung aller correspondirenden Variabeln unverändert bleibt oder einen entgegengesetzten Werth annimmt; die Bezeichnung setzt also eine gewisse Zuordnung der Variabeln der beiden Systeme voraus.

$$z_1 = \mathfrak{x}_1, \quad z_2 = \mathfrak{y}_1, \quad z_3 = \mathfrak{x}_2, \quad z_4 = \mathfrak{y}_2, \quad \ldots$$

und die bilineare Function $\mathfrak{F}(\mathfrak{x}_1, \mathfrak{y}_1, \mathfrak{x}_2, \mathfrak{y}_2, \ldots)$ an Stelle von $F(z_1, z_2, \ldots z_n)$, so wird unter Beibehaltung der im Art. III angenommenen Bezeichnungen das erste Glied der *Jacobi*'schen Transformirten für den Fall $\mathfrak{F}_{11} \gtrless 0$

$$\mathfrak{F}_{11}\mathfrak{X}_1\mathfrak{Y}_1,$$

wenn $\mathfrak{F}_{01} = \mathfrak{F}_{11}\mathfrak{X}_1$ und $\mathfrak{F}_{10} = \mathfrak{F}_{11}\mathfrak{Y}_1$ gesetzt wird, während für den Fall

$$\mathfrak{F}_{11} = 0, \quad \mathfrak{F}_{12} = 0, \quad \ldots \mathfrak{F}_{1\,h-1} = 0, \quad \mathfrak{F}_{1h} \gtrless 0$$

das Aggregat der zwei ersten Glieder gleich

$$\frac{\mathfrak{F}_{h1}\mathfrak{F}_{10}\mathfrak{F}_{0h} + \mathfrak{F}_{1h}\mathfrak{F}_{h0}\mathfrak{F}_{01} - \mathfrak{F}_{hh}\mathfrak{F}_{10}\mathfrak{F}_{01}}{\mathfrak{F}_{1h}\mathfrak{F}_{h1}}$$

wird. Diess folgt auch unmittelbar daraus, dass die Form $\mathfrak{F}$ nach Absonderung des angegebenen Ausdrucks von den Variabeln $\mathfrak{x}_1, \mathfrak{x}_h, \mathfrak{y}_1, \mathfrak{y}_h$ unabhängig wird. Setzt man nun, wenn $\mathfrak{F}$ symmetrisch, also $\mathfrak{F}_{1h} = \mathfrak{F}_{h1}$ ist,

$$\mathfrak{F}_{0h}\mathfrak{F}_{h1} - \tfrac{1}{2}\mathfrak{F}_{01}\mathfrak{F}_{hh} = \mathfrak{F}_{h1}\mathfrak{X}_1, \qquad \mathfrak{F}_{10} = \mathfrak{F}_{1h}\mathfrak{Y}_h$$

$$\mathfrak{F}_{h0}\mathfrak{F}_{1h} - \tfrac{1}{2}\mathfrak{F}_{10}\mathfrak{F}_{hh} = \mathfrak{F}_{1h}\mathfrak{Y}_1, \qquad \mathfrak{F}_{01} = \mathfrak{F}_{h1}\mathfrak{X}_h$$

und, wenn $\mathfrak{F}$ alternirend, also $\mathfrak{F}_{1h} = -\mathfrak{F}_{h1}$ und $\mathfrak{F}_{hh} = 0$ ist,

$$\mathfrak{F}_{0h} = \mathfrak{X}_1, \qquad \mathfrak{F}_{10} = \mathfrak{F}_{1h}\mathfrak{Y}_h$$

$$-\mathfrak{F}_{h0} = \mathfrak{Y}_1, \qquad \mathfrak{F}_{01} = \mathfrak{F}_{h1}\mathfrak{X}_h,$$

so erhält man durch Einführung der Variabeln $\mathfrak{X}$, $\mathfrak{Y}$ an Stelle der gleichnamigen Veränderlichen $\mathfrak{x}$, $\mathfrak{y}$ die congruente Transformation symmetrischer Functionen $\mathfrak{F}$:

$$\mathfrak{F} = \mathfrak{F}_{11}\mathfrak{X}_1\mathfrak{Y}_1 + \mathfrak{F}' \qquad \text{oder} \qquad \mathfrak{F} = \mathfrak{X}_1\mathfrak{Y}_h + \mathfrak{X}_h\mathfrak{Y}_1 + \overline{\mathfrak{F}}$$

und die congruente Transformation alternirender Functionen $\mathfrak{F}$:

$$\mathfrak{F} = \mathfrak{X}_1\mathfrak{Y}_h - \mathfrak{X}_h\mathfrak{Y}_1 + \overline{\mathfrak{F}}\,.$$

Hierbei bedeutet $\mathfrak{F}'$ eine symmetrische bilineare Function der Variabeln

$$\mathfrak{x}_2,\ \mathfrak{y}_2,\ \ \mathfrak{x}_3,\ \mathfrak{y}_3,\ \ldots \mathfrak{x}_n,\ \mathfrak{y}_n,$$

und mit $\overline{\mathfrak{F}}$ ist im ersten Falle eine symmetrische, im zweiten aber eine alternirende bilineare Function der Variabeln

$$\mathfrak{x}_2,\ \mathfrak{y}_2,\ \ldots\ \mathfrak{x}_{h-1},\ \mathfrak{y}_{h-1},\ \ \mathfrak{x}_{h+1},\ \mathfrak{y}_{h+1},\ \ldots\ \mathfrak{x}_n,\ \mathfrak{y}_n$$

bezeichnet. Die *Jacobi*'sche Transformation führt also in der That zu einer Umwandlung von $\mathfrak{F}$ in

$$\sum_{h,h'} c_{hh'}(\mathfrak{X}_h\mathfrak{Y}_{h'} + \mathfrak{X}_{h'}\mathfrak{Y}_h) \qquad \text{und resp.} \qquad \sum_{h,h'}(\mathfrak{X}_h\mathfrak{Y}_{h'} - \mathfrak{X}_{h'}\mathfrak{Y}_h) \quad \begin{pmatrix} h = h_1,\ h_2, \ldots h_\nu, \\ h' = h'_1,\ h'_2, \ldots h'_\nu \end{pmatrix}$$

mittels congruenter Substitution; die Reihe der Indices h hat dabei genau diejenigen Eigenschaften der Reihe

$$\text{(H)} \qquad h_1,\ h'_1,\ h_2,\ h'_2,\ \ldots h_\nu,\ h'_\nu,$$

welche sich im Art. I auseinandergesetzt finden, und die Grössen $\mathfrak{X}$, $\mathfrak{Y}$ sind auch den dort mit Z bezeichneten vollkommen analog. Jede lineare Function $\mathfrak{X}$, $\mathfrak{Y}$ enthält nämlich beziehungsweise die Variable $\mathfrak{x}$, $\mathfrak{y}$ von gleichem Index, aber ausserdem nur solche, die sowohl bei der natürlichen als bei der abgeleiteten, mit (H) bezeichneten Anordnung darauf folgen. Die Coëfficienten der Functionen $\mathfrak{X}$, $\mathfrak{Y}$ und die Coëfficienten $c_{hh'}$ sind sämmtlich rational aus denen von $\mathfrak{F}$ zusammengesetzt, und für $h < h'$ ist $c_{hh'} = 1$.

Die angegebene congruente Transformation der bilinearen Form $\mathfrak{F}$ ergiebt sich für den Fall, dass dieselbe symmetrisch ist, auch unmittelbar aus der *Jacobi*'schen Transformation der quadratischen Form

$$\sum_{\mathfrak{i},\mathfrak{k}} \mathfrak{F}_{\mathfrak{i}\mathfrak{k}} z_{\mathfrak{i}} z_{\mathfrak{k}} \qquad (\mathfrak{i}, \mathfrak{k} = 1, 2, \ldots \mathfrak{n}),$$

aber für den Fall alternirender Formen $\mathfrak{F}$ bedurfte die Transformations-Gleichung

$$\mathfrak{F} = \sum_{h, h'} (\mathfrak{X}_h \mathfrak{Y}_{h'} - \mathfrak{X}_{h'} \mathfrak{Y}_h) \qquad (h = h_1, h_2, \ldots h_\nu;\ h' = h'_1, h'_2, \ldots h'_\nu)$$

einer besonderen Herleitung. Es folgt aus derselben, dass die Determinante von $\mathfrak{F}$,

$$|\mathfrak{F}_{\mathfrak{i}\mathfrak{k}}| \qquad (\mathfrak{i}, \mathfrak{k} = 1, 2, \ldots \mathfrak{n}),$$

verschwindet, sobald die Zahl 2ν d. h. die Anzahl der Indices h kleiner als $\mathfrak{n}$ ist, und diess ist natürlich für ungrade Zahlen $\mathfrak{n}$ immer der Fall. Wenn aber $\mathfrak{n}$ eine grade Zahl und genau gleich 2ν ist, so wird

$$|\mathfrak{F}_{\mathfrak{i}\mathfrak{k}}| = \left|\frac{\partial \mathfrak{X}_{\mathfrak{i}}}{\partial \mathfrak{x}_{\mathfrak{k}}}\right| \cdot \left|\frac{\partial \mathfrak{Y}_{\mathfrak{i}}}{\partial \mathfrak{y}_{\mathfrak{k}}}\right| \qquad (\mathfrak{i}, \mathfrak{k} = 1, 2, \ldots \mathfrak{n}),$$

und da die Transformation eine congruente, d. h. da

$$\frac{\partial \mathfrak{X}_{\mathfrak{i}}}{\partial \mathfrak{x}_{\mathfrak{k}}} = \frac{\partial \mathfrak{Y}_{\mathfrak{i}}}{\partial \mathfrak{y}_{\mathfrak{k}}} \qquad (\mathfrak{i}, \mathfrak{k} = 1, 2, \ldots \mathfrak{n})$$

ist, so lässt sich die Determinante einer alternirenden bilinearen Form oder eines Systems, dessen conjugirte Elemente $\mathfrak{F}_{\mathfrak{i}\mathfrak{k}}$, $\mathfrak{F}_{\mathfrak{k}\mathfrak{i}}$ entgegengesetzt gleich sind, als das Quadrat eines Ausdruckes darstellen, welcher aus den Grössen $\mathfrak{F}_{\mathfrak{i}\mathfrak{k}}$ rational zusammengesetzt ist*).

V. Wenn ein System von Veränderlichen $\mathfrak{z}$, welche irgendwie in zwei Gruppen

$$\mathfrak{z}_1', \mathfrak{z}_1'', \mathfrak{z}_1''', \ldots; \qquad \mathfrak{z}_2', \mathfrak{z}_2'', \mathfrak{z}_2''', \ldots$$

---

*) Vgl. *Baltzer's* Theorie und Anwendung der Determinanten § 7. III. Auflage.

eingetheilt sind, in ein System z mittels dreier Substitutionen $\mathfrak{S}_{11}$, $\mathfrak{S}_{12}$, $\mathfrak{S}_{22}$ übergeführt wird, welche so beschaffen sind, dass durch $\mathfrak{S}_{11}$ nur die Variabeln $\mathfrak{z}_1$ und durch $\mathfrak{S}_{22}$ nur die Variabeln $\mathfrak{z}_2$ unter sich transformirt werden, während durch $\mathfrak{S}_{12}$ jeder Variabeln $\mathfrak{z}_1$ eine lineare Function von $\mathfrak{z}_2'$, $\mathfrak{z}_2''$, ... hinzugefügt wird, so zerfällt auch das System der Variabeln z in zwei Gruppen

$$z_1', z_1'', z_1''', \ldots; \qquad z_2', z_2'', z_2''', \ldots,$$

welche denen der Veränderlichen $\mathfrak{z}$ entsprechen. Ist nun

$$\mathfrak{F}(\mathfrak{z}_1', \mathfrak{z}_1'', \ldots, \mathfrak{z}_2', \mathfrak{z}_2'', \ldots)$$

eine quadratische Form,

$$F(z_1', z_1'', \ldots, z_2', z_2'', \ldots)$$

deren Transformirte, und denkt man sich die Variabeln z so geordnet, dass diejenigen der ersten Gruppe sämmtlich denen der zweiten vorangehen, so ist die *Jacobi*'sche Transformation von F als Resultat von drei Substitutionen der angegebenen Art S_{11}, S_{12}, S_{22} aufzufassen, und die transformirten Variabeln Z vertheilen sich demnach in zwei Gruppen, welche den bezüglichen Gruppen der Variabeln z entsprechen, aber für den Fall, dass die Determinante von F gleich Null ist, eine geringere Anzahl von Variabeln enthalten. Die beiden Gruppen der Variabeln Z zerfallen wiederum in je zwei Abtheilungen, sodass im Ganzen vier Abtheilungen entstehen:

$$Z_{11}', Z_{11}'', \ldots; \quad Z_{12}', Z_{12}'', \ldots; \quad Z_{21}', Z_{21}'', \ldots; \quad Z_{22}', Z_{22}'', \ldots,$$

welche folgendermassen zu charakterisiren sind. Die erste Abteilung (Z_{11}) umfasst alle diejenigen Variabeln der ersten Gruppe und die letzte Abtheilung (Z_{22}) alle diejenigen der zweiten, welche in der *Jacobi*'schen Transformirten nur mit Variabeln *derselben* Gruppe multiplicirt vorkommen; die hiernach übrig bleibenden Variabeln vertheilen sich alsdann in die zweite oder dritte Abtheilung (Z_{12}), (Z_{21}), je nachdem sie der ersten oder zweiten Gruppe angehören.

Nimmt man für $\mathfrak{S}_{11}$, $\mathfrak{S}_{12}$, $\mathfrak{S}_{22}$ Substitutionen mit unbestimmten Coëfficienten, so erhält man eine möglichst allgemeine Transformation von

$$\mathfrak{F}(\mathfrak{z}_1', \mathfrak{z}_1'', \ldots, \mathfrak{z}_2', \mathfrak{z}_2'', \ldots)$$

in

$$\sum_{(i,k)} c_{ik} Z_{11}^{(i)} Z_{11}^{(k)} + \sum_{(i,k)} Z_{12}^{(i)} Z_{21}^{(k)} + \sum_{(i,k)} c_{ik}' Z_{22}^{(i)} Z_{22}^{(k)},$$

wo die Summationen nur auf gewisse zusammengehörige Paare von Indices (i, k) zu beziehen sind, wo ferner die Coëfficienten c_{ik} für $i \gtrless k$ gleich Eins und Z_{21}, Z_{22} lineare Functionen der Veränderlichen $\mathfrak{z}_2$ allein sind, sodass die sämmtlichen Variabeln Z auch direct, d. h. ohne Vermittelung der Variabeln z, von den Veränderlichen $\mathfrak{z}$ mittels dreier Substitutionen $\overline{\mathfrak{S}}_{11}$, $\overline{\mathfrak{S}}_{12}$, $\overline{\mathfrak{S}}_{22}$ abgeleitet werden können, welche ganz ebenso wie oben $\mathfrak{S}_{11}$, $\mathfrak{S}_{12}$, $\mathfrak{S}_{22}$ zu charakterisiren sind.

Ist die quadratische Form $\mathfrak{F}$ bilinear, so hat man die drei allgemeinen Substitutionen $\mathfrak{S}_{11}$, $\mathfrak{S}_{12}$, $\mathfrak{S}_{22}$ soweit zu beschränken, dass die beiden Reihen von Variabeln getrennt bleiben; sie sind ferner für den Fall, dass $\mathfrak{F}$ eine symmetrische oder alternirende bilineare Form ist, noch dahin zu specialisiren, dass sie für beide Reihen von Variabeln übereinstimmend d. h. congruent werden. Vermöge der im Art. IV entwickelten Eigenschaften der *Jacobi*'schen Transformation sind nun in den bezeichneten Fällen die Substitutionen S_{11}, S_{12}, S_{22} und also auch die Substitutionen $\overline{\mathfrak{S}}_{11}$, $\overline{\mathfrak{S}}_{12}$, $\overline{\mathfrak{S}}_{22}$ von ebenderselben Beschaffenheit wie $\mathfrak{S}_{11}$, $\mathfrak{S}_{12}$, $\mathfrak{S}_{22}$; es lässt sich daher eine beliebige bilineare Form

$$\mathfrak{F}(\mathfrak{x}_1', \mathfrak{x}_1'', \ldots, \mathfrak{x}_2', \mathfrak{x}_2'', \ldots; \mathfrak{y}_1', \mathfrak{y}_1'', \ldots, \mathfrak{y}_2', \mathfrak{y}_2'', \ldots)$$

mittels dreier Substitutionen $\overline{\mathfrak{S}}_{11}$, $\overline{\mathfrak{S}}_{12}$, $\overline{\mathfrak{S}}_{22}$ in

$$\sum_{(i,k)} \mathfrak{X}_{11}^{(i)} \mathfrak{Y}_{11}^{(k)} + \sum_{(i,k)} \mathfrak{X}_{12}^{(i)} \mathfrak{Y}_{21}^{(k)} + \sum_{(i,k)} \mathfrak{X}_{21}^{(i)} \mathfrak{Y}_{12}^{(k)} + \sum_{(i,k)} \mathfrak{X}_{22}^{(i)} \mathfrak{Y}_{22}^{(k)}$$

transformiren, ferner, wenn $\mathfrak{F}$ symmetrisch oder alternirend ist, noch speciell in

$$\sum_{(i,k)} c_{ik}(\mathfrak{X}_{11}^{(i)}\mathfrak{Y}_{11}^{(k)} + \mathfrak{X}_{11}^{(k)}\mathfrak{Y}_{11}^{(i)}) + \sum_{(i,k)} (\mathfrak{X}_{12}^{(i)}\mathfrak{Y}_{21}^{(k)} + \mathfrak{X}_{21}^{(k)}\mathfrak{Y}_{12}^{(i)}) + \sum_{(i,k)} c'_{ik}(\mathfrak{X}_{22}^{(i)}\mathfrak{Y}_{22}^{(k)} + \mathfrak{X}_{22}^{(k)}\mathfrak{Y}_{22}^{(i)})$$

resp.

$$\sum_{(i,k)} (\mathfrak{X}_{11}^{(i)}\mathfrak{Y}_{11}^{(k)} - \mathfrak{X}_{11}^{(k)}\mathfrak{Y}_{11}^{(i)}) + \sum_{(i,k)} (\mathfrak{X}_{12}^{(i)}\mathfrak{Y}_{21}^{(k)} - \mathfrak{X}_{21}^{(k)}\mathfrak{Y}_{12}^{(i)}) + \sum_{(i,k)} (\mathfrak{X}_{22}^{(i)}\mathfrak{Y}_{22}^{(k)} - \mathfrak{X}_{22}^{(k)}\mathfrak{Y}_{22}^{(i)})$$

und zwar so, dass die drei Substitutionen $\overline{\mathfrak{S}}$ für jede der zwei Reihen von Variabeln $\mathfrak{x}$, $\mathfrak{y}$ gesondert und dabei in den letzten beiden Fällen *congruent* sind, wenn durchweg in dem ursprünglichen Variabelnsystem ($\mathfrak{x}$, $\mathfrak{y}$) ebenso wie in dem transformirten ($\mathfrak{X}$, $\mathfrak{Y}$) die gleichnamigen Veränderlichen als correspondirende angesehen werden. Die Coëfficienten c_{ik}, c'_{ik} sind für $i \gtrless k$ gleich Eins, c_{ii} und c'_{ii} aber, sowie die Substitutionscoëfficienten von $\overline{\mathfrak{S}}_{11}$, $\overline{\mathfrak{S}}_{12}$, $\overline{\mathfrak{S}}_{22}$ sind rational aus denen der Form $\mathfrak{F}$ und aus jenen allgemeinen Coëfficienten von $\mathfrak{S}_{11}$, $\mathfrak{S}_{12}$, $\mathfrak{S}_{22}$ zusammengesetzt, deren Unbestimmtheit für obige drei Formen von $\mathfrak{X}$, $\mathfrak{Y}$ die Transformationen in sich selbst ergiebt.

Nur die hier zuletzt dargelegten Consequenzen der *Jacobi*'schen Transformation quadratischer und bilinearer Formen werden im Folgenden zur Anwendung kommen; die übrigen Eigenschaften derselben, namentlich jene mehr formalen, deren Ausführung den Gegenstand der Artt. II und III bildet, sind nur der Vollständigkeit halber bei dieser Gelegenheit mit entwickelt worden.

§ 2.

Die Reduction der bilinearen Formen mittels congruenter Transformationen.

Die Art und Weise, wie die beiden Reihen von Variabeln einer bilinearen Form einander zugeordnet werden, kommt nicht bloss, wie in der Einleitung bemerkt worden, bei der Transformation zur Geltung, sondern sie ist schon für die Definition der Determinante in gewisser Hinsicht als massgebend zu betrachten. Denn es wird z. B., wenn — wie es auch in der Folge geschehen soll — die correspondirenden Variabeln x, y stets mit gleichen Indices oder sonstigen Merkzeichen versehen werden, die Determinante der Form xy gleich Eins, aber die von $x'y$ gleich Null. Wie man nämlich in der Theorie homogener Formen überhaupt von einer bestimmten Reihe von Variabeln ausgehen muss, so ist bei der specielleren Behandlung der bilinearen Formen ein *vollständiges System von zwei Reihen einander gegenseitig entsprechender Variabeln* zu Grunde zu legen. Zuvörderst können freilich die bilinearen Functionen als quadratische Formen der sämmtlichen ungetrennten Variabeln beider Reihen angesehen werden, und in der allgemeineren Theorie derselben, welcher sich bisher die Untersuchung fast ausschliesslich zugewendet hat, kommt eben nur die Sonderung der beiden Reihen von Veränderlichen, nicht aber die gegenseitige Correspondenz der einzelnen Variabeln in Betracht. Geht man aber von einem *zweitheiligen Variabelnsystem*

$$\begin{array}{l} \mathfrak{x}', \mathfrak{x}'', \mathfrak{x}''', \ldots \\ \mathfrak{y}', \mathfrak{y}'', \mathfrak{y}''', \ldots \end{array}$$

aus, in welchem die unter einander stehenden Veränderlichen die correspondirenden sind, so hat man unter der Determinante einer bilinearen Function

$$\mathfrak{F}(\mathfrak{x}', \mathfrak{x}'', \ldots; \mathfrak{y}', \mathfrak{y}'', \ldots)$$

die Determinante

$$(\mathfrak{D}) \qquad \left| \frac{\partial^2 \mathfrak{F}}{\partial x \partial y} \right| \qquad \binom{x = \mathfrak{x}', \mathfrak{x}'', \mathfrak{x}''', \ldots}{y = \mathfrak{y}', \mathfrak{y}'', \mathfrak{y}''', \ldots}$$

zu verstehen, auch dann, wenn irgend welche von den Veränderlichen $\mathfrak{x}$, $\mathfrak{y}$ in $\mathfrak{F}$ gar nicht vorkommen. Da nun andrerseits für die Theorie der bilinearen Formen auch die Determinante derjenigen linearen Functionen von Bedeutung ist, welche durch partielle Differentiation von $\mathfrak{F}$ nach allen wirklich darin enthaltenen Variabeln resultiren, so soll dieselbe zur Unterscheidung von jener Determinante ($\mathfrak{D}$) als die *Discriminante* von $\mathfrak{F}$ bezeichnet werden, zumal dieselbe nichts Anderes als die Determinante oder, nach der *Sylvester*schen Ausdrucksweise, die Discriminante der Function $\mathfrak{F}$ ist, sofern dieselbe als quadratische Form der sämmtlichen darin vorkommenden Veränderlichen betrachtet wird.

I. Eine bilineare Function $f(x', x'', \ldots; y', y'' \ldots)$ kann stets durch congruente Substitutionen in eine Form $\mathfrak{f}$ transformirt werden, deren Discriminante von Null verschieden ist. Wenn man nämlich auf die Function f die *Jacobi*'sche Transformation anwendet und dabei die Variabeln x, y unter einander in beliebiger Weise ordnet, so resultirt zuvörderst eine Form

$$(\varphi) \qquad \xi_1\eta_1' + \xi_2\eta_2' + \cdots + \xi_n\eta_n',$$

worin $\xi_1, \xi_2, \ldots \xi_n$ und $\eta_1', \eta_2', \ldots \eta_n'$ resp. von einander unabhängige, lineare Functionen der Variabeln x und y bedeuten. Führt man nun die Functionen $\eta_1', \eta_2', \ldots \eta_n'$ sowie die analogen Functionen $\xi_1', \xi_2', \ldots \xi_n'$ als neue Variabeln ein, so sind von den Functionen $\xi_1, \xi_2, \ldots \xi_n$ nur so viele hinzuzunehmen, als dann noch linear unabhängig sind. Demgemäss seien die Variabeln

$$\xi_1, \xi_2, \ldots \xi_m; \quad \xi_1', \xi_2', \ldots \xi_n'$$

ausreichend, um die sämmtlichen Functionen ξ dadurch linear auszudrücken, so dass also $n - m$ Gleichungen

$$\xi_k = \mathfrak{x}_k + \sum_h c_{hk}\xi_h \qquad (h = 1, \ldots m;\ k = m+1, \ldots n)$$

bestehen, in denen $\mathfrak{x}_{m+1}, \ldots \mathfrak{x}_n$ lineare Functionen der Variabeln ξ' sind. Setzt man der Gleichförmigkeit wegen $\mathfrak{x}_1, \ldots \mathfrak{x}_m$ anstatt $\xi_1, \ldots \xi_m$, behält dann wiederum nur so viele von den Variabeln $\eta_1', \eta_2', \ldots \eta_n'$ bei, als von

$$\mathfrak{y}_{m+1}, \mathfrak{y}_{m+2}, \ldots \mathfrak{y}_n$$

d. h. von denjenigen Functionen, welche $\mathfrak{x}_{m+1}, \mathfrak{x}_{m+2}, \ldots \mathfrak{x}_n$ correspondiren, linear unabhängig sind, und bezeichnet diese m Grössen η' mit

$$\mathfrak{y}_{n+1}, \mathfrak{y}_{n+2}, \ldots \mathfrak{y}_{n+m},$$

so geht φ über in eine bilineare Form

$$\mathfrak{f}(\mathfrak{x}_1, \mathfrak{x}_2, \ldots \mathfrak{x}_n;\ \mathfrak{y}_{m+1}, \mathfrak{y}_{m+2}, \ldots \mathfrak{y}_{m+n}),$$

deren zwei Reihen von Veränderlichen

$$\mathfrak{x}_1, \mathfrak{x}_2, \ldots \mathfrak{x}_m, \mathfrak{x}_{m+1}, \mathfrak{x}_{m+2}, \ldots \mathfrak{x}_n$$
$$\mathfrak{y}_{m+1}, \mathfrak{y}_{m+2}, \ldots \mathfrak{y}_n, \mathfrak{y}_{n+1}, \mathfrak{y}_{n+2}, \ldots \mathfrak{y}_{n+m}$$

durch congruente Substitutionen aus dem Variabelnsystem

$$x', x'', x''', \ldots$$
$$y', y'', y''', \ldots$$

hervorgegangen sind. — Die *Discriminante* der auf diese Weise resultirenden Form $\mathfrak{f}$ ist in der That von Null verschieden, da $\mathfrak{f}$ durch Transformation aus φ entstanden ist; aber die *Determinante* von $\mathfrak{f}$, nämlich

$$\left| \frac{\partial^2 \mathfrak{f}}{\partial \mathfrak{x}_i \partial \mathfrak{y}_k} \right| \qquad (i, k = 1, 2, \ldots m+n),$$

ist ebenso wie jede der ersten, zweiten, ... $(m-1)^{\text{ten}}$ Unterdeterminanten, für positive Werthe von m, gleich Null, und erst eine der m^{ten} Unterdeterminanten, nämlich

$$\left| \frac{\partial^2 \mathfrak{f}}{\partial \mathfrak{x}_i \partial \mathfrak{y}_k} \right| \qquad \binom{i = 1, 2, \ldots n}{k = m+1, m+2, \ldots m+n},$$

welche gleich der Quadratwurzel aus der Discriminante ist, hat einen von Null verschiedenen Werth. Diese Eigenschaft der Determinante und der Unterdeterminanten von $\mathfrak{f}$ bleibt natürlich bei jeder congruenten Transformation erhalten, und hieraus folgt unmittelbar, dass die Function $\mathfrak{f}$ eine „eigentliche" bilineare Form von $m+n$ Variabeln-Paaren ist, d. h. dass dieselbe durch congruente Transformation nicht in eine Form f' von Variabeln x, y verwandelt werden kann, welche einem zweitheiligen System von weniger als $2(m+n)$ Veränderlichen angehören. Eine solche Form f' von nur $2(m+n-k)$ Variabeln würde nämlich nach dem oben angegebenen Verfahren mittels congruenter Transformation in eine Form $\mathfrak{f}'$ übergeführt werden können, deren Discriminante nicht gleich Null ist; in $\mathfrak{f}'$ müssten aber dann genau je n Variabeln $\mathfrak{x}'$ und $\mathfrak{y}'$ vorkommen und also nur je $m-k$ Variabeln fehlen, so dass schon eine der $(m-k)^{\text{ten}}$ Unterdeterminanten gleich der Quadratwurzel aus der Discriminante und daher von Null verschieden sein würde.

Wie die vorstehenden Entwickelungen zeigen, lässt sich in der That jede bilineare Form (f) mittels congruenter Transformation in eine solche $(\mathfrak{f})$ verwandeln, deren Discriminante von Null verschieden ist. Die Anzahl der Variabeln in einer solchen Transformirten ist für beide Reihen gleich gross, und wie man auch jene Transformation bewirken mag, es ändert sich dabei weder die Gesammtanzahl der Variabeln noch auch die Anzahl der Paare von correspondirenden. Bezeichnet man, wie oben, die Anzahl dieser Paare mit $n-m$ und die Anzahl derjenigen Variabeln der einen Reihe, denen keine der andern correspondirt, mit m, so ist ferner $n+m$ die Minimalanzahl der Glieder eines vollständigen Systems von Variabeln-Paaren für die sämmtlichen bilinearen Formen, welche aus der Form (f) durch congruente Transformation hervorgehen. Die Zahl m kann hierbei nur gleich $0, 1, \dots n$ sein.

II. Wenn man unter f und f' zwei mit einander conjugirte bilineare Formen versteht, deren *Determinante* von Null verschieden ist, und

$$f+f'=2\varphi_1, \quad f-f'=2\psi_1, \quad af-bf'=(a^2-b^2)\mathfrak{f}_1, \quad af'-bf=(a^2-b^2)\mathfrak{f}_1'$$

setzt, so ist

$$f=\varphi_1+\psi_1 \quad \text{und} \quad f=a\mathfrak{f}_1+b\mathfrak{f}_1'.$$

Je nachdem also die Determinante der Schaar bilinearer Formen

$$uf+vf'$$

irgend einen Linearfactor $u\pm v$ hat oder einen Factor $av+bu$, für welchen $a^2 \gtrless b^2$ ist, kann f als ein Aggregat einer symmetrischen und einer alternirenden Form so dargestellt werden, dass die Determinante der einen dieser beiden Formen gleich Null ist, oder als ein Aggregat von zwei conjugirten Formen, deren Determinante verschwindet. Wenn nun die Form $\mathfrak{f}_1$ oder resp. diejenige der Formen φ_1, ψ_1, deren Determinante gleich Null ist, durch congruente Substitution in eine Form $\mathfrak{f}$ oder resp. φ, ψ verwandelt wird, deren *Discriminante* von Null verschieden ist, so kommt nach Einführung der neuen Variabeln in $\mathfrak{f}'$ oder resp. in ψ_1, φ_1:

$$f = \varphi + \psi \qquad \text{oder} \qquad f = a\mathfrak{f} + b\mathfrak{f}';$$

und im ersten Falle enthält die eine der beiden Formen φ und ψ Variabeln, die in der andern nicht vorkommen, im zweiten Falle enthält jede der beiden conjugirten Formen $\mathfrak{f}$, $\mathfrak{f}'$ Variabeln, deren correspondirende darin fehlen.

III. Ist $\mathfrak{f}(\mathfrak{x}_1, \mathfrak{x}_2, \ldots \mathfrak{x}_n;\ \mathfrak{y}_{m+1}, \mathfrak{y}_{m+2}, \ldots \mathfrak{y}_{m+n})$ eine bilineare Form von nicht verschwindender Discriminante, so können die Variabeln

$$\mathfrak{x}_1, \mathfrak{x}_2, \ldots \mathfrak{x}_m;\quad \mathfrak{y}_{n+1}, \mathfrak{y}_{n+2}, \ldots \mathfrak{y}_{n+m},$$

deren correspondirende fehlen, zu einer ersten Gruppe und die übrigbleibenden

$$\mathfrak{x}_{m+1}, \mathfrak{x}_{m+2}, \ldots \mathfrak{x}_n;\quad \mathfrak{y}_{m+1}, \mathfrak{y}_{m+2}, \ldots \mathfrak{y}_n$$

zu einer zweiten zusammengefasst werden. Diess vorausgeschickt, ist nach § 1 Art. V die Form $\mathfrak{f}$ mittels einer Reihe von Substitutionen $\overline{\mathfrak{S}}_{11}$, $\overline{\mathfrak{S}}_{12}$, $\overline{\mathfrak{S}}_{22}$ in die bilineare Function

$$(\mathfrak{F}) \qquad \sum_{\mathfrak{a}} \left(\mathfrak{X}_{12}^{(\mathfrak{a})} \overline{\mathfrak{Y}}_{21}^{(\mathfrak{a}+\mathfrak{m})} + \mathfrak{X}_{21}^{(\mathfrak{a}+\mathfrak{m})} \mathfrak{Y}_{12}^{(\mathfrak{a}+\mathfrak{n})}\right) + \sum_{\mathfrak{b}} \mathfrak{X}_{11}^{(\mathfrak{b})} \mathfrak{Y}_{11}^{(\mathfrak{b}+\mathfrak{n})} + \sum_{\mathfrak{c}} \mathfrak{X}_{22}^{(\mathfrak{c})} \overline{\mathfrak{Y}}_{22}^{(\mathfrak{c})}$$

$$(\mathfrak{a} = 1, 2, \ldots \mathfrak{l};\ \mathfrak{b} = \mathfrak{l}+1, \mathfrak{l}+2, \ldots \mathfrak{m};\ \mathfrak{c} = \mathfrak{l}+\mathfrak{m}+1, \mathfrak{l}+\mathfrak{m}+2, \ldots \mathfrak{n})$$

zu verwandeln, wo die Variabeln $\mathfrak{Y}_{21}$, $\mathfrak{Y}_{22}$ überstrichen sind, um anzudeuten, dass sie als lineare Functionen der Variabeln $\mathfrak{y}$ in ihren Coëfficienten nicht nothwendig mit denen von $\mathfrak{X}_{21}$, $\mathfrak{X}_{22}$ übereinstimmen. Die mit $\overline{\mathfrak{S}}_{11}$, $\overline{\mathfrak{S}}_{12}$, $\overline{\mathfrak{S}}_{22}$ bezeichneten Substitutionen sind nämlich nicht an und für sich in Beziehung auf die beiden Reihen von Variabeln congruent, aber man kann, von denselben ausgehend, in folgender Weise zu congruenten Transformationen gelangen. Zuvörderst sind

$$\mathfrak{X}_{11}, \mathfrak{X}_{12}, \mathfrak{Y}_{11}, \mathfrak{Y}_{12}$$

an Stelle derjenigen Variabeln $\mathfrak{x}$, $\mathfrak{y}$ zu nehmen, welche der ersten Gruppe angehören, da die denselben correspondirenden Veränderlichen fehlen. Ferner sind auch die sämmtlichen in $(\mathfrak{F})$ vorkommenden Grössen $\mathfrak{X}_{21}$ beizubehalten und von denjenigen linearen Functionen der Variabeln $\mathfrak{x}$, welche den Functionen $\overline{\mathfrak{Y}}_{21}$ correspondiren, so viele hinzuzunehmen, als dann noch linear unabhängig sind. Bezeichnet man diese durch die *letzten* $\mathfrak{l}-\mathfrak{k}$ Indices, so bestehen für die *ersten* $\mathfrak{k}$ Grössen $\overline{\mathfrak{X}}_{21}$ lineare Relationen

$$\overline{\mathfrak{X}}_{21}^{(\mathfrak{p}+\mathfrak{m})} = \mathfrak{X}_{21}^{(\mathfrak{p})} + \sum_{\mathfrak{q}} \mathfrak{C}_{\mathfrak{p}\mathfrak{q}} \overline{\mathfrak{X}}_{21}^{(\mathfrak{q}+\mathfrak{m})} \qquad \begin{pmatrix} \mathfrak{p}=1,2,\dots \mathfrak{k} \\ \mathfrak{q}=\mathfrak{k}+1,\dots \mathfrak{l} \end{pmatrix},$$

in denen die Grössen $\mathfrak{X}_{21}^{(\mathfrak{p})}$ lineare Functionen der Grössen

$$\mathfrak{X}_{21}^{(\mathfrak{m}+1)}, \quad \mathfrak{X}_{21}^{(\mathfrak{m}+2)}, \quad \dots \quad \mathfrak{X}_{21}^{(\mathfrak{m}+\mathfrak{l})},$$

und also ebenso viele von diesen zu ersetzen geeignet sind. Man kann daher als unabhängige Variabeln $\mathfrak{X}$ erstens die sämmtlichen Grössen

$$\mathfrak{X}_{12}^{(\mathfrak{a})}, \quad \mathfrak{X}_{11}^{(\mathfrak{b})}$$

und ferner

$$\mathfrak{X}_{21}^{(\mathfrak{p})}, \quad \mathfrak{X}_{21}^{(\mathfrak{q}+\mathfrak{m})}, \quad \overline{\mathfrak{X}}_{21}^{(\mathfrak{q}+\mathfrak{m})}, \quad \mathfrak{X}_{22}^{(\mathfrak{r})} \qquad \begin{pmatrix} \mathfrak{a}=1,2,\dots \mathfrak{l};\ \mathfrak{b}=\mathfrak{l}+1,\dots \mathfrak{m} \\ \mathfrak{p}=1,2,\dots \mathfrak{k};\ \mathfrak{q}=\mathfrak{k}+1,\dots \mathfrak{l} \\ \mathfrak{r}=\mathfrak{m}+2\mathfrak{l}-\mathfrak{k}+1,\dots \mathfrak{n} \end{pmatrix}$$

wählen, da unter den Functionen $\mathfrak{X}_{22}$ genau $\mathfrak{l}-\mathfrak{k}$, nämlich soviel als Grössen $\overline{\mathfrak{X}}_{21}$ hinzugenommen sind, von den übrigen eingeführten Variabeln linear abhängig sein müssen; denn die Gesammtanzahl der transformirten Veränderlichen $\mathfrak{X}$ muss, weil die Discriminante von $\mathfrak{f}$ als von Null verschieden vorausgesetzt ist, gleich derjenigen der ursprünglichen Veränderlichen $\mathfrak{x}$ d. h. gleich $\mathfrak{n}$ sein. Von den Variabeln $\mathfrak{Y}$ sind nun vermöge der linearen Relationen

$$\overline{\mathfrak{Y}}_{21}^{(\mathfrak{p}+\mathfrak{m})} = \mathfrak{Y}_{21}^{(\mathfrak{p})} + \sum_{\mathfrak{q}} \mathfrak{C}_{\mathfrak{p}\mathfrak{q}} \mathfrak{Y}_{21}^{(\mathfrak{q}+\mathfrak{m})} \qquad \begin{pmatrix} \mathfrak{p}=1,2,\dots \mathfrak{k} \\ \mathfrak{q}=\mathfrak{k}+1,\dots \mathfrak{l} \end{pmatrix}$$

die sämmtlichen Grössen $\overline{\mathfrak{Y}}_{21}$ durch die letzten $\mathfrak{l}-\mathfrak{k}$ derselben und durch die Grössen $\mathfrak{Y}_{21}^{(\mathfrak{p})}$ ausdrückbar, welche den Grössen $\mathfrak{X}_{21}^{(\mathfrak{p})}$ correspondiren. Die Variabeln $\overline{\mathfrak{Y}}_{22}$ müssen ferner sämmtlich durch diejenigen Grössen

$$\mathfrak{Y}_{21}^{(\mathfrak{p})},\ \mathfrak{Y}_{21}^{(\mathfrak{q}+\mathfrak{m})},\ \overline{\mathfrak{Y}}_{21}^{(\mathfrak{q}+\mathfrak{m})},\ \mathfrak{Y}_{22}^{(\mathfrak{r})}$$

$$(\mathfrak{p}=1,2,\ldots \mathfrak{k};\ \mathfrak{q}=\mathfrak{k}+1,\ldots \mathfrak{l};\ \mathfrak{r}=\mathfrak{m}+2\mathfrak{l}-\mathfrak{k}+1,\ldots \mathfrak{n}),$$

welche den oben eingeführten Grössen

$$\mathfrak{X}_{21}^{(\mathfrak{p})},\ \mathfrak{X}_{21}^{(\mathfrak{q}+\mathfrak{m})},\ \overline{\mathfrak{X}}_{21}^{(\mathfrak{q}+\mathfrak{m})},\ \mathfrak{X}_{22}^{(\mathfrak{r})}$$

correspondiren, linear darstellbar sein. Denn, wären gewisse unter den Functionen $\overline{\mathfrak{Y}}_{22}$ von allen diesen Grössen $\mathfrak{Y}$ linear unabhängig, so würden ebensoviele von den Grössen $\mathfrak{Y}_{22}^{(\mathfrak{r})}$ weggelassen werden können, und die Form $\mathfrak{f}$ wäre somit durch congruente Substitutionen in eine Form von je $\mathfrak{n}$ Variabeln $\mathfrak{X}$, $\mathfrak{Y}$ transformirbar, unter denen weniger als je $\mathfrak{n}-\mathfrak{m}$ einander correspondirten; diess ist aber nach Art. I unmöglich. Hiernach sind nunmehr die in $\mathfrak{F}$ vorkommenden Veränderlichen

$\mathfrak{X}_{21}$ durch die Grössen $\mathfrak{X}_{21}^{(\mathfrak{p})},\ \mathfrak{X}_{21}^{(\mathfrak{q}+\mathfrak{m})}$

$\mathfrak{X}_{22}$ durch die Grössen $\mathfrak{X}_{21}^{(\mathfrak{p})},\ \mathfrak{X}_{21}^{(\mathfrak{q}+\mathfrak{m})},\ \overline{\mathfrak{X}}_{21}^{(\mathfrak{q}+\mathfrak{m})},\ \mathfrak{X}_{22}^{(\mathfrak{r})}$

$\overline{\mathfrak{Y}}_{21}$ durch die Grössen $\mathfrak{Y}_{21}^{(\mathfrak{p})},\ \overline{\mathfrak{Y}}_{21}^{(\mathfrak{q}+\mathfrak{m})}$

$\overline{\mathfrak{Y}}_{22}$ durch die Grössen $\mathfrak{Y}_{21}^{(\mathfrak{p})},\ \overline{\mathfrak{Y}}_{21}^{(\mathfrak{q}+\mathfrak{m})},\ \mathfrak{Y}_{21}^{(\mathfrak{q}+\mathfrak{m})},\ \mathfrak{Y}_{22}^{(\mathfrak{r})}$

linear darstellbar, und wenn man nach Einführung dieser letzteren Grössen $\mathfrak{X}$, $\mathfrak{Y}$ die mit

$$\mathfrak{X}_{21}^{(\mathfrak{p})},\quad \mathfrak{X}_{21}^{(\mathfrak{q}+\mathfrak{m})},\quad \mathfrak{Y}_{21}^{(\mathfrak{p})},\quad \overline{\mathfrak{Y}}_{21}^{(\mathfrak{q}+\mathfrak{m})}$$

multiplicirten Glieder sammelt, und die bezüglichen Factoren mit

$$\overline{\mathfrak{Y}}_{12}^{(\mathfrak{p}+\mathfrak{n})},\ \overline{\mathfrak{Y}}_{12}^{(\mathfrak{q}+\mathfrak{n})},\quad \overline{\mathfrak{X}}_{12}^{(\mathfrak{p})},\quad \overline{\mathfrak{X}}_{12}^{(\mathfrak{q})}$$

bezeichnet, so geht die Form $\mathfrak{F}$ in das Aggregat

$$(\overline{\mathfrak{F}})\qquad \mathfrak{F}_0+\mathfrak{F}_1+\mathfrak{F}^0+\mathfrak{F}'$$

über, wo

$$\mathfrak{F}_0 = \sum_{\mathfrak{b}} \mathfrak{X}_{11}^{(\mathfrak{b})} \mathfrak{Y}_{11}^{(\mathfrak{b}+\mathfrak{n})} \qquad (\mathfrak{b} = \mathfrak{l}+1, \dots \mathfrak{m})$$

$$\mathfrak{F}_1 = \sum_{\mathfrak{p}} (\overline{\mathfrak{X}}_{12}^{(\mathfrak{p})} \mathfrak{Y}_{21}^{(\mathfrak{p})} + \mathfrak{X}_{21}^{(\mathfrak{p})} \overline{\mathfrak{Y}}_{12}^{(\mathfrak{p}+\mathfrak{n})}) \qquad (\mathfrak{p} = 1, 2, \dots \mathfrak{k})$$

$$\mathfrak{F}^0 = \sum_{\mathfrak{q}} (\overline{\mathfrak{X}}_{12}^{(\mathfrak{q})} \overline{\mathfrak{Y}}_{21}^{(\mathfrak{q}+\mathfrak{m})} + \mathfrak{X}_{21}^{(\mathfrak{q}+\mathfrak{m})} \overline{\mathfrak{Y}}_{12}^{(\mathfrak{q}+\mathfrak{n})}) \qquad (\mathfrak{q} = \mathfrak{k}+1, \dots \mathfrak{l})$$

ist und $\mathfrak{F}'$ eine bilineare Function der $\mathfrak{n} - \mathfrak{m} - \mathfrak{l}$ Variabeln

$$\overline{\mathfrak{X}}_{21}^{(\mathfrak{q}+\mathfrak{m})}, \mathfrak{X}_{22}^{(\mathfrak{r})}, \quad \mathfrak{Y}_{22}^{(\mathfrak{r})}, \mathfrak{Y}_{21}^{(\mathfrak{q}+\mathfrak{m})} \qquad \begin{pmatrix} \mathfrak{q} = \mathfrak{k}+1, \mathfrak{k}+2, \dots \mathfrak{l} \\ \mathfrak{r} = \mathfrak{m}+2\mathfrak{l}-\mathfrak{k}+1, \dots \mathfrak{n} \end{pmatrix}$$

bedeutet. Die Discriminante von $\mathfrak{F}'$ ist nicht gleich Null; die in $\overline{\mathfrak{F}}$ vorkommenden Variabeln $\mathfrak{X}_{11}, \mathfrak{Y}_{11}$ sind mit den bezüglichen von $\mathfrak{F}$ identisch; die Grössen $\overline{\mathfrak{X}}_{12}, \overline{\mathfrak{Y}}_{12}$ in $\overline{\mathfrak{F}}$ sind resp. lineare Functionen der in $\mathfrak{F}$ enthaltenen Grössen $\mathfrak{X}_{12}, \mathfrak{X}_{22}$ und $\mathfrak{Y}_{12}, \overline{\mathfrak{Y}}_{22}$, und diejenigen Grössen $\mathfrak{X}, \mathfrak{Y}$ in $\overline{\mathfrak{F}}$, deren erster Index 2 ist, sind lineare Functionen der in $\mathfrak{F}$ enthaltenen Grössen $\mathfrak{X}_{21}, \mathfrak{X}_{22}$ und $\overline{\mathfrak{Y}}_{21}, \overline{\mathfrak{Y}}_{22}$. Die Form $\mathfrak{f}$ geht daher durch eine Reihe *congruenter* Substitutionen $\mathfrak{S}_{11}, \mathfrak{S}_{12}, \mathfrak{S}_{22}$ in $\overline{\mathfrak{F}}$ über, sodass die der zweiten Gruppe angehörigen Variabeln der Form $\mathfrak{f}$ dabei nur unter einander transformirt werden.

IV. Wenn man gemäss § 1 Art. V die bilineare Function $f(x_1, x_2, \dots x_n; y_{m+1}, y_{m+2}, \dots y_{m+n})$ mittels einer Reihe von Substitutionen, $\overline{\mathfrak{S}}_{22}, \overline{\mathfrak{S}}_{21}, \overline{\mathfrak{S}}_{11}$ in die bilineare Form

$$\text{(F)} \qquad \sum_a (X_{12}^{(a)} \overline{Y}_{21}^{(a+m)} + X_{21}^{(a+m)} Y_{12}^{(a+n)}) + \sum_b X_{11}^{(b)} Y_{11}^{(b+n)} + \sum_c X_{22}^{(c)} \overline{Y}_{22}^{(c)}$$

$$(a = 1, 2, \dots l; \; b = l+1, l+2, \dots m; \; c = l+m+1, l+m+2, \dots n)$$

verwandelt, so bestehen die darin vorkommenden linearen Functionen

$$X_{21}, \; X_{22}, \; \overline{Y}_{21}, \; \overline{Y}_{22}$$

aus zwei verschiedenen Theilen, von denen der eine die Variabeln der ersten Gruppe x, y, der andre die der zweiten Gruppe enthält. Bezeichnet man die letzteren Theile durch die entsprechenden deutschen Buchstaben $\mathfrak{X}, \mathfrak{Y}$, und bildet aus denselben nach den im vorhergehenden Abschnitt III enthaltenen Vorschriften die analog mit

$$\mathfrak{X}_{21}^{(p)},\ \mathfrak{X}_{21}^{(q+m)},\ \overline{\mathfrak{X}}_{21}^{(q+m)},\ \mathfrak{X}_{22}^{(r)};\quad \mathfrak{Y}_{21}^{(p)},\ \mathfrak{Y}_{21}^{(q+m)},\ \overline{\mathfrak{Y}}_{21}^{(q+m)},\ \mathfrak{Y}_{22}^{(r)}$$

$$(p=1, 2, \ldots k;\ q=k+1, k+2, \ldots l;\ r=m+2l-k+1, \ldots n)$$

zu bezeichnenden linearen Functionen, so sind diese, wie schon am Schlusse von Art. III hervorgehoben worden, auch umgekehrt lineare Functionen jener Grössen $\mathfrak{X}_{21}$, $\mathfrak{X}_{22}$ und resp. $\overline{\mathfrak{Y}}_{21}$, $\overline{\mathfrak{Y}}_{22}$, von denen man ausgegangen ist. Substituirt man in diesen linearen Functionen die bezüglichen gesammten Ausdrücke X_{21}, X_{22}, $\overline{Y}_{21}$, $\overline{Y}_{22}$ für deren mit $\mathfrak{X}_{21}$, $\mathfrak{X}_{22}$, $\overline{\mathfrak{Y}}_{21}$, $\overline{\mathfrak{Y}}_{22}$ bezeichnete Theile, so unterscheiden sich dieselben von jenen Grössen

$$\mathfrak{X}_{21}^{(p)},\ \mathfrak{X}_{21}^{(q+m)},\ \overline{\mathfrak{X}}_{21}^{(q+m)},\ \mathfrak{X}_{22}^{(r)};\quad \mathfrak{Y}_{21}^{(p)},\ \mathfrak{Y}_{21}^{(q+m)},\ \overline{\mathfrak{Y}}_{21}^{(q+m)},\ \mathfrak{Y}_{22}^{(r)}$$

nur durch lineare Functionen von Variabeln x, y, welche der ersten Gruppe angehören, und man erhält somit Functionen folgender Art

$$\mathfrak{X}_{21}^{(p)} + \Phi^{(p)}(x_1, x_2, \ldots x_m),\quad \mathfrak{Y}_{21}^{(p)} + \Psi^{(p)}(y_{n+1}, \ldots y_{n+m}), \ldots,$$

wo unter Φ, Ψ lineare Functionen der bezüglichen Variabeln zu verstehen sind. Setzt man endlich

$$X_{21}^{(p)} = \mathfrak{X}_{21}^{(p)} + \Phi^{(p)}(x_1, \ldots x_m) + \Psi^{(p)}(x_{n+1}, \ldots x_{n+m}),\quad \text{etc.}$$

und bezeichnet die diesen Grössen

$$X_{21}^{(p)},\ X_{21}^{(q+m)},\ \overline{X}_{21}^{(q+m)},\ X_{22}^{(r)}$$

correspondirenden Functionen der Variabeln y resp. mit

$$Y_{21}^{(p)},\ Y_{21}^{(q+m)},\ \overline{Y}_{21}^{(q+m)},\ Y_{22}^{(r)},$$

so sind die Grössen

$$X - \Psi(x_{n+1}, \ldots x_{n+m}),\qquad Y - \Phi(y_1, \ldots y_m)$$

ausreichend, um dadurch die sämmtlichen in F vorkommenden Variabeln X, Y, deren erster Index 2 ist, linear darzustellen, und die Form F geht demnach bei Einführung derselben in das Aggregat

$$(\overline{F}) \qquad F^0 + F^{(1)} + F^{(2)} + F_0 + F_1$$

über, wo F^0 eine bilineare Form ist, in welcher jedes Glied eine von den Variabeln

$$y_1, y_2, \ldots y_m; \quad x_{n+1}, x_{n+2}, \ldots x_{n+m}$$

enthält, wo ferner

$$F^{(1)} = \sum_b X_{11}^{(b)} Y_{11}^{(b+n)} \qquad (b = l+1, \ldots m)$$

$$F^{(2)} = \sum_p (\overline{X}_{12}^{(p)} Y_{21}^{(p)} + X_{21}^{(p)} \overline{Y}_{12}^{(p+n)}) \qquad (p = 1, 2, \ldots k)$$

$$F_0 = \sum_q (\overline{X}_{12}^{(q)} \overline{Y}_{21}^{(q+m)} + X_{21}^{(q+m)} \overline{Y}_{12}^{(q+n)}) \qquad (q = k+1, \ldots l)$$

ist, und F_1 eine bilineare Function der $n - m - l$ Variabeln

$$\overline{X}_{21}^{(q+m)}, X_{22}^{(r)}, \quad Y_{22}^{(r)}, Y_{21}^{(q+m)} \qquad \begin{pmatrix} q = k+1, k+2, \ldots l \\ r = m+2l-k+1, \ldots n \end{pmatrix}$$

bedeutet, deren Discriminante von Null verschieden ist. Die Variabeln der transformirten Form $\overline{F}$ können aus denen von f durch eine Reihe *congruenter* Substitutionen S_{22}, S_{21}, S_{11} abgeleitet werden, und so sind die in $\overline{F}$ vorkommenden Grössen

$$X_{11}, \overline{X}_{12}; \quad Y_{11}, \overline{Y}_{12}$$

lineare Functionen von

$$x_1, x_2, \ldots x_m; \quad y_{n+1}, y_{n+2}, \ldots y_{n+m},$$

d. h. sie enthalten einzig und allein diejenigen Variabeln von f, aus denen die erste Gruppe gebildet ist.

V. Bezeichnet man mit $\mathfrak{E}_1, \mathfrak{E}_2, \mathfrak{E}_3, \ldots$ lauter bilineare Formen folgender Art

$$\xi\eta' + \xi'\eta'' + \cdots + \xi^{(\nu-1)}\eta^0,$$

so lässt sich jede bilineare Function

$$\mathfrak{f}(\mathfrak{x}_1, \mathfrak{x}_2, \ldots \mathfrak{x}_\mathfrak{n};\ \mathfrak{y}_{\mathfrak{m}+1}, \mathfrak{y}_{\mathfrak{m}+2}, \ldots \mathfrak{y}_{\mathfrak{m}+\mathfrak{n}}) \qquad (\mathfrak{m} > 0),$$

deren Discriminante von Null verschieden ist, mittels congruenter Substitutionen in ein Aggregat

$$(\varphi) \qquad \mathfrak{E}_1 + \mathfrak{E}_2 + \cdots + \mathfrak{E}_\mathfrak{m} + \mathfrak{F}(\mathfrak{X}_1, \mathfrak{X}_2, \ldots;\ \mathfrak{Y}_1, \mathfrak{Y}_2, \ldots)$$

transformiren, und zwar so, dass sowohl die Veränderlichen der bilinearen Form $\mathfrak{F}$ als auch die sämmtlichen mit

$$\xi', \xi'', \ldots \xi^{(\nu-1)};\ \eta', \eta'', \ldots \eta^{(\nu-1)}$$

bezeichneten Variabeln der Formen $\mathfrak{E}$, welche zusammen die zweite Gruppe der in (φ) vorkommenden Variabeln constituiren, nur Transformirte von den der zweiten Gruppe angehörigen Veränderlichen von $\mathfrak{f}$, nämlich von

$$\mathfrak{x}_{\mathfrak{m}+1}, \mathfrak{x}_{\mathfrak{m}+2}, \ldots \mathfrak{x}_\mathfrak{n};\ \mathfrak{y}_{\mathfrak{m}+1}, \mathfrak{y}_{\mathfrak{m}+2}, \ldots \mathfrak{y}_\mathfrak{n}$$

sind. Dagegen enthalten die beiden äussersten Variabeln der Formen $\mathfrak{E}$, nämlich ξ und η^0, deren Gesammtheit die erste Gruppe von (φ) bildet, als lineare Functionen der ursprünglichen Veränderlichen, zugleich die der ersten Gruppe von $\mathfrak{f}$, nämlich

$$\mathfrak{x}_1, \mathfrak{x}_2, \ldots \mathfrak{x}_\mathfrak{m};\ \mathfrak{y}_{\mathfrak{n}+1}, \mathfrak{y}_{\mathfrak{n}+2}, \ldots \mathfrak{y}_{\mathfrak{n}+\mathfrak{m}};$$

und zwar bilden die diese Variabeln enthaltenden Theile der je $\mathfrak{m}$ Functionen ξ, η^0 als solche zwei vollständige Systeme von je $\mathfrak{m}$ linear unabhängigen Ausdrücken.

Um zu der angegebenen Transformation zu gelangen, hat man zuvörderst die Form $\mathfrak{f}$ nach Art. III in ein Aggregat

$$\mathfrak{F}_0 + \mathfrak{F}_1 + \mathfrak{F}^0 + \mathfrak{F}'$$

zu verwandeln. Die beiden ersten Theile $\mathfrak{F}_0$ und $\mathfrak{F}_1$ bestehen alsdann bereits aus lauter Formen $\mathfrak{C}$, nämlich für $\nu = 1$ und $\nu = 2$, und es bleibt nach deren Absonderung ein Ausdruck

$$\sum_{h=1}^{h=m} (x'_h y_h + x_{n+h} y'_{n+h}) + f(x_1, x_2, \ldots x_n; \; y_{m+1}, y_{m+2}, \ldots y_{m+n}),$$

in welchem die sämmtlichen je n Grössen x, y nur lineare Functionen der ursprünglichen Veränderlichen der zweiten Gruppe sind, während die mit x', y' bezeichneten Functionen auch die der ersten Gruppe enthalten. Wird nunmehr die bilineare Form f gemäss Art. IV transformirt, so ist der dort mit F^0 bezeichnete Theil mit der Summe

$$\sum_h (x'_h y_h + x_{n+h} y'_{n+h}) \qquad (h=1, 2, \ldots m)$$

zu einem durchaus analogen Ausdrucke

$$\sum_h (\overset{0}{x}_h y_h + x_{n+h} \overset{0}{y}_{n+h}) \qquad (h=1, 2, \ldots m)$$

zu vereinigen, und alsdann sind in demselben an Stelle der Variabeln x_{n+h}, y_h die Veränderlichen

$$X_{11}^{(b+n)}, \; \overline{X}_{12}^{(p+n)}, \; \overline{X}_{12}^{(q+n)}; \quad Y_{11}^{(b)}, \; \overline{Y}_{12}^{(p)}, \; \overline{Y}_{12}^{(q)}$$

einzuführen, welche denjenigen correspondiren, die im Art. IV in $F^{(1)}$, $F^{(2)}$, F_0 an Stelle der je m Variabeln x_h, y_{n+h} getreten sind. Jener Summenausdruck zerfällt hiernach in drei Theile, von denen die ersten beiden, nämlich

$$\sum_b (X_{01}^{(b)} Y_{11}^{(b)} + X_{11}^{(b+n)} Y_{01}^{(b+n)}), \qquad \sum_p (X_{01}^{(p)} \overline{Y}_{12}^{(p)} + \overline{X}_{12}^{(p+n)} \overline{Y}_{02}^{(p+n)})$$

sich resp. mit $F^{(1)}$ und $F^{(2)}$ zu den Ausdrücken

$$\sum_b (X_{01}^{(b)} Y_{11}^{(b)} + X_{11}^{(b)} Y_{11}^{(b+n)} + X_{11}^{(b+n)} Y_{01}^{(b+n)})$$

$$\sum_p (X_{01}^{(p)} \overline{Y}_{12}^{(p)} + \overline{X}_{12}^{(p)} Y_{21}^{(p)} + X_{21}^{(p)} \overline{Y}_{12}^{(p+n)} + \overline{X}_{12}^{(p+n)} \overline{Y}_{02}^{(p+n)})$$

vereinigen, welche aus lauter Formen $\mathfrak{E}$, und zwar resp. für $\nu = 3$ und $\nu = 4$, bestehen. Nach Absonderung derselben bleibt noch der dritte Theil des obigen Summenausdrucks, nämlich

$$\sum_q (\overline{X}_{02}^{(q)} \overline{Y}_{12}^{(q)} + \overline{X}_{12}^{(q+n)} \overline{Y}_{02}^{(q+n)}),$$

welcher, mit der im Art. IV durch F_0 bezeichneten Summe vereinigt, den Ausdruck

$$\sum_q (\overline{X}_{02}^{(q)} \overline{Y}_{12}^{(q)} + \overline{X}_{12}^{(q)} \overline{Y}_{21}^{(q+m)} + X_{21}^{(q+m)} \overline{Y}_{12}^{(q+n)} + \overline{X}_{12}^{(q+n)} \overline{Y}_{02}^{(q+n)})$$

ergiebt, und überdiess die im Art. IV mit F_1 bezeichnete bilineare Form der $n - m - l$ Variabeln

$$\overline{X}_{21}^{(q+m)},\; X_{22}^{(r)},\; Y_{22}^{(r)},\; Y_{21}^{(q+m)},$$

welche also jedenfalls weniger Variabeln als $\mathfrak{f}$ enthält. Diese Form F_1 kann daher bereits in der Weise transformirt angenommen werden, wie sie als zulässig für $\mathfrak{f}$ nachgewiesen werden soll; d. h. es kann

$$(\Phi) \qquad \sum_q \mathrm{E}^{(q)} + \mathfrak{F}(\mathfrak{X}_1, \mathfrak{X}_2, \ldots; \mathfrak{Y}_1, \mathfrak{Y}_2, \ldots)$$

für F_1 gesetzt werden, wo

$$\mathrm{E} = \Xi_2 \Upsilon_3 + \Xi_3 \Upsilon_4 + \cdots + \Xi_{\nu-3} \Upsilon_{-2}$$

ist, sodass an die Stelle der einander nicht correspondirenden und also einer ersten Gruppe angehörigen Variabeln der Form F_1,

$$\overline{X}_{21}^{(q+m)},\; Y_{21}^{(q+m)},$$

ebensoviel neue Veränderliche

$$\Xi_2^{(q)}, \quad \Upsilon_{-2}^{(q)}$$

treten, und correspondirend

$$\Upsilon_2^{(q)}, \ \Xi_{-2}^{(q)} \quad \text{an die Stelle von} \quad \overline{Y}_{21}^{(q+m)}, \ X_{21}^{(q+m)},$$

während die Variabelnpaare $X_{22}^{(r)}$, $Y_{22}^{(r)}$ durch die paarweise einander zugeordneten Variabeln

$$\Xi_3, \Xi_4, \ldots \Xi_{\nu-3}; \quad \mathfrak{X}_1, \mathfrak{X}_2, \ldots$$
$$\Upsilon_3, \Upsilon_4, \ldots \Upsilon_{\nu-3}; \quad \mathfrak{Y}_1, \mathfrak{Y}_2, \ldots$$

ersetzt werden, welche die zweite Gruppe der in Φ enthaltenen Veränderlichen bilden. Nach Einführung dieser neuen Variabeln werden die Grössen

$$X_{21}^{(q+m)}, \quad \overline{Y}_{21}^{(q+m)}$$

lineare Functionen derselben, aber diejenigen Theile, welche die neuen Variabeln der zweiten Gruppe enthalten, können durch Umformung der Variabeln

$$\overline{X}_{02}^{(q)}, \quad \overline{Y}_{02}^{(q+n)}$$

daraus weggeschafft werden. Was nämlich zuvörderst die Variabeln Ξ, Υ der zweiten Gruppe betrifft, so kann jedes in $X_{21}^{(q+m)}$ vorkommende Glied

$$C\Xi_{\lambda-1} \qquad (\lambda - 1 > 2)$$

weggelassen werden, sobald man nur

$$\Upsilon_\lambda + C\overline{Y}_{12}^{(q+n)}, \quad \Xi_\lambda + C\overline{X}_{12}^{(q+n)}, \quad \overline{Y}_{02}^{(q+n)} - C\Upsilon_{\lambda+1}$$

resp. an Stelle von

$$\Upsilon_\lambda, \qquad \Xi_\lambda, \qquad \overline{Y}_{02}^{(q+n)}$$

setzt. Wenn ferner

$$\sum_g \mathfrak{C}_{qg}\mathfrak{X}_g \qquad (g=1,2,\ldots)$$

derjenige Theil von $X_{21}^{(q+m)}$ ist, welcher die Variabeln $\mathfrak{X}$ der zweiten Gruppe enthält, und die Form $\mathfrak{F}$, welche den zweiten Theil von Φ bildet, gleich

$$\sum_{g,h} \mathfrak{A}_{gh}\mathfrak{X}_g\mathfrak{Y}_h \qquad (g,h=1,2,\ldots)$$

gesetzt wird, so sind Grössen $\mathfrak{B}_{hq}$ für alle Werthe von q zu bestimmen, welche den Gleichungen

$$\sum_h \mathfrak{A}_{gh}\mathfrak{B}_{hq} = \mathfrak{C}_{qg} \qquad (h=1,2,\ldots)$$

Genüge leisten, und alsdann alle jene Theile

$$\sum_g \mathfrak{C}_{qg}\mathfrak{X}_g \qquad \text{oder} \qquad \sum_{g,h} \mathfrak{A}_{gh}\mathfrak{B}_{hq}\mathfrak{X}_g$$

aus den Functionen $X_{21}^{(q+m)}$ wegzulassen, sobald nur für die Variabeln

$$\overline{Y}_{02}^{(q+n)}, \qquad \mathfrak{X}_h, \qquad \mathfrak{Y}_h$$

resp. die Ausdrücke

$$\overline{Y}_{02}^{(q+n)} - \sum_{g,h} \mathfrak{A}_{gh}\mathfrak{B}_{gq}(\mathfrak{Y}_h + \mathfrak{B}_{hq}\overline{Y}_{12}^{(q+n)}), \quad \mathfrak{X}_h + \sum_q \mathfrak{B}_{hq}\overline{X}_{12}^{(q+n)}, \quad \mathfrak{Y}_h + \sum_q \mathfrak{B}_{hq}\overline{Y}_{12}^{(q+n)}$$

substituirt werden. Es ist hierbei nur noch nachzuweisen, dass jene Grössen $\mathfrak{B}_{hq}$ stets bestimmbar sind, d. h. dass die *Determinante* der bilinearen Form $\mathfrak{F}$,

$$|\mathfrak{A}_{gh}| \qquad (g,h=1,2,\ldots)$$

von Null verschieden ist. Bei der im Eingange dieses Abschnitts charakterisirten Transformation von f in φ sollen die Formen $\mathfrak{E}$ die sämmtlichen Variabeln der ersten Gruppe und überdiess nur Paare von Correspondirenden der zweiten Gruppe enthalten. Eben dieselbe Eigenschaft ist daher bei den Formen E in Φ *vorauszusetzen*; die übrigbleibende Function $\mathfrak{F}$ muss also, wenn sie mittels congruenter Substitution auf die Form gebracht ist, dass ihre Discriminante nicht gleich Null ist, nach Art. I ebenfalls lauter Paare correspondirender Variabeln $\mathfrak{X}$, $\mathfrak{Y}$ enthalten, sodass auch ihre *Determinante* einen von Null verschiedenen Werth haben muss*).

Nachdem aus den linearen Functionen $X_{21}^{(q+m)}$, $\overline{Y}_{21}^{(q+m)}$ die Variabeln der zweiten Gruppe von Φ sämmtlich weggeschafft und dabei die Variabeln

$$\overline{X}_{02}^{(q)},\ \overline{Y}_{02}^{(q+n)} \quad \text{in andre:} \quad X_{02}^{(q)},\ Y_{02}^{(q+n)}$$

transformirt sind, ist der Summenausdruck

$$\sum_q \left(X_{02}^{(q)}\overline{Y}_{12}^{(q)} + \overline{X}_{12}^{(q)}\overline{Y}_{21}^{(q+m)} + X_{21}^{(q+m)}\overline{Y}_{12}^{(q+n)} + \overline{X}_{12}^{(q+n)}Y_{02}^{(q+n)}\right)$$

nach den in

$$X_{21}^{(q+m)},\ \overline{Y}_{21}^{(q+m)}$$

nur noch enthaltenen Variabeln der ersten Gruppe

$$\Xi_{-2}^{(q)},\ \Upsilon_{2}^{(q)}$$

zu ordnen. Bezeichnet man dann die linearen Functionen der Grössen $\overline{X}_{12}^{(q)}$,

---

*) Es ist diess einer der Hauptpunkte der ganzen Deduction, durch welchen auch die Nothwendigkeit der Gruppeneintheilung bedingt ist. Bei der Reduction der Schaaren kommt die analoge Stelle im Art. IV meines Aufsatzes vom Januar d. J. vor. In dem Beispiele aber, welches in meiner Mittheilung vom März d. J. jene Nothwendigkeit erläutern sollte, sind die Variabeln x_3, y_4 in den beiden letzten Gliedern, zum Unterschiede von denen in den beiden ersten mit Strichen zu versehen; erst dann zeigt es sich, dass das Verfahren, mittels dessen die einzelnen Variabeln von der mit Q bezeichneten Form abgesondert werden, zuerst auf alle diejenigen Veränderlichen anzuwenden ist, welche nicht zugleich in der Form P vorkommen und als solche in eine besondere Gruppe zusammengefasst sind.

welche mit $\Upsilon_2^{(q)}$ multiplicirt sind, durch $\Xi_1^{(q)}$, und ebenso die Factoren von $\Xi_{-2}^{(q)}$ durch $\Upsilon_{-1}^{(q)}$, so werden die Grössen

$$\overline{Y}_{12}^{(q)}, \quad X_{12}^{(q+n)}$$

resp. lineare Functionen der Correspondirenden

$$\Upsilon_1^{(q)}, \quad \Xi_{-1}^{(q)},$$

und bei deren Einführung verwandelt sich der obige Summenausdruck in ein Aggregat von Ausdrücken

$$\Xi^{(q)}\Upsilon_1^{(q)} + \Xi_1^{(q)}\Upsilon_2^{(q)} + \Xi_{-2}^{(q)}\Upsilon_{-1}^{(q)} + \Xi_{-1}^{(q)}\Upsilon_0^{(q)},$$

welche sich mit den bezüglichen Formen $\mathrm{E}^{(q)}$ zu

$$\Xi^{(q)}\Upsilon_1^{(q)} + \Xi_1^{(q)}\Upsilon_2^{(q)} + \Xi_2^{(q)}\Upsilon_3^{(q)} + \cdots + \Xi_{\nu-3}^{(q)}\Upsilon_{-2}^{(q)} + \Xi_{-2}^{(q)}\Upsilon_{-1}^{(q)} + \Xi_{-1}^{(q)}\Upsilon_0^{(q)},$$

also in der That zu lauter Formen $\mathfrak{E}$ vereinigen.

VI. Es sei f eine bilineare Form, deren Determinante von Null verschieden ist, und die nach Art. II gleich der Summe der beiden Formen

$$\varphi(\mathfrak{x}_1', \mathfrak{x}_1'', \ldots, \mathfrak{x}_2', \mathfrak{x}_2'', \ldots; \; \mathfrak{y}_1', \mathfrak{y}_1'', \ldots, \mathfrak{y}_2', \mathfrak{y}_2'', \ldots)$$

$$\psi(\mathfrak{x}_2', \mathfrak{x}_2'', \ldots, \mathfrak{x}_3', \mathfrak{x}_3'', \ldots; \; \mathfrak{y}_2', \mathfrak{y}_2'', \ldots, \mathfrak{y}_3', \mathfrak{y}_3'', \ldots)$$

gesetzt werden kann, von denen die erstere symmetrisch, die letztere alternirend ist. Dabei können entweder die Variabeln $\mathfrak{x}_1, \mathfrak{y}_1$ oder die Variabeln $\mathfrak{x}_3, \mathfrak{y}_3$, aber nur nicht beide Arten von Variabeln zugleich fehlen. Ferner sei der Abkürzung wegen

$$\mathfrak{X}\mathfrak{Y}' + \mathfrak{X}'\mathfrak{Y} = (\mathfrak{X}\mathfrak{Y}'), \qquad \mathfrak{X}\mathfrak{Y}' - \mathfrak{X}'\mathfrak{Y} = [\mathfrak{X}\mathfrak{Y}']$$

und

$$\overline{\mathfrak{E}} = \mathfrak{A}(\mathfrak{X}\mathfrak{Y}') + [\mathfrak{X}'\mathfrak{Y}''] + (\mathfrak{X}''\mathfrak{Y}''') + \cdots + [\mathfrak{X}^{(\mu-1)}\mathfrak{Y}^{(\mu)}] + \mathfrak{B}(\mathfrak{X}^{(\mu)}\mathfrak{Y}^{(\nu)}),$$

wo

$$\nu = \mu + 1 \quad \text{oder} \quad \mu, \qquad \mathfrak{A} = 0 \quad \text{oder} \quad 1$$

und stets, wenn $\mu < \nu$ ist, $\mathfrak{A} = \mathfrak{B}$ genommen werden muss, während für $\mu = \nu$ die Constante $\mathfrak{B}$ von Null verschieden, im Uebrigen aber unbestimmt zu lassen ist. Es sind sonach

$$\begin{array}{lll} \mathfrak{X}, \mathfrak{Y}, \mathfrak{X}^{(\mu+1)}, \mathfrak{Y}^{(\mu+1)} & \text{für} & \mathfrak{A} = 1, \quad \nu = \mu + 1 \\ \mathfrak{X}', \mathfrak{Y}', \mathfrak{X}^{(\mu)}, \quad \mathfrak{Y}^{(\mu)} & \text{für} & \mathfrak{A} = 0, \quad \mathfrak{B} = 0 \\ \mathfrak{X}, \mathfrak{Y} & \text{für} & \mathfrak{A} = 1, \quad \nu = \mu \\ \mathfrak{X}', \mathfrak{Y}' & \text{für} & \mathfrak{A} = 0, \quad \nu = \mu \end{array}$$

diejenigen Variabeln, welche *nur* in den äussersten Gliedern der Formen $\overline{\mathfrak{E}}$ enthalten sind, und diese Veränderlichen sollen deshalb als die *„äusseren"* von den übrigen als den *„mittleren"* unterschieden werden. Diess vorausgeschickt, kann f mittels congruenter Substitutionen so transformirt werden, dass sich ein Aggregat von Formen $\overline{\mathfrak{E}}$ absondern lässt, und dass sowohl die Variabeln der übrigbleibenden Form als auch die mittleren Variabeln der Formen $\overline{\mathfrak{E}}$, als lineare Functionen der Veränderlichen $\mathfrak{x}$, $\mathfrak{y}$ einzig und allein diejenigen enthalten, welche beiden Formen φ und ψ gemeinsam sind. Wenn die Variabeln $\mathfrak{x}_1$, $\mathfrak{y}_1$ nicht fehlen, so ist in den Formen $\overline{\mathfrak{E}}$ die Constante $\mathfrak{A}$ gleich Eins zu nehmen; die äusseren Variabeln derselben, d. h. also die Variabeln

$$\mathfrak{X}, \mathfrak{Y} \quad \text{und, falls} \quad \nu = \mu + 1 \quad \text{ist,} \quad \mathfrak{X}^{(\mu+1)}, \mathfrak{Y}^{(\mu+1)}$$

enthalten dann, als lineare Functionen der Variabeln $\mathfrak{x}$, $\mathfrak{y}$, jedenfalls die Veränderlichen $\mathfrak{x}_1$, $\mathfrak{y}_1$; wenn aber die Variabeln $\mathfrak{x}_1$, $\mathfrak{y}_1$ fehlen, also nur Variabeln $\mathfrak{x}_2$, $\mathfrak{x}_3$, $\mathfrak{y}_2$, $\mathfrak{y}_3$ vorhanden sind, so ist in den Formen $\overline{\mathfrak{E}}$ die Constante $\mathfrak{A}$ gleich Null zu setzen, und die äusseren Variabeln derselben, d. h. also die Variabeln

$$\mathfrak{X}', \mathfrak{Y}' \quad \text{und, falls} \quad \mathfrak{B} = 0 \quad \text{ist,} \quad \mathfrak{X}^{(\mu)}, \mathfrak{Y}^{(\mu)}$$

enthalten dann, als lineare Functionen der ursprünglichen Veränderlichen $\mathfrak{x}$, $\mathfrak{y}$, jedenfalls die Variabeln $\mathfrak{x}_3$, $\mathfrak{y}_3$, welche der Form ψ ausschliesslich angehören.

Da die Entwickelung der vorstehend charakterisirten Transformation von f in den beiden unterschiedenen Fällen ($\mathfrak{A}=1$ und $\mathfrak{A}=0$) durchaus analog ist, so soll dieselbe im Folgenden nur für den ersten Fall ausgeführt werden, wo Variabeln $\mathfrak{x}_1$, $\mathfrak{y}_1$ als vorhanden anzunehmen und daher die Constanten $\mathfrak{A}$ in den Formen $\overline{\mathfrak{E}}$ sämmtlich gleich Eins zu setzen sind. Die symmetrische Form φ kann alsdann gemäss § 1 Art. V mittels congruenter Substitutionen in ein Aggregat

$$\sum_{(i,k)} c_{ik}(\mathfrak{X}_{11}^{(i)}\mathfrak{Y}_{11}^{(k)}) + \sum_{(h)} (\mathfrak{X}_{12}^{(h)}\mathfrak{Y}_{21}^{(h)}) + \sum_{(i,k)} c'_{ik}(\mathfrak{X}_{22}^{(i)}\mathfrak{Y}_{22}^{(k)})$$

transformirt werden, in welchem die neuen Variabeln

$$\mathfrak{X}_{21},\ \mathfrak{X}_{22},\ \mathfrak{Y}_{21},\ \mathfrak{Y}_{22}$$

nur lineare Functionen der Veränderlichen $\mathfrak{x}_2$, $\mathfrak{y}_2$ sind. Hiermit löst sich schon der erste der drei Summenausdrücke als ein Aggregat von Formen $\overline{\mathfrak{E}}$ von der Transformirten der Form f ab, und wenn die neuen Variabeln $\mathfrak{X}$, $\mathfrak{Y}$ auch in ψ eingeführt und dann die Bezeichnungen

$$\mathfrak{X}_{12},\ \mathfrak{X}_{21},\ \mathfrak{X}_{22},\ \mathfrak{Y}_{12},\ \mathfrak{Y}_{21},\ \mathfrak{Y}_{22},\ \mathfrak{x}_3,\ \mathfrak{y}_3$$

resp. mit

$$x_0,\quad x_2,\quad x_1,\quad y_0,\quad y_2,\quad y_1,\quad x_3,\ y_3$$

vertauscht werden, so bleibt ein Ausdruck

$$\text{(F)} \qquad \sum_h (x_0^{(h)} y_2^{(h)}) + \sum_{(i,k)} c'_{ik}(x_1^{(i)} y_1^{(k)}) + \Psi$$

zur weiteren Discussion, in welchem Ψ eine alternirende Form der Variabeln

$$x_1,\ x_2,\ x_3,\quad y_1,\ y_2,\ y_3$$

bedeutet. Nunmehr ist auf die Form Ψ gemäss § 1 Art. IV und V die *Jacobi*'sche Transformation anzuwenden und zwar so, dass die Variabeln in der Reihenfolge

$$x_3,\ y_3,\ x_1,\ y_1,\ x_2,\ y_2$$

genommen und nur congruente Substitutionen benutzt werden. Dabei verwandelt sich Ψ in ein Aggregat von Ausdrücken

$$[X_{22}Y'_{22}],\ [X_{23}Y_{32}],\ [X_{21}Y_{12}],\ [X_{11}Y'_{11}],\ [X_{13}Y_{31}],\ [X_{33}Y'_{33}],$$

in denen

$X_{33},\ X_{32},\ X_{31}$ lineare Functionen der Variabeln $x_3,\ x_1,\ x_2,$

$X_{13},\ X_{12},\ X_{11}$ lineare Functionen der Variabeln $x_1,\ x_2,$

$X_{23},\ X_{22},\ X_{21}$ lineare Functionen der Variabeln $x_2,$

und Y deren Correspondirende bedeuten. Andrerseits sind auch die Variabeln x_2 lineare Functionen derjenigen Variabeln X, deren vorderer Index 2 ist, und die Variabeln x_1 sind lineare Functionen von

$$X_{11},\ X_{12},\ X_{13},\ X_{21},\ X_{22},\ X_{23},$$

sodass nach Einführung der neuen Veränderlichen X, Y der Ausdruck (F) auf folgende Gestalt zu bringen ist:

$$\Phi_0 + \Phi_1 + \Psi,$$

wo unter Φ_0 ein Aggregat von Ausdrücken

$$(X_0 Y_{21}),\quad (X_0 Y_{22}),\quad (X_0 Y_{23})$$

und unter Φ_1 eine symmetrische Form der Variabeln X_{11}, X_{12}, X_{13}, Y_{11}, Y_{12}, Y_{13} zu verstehen ist. Da die Determinante jeder der Formen

$$(X_0 Y_{22}) + [X_{22}Y'_{22}],\qquad (X_0 Y_{23}) + [X_{23}Y_{32}]$$

verschwindet, und aber die Determinante der ursprünglichen Form f von Null verschieden vorausgesetzt ist, so können die Ausdrücke

$$[X_{22} Y'_{22}], \quad [X_{23} Y_{32}]$$

in Ψ gar nicht vorkommen, und es müssen daher die Variabeln

$$X_{22}, \; X_{23}, \; X_{32}; \qquad Y_{22}, \; Y_{23}, \; Y_{32}$$

gänzlich fehlen. Hiernach wird (F) gleich

$$\sum_h \{(X_0^{(h)} Y_{21}^{(h)}) + [X_{21}^{(h)} Y_{12}^{(h)}]\} + \Phi_1 + \Psi_1,$$

wo Φ_1 eine symmetrische Form von

$$X_{12}, \; X_{11}, \; X_{13}; \qquad Y_{12}, \; Y_{11}, \; Y_{13}$$

und Ψ_1 eine alternirende Form von

$$X_{11}, \; X_{13}, \; X_{31}, \; X_{33}; \qquad Y_{11}, \; Y_{13}, \; Y_{31}, \; Y_{33}$$

bedeutet. Es fehlen also in Ψ_1 die in der Form Φ_1 vorkommenden Variabeln $X_{12}^{(h)}$, $Y_{12}^{(h)}$, aber auch *nur* diese, und die nachzuweisende Transformation kann deshalb für die Form $\Phi_1 + \Psi_1$, welche weniger Variabeln als $\varphi + \psi$ enthält, als zulässig angenommen werden, und zwar so, dass den drei Arten von Variabeln $\mathfrak{x}$ der Form $\varphi + \psi$, welche mit $\mathfrak{x}_1$, $\mathfrak{x}_2$, $\mathfrak{x}_3$ bezeichnet sind, resp. die drei Gruppen von Variabeln der Form $\Phi_1 + \Psi_1$

$$X_{12}; \; X_{11}, \; X_{13}; \; X_{31}, \; X_{33}$$

entsprechen. Ist hiernach (F) gleich

$$\sum_h \{(X_0^{(h)} Y_{21}^{(h)}) + [X_{21}^{(h)} Y_{12}^{(h)}]\} + \sum_k \overline{\mathfrak{E}}_k + \mathfrak{F},$$

$$\overline{\mathfrak{E}}_k = (\mathfrak{X}_k'' \mathfrak{Y}_k''') + [\mathfrak{X}_k''' \mathfrak{Y}_k''''] + \cdots + \mathfrak{B}_k (\mathfrak{X}_k^{(\mu)} \mathfrak{Y}_k^{(\nu)}),$$

wo natürlich die Zahlen μ, ν mit k variiren können, so muss die Determinante der bilinearen Form $\mathfrak{F}$ von Null verschieden sein, da ja die Determinante von $\Phi_1 + \Psi_1$ ebenso wie die der ursprünglichen Form $\varphi + \psi$ nicht verschwindet. Auf Grund der oben angegebenen und demnach hier vorauszusetzenden Eigenschaften der bezüglichen Transformation von $\Phi_1 + \Psi_1$ sind ferner die Variabeln von $\mathfrak{F}$, sowie die mittleren Variabeln der Formen $\overline{\mathfrak{E}}$ sämmtlich von den Veränderlichen $X_{12}^{(h)}$, $Y_{12}^{(h)}$ unabhängig. Diese kommen vielmehr einzig und allein in den äusseren Variabeln der Formen $\overline{\mathfrak{E}}$ vor, deren Gesammtanzahl mit derjenigen der Variabeln $X_{12}^{(h)}$, $Y_{12}^{(h)}$ übereinstimmen muss, und diese Variabeln $X_{12}^{(h)}$, $Y_{12}^{(h)}$ sind auch umgekehrt als lineare Functionen der in den Formen $\overline{\mathfrak{E}}_k$ und in $\mathfrak{F}$ enthaltenen Variabeln darstellbar. Endlich darf, wenn $\overline{\mathfrak{E}}'$, $\mathfrak{F}'$, resp. die mit $\overline{\mathfrak{E}}$, $\mathfrak{F}$ conjugirten Formen bedeuten, die erstere der zwei Formen

$$\sum_k (\overline{\mathfrak{E}}_k + \overline{\mathfrak{E}}_k') + \mathfrak{F} + \mathfrak{F}', \qquad \sum_k (\overline{\mathfrak{E}}_k - \overline{\mathfrak{E}}_k') + \mathfrak{F} - \mathfrak{F}'$$

keine andern Variabeln ausschliesslich enthalten als die äusseren Veränderlichen der Formen $\overline{\mathfrak{E}}$; denn die Anzahl solcher in der ersteren Form allein vorkommenden Variabeln kann nicht grösser sein als diejenige der in Φ_1 und nicht in Ψ_1 enthaltenen Veränderlichen; diess sind aber die Veränderlichen $X_{12}^{(h)}$, $Y_{12}^{(h)}$, deren Anzahl mit derjenigen der in den Formen $\overline{\mathfrak{E}}$ enthaltenen äusseren Variabeln vollkommen identisch ist. Die erstere der zwei Formen

$$\mathfrak{F} + \mathfrak{F}', \quad \mathfrak{F} - \mathfrak{F}'$$

kann hiernach *keine* ihrer Variabeln ausschliesslich enthalten, und die Determinante der letzteren muss deshalb von Null verschieden sein, sodass nach § 1 Art. IV, wenn $\mathfrak{F}$ eine bilineare Form zweier Reihen von je 2τ Variabeln ist,

$$\mathfrak{F} - \mathfrak{F}' = 2 \sum_\varkappa [\Xi_\varkappa \Upsilon_{\varkappa+1}] \qquad (\varkappa = 1, 3, 5, \dots 2\tau - 1)$$

und also

$$\mathfrak{F} = \sum_\varkappa [\Xi_\varkappa \Upsilon_{\varkappa+1}] + \sum_{i,k} C_{ik} (\Xi_i \Upsilon_k) \qquad \left(\begin{matrix} \varkappa = 1, 3, 5, \dots 2\tau - 1 \\ i, k = 1, 2, 3, \dots 2\tau \end{matrix}\right)$$

gesetzt werden kann. — Wenn die Grössen $X_{12}^{(h)}$, $Y_{12}^{(h)}$ nunmehr als lineare Functionen der Variabeln $\mathfrak{X}$, $\mathfrak{Y}$, Ξ, Υ dargestellt, und die bezüglichen Ausdrücke in (F) d. h. in

$$\sum_h \{(X_0^{(h)} Y_{21}^{(h)}) + [X_{21}^{(h)} Y_{12}^{(h)}]\} + \sum_k \mathfrak{E}_k + \mathfrak{F}$$

eingeführt werden, so kann durch geeignete Transformation der Variabeln X_0, Y_0, X_{21}, Y_{21} bewirkt werden, dass sowohl die mittleren Variabeln $\mathfrak{X}$, $\mathfrak{Y}$ als auch die sämmtlichen Variabeln Ξ, Υ aus jenen linearen Functionen wegfallen. In der That braucht man zu diesem Behufe nur, wenn

$$\mathfrak{C}\mathfrak{X}^{(\tau+\varepsilon)} \quad \text{und resp.} \quad C\Xi_{\varrho+\varepsilon} \qquad (-\varepsilon = (-1)^\tau \ \text{resp.} \ -\varepsilon = (-1)^\varrho)$$

in $X_{12}^{(h)}$ vorkommt,

$$\begin{array}{llll} \mathfrak{X}^{(\tau)} + \varepsilon\mathfrak{C}X_{21}^{(h)} & \text{für} \ \mathfrak{X}^{(\tau)}, & X_0 - \varepsilon\mathfrak{C}\mathfrak{X}^{(\tau-\varepsilon)} & \text{für} \ X_0 \\ \mathfrak{Y}^{(\tau)} + \varepsilon\mathfrak{C}Y_{21}^{(h)} & \text{für} \ \mathfrak{Y}^{(\tau)}, & Y_0 - \varepsilon\mathfrak{C}\mathfrak{Y}^{(\tau-\varepsilon)} & \text{für} \ Y_0 \end{array}$$

und resp.

$$\begin{array}{llll} \Xi_\varrho + \varepsilon C X_{21}^{(h)} & \text{für} \ \Xi_\varrho, & X_0 - \varepsilon C \sum_k C'_{\varrho k} \Xi_k & \text{für} \ X_0 \\ \Upsilon_\varrho + \varepsilon C Y_{21}^{(h)} & \text{für} \ \Upsilon_\varrho, & Y_0 - \varepsilon C \sum_k C'_{\varrho k} \Upsilon_k & \text{für} \ Y_0 \end{array}$$

zu substituiren, um dadurch eben jene Glieder

$$\mathfrak{C}\mathfrak{X}^{(\tau+\varepsilon)} \quad \text{und resp.} \quad C\Xi_{\varrho+\varepsilon}$$

aus $X_{12}^{(h)}$ und zugleich die correspondirenden Glieder aus $Y_{12}^{(h)}$ wegzuschaffen. Die Coëfficienten C' sind hierbei aus denen von $\mathfrak{F}$ durch die Relationen

$$C'_{ik} = C_{ik} + C_{ki}$$

für alle Indices i, k zu bestimmen, und die auf k bezüglichen Summationen sind auf die sämmtlichen Werthe $k = 1, 2, \ldots 2\tau$ zu erstrecken.

Nach Ausführung der angegebenen Operationen sind die Grössen $X_{12}^{(h)}$, $Y_{12}^{(h)}$ nur noch lineare Functionen der äusseren Variabeln der Formen $\overline{\mathfrak{E}}_k$ d. h. also von

$$\mathfrak{X}_k'', \ \mathfrak{Y}_k'' \quad \text{und, falls} \quad \nu = \mu + 1 \quad \text{ist,} \quad \mathfrak{X}_k^{(\mu+1)}, \ \mathfrak{Y}_k^{(\mu+1)}.$$

Wird nun der erste Theil des obigen Ausdrucks von (F) d. i.

$$\sum_h \{(X_0^{(h)} Y_{21}^{(h)}) + [X_{21}^{(h)} Y_{12}^{(h)}]\}$$

nach jenen äusseren Variabeln $\mathfrak{X}$, $\mathfrak{Y}$ geordnet und alsdann der Factor von

$$\mathfrak{X}_k'' \quad \text{mit} \quad \mathfrak{Y}_k', \qquad \text{der von} \quad \mathfrak{X}_k^{(\mu+1)} \quad \text{mit} \quad \mathfrak{Y}_k^{(\mu+2)}$$

und correspondirend der Factor von

$$\mathfrak{Y}_k'' \quad \text{mit} \quad \mathfrak{X}_k', \qquad \text{der von} \quad \mathfrak{Y}_k^{(\mu+1)} \quad \text{mit} \quad \mathfrak{X}_k^{(\mu+2)}$$

bezeichnet, so werden die Grössen $X_{21}^{(h)}$, $Y_{21}^{(h)}$ lineare Functionen dieser neuen Variabeln $\mathfrak{X}_k'$, $\mathfrak{Y}_k'$, $\mathfrak{X}_k^{(\mu+2)}$, $\mathfrak{Y}_k^{(\mu+2)}$, bei deren Einführung die Ausdrücke

$$(X_0^{(h)} Y_{21}^{(h)}) \quad \text{in ähnliche} \quad (\mathfrak{X}_k \mathfrak{Y}_k'), \ (\mathfrak{X}_k^{(\mu+2)} \mathfrak{Y}_k^{(\mu+3)})$$

übergehen. Jener erste Theil von (F) verwandelt sich hiernach in ein Aggregat von Ausdrücken

$$(\mathfrak{X}\mathfrak{Y}') + [\mathfrak{X}'\mathfrak{Y}''], \qquad [\mathfrak{X}^{(\mu+1)}\mathfrak{Y}^{(\mu+2)}] + (\mathfrak{X}^{(\mu+2)}\mathfrak{Y}^{(\mu+3)}),$$

welche sich mit den Formen $\overline{\mathfrak{E}}$, die den zweiten Theil von (F) bilden, nämlich mit

$$(\mathfrak{X}''\mathfrak{Y}''') + [\mathfrak{X}'''\mathfrak{Y}''''] + \cdots + (\mathfrak{X}^{(\mu)}\mathfrak{Y}^{(\mu+1)})$$

und resp.

$$(\mathfrak{X}''\mathfrak{Y}''') + [\mathfrak{X}'''\mathfrak{Y}''''] + \cdots + 2\mathfrak{B}\mathfrak{X}^{(\mu)}\mathfrak{Y}^{(\mu)}$$

zu neuen Formen $\overline{\mathfrak{E}}$ vereinigen, und die gesuchte Transformation von (F) ist hiermit vollendet.

Die zu Anfang dieses Abschnitts eingeführten Formen $\overline{\mathfrak{E}}$ können, je nachdem darin $\nu = \mu + 1$ oder $\nu = \mu$ gesetzt wird, durch einen der beiden Ausdrücke

$$(\overline{\mathfrak{E}}_1) \qquad \sum_k \left(\mathfrak{X}^{(k)}\mathfrak{Y}^{(k+1)} + (-1)^k \mathfrak{Y}^{(k)}\mathfrak{X}^{(k+1)}\right) \qquad \left(\begin{matrix} k=0,1,\dots\mu \\ \text{oder } k=1,\dots\mu-1 \end{matrix}\right)$$

$$(\overline{\mathfrak{E}}_2) \qquad \sum_k \left(\mathfrak{X}^{(k)}\mathfrak{Y}^{(k+1)} + (-1)^k \mathfrak{Y}^{(k)}\mathfrak{X}^{(k+1)}\right) + 2\mathfrak{B}\mathfrak{X}^{(\mu)}\mathfrak{Y}^{(\mu)} \qquad \left(\begin{matrix} k=0,1,\dots\mu-1 \\ \text{oder } k=1,\dots\mu-1 \end{matrix}\right)$$

dargestellt werden. Wird die gerade Zahl $\mu = 2r$ und

$$\left(3-(-1)^h\right)\mathfrak{X}^{(h)} = 2(X_h + X_h') \qquad \left(3-(-1)^h\right)\mathfrak{Y}^{(h)} = 2(Y_h + Y_h')$$

$$\varepsilon_h\left(3-(-1)^h\right)\mathfrak{X}^{(k)} = 2(X_h - X_h'), \qquad \varepsilon_h\left(3-(-1)^h\right)\mathfrak{Y}^{(k)} = 2(Y_h - Y_h')$$

$$(\varepsilon_h = (-1)^{\frac{1}{2}h(h-1)}; \quad k = 2r+1-h; \quad h = 0, 1, \dots r)$$

gesetzt, so kommt

$$\mathfrak{X}^{(h)}\mathfrak{Y}^{(h+1)} + (-1)^k \mathfrak{Y}^{(k)}\mathfrak{X}^{(k+1)} = X_h Y_{h+1} + X_h' Y_{h+1}'$$

$$(-1)^h \mathfrak{Y}^{(h)}\mathfrak{X}^{(h+1)} + \mathfrak{X}^{(k)}\mathfrak{Y}^{(k+1)} = (-1)^h Y_h X_{h+1} + (-1)^h Y_h' X_{h+1}'$$

$$(k = 2r-h; \quad 0 \leq h < r)$$

$$\mathfrak{X}^{(r)}\mathfrak{Y}^{(r+1)} + \mathfrak{Y}^{(r)}\mathfrak{X}^{(r+1)} = \pm 2 X_r Y_r \mp X_r' Y_r',$$

und durch jene Substitution wird daher der Ausdruck $(\overline{\mathfrak{E}}_1)$ für den Fall, wo r grade ist, in ein Aggregat von zwei Ausdrücken $(\overline{\mathfrak{E}}_2)$ transformirt. Man braucht also den ersteren von jenen beiden Ausdrücken $(\overline{\mathfrak{E}})$ nur für *ungrade* Zahlen r beizubehalten, und derselbe lässt sich alsdann auf die Gestalt bringen

$$(\overline{\mathfrak{E}}_0) \qquad (-1)^m \sum_h x_h y_{h+1} + \sum_h (-1)^h y_h x_{h+1} \qquad (h = 0, 1, \dots 2m-2),$$

indem oben für den Fall $k = 0, 1, \ldots \mu$ die Zahl $\mu = 2m - 2$ und x, y an Stelle von $\mathfrak{X}$, $\mathfrak{Y}$ gesetzt, für den Fall aber, wo sich die Summation auf $k = 1, 2, \ldots \mu - 1$ erstreckt, $\mu = 2m$ und

$$\mathfrak{X}^{(k)} = (-1)^k x_{k-1}, \qquad \mathfrak{Y}^{(k)} = (-1)^k y_{k-1}$$

genommen wird. Durch eben solche Substitutionen und durch Einsetzung von x_{n-k}, y_{n-k} für x_k, y_k verwandelt sich der obige Ausdruck $(\overline{\mathfrak{E}}_2)$ in folgenden:

$$(\overline{\mathfrak{E}}^0) \qquad c' x_0 y_0 + \sum_h x_h y_{h-1} + \sum_h (-1)^h y_h x_{h-1} \qquad (c' \gtrless 0;\ h = 1, 2, \ldots n),$$

sodass durch die Formen $(\overline{\mathfrak{E}}_0)$ und $\overline{\mathfrak{E}}^0)$ die oben überhaupt mit $(\overline{\mathfrak{E}})$ bezeichneten Formen vollständig ersetzt werden.

VII. Die vorstehenden Auseinandersetzungen genügen, um darzuthun, dass jede bilineare Form f mittels congruenter Substitutionen in ein Aggregat von lauter Formen

$$(\mathfrak{E}^0) \qquad \sum_k x_k y_{k+1} \qquad (k = 0, 1, \ldots 2m-1)$$

$$(\mathfrak{E}) \qquad \sum_k (x_k y_{k+1} + c y_k x_{k+1}) \qquad \left(\begin{matrix} k = 0, 1, \ldots 2m-2 \\ c^2 \text{ nicht gleich Eins} \end{matrix}\right)$$

$$(\overline{\mathfrak{E}}_0) \qquad \sum_k \left((-1)^m x_k y_{k+1} + (-1)^k y_k x_{k+1}\right) \qquad (k = 0, 1, \ldots 2m-2)$$

$$(\overline{\mathfrak{E}}^0) \qquad c' x_0 y_0 + \sum_k \left(x_k y_{k-1} + (-1)^k y_k x_{k-1}\right) \qquad \left(\begin{matrix} k = 1, 2, \ldots n \\ c' \text{ nicht gleich Null} \end{matrix}\right)$$

transformirt und also auf eine gewisse einfache Form gebracht werden kann, welche als die Reducirte der bilinearen Function f bezeichnet werden soll*).

*) Die in $(\overline{\mathfrak{E}}^0)$ enthaltene Constante c' könnte dadurch weggeschafft werden, dass für grade Indices $x_k \sqrt{c'} = x'_k$, $y_k \sqrt{c'} = y'_k$, für ungrade $x_k = x'_k \sqrt{c'}$, $y_k = y'_k \sqrt{c'}$ gesetzt wird.

Nach Art. I lässt sich nämlich jede Form f mittels congruenter Substitutionen in eine bilineare Function

$$\mathfrak{f}(\mathfrak{x}_1, \mathfrak{x}_2, \dots \mathfrak{x}_\mathfrak{n};\ \mathfrak{y}_{\mathfrak{m}+1}, \mathfrak{y}_{\mathfrak{m}+2}, \mathfrak{y}_{\mathfrak{m}+\mathfrak{n}})$$

verwandeln, deren Discriminante von Null verschieden ist. Eine solche Function $\mathfrak{f}$ ist ferner, für $\mathfrak{m} > 0$, nach Art. V in ein Aggregat

$$\mathfrak{E}_1 + \mathfrak{E}_2 + \cdots + \mathfrak{E}_\mathfrak{m} + \mathfrak{F}$$

zu transformiren, und die Form $\mathfrak{F}$ kann dabei, weil sie weniger Variabeln als $\mathfrak{f}$ enthält, schon in der reducirten Form d. h. als ein Aggregat von Formen $\mathfrak{E}$ und $\overline{\mathfrak{E}}$ angenommen werden. Wenn ferner $\mathfrak{m} = 0$ ist und also die Determinante der ursprünglichen Form f als von Null verschieden vorausgesetzt werden kann, so hat man nach Art. II, indem dort $\mathfrak{f}$ für $a\mathfrak{f}$ und $b = ac$ gesetzt wird,

$$f = \mathfrak{f} + c\mathfrak{f}' \qquad \text{oder} \qquad f = \varphi + \psi ,$$

und im ersten Falle enthält jede der conjugirten Formen $\mathfrak{f}$, $\mathfrak{f}'$ eine oder mehrere Veränderliche, deren correspondirende darin fehlen, im zweiten Falle aber enthält die eine der beiden Formen φ, ψ mindestens ein Variabeln-Paar, welches in der andern nicht vorkommt. Im ersten Falle ist daher wiederum nach Art. V die Form f gleich einem Aggregat

$$\sum_k (\mathfrak{E}_k + c\mathfrak{E}_k') + \mathfrak{F} + c\mathfrak{F}',$$

wo $\mathfrak{E}'$, $\mathfrak{F}'$ resp. die Conjugirten von $\mathfrak{E}$, $\mathfrak{F}$ bedeuten, und hieraus folgt ganz ebenso wie oben die nachzuweisende Reduction. Dabei können übrigens keine der Formen $\mathfrak{E}_k$ zu den oben mit $\mathfrak{E}^0$ bezeichneten Formen gehören, da alsdann die Determinante der Form $\mathfrak{E}_k + c\mathfrak{E}_k'$ und also auch die der Form f gleich Null wäre. Wenn endlich im zweiten Falle die Form f gleich $\varphi + \psi$ ist, so lässt sie sich nach Art. VI durch congruente Substitutionen so umwandeln, dass sich von der Transformirten ein Aggregat von Formen $\overline{\mathfrak{E}}$ absondert, und da für die übrigbleibende Form, welche weniger Variabeln als f

enthält, jene Reduction auf ein Aggregat von lauter Formen $\mathfrak{C}$ und $\overline{\mathfrak{C}}$ vorausgesetzt werden kann, so ist auch in diesem Falle die in Rede stehende Transformation bilinearer Formen nachgewiesen.

Die in der reducirten Form enthaltenen Coëfficienten c und c' ebenso wie die Coëfficienten der Substitution, mittels deren die Form f in ihre Reducirte übergeht, sind rational aus denen von f und aus den verschiedenen Werthen von w zusammengesetzt, wofür die Determinante von

$$f + wf'$$

verschwindet, resp. aus denjenigen, wofür die sämmtlichen Unterdeterminanten je einer und derselben Ordnung gleichzeitig Null werden*). Ueberdiess enthalten jene Coëfficienten, und zwar ebenfalls in rationaler Weise, die allgemeinen, unbestimmten Coëfficienten der mit $\mathfrak{S}_{11}$, $\mathfrak{S}_{12}$, $\mathfrak{S}_{22}$ bezeichneten Substitutionen des Abschnitts V, § 1, da eben diese Substitutionen bei den in den Artt. III bis VI entwickelten Transformationen, auf welchen schliesslich die Reduction basirt, implicite benutzt sind. Auf diese Weise kann, soweit nämlich die Unbestimmtheit jener allgemeinen Coëfficienten in der finalen Transformation erhalten bleibt, eine gewisse Mannigfaltigkeit von Reductionen für eine und dieselbe Form resultiren, woraus alsdann ganz unmittelbar eine eben solche Mannigfaltigkeit von congruenten Transformationen einer Form in sich selbst hervorgeht. Doch kann man zu denselben Transformationen auch dadurch gelangen, dass man die Variabeln der Reducirten selbst durch allgemeine lineare Functionen von ebenso viel neuen Veränderlichen ersetzt, und die auf diese Weise entstehende bilineare Form wiederum nach den obigen Vorschriften in eine „Reducirte“ transformirt.

---

*) Die erwähnten Werthe von w sind Invarianten, wie im folgenden Paragraphen näher ausgeführt wird.

§ 3.

Die Bedingungen für die Transformirbarkeit bilinearer Formen mittels congruenter Substitutionen.

I. Wenn zwei bilineare Formen f und $\mathfrak{f}$ durch eine für beide Reihen von Variabeln congruente Substitution S, deren Determinante von Null verschieden ist, in einander transformirt werden können, so sollen sie im Folgenden als „äquivalent“ bezeichnet und zu einer und derselben „Classe“ gerechnet werden. Sind f' und $\mathfrak{f}'$ resp. die zu f und $\mathfrak{f}$ conjugirten Formen, so gehen auch f' und $\mathfrak{f}'$ durch die Substitution S in einander über, und die beiden Paare conjugirter Formen (f, f') und $(\mathfrak{f}, \mathfrak{f}')$ sind also simultan in einander transformirbar. Bezeichnet man nun zwei *Systeme* von je zwei bilinearen Formen als einander äquivalent, wenn die beiden Formen des einen Systems durch *irgend eine* lineare Substitution in die entsprechenden des andern simultan übergeführt werden können, so zeigt sich die Aequivalenz der beiden Systeme conjugirter Formen (f, f') und $(\mathfrak{f}, \mathfrak{f}')$, als eine unmittelbare Folge der Aequivalenz der beiden Formen f und $\mathfrak{f}$. Dass aber auch umgekehrt die Aequivalenz der beiden Formen f und $\mathfrak{f}$ aus derjenigen der Systeme (f, f') und $(\mathfrak{f}, \mathfrak{f}')$ resultirt, dass also zwei Paare conjugirter bilinearer Formen, welche überhaupt durch *irgend eine* lineare Substitution simultan in einander übergehen, stets auch durch *congruente* Substitutionen in einander transformirbar sind, soll erst weiterhin mit Hilfe der Ergebnisse des vorigen Paragraphen nachgewiesen werden.

II. Wenn $(f, f') \sim (\mathfrak{f}, \mathfrak{f}')$ ist, d. h. wenn die beiden Systeme von Formen (f, f') und $(\mathfrak{f}, \mathfrak{f}')$ einander äquivalent sind, so unterscheidet sich die Determinante der beiden Formen

$$uf + vf', \quad u\mathfrak{f} + v\mathfrak{f}'$$

nur durch einen Factor, welcher gleich der Substitutionsdeterminante ist. Ferner ist der grösste gemeinsame Theiler der sämmtlichen Unterdeterminanten ν^{ter} Ordnung von $uf + vf'$ gleich dem grössten gemeinsamen Theiler der bezüglichen Unterdeterminanten von $u\mathfrak{f} + v\mathfrak{f}'$, da der grösste gemeinsame

Theiler aller Unterdeterminanten einer und derselben Ordnung offenbar ungeändert bleibt, wenn die beiden Formen simultan durch eine „elementare" Substitution transformirt werden*). Endlich existiren, wenn die sämmtlichen $(\mu - 1)^{\text{ten}}$ Unterdeterminanten von $uf + vf'$, aber nicht die μ^{ten}, identisch verschwinden, genau je μ von einander unabhängige lineare Relationen zwischen den nach den verschiedenen Variabeln der einen oder der andern Reihe genommenen partiellen Ableitungen von $uf + vf'$, deren Coëfficienten ganze homogene Functionen von u und v sind. Diese linearen Relationen können so ausgewählt oder durch Combination mit einander so umgewandelt werden, dass die Dimensionen derselben in Beziehung auf u und v möglichst klein sind, und man erhält alsdann ein System von je μ Gleichungen

$$\sum_{h,k} (-1)^k \theta_k^{(r)} u^h v^k = 0 \qquad (h+k=m^{(r)}, \quad r=0,1,\dots \mu-1),$$

in denen die Grössen $\theta_k^{(r)}$ lineare homogene Functionen der nach den Variabeln einer Reihe genommenen Ableitungen von $uf + vf'$ und in *dem* Sinne von einander unabhängig sind, dass zwischen ihnen keine lineare Relation mit constanten, d. h. u, v nicht enthaltenden, Coëfficienten besteht**). Die Zahlen

$$m^0, \; m', \; m'' \; \dots \; m^{(\mu-1)},$$

welche die Dimensionen der μ verschiedenen Gleichungen angeben, und deren jede, um eine Einheit vermehrt, zugleich die Anzahl der in der bezüglichen Gleichung vorkommenden, von einander unabhängigen linearen Functionen der Ableitungen von $uf + vf'$ ausdrückt, bleiben natürlich bei irgend welcher simultanen Transformation der Formen f und f' ungeändert und repräsentiren daher, im Falle die Determinante von $uf + vf'$ identisch verschwindet, eine Reihe von Invarianten für alle unter einander äquivalenten Systeme von Formen (f, f'). — Es giebt hiernach zweierlei Invarianten von Systemen (f, f'), nämlich erstens jene μ Zahlen m, und zweitens eine Reihe ganzer homogener, symmetrischer Functionen von u und v

*) Cf. Monatsbericht vom März d. J. pag. 210; [p. 389 dieser Ausgabe].

**) Cf. Monatsbericht vom Februar d. J. pag. 154; [p. 378 dieser Ausgabe].

$$P_s(u, v) \qquad (s=\mu, \mu+1, \ldots n-1),$$

welche dadurch definirt sind, dass P_s den grössten gemeinsamen Theiler der sämmtlichen aus den n^2 Elementen

$$u \frac{\partial^2 f}{\partial x_i \partial y_k} + v \frac{\partial^2 f}{\partial x_k \partial y_i} \qquad (i, k=1, 2, \ldots n)$$

zu bildenden Determinanten $(n-s)^{\text{ter}}$ Ordnung repräsentirt. Die Functionen P sind auf diese Weise bis auf einen constanten Factor völlig bestimmt, und dieser kann irgendwie, z. B. so fixirt werden, dass die Coëfficienten derjenigen beiden Glieder, in denen u und v zur höchsten Potenz erhoben vorkommen, gleich Eins sind. Versteht man unter f^0 eine bilineare Function der $2n$ Grössen x, y mit *unbestimmten* (oder variabeln) Coëfficienten, so sind die Functionen P auch dadurch zu charakterisiren, dass der Coëfficient von w^s in der Entwickelung der Determinante von

$$uf + vf' + wf^0$$

die Function P_s, aber ausserdem keine Function von u und v als Factor enthält, deren Coëfficienten von denen der Function f^0 unabhängig wären, und es tritt hierbei in Evidenz, dass die Functionen P bei irgend welcher simultanen Transformation von f und f' unverändert bleiben. Da die $(\mu-1)^{\text{ten}}$ Unterdeterminanten von $uf+vf'$ als verschwindend vorausgesetzt sind, so fängt die Entwickelung der Determinante von $uf+vf'+wf^0$ nach steigenden Potenzen von w erst mit w^μ an, und die Coëfficienten von w^r, für $r<\mu$, sind sämmtlich gleich Null. Für den Fall $\mu=0$ fehlen die Invarianten der ersten Art, nämlich die Zahlen m, aber die Gesammtzahl der Invarianten beider Arten

$$m^{(r)}, \quad P_s \qquad (r=0, 1, \ldots \mu-1;\ s=\mu, \mu+1, \ldots n-1)$$

ist stets gleich n, d. h. gleich der Anzahl der Variabelnpaare der bilinearen Formen f und f'.

Bedeutet D_s irgend eine der Determinanten $(n-s)^{\text{ter}}$ Ordnung, welche aus den n^2 Coëfficienten der bilinearen Form $uf+vf'$ gebildet werden können, so zeigt die Entwickelung von D_s nach den Elementen einer Horizontal- oder Verticalreihe, dass der grösste gemeinsame Theiler der Determinanten D_{s+1} darin als Factor enthalten sein muss, dass also die durch die Gleichungen

$$P_s = Q_s P_{s+1} \qquad {\scriptstyle (s=\mu,\, \mu+1, \ldots n-1)}$$

definirten Functionen Q ganze homogene symmetrische Functionen von u und v sind. Ferner ergiebt sich aus der bekannten, für ein beliebiges Elementensystem $\mathfrak{a}_{i\mathfrak{k}}$ giltigen Determinantenformel

$$|\mathfrak{a}_{i\mathfrak{k}}| \cdot \frac{\partial^2 |\mathfrak{a}_{i\mathfrak{k}}|}{\partial \mathfrak{a}_{11} \partial \mathfrak{a}_{22}} = \frac{\partial |\mathfrak{a}_{i\mathfrak{k}}|}{\partial \mathfrak{a}_{11}} \cdot \frac{\partial |\mathfrak{a}_{i\mathfrak{k}}|}{\partial \mathfrak{a}_{22}} - \frac{\partial |\mathfrak{a}_{i\mathfrak{k}}|}{\partial \mathfrak{a}_{12}} \cdot \frac{\partial |\mathfrak{a}_{i\mathfrak{k}}|}{\partial \mathfrak{a}_{21}},$$

dass D_s, multiplicirt mit einer Determinante D_{s+2}, durch das Quadrat von P_{s+1} theilbar ist. Denkt man sich nun die Form f unter den Formen derselben Classe so ausgewählt, dass keine der mit D_s bezeichneten Determinanten, dividirt durch P_s, irgend einen Theiler mit P_μ gemein hat*), so folgt, dass

$$\frac{P_s P_{s+2}}{P_{s+1} P_{s+1}}, \quad \text{oder, was dasselbe ist,} \quad \frac{Q_s}{Q_{s+1}}$$

eine ganze Function von u und v sein muss. Es sind daher

$$Q_\mu, \; Q_{\mu+1}, \; \ldots \; Q_{n-1},$$

genau ebenso wie die mit P bezeichneten Functionen, aus denen sie hergeleitet wurden, $n - \mu$ ganze homogene symmetrische Functionen von u und v, deren jede durch die folgende theilbar ist, und welche die Functionen P auch als Invarianten des Systems (f, f') zu ersetzen durchaus geeignet sind.

---

*) Bei Anwendung einer allgemeinen, für beide Reihen von Variabeln congruenten Transformation mit unbestimmten Substitutionscoëfficienten gelangt man von irgend einer gegebenen bilinearen Form zu einer äquivalenten, welche die geforderten Eigenschaften besitzt, und hieraus folgt die Möglichkeit der oben vorausgesetzten Auswahl.

Jede der Functionen Q_s kann durch ihre Linearfactoren charakterisirt werden; man braucht also zur völligen Bestimmung der Invarianten Q erstens die unter einander verschiedenen Werthverhältnisse von $u:v$, welche überhaupt vorkommen — und diese kommen sämmtlich schon bei der ersten Function Q_μ vor — sowie zweitens die Zahlen $n_h^{(\varkappa)}$, welche angeben, wie viel mal der Linearfactor $uv^{(\varkappa)} - vu^{(\varkappa)}$ in Q_{n-h} enthalten ist. Setzt man noch

$$n - \mu = \nu, \quad n_k^0 = 2m^{(n-k)} + 1, \quad n_h^0 = 0 \qquad (1 \leq h \leq \nu < k \leq n),$$

so hat man in den verschiedenen Werthverhältnissen

$$u:v = u':v', \; u'':v'', \; u''':v''', \ldots,$$

wofür die sämmtlichen aus den Coëfficienten von $uf + vf'$ zu bildenden Determinanten je einer und derselben Ordnung verschwinden, und in den ganzen Zahlen

$$n_k^0, \; n_h^0, \; n_h', \; n_h'', \; n_h''', \ldots \qquad (1 \leq h \leq \nu < k \leq n),$$

die alle positiv oder gleich Null sind, zwei Reihen von Invarianten des Formensystems (f, f'), welche die obigen Invarianten m und P vollständig ersetzen.

Da die Functionen Q symmetrisch sind, so gehört zu jedem Werthverhältnisse $u:v = u':v'$ ein zweites $u:v = v':u'$, es sei denn, dass $u' = \pm v'$ also

$$-u:v = 1:+1 \quad \text{oder} \quad -u:v = 1:-1$$

ist, und diese beiden besonderen Werthverhältnisse können nebst zwei Reihen von zugehörigen Zahlen

$$n_h^{(+)}, \quad n_h^{(-)} \qquad (h = 1, 2, \ldots \nu)$$

stets unter die Invarianten mit aufgenommen werden, da — falls $Q^{(\mu)}$ den

Factor $u+v$ oder $u-v$ nicht enthält — die Zahlen $n^{(+)}$ oder $n^{(-)}$ sämmtlich gleich Null zu setzen sind.

Die Summe der sämmtlichen Zahlen $n^{(\varkappa)}$ ist, wie sich im vierten Abschnitte zeigen wird, stets gleich n, und es ist ausdrücklich hervorzuheben, dass man nicht nöthig hat, die Zahlen $n_h^{(\varkappa)}$ für jeden Werth von h gesondert anzugeben, da sich der untere Index h, welcher jeder einzelnen Zahl $n^{(\varkappa)}$ zukommt, durch deren Grösse von selber bestimmt. Daraus, dass Q_{n-h-1} durch Q_{n-h} theilbar ist, folgt nämlich für jeden von Null verschiedenen Index $\varkappa$ die Ungleichheit

$$n_h^{(\varkappa)} \leqq n_{h+1}^{(\varkappa)} \qquad (h=1, 2, \ldots \nu-1),$$

und man braucht also nur die ν Zahlen $n^{(\varkappa)}$ ihrer Grösse nach zu ordnen, und alsdann der kleinsten den oberen Index 1, der nächstfolgenden ebenso grossen oder grösseren Zahl $n^{(\varkappa)}$ den oberen Index 2 u. s. f., endlich der letzten und grössten Zahl $n^{(\varkappa)}$ den oberen Index ν zuzutheilen.

Den vorstehenden Ausführungen gemäss lässt sich das ganze Schema der Invarianten des Formensystems (f, f') folgendermassen darstellen:

J)

$-u:v=$					
$0:0$	0,	0,	$\ldots\ 0$,	$n_{\nu+1}^0$,	$\ldots\ n_n^0$
$1:1$	$n_1^{(+)}$,	$n_2^{(+)}$,	$\ldots\ n_\nu^{(+)}$		
$-1:1$	$n_1^{(-)}$,	$n_2^{(-)}$,	$\ldots\ n_\nu^{(-)}$		
$1:w',\ w':1$	n_1',	n_2',	$\ldots\ n_\nu'$		
$1:w'',\ w'':1$	n_1'',	n_2'',	$\ldots\ n_\nu''$		
. .	.	.	.		
. .	.	.	.		
. .	.	.	.		
. .	.	.	.		

und dabei ergiebt sich die Bedeutung der ersten Horizontalreihe aus der obigen Definition der Zahlen n^0, während die Bedeutung der folgenden Zeilen darin besteht, dass der (mit P_{n-h} bezeichnete) grösste gemeinsame Theiler der sämmtlichen aus den Coëfficienten von $uf+vf'$ zu bildenden Determinanten h^{ter} Ordnung gleich dem Producte

$$(u+v)^{e^{(+)}}\,(u-v)^{e^{(-)}}\,(u^2+t'uv+v^2)^{e'}\,(u^2+t''uv+v^2)^{e''}\cdots$$

wird, in welchem zur Abkürzung für jeden oberen Index $(\varkappa)$

$$t^{(\varkappa)}=w^{(\varkappa)}+\frac{1}{w^{(\varkappa)}}\quad\text{und}\quad e^{(\varkappa)}=n_1^{(\varkappa)}+n_2^{(\varkappa)}+\cdots+n_h^{(\varkappa)}$$

gesetzt ist. Die Reihenfolge der Zahlen n^0 ist an sich beliebig; sie mögen aber ebenfalls so geordnet werden, dass $n_k^0\leqq n_{k+1}^0$ wird. An die leeren Stellen im Schema (J) gehören, so zu sagen, unbestimmte Grössen hin, da die Determinanten von höherer als der ν^{ten} Ordnung gleich Null sind und also die Zahlen, welche mit

$$n_k^{(+)},\quad n_k^{(-)},\quad n_k',\quad n_k'',\quad\ldots\qquad\qquad (k=\nu+1,\ldots n)$$

zu bezeichnen sein würden, durchaus unbestimmt bleiben. Dass die in der ersten Horizontalreihe stehenden Zahlen n^0 gewissermassen einem unbestimmten Verhältnisse $u:v$ entsprechen*), ist an der betreffenden Stelle der ersten Rubrik durch $0:0$ angedeutet worden.

III. Nach Inhalt des Art. I ist jede Invariante eines Formensystems (f,f') zugleich eine Invariante von f in dem Sinne, dass sie für alle Formen, welche durch congruente Substitutionen aus f hervorgehen, d. h. also für alle mit f äquivalenten Formen identisch ist. Das Invariantensystem (J) kann demgemäss auch als der Form f selbst resp. der durch f repräsentirten Formenclasse angehörig betrachtet werden, und zwar ist — wie nunmehr gezeigt werden soll — das System (J) ein *vollständiges*, d. h.

*) Die hier dargelegte Anschauung rechtfertigt sich in mannigfaltiger Weise, u. A. dadurch, dass gewisse Covarianten von der Art, wie sie sich am Schlusse meiner Mittheilung vom 16. Februar angegeben finden, zu einer Anzahl beliebiger Werthverhältnisse $u:v$ führen. [S. p. 381 dieser Ausgabe.]

ein solches, welches der bezüglichen Classe ausschliesslich zukommt und dieselbe also vollständig charakterisirt. Der zu führende Nachweis stützt sich wesentlich auf die im § 2 entwickelte Reduction der bilinearen Formen mittels congruenter Transformation; denn es braucht hiernach nur gezeigt zu werden, dass zu verschiedenen Reducirten auch verschiedene Invariantensysteme (J) gehören. Diess tritt aber deutlich hervor, wenn das zu einer Reducirten gehörige Invariantensystem aus denen der einzelnen, im § 2 Art. VII mit ($\mathfrak{C}$) bezeichneten Theilformen gebildet wird, wobei die Bildungsweise auf einer Fundamentaleigenschaft der Invariantensysteme (J) beruht, welche zuvörderst dargelegt werden soll.

Sind f und $\mathfrak{f}$ irgend zwei bilineare Formen, die keine Variabeln mit einander gemein haben, und gehören zu $\mathfrak{f}$

die Grössen $\mathfrak{w}^{(\varkappa)}$ und die Zahlen $\mathfrak{n}^{(\varkappa)}$

ebenso wie zu f

die Grössen $w^{(\varkappa)}$ und die Zahlen $n^{(\varkappa)}$,

so folgt aus der Bedeutung derselben, dass sich für das Aggregat der zwei Formen

$$\mathfrak{f}+f$$

sowohl die Grössen $\mathfrak{w}^{(\varkappa)}$ und $w^{(\varkappa)}$ als auch die Zahlen $\mathfrak{n}^{(\varkappa)}$ und $n^{(\varkappa)}$ zu einander aggregiren, d. h. das zu $\mathfrak{f}+f$ gehörige Invariantensystem (J) ist nichts Anderes als das Aggregat der beiden Invariantensysteme, welche den durch $\mathfrak{f}$ und f repräsentirten Formenclassen angehören. Um dieses Aggregat bilden zu können, sind die zu $\mathfrak{f}$ und f gehörigen Schemata so zu vervollständigen, dass die erste Rubrik in beiden genau dieselben Werthverhältnisse enthält, und diess kann ohne Weiteres geschehen, wenn nur bei jedem Werthverhältnisse, welches unter den Invarianten der einen Form $\mathfrak{f}$ oder f eigentlich nicht vorkommt, die zugehörigen Zahlen $\mathfrak{n}$ oder n gleich Null genommen werden. In dem zu $\mathfrak{f}+f$ gehörigen Schema ist dann die erste Rubrik ebenfalls mit jener übereinstimmend anzunehmen, und jede der Horizontalreihen ist darin mit den sämmtlichen Zahlen $\mathfrak{n}$ und n auszufüllen, welche die bezüglichen beiden Horizontalreihen der einzelnen zu $\mathfrak{f}$ und f gehörigen Schemata enthalten. Das zu $\mathfrak{f}+f$ gehörige Invariantensystem ist hiermit vollständig gegeben, denn die Stelle, welche jeder einzelnen Zahl $\mathfrak{n}$ oder n darin anzuweisen ist, bestimmt sich, wie im Art. II hervorgehoben worden, durch ihre Grösse von selbst.

Es sind nunmehr unter den Invarianten der durch f repräsentirten Classe diejenigen Zahlen n^0 herauszuheben, deren Werth gleich Eins ist; denn die Anzahl derselben giebt zugleich an,. wie viel von den n Variabelnpaaren durch congruente Transformation weggeschafft werden können. Vermöge der Bedeutung der Zahlen n^0 existiren nämlich, wenn genau λ derselben gleich Eins sind, auch λ von einander unabhängige lineare Relationen zwischen den nach den Variabeln der einen Reihe genommenen Ableitungen, und dieselben Relationen bleiben bestehen, wenn man darin jede der Ableitungen durch die nach der correspondirenden Variabeln ersetzt. Es finden also λ Gleichungen statt

$$\frac{\partial f}{\partial x_k}=\sum_g c_{gk}\frac{\partial f}{\partial x_g}, \qquad \frac{\partial f}{\partial y_k}=\sum_g c_{gk}\frac{\partial f}{\partial y_g},$$

in denen dem Index k gewisse λ von den Werthen $1, 2, \ldots n$, dem Index g aber die übrigen $n-\lambda$ Werthe beizulegen sind, und die Form f geht mittels der Substitution

$$x_g = x'_g - \sum_k c_{gk}x_k, \qquad y_g = y'_g - \sum_k c_{gk}y_k$$

in eine Form von nur $n-\lambda$ Variabelnpaaren x'_g, y'_g über. Da nun andrerseits eine mit f äquivalente Form, welche nur $n-\lambda$ Variabelnpaare x', y' enthält, als eine solche von n Variabelnpaaren angesehen werden kann, für welche λ partielle Ableitungen nach Variabeln x' und ebensoviele nach correspondirenden Variabeln y' gleich Null sind, so ist in der That das Vorhandensein von λ Werthen $n^0=1$ die nothwendige und ausreichende Bedingung für die Reduction der n Variabelnpaare auf genau $n-\lambda$. Diess lässt sich mit Rücksicht auf den Inhalt des I. Abschnittes von § 2 auch folgendermassen formuliren: Wenn genau λ Werthe $n^0 = 1$ unter den Invarianten einer Classe vorkommen, so ist jede darin enthaltene bilineare Form, deren Discriminante von Null verschieden ist, eine Function von $n - \lambda$ Variabelnpaaren.

Versteht man unter der Form f selbst die Reducirte der bezüglichen Classe, so ist dieselbe — wenn für die Zahl λ die obige Bedeutung beibehalten wird — ein Aggregat von Formen $\mathfrak{C}$, in welchem die Gesammtanzahl der Variabelnpaare gleich $n - \lambda$ ist, und das Invariantensystem für die durch f repräsentirte Classe bilinearer Formen von n Variabelnpaaren setzt sich aus den Invarianten der einzelnen Formen $\mathfrak{C}$ und aus λ Zahlen $n^0 = 1$ zusammen. Für die verschiedenen Arten von Formen $\mathfrak{C}$, welche im § 2 Art. VII aufgeführt sind, können nun die zugehörigen Invariantensysteme folgendermassen dargestellt werden:

I $(\mathfrak{C}^0)$ $\quad \sum_{k=0}^{k=2m-1} x_k y_{k+1}; \qquad n^0 = 2m+1, 0, 0, \ldots$

II $(\mathfrak{C})$ $\quad \sum_{k=0}^{k=2m-2} (x_k y_{k+1} + c y_k x_{k+1}); \qquad n' = m, 0, 0, \ldots \quad w' = c$

III $(\overline{\mathfrak{C}}_0)$ $\quad \sum_{k=0}^{k=4m-2} \left(x_k y_{k+1} + (-1)^k y_k x_{k+1}\right); \qquad n^{(+)} = 2m, 2m, 0, 0, \ldots$

IV $(\overline{\mathfrak{C}}_0)$ $\quad \sum_{k=0}^{k=4m} \left(x_k y_{k+1} - (-1)^k y_k x_{k+1}\right); \qquad n^{(-)} = 2m+1, 2m+1, 0, 0, \ldots$

V $(\overline{\mathfrak{C}}^0)$ $\quad x_0 y_0 + \sum_{k=1}^{k=2m} \left(x_k y_{k-1} + (-1)^k y_k x_{k-1}\right); \qquad n^{(+)} = 2m+1, 0, 0, \ldots$

VI $(\overline{\mathfrak{C}}^0)$ $\quad x_0 y_0 + \sum_{k=1}^{k=2m-1} \left(x_k y_{k-1} + (-1)^k y_k x_{k-1}\right); \qquad n^{(-)} = 2m, 0, 0, \ldots$.

Sowohl alle diese sechs Arten von Invariantensystemen als auch die einzelnen Invariantensysteme derselben Art, welche den verschiedenen Werthen von m und resp. c entsprechen, sind unter einander verschieden: auch kann offenbar keines dieser Invariantensysteme aus mehreren derselben zusammengesetzt werden, und es tritt hiermit in Evidenz, dass jedes der obigen

Invariantensysteme von Formen 𝔈 ausschliesslich der betreffenden Formenclasse angehört. Hieraus folgt erstens, dass auch den verschiedenen Reducirten überhaupt, da dieselben nur Aggregate von Formen 𝔈 sind, verschiedene Aggregate jener Invariantensysteme entsprechen, dass also in der That, wie im Eingange dieses Abschnittes behauptet worden ist, *jedes Invariantensystem* (J) *die betreffende Classe bilinearer Formen vollständig charakterisirt,* und zweitens zeigt es sich, dass die Formen 𝔈 nicht weiter zerlegbar sind, d. h. dass keine derselben mittels congruenter Substitutionen in ein Aggregat zweier Formen transformirt werden kann, von denen jede nur Variabelnpaare enthält, die in der andern nicht vorkommen. Diese Eigenschaft der Unzerlegbarkeit gehört natürlich nicht bloss den Formen 𝔈 selber, sondern auch allen äquivalenten Formen an, und es sollen deshalb diese Formen, sowie die einzelnen Classen, in denen sie zusammengefasst sind, als *„elementare“* bezeichnet werden.

IV. Da die Summe der Invarianten n für jede elementare Classe gleich der Anzahl der Variabelnpaare ist, so findet dasselbe auch für jedes beliebige Aggregat elementarer Classen statt, und es erweist sich daher, wenn noch die Zahlen $n^0 = 1$ hinzugenommen werden, jene Eigenschaft der Invarianten als eine ganz allgemeine, d. h. die zu bilinearen Formen von n Variabelnpaaren gehörigen Invarianten $n^{(\varkappa)}$ sind stets zusammen gleich n, vorausgesetzt, dass die je zweien Verhältnissen $1 : w^{(\varkappa)}$, $w^{(\varkappa)} : 1$ entsprechenden Zahlen $n^{(\varkappa)}$ auch zweifach gezählt werden*). — Als fernere Eigenschaften der Invarianten $n^{(\varkappa)}$ sind folgende hervorzuheben:

1) Die Zahlen n^0 sind stets ungrade oder gleich Null, wie auch aus der ursprünglichen Definition derselben hervorgeht.

2) Unter den Zahlen $n^{(+)}$ kommen sowohl grade als ungrade, aber die *ersteren* stets zweifach vor.

3) Unter den Zahlen $n^{(-)}$ kommen ebenfalls sowohl grade als ungrade, aber die *letzteren* stets zweifach vor.

Setzt man wie im § 2 Art. II

---

*) Es ist dies bereits auf pag. 470 erwähnt worden.

$$f = \varphi + \psi, \qquad f' = \varphi - \psi$$

und ferner $p = u + v$, $q = u - v$, so dass

$$uf + vf' = p\varphi + q\psi$$

wird, so ist φ eine symmetrische und ψ eine alternirende bilineare Form von n Variabelnpaaren, also

$$\varphi = \sum_{i,k} a_{ik} x_i y_k, \qquad \psi = \sum_{i,k} b_{ik} x_i y_k$$

und $(i, k = 1, 2, \ldots n)$

$$a_{ik} - a_{ki} = 0, \qquad b_{ik} + b_{ki} = 0.$$

Da nun die Zahlen $n_h^{(+)}$, $n_h^{(-)}$ angeben, um wie viel öfter der Factor p und resp. der Factor q in allen Unterdeterminanten h^{ter} Ordnung von

$$pa_{ik} + qb_{ik}$$

enthalten ist, als in denen der nächst niedrigeren Ordnung, so folgt aus jener Eigenschaft der Zahlen $n^{(+)}$ und $n^{(-)}$, dass beim stufenweisen Aufsteigen von Unterdeterminanten niedrigerer Ordnung zu denen höherer der Exponent der darin enthaltenen Potenz von p stets zweimal hinter einander um eine und dieselbe Zahl wächst, sobald sie *grade* ist, der Exponent von q dagegen, wenn es eine *ungrade* Zahl ist. Diess lässt sich bei geeigneter simultaner Transformation von φ und ψ auch direct begründen, und zwar muss die Transformation eine congruente und zugleich so beschaffen sein, dass entweder

$$\varphi = x_1' y_1' + x_2' y_2' + \cdots \quad \text{oder} \quad \psi = (x_1' y_2' - x_2' y_1') + (x_3' y_4' - x_4' y_3') + \cdots$$

wird.

V. Zu jeder bilinearen Form f gehört eine Schaar mit conjugirten Grundformen $uf + vf'$, und die elementaren Schaaren, in welche sich dieselbe zerlegen lässt, hängen auf das Genaueste mit den elementaren Formen zusammen, als deren Aggregat die bilineare Form f selbst dargestellt werden kann. Es sind nämlich die Schaaren, welche zu den im § 2 Art. VII aufgestellten und oben pag. 475 wiederaufgeführten elementaren Formen $\overline{\mathfrak{E}}^0$ gehören, an sich elementare Schaaren, während diejenigen, welche den ersten mit $\mathfrak{E}^0$, $\mathfrak{E}$, $\overline{\mathfrak{E}}_0$ bezeichneten Arten von elementaren Formen entsprechen, in je zwei elementare Schaaren zu zerlegen sind. Denn wenn man die Form $\mathfrak{E}^0$ mit u, die conjugirte mit v multiplicirt und beide zu einander addirt, so erhält man die Summe der beiden Ausdrücke

$$\begin{matrix} u\sum\limits_h x_{2h}y_{2h+1} + v\sum\limits_h y_{2h+1}x_{2h+2} \\ u\sum\limits_h y'_{2h}x'_{2h+1} + v\sum\limits_h x'_{2h+1}y'_{2h+2} \end{matrix} \qquad \left(\begin{matrix} 0 \leq h < m, \text{ und für jeden Index } k \\ x'_k = x_{2m-k}, \; y'_k = y_{2m-k} \end{matrix}\right),$$

welche mit einander conjugirte Schaaren repräsentiren. Ebenso ist

$$\text{sowohl} \quad u\mathfrak{E} + v\mathfrak{E}' \quad \text{als auch} \quad \pm(u\overline{\mathfrak{E}}_0 + v\overline{\mathfrak{E}}'_0)$$

gleich der Summe der beiden Ausdrücke

$$\begin{matrix} u^0\sum\limits_{h=0}^{h=m-1} y_{2h}x_{2h+1} + v^0\sum\limits_{h=1}^{h=m-1} y_{2h}x_{2h-1} \\ u'\sum\limits_{h=0}^{h=m-1} y'_{2h}x'_{2h+1} + v'\sum\limits_{h=1}^{h=m-1} y'_{2h}x'_{2h-1} \end{matrix} \qquad \left(\begin{matrix} \text{für jeden Werth des Index } k \text{ ist} \\ x'_k = x_{2m-k-1}, \; y'_k = y_{2m-k-1} \end{matrix}\right),$$

welche äquivalente Schaaren repräsentiren, und es ist hierbei für die Formen $\mathfrak{E}$

$$u' = v^0 = u + cv; \qquad u^0 = v' = cu + v,$$

für die Formen $\overline{\mathfrak{E}}_0$ aber $(-1)^m = \varepsilon$ und

$$u^0 = \varepsilon u' = u + \varepsilon v, \qquad \varepsilon v^0 = -v' = u - \varepsilon v$$

zu setzen.

Die Invarianten einer Schaar mit conjugirten Grundformen $uf + vf'$ ergeben sich unmittelbar aus denen des Systems (f, f'); denn dem Begriffe der Schaar gemäss hat man dabei nur noch von der Unterscheidung zweier Systeme conjugirter Formen

$$(f, f'), \quad (af + bf', \ af' + bf)$$

zu abstrahiren, wenn a und b irgendwelche Constanten bedeuten. Es treten deshalb in dem Schema (J) an die Stelle der Invarianten $w^{(h)}$ selbst die Ausdrücke

$$\frac{w' - w''}{1 - w'w''}, \quad \frac{w' - w'''}{1 - w'w'''}, \quad \ldots,$$

während die Zahlen n Invarianten bleiben.

Sind zwei Formen f und $\mathfrak{f}$ einander äquivalent, so sind die beiden Systeme conjugirter Formen (f, f') und $(\mathfrak{f}, \mathfrak{f}')$, also auch die beiden Schaaren

$$uf + vf', \quad u\mathfrak{f} + v\mathfrak{f}'$$

einander äquivalent. Andrerseits kann nunmehr auch aus der Aequivalenz der beiden Systeme (f, f') und $(\mathfrak{f}, \mathfrak{f}')$ auf die der Formen f und $\mathfrak{f}$ geschlossen werden, da aus jener Aequivalenz die Identität der beiden zu f und $\mathfrak{f}$ gehörigen Invariantensysteme folgt, welche sich im Art. III als vollkommen charakteristisch für die einzelnen Formenclassen erwiesen haben. Da nun die Aequivalenz der Systeme zweier Formen nur die Möglichkeit *irgend einer* simultanen Transformation der beiden Paare erfordert, während die Bedeutung der Aequivalenz für zwei Formen f, $\mathfrak{f}$ selbst auf ihrer Transformirbarkeit mittels *congruenter* Substitutionen beruht, so folgt — wie in der Einleitung angekündigt worden —, dass zwei Paare *conjugirter* Formen, falls eine simultane Transformation derselben überhaupt möglich ist, stets durch eine solche Substitution in einander übergeführt werden können, welche für die beiden Reihen correspondirender Variabeln identisch ist.

VI. Bei der bisher gebräuchlichen Auffassung von Invarianten homogener Formen möchte das oben aufgestellte, mit (J) bezeichnete Invariantensystem als eines von ganz singulärem Charakter erscheinen, da es keinerlei literale Bildungen enthält. Doch sind die sämmtlichen in dem Schema (J) vorkommenden Grössen und Zahlen w und $n^{(\varkappa)}$ im eigentlichen Sinne des Wortes Invarianten der bilinearen Form f; denn sie sind in bestimmter Weise aus den Coëfficienten von f abgeleitet und also genau definirte „Functionen“ derselben, welche für alle unter einander äquivalenten Formen f, in ihrer Gesammtheit aber auch *nur* für diese, vollkommen identisch sind. Es giebt also gewisse (in dem Schema (J) mit w und $n^{(\varkappa)}$ bezeichnete) Functionen irgend welcher n^2 Elemente

$$a_{ik} \qquad (i, k=1, 2, \ldots n),$$

welche die Eigenschaft haben, unverändert zu bleiben, wenn man eben diese Elemente a_{ik} durch n^2 Grössen $\mathfrak{a}_{\mathfrak{i}\mathfrak{k}}$ ersetzt, die durch die Gleichungen

$$\mathfrak{a}_{\mathfrak{i}\mathfrak{k}} = \sum_{i=1}^{i=n} \sum_{k=1}^{k=n} a_{ik} c_{i\mathfrak{i}} c_{k\mathfrak{k}} \qquad (\mathfrak{i}, \mathfrak{k}=1, 2, \ldots n)$$

mit den Grössen a_{ik} verbunden sind; und zwar ist die Uebereinstimmung der aus den Grössen a_{ik} hergeleiteten Functionen w und $n^{(\varkappa)}$ mit denjenigen, welche aus den Grössen $\mathfrak{a}_{\mathfrak{i}\mathfrak{k}}$ hervorgehen, zugleich die nothwendige und hinreichende Bedingung für das Bestehen der Relationen

$$\mathfrak{a}_{\mathfrak{i}\mathfrak{k}} = \sum_{i=1}^{i=n} \sum_{k=1}^{k=n} a_{ik} c_{i\mathfrak{i}} c_{k\mathfrak{k}} \qquad (\mathfrak{i}, \mathfrak{k}=1, 2, \ldots n),$$

welche die Aequivalenz der Formen

$$\sum_{i,k} a_{ik} x_i y_k, \qquad \sum_{i,k} \mathfrak{a}_{ik} \mathfrak{x}_i \mathfrak{y}_k \qquad (i, k=1, 2, \ldots n),$$

wie dieselbe oben definirt worden, und damit eine Aequivalenz der Grössensysteme a_{ik}, $\mathfrak{a}_{ik}$ selber begründen. Für diesen wichtigen Uebergang von der Aequivalenz zur Identität d. h. für die vollständige Erkenntniss des Bleibenden in der Mannigfaltigkeit des Gleichartigen reichte der Begriff der literalen Invarianten nicht aus, sondern es bedurfte noch gewisser functionaler Bildungen, die sich auf den Begriff des grössten gemeinsamen Theilers stützen. Aber diess ist keineswegs, wie es den Anschein haben könnte, eine besondere Eigenthümlichkeit der hier behandelten speciellen Frage, sondern es zeigt sich darin grade der ganz allgemeine, jedoch bisher kaum beachtete Charakter von Invarianten bei algebraischen Aequivalenzbedingungen. Dieser Charakter tritt nur bei der Theorie der bilinearen Formen in ein besonders helles Licht, und eben weil hiermit das Interesse derselben weit über ihren speciellen Gegenstand hinausreicht, bin ich in der vorliegenden Arbeit so ausführlich darauf eingegangen. Ist die Einsicht in die allgemeine Natur der Invarianten an dem Paradigma der bilinearen Formen einmal gewonnen, so findet man sie schon bei den allereinfachsten Problemen leicht wieder und erkennt dabei die Lücken der bisherigen Behandlung derselben. Lässt man z. B. zwei bilineare Formen als äquivalent gelten, wenn sie durch irgend welche (auch nicht congruente) Substitutionen in einander transformirt werden können, deren Determinanten von Null verschieden sind, so ist der grösste gemeinsame Theiler von w^n und

$$|va_{ik} + wz_{ik}| \qquad (i, k = 1, 2, \dots n)$$

oder auch der Grad, welchen diese Determinante als ganze Function von v hat, die einzige Invariante, da dieser Grad zugleich die höchste Ordnung derjenigen aus den Coëfficienten der bilinearen Form

$$\sum_{i,k} a_{ik} x_i y_k \qquad (i, k = 1, 2, \dots n)$$

zu bildenden Unterdeterminanten angiebt, welche nicht sämmtlich verschwinden. Wenn ferner die Invarianten eines Systems von n linearen Functionen von je n Variabeln

$$\sum_{k=1}^{k=n} a_{ik} x_k \qquad (i = 1, 2, \dots n)$$

im gewöhnlichen Sinne des Wortes aufgefasst und demgemäss als Functionen der Coëfficienten a_{ik} definirt werden, welche bei jeder linearen Transformation mit der Substitutionsdeterminante Eins ungeändert bleiben, so ist bekanntlich die Determinante $|a_{ik}|$ die einzige literale Invariante; aber es giebt ausserdem noch $n-1$ Invarianten, welche als grösste gemeinsame Theiler zu erklären sind. Bedeuten nämlich

$$D_{m1}, \; D_{m2}, \; D_{m3} \; \dots$$

die verschiedenen Determinanten, welche aus den mn Elementen a_{ik} der ersten m Verticalreihen gebildet werden können, ferner

$$D'_{m1},\ D'_{m2},\ D'_{m3},\ \ldots$$

die entsprechenden Determinanten m^{ter} Ordnung für irgend welche andre m Verticalreihen u. s. f., so ist der grösste gemeinsame Theiler der sämmtlichen Ausdrücke

$$\begin{gathered}
D_{m1}z_1 + D_{m2}z_2 + D_{m3}z_3 + \cdots \\
D'_{m1}z_1 + D'_{m2}z_2 + D'_{m3}z_3 + \cdots \\
D''_{m1}z_1 + D''_{m2}z_2 + D''_{m3}z_3 + \cdots \\
\vdots
\end{gathered}$$

eine Invariante jenes Systems von linearen Functionen

$$\sum_{k=1}^{k=n} a_{1k}x_k,\qquad \sum_{k=1}^{k=n} a_{2k}x_k,\qquad \ldots \sum_{k=1}^{k=n} a_{nk}x_k.$$

Es resultiren auf diese Weise für die $n-1$ Werthe $m=1, 2, \ldots n-1$ ebensoviel Invarianten, die zusammen mit der Determinante $|a_{ik}|$ ein vollständiges System von Invarianten bilden; denn die Uebereinstimmung der bezüglichen zu zwei Formen-Systemen

$$\sum_k a_{ik}x_k,\qquad \sum_k a'_{ik}x'_k \qquad\qquad (i, k = 1, 2, \ldots n)$$

gehörigen Invarianten ist nothwendig und hinreichend, damit dieselben durch eine Substitution mit der Determinante Eins in einander transformirt werden können.

Ich will schliesslich noch ein Beispiel aus einem höheren algebraischen Gebiete anführen und zwar grade dasjenige, durch welches ich zuerst, schon vor einer Reihe von Jahren, darauf geführt worden bin, bei der Definition von Invarianten den Begriff des grössten gemeinsamen Theilers zu Hilfe zu nehmen.

Sind $f_0, f_1, \ldots f_n$ ganze Functionen einer Variabeln x, so wird durch die Gleichung

$$f_0 + f_1 y + f_2 y^2 + \cdots + f_n y^n = 0,$$

falls sie irreductibel ist, die Grösse y als eine algebraische Function n^{ter} Ordnung von x definirt. Betrachtet man nun jede andre algebraische Function y', welche von derselben Ordnung und durch y und x rational ausdrückbar ist, als zu derselben „Gattung"*) algebraischer Functionen gehörig, so giebt es offenbar keine literalen Invarianten für die verschiedenen algebraischen Functionen einer Gattung. Aber eine nähere Untersuchung der Discriminanten der verschiedenen Gleichungen n^{ten} Grades, denen die Grössen $y, y', y'', \ldots$ genügen, führt zu einer ganzen Function von x, welche in allen als Factor enthalten ist. Jede Discriminante wird hiermit in einen „wesentlichen" und einen „ausserwesentlichen" Factor geschieden, und der erstere kann als der grösste gemeinsame Theiler der Discriminanten aller zu einer Gattung gehörigen algebraischen Functionen definirt und desshalb auch füglich als „Discriminante der Gattung" bezeichnet werden. Es ist diess also eine ganze Function von x, die aus den Functionen $f_0, f_1, \ldots f_n$ d. h. aus den Coëfficienten jener Gleichung herzuleiten ist, und welche, da sie bei jedem Uebergange von y zu $y', y'', \ldots$ ungeändert bleibt, sich als eigentliche Invariante für rationale Transformationen erweist.

*) Ich glaube den in früheren Aufsätzen gebrauchten Ausdruck „Classe" durch „Gattung" ersetzen zu müssen.

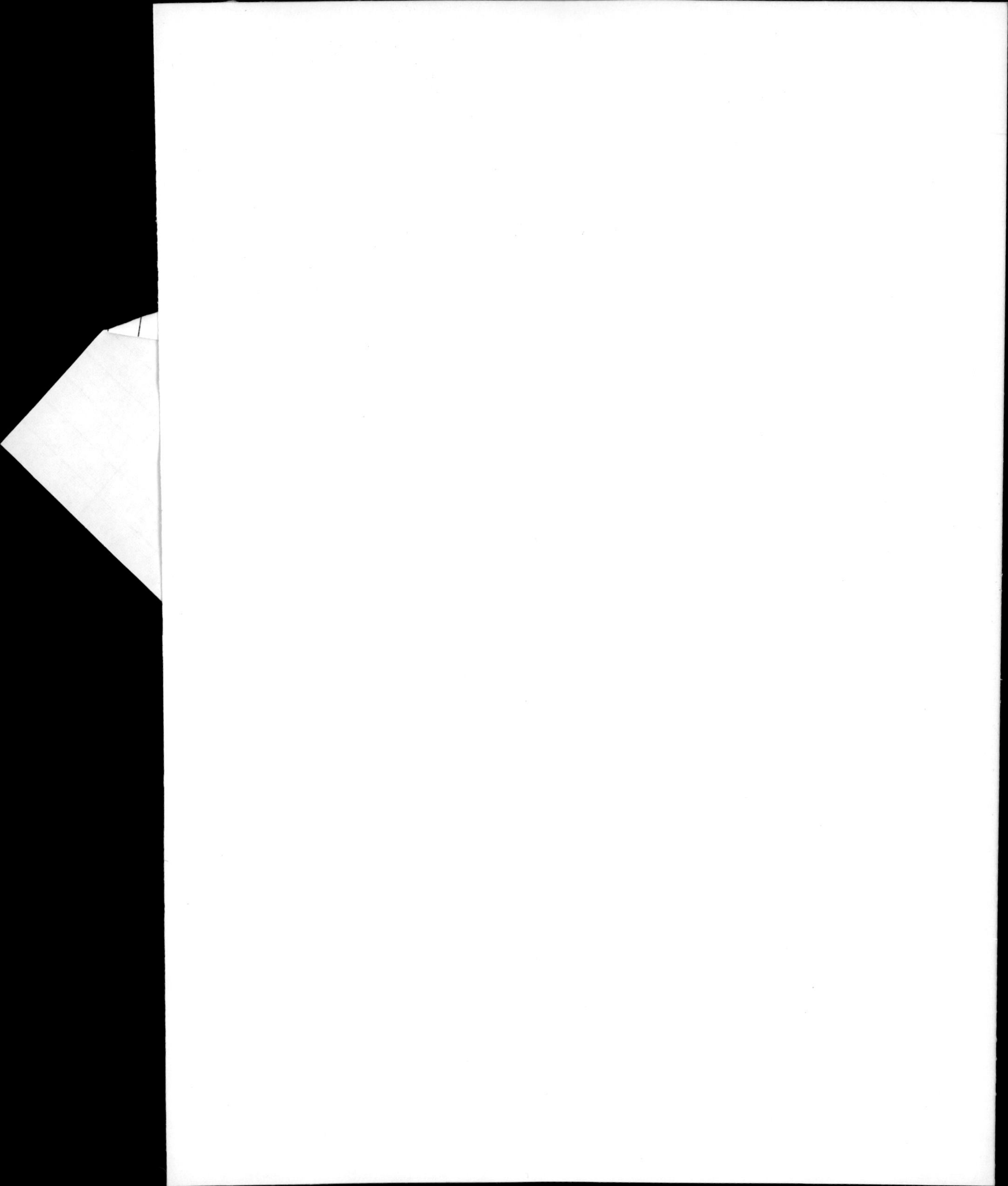

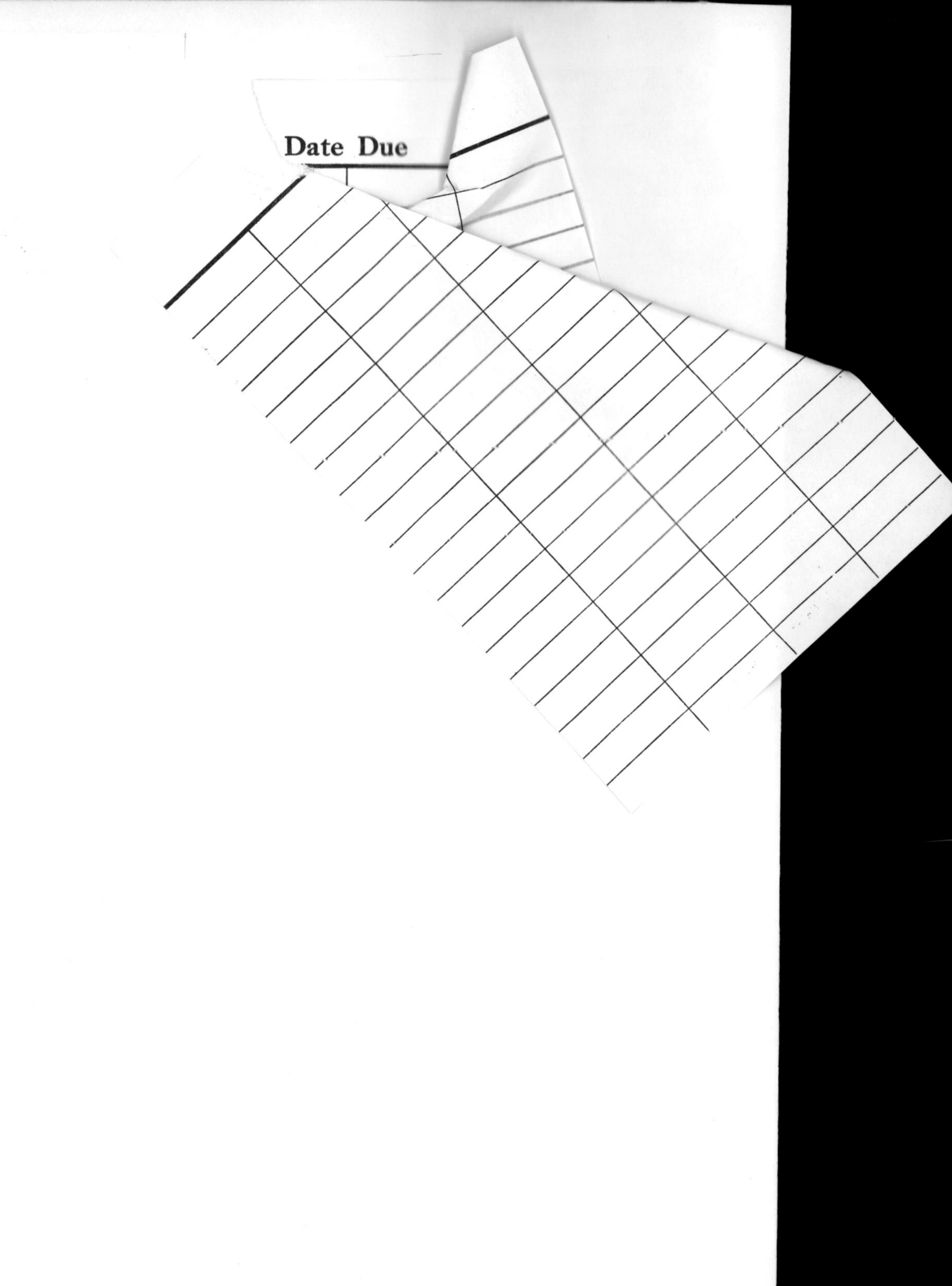

Date Due